口絵 1 点の集積によって描かれた，人の横顔 [原著表紙]

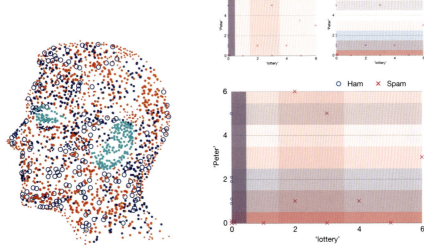

口絵 2 ナイーブベイズ分類器 ('スコットランド分類器') により可視化された周辺尤度 [本文図 1.3]

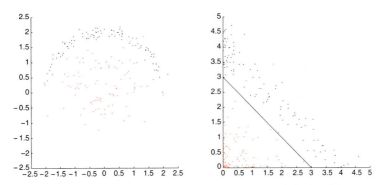

口絵 3 線形分類できないデータ (左) と，新たな特徴空間を構成することで線形分類可能となったデータ (右) [本文図 1.11]

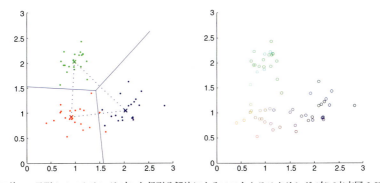

口絵 4 予測クラスタリング (左) と行列分解法によるソフトクラスタリング (右) [本文図 3.5]

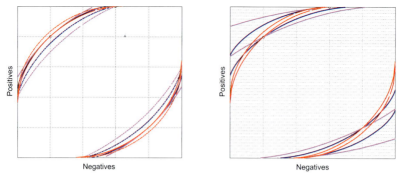

口絵 5　2 つの分岐 (実線, 破線) と 3 つの分割基準 (青：エントロピー, 紫：ジニ・インデックス, 赤：$\sqrt{\text{Gini}}$) による 6 つの ROC アイソメトリック [本文図 5.7]

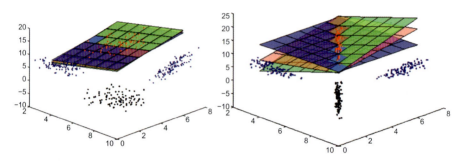

口絵 6　真の関数 $y = x_1 + x_2$ (赤の平面) と，線形回帰による回帰関数 (緑の平面)，2 つの単回帰問題に分解した場合の結果 (青の平面). x_1 と x_2 に相関がない場合 (左) と負の相関がある場合 (右). [本文図 7.3]

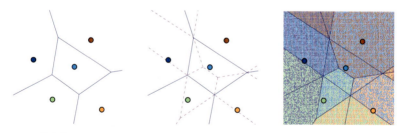

口絵 7　5 つの見本点に対するボロノイ分割 (左) と，ボロノイ・セルの再分割 (中)，見本点とその寄与するセルの対応 (右) [本文図 8.8]

口絵 8　3-最近隣分類器 (左)，5-最近隣分類器 (中)，7-最近隣分類器 (右) による決定境界 [本文図 8.9]

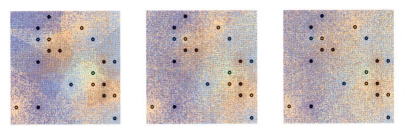

口絵 9　口絵 8 (左), (中), (右) のそれぞれについて, データに距離加重を行った場合 [本文図 8.10]

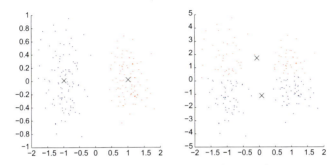

口絵 10　2-平均により正しいクラスターを得られるデータセット (左) と, そうでないデータセット (右) [本文図 8.13]

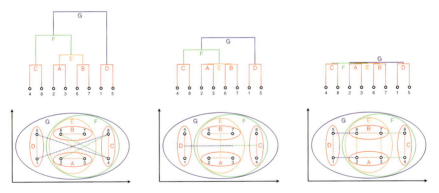

口絵 11　完全連結 (左), 重心連結 (中), 単連結 (右) それぞれの, デンドログラム (上) および入れ子分割 (下) による表現 [本文図 8.16]

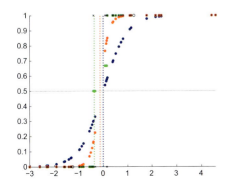

口絵 12　ロジスティック回帰 (赤), ロジスティックキャリブレーション (青), 単調キャリブレーション (緑) による確率推定と, 対応する 3 つの決定境界 (点線) [本文図 9.7]

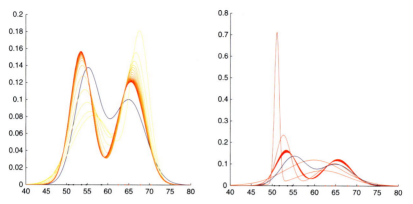

口絵 13　真のガウス型混合モデル (青い線) とそこから x 軸上への 10 点のサンプリング．他の線は，停留的な値の組への EM の収束 (左)，4 つの停留的な値の組 (右) を表す．[本文図 9.8]

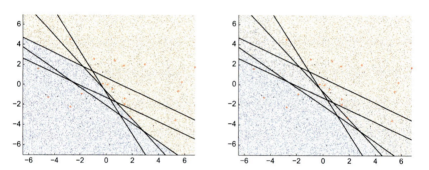

口絵 14　ブートストラップ標本からバギングによって構成された 5 つの基本線形分類器のアンサンブル．多数決による決定 (左) と，それを確率に変換した場合 (右)．[本文図 11.1]

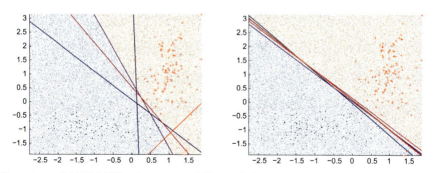

口絵 15　5 つの基本線形分類器にブースティングを適用した場合のアンサンブル (左) とバギングを適用した場合のアンサンブル (右) [本文図 11.2]

機械学習

データを読み解く
アルゴリズムの技法

竹村彰通 [監訳]

田中研太郎 [訳]
小林　景
兵頭　昌
片山翔太
山本倫生
吉田拓真
林　賢一
松井秀俊
小泉和之
永井　勇

Machine Learning
The Art and Science of Algorithms that Make Sense of Data

朝倉書店

Machine Learning

The Art and Science of Algorithms
that Make Sense of Data

by

Peter Flach

©Peter Flach 2012.

This publication is in copyright. Subject to statutory exception and to the provisions of relevant collective licensing agreements, no reproduction of any part may take place without the written permission of Cambridge University Press.

This Japanese edition is published by arrangements with Cambridge University Press.

監訳者まえがき

　著者の Flach はまえがきにおいて,「私の考えでは,機械学習は統計学と知識表現の融合であり,本書の主題はその視点を強化するように選んだ」と書いている.本書の翻訳について朝倉書店の担当編集者から相談を受けたとき,統計学を専門とする私には知識表現の部分が目新しく感じられ,この本を監訳することで知識表現の部分について学ぶことができるのではないかと考えた.著者はまえがきの最初に「何かを学ぶための一番良い方法は,その何かを教える立場になってしまうことなのである」と書いているが,私自身も監訳という作業によって効率的に学ぶことができると考えたのである.実際の翻訳は翻訳者のリストにあるように,各章ごとに若手の研究者で主に統計学を専門とする方に担当していただいたが,それぞれの方にも「翻訳することでこの分野も勉強になります」という形でお願いした.また本書の翻訳には田中研太郎氏および松井秀俊氏の 2 名の編訳者をおいて,全体の統一をはかった.

　機械学習については,最近ではいくつかの重要な本が日本語に翻訳され,広く読まれている.また日本の研究者による教科書や研究書も数多く出版されるようになった.このような中で本書の特徴は「統計学と知識表現の融合」という観点からの統一的な記述であり,機械学習の個々の手法の紹介や解説が中心となっている他書とはやや趣を異にしていることである.著者は,データから学習するモデルとして,幾何モデル,確率モデル,論理モデルの 3 種類を区別しているが,本書に特徴的なのは第 4 章の「概念学習」や第 6 章の「ルールモデル」で説明されている論理モデルである.これらの章では,知識表現を論理的な記述によって与えるという観点が強調されている.これは著者が計算機科学の研究者であり,論理プログラミングを教えているという背景もあるものと思われる.論理的な記述自体は確定的なものであるが,それがデータの多くを説明できるかという観点から評価することにより,論理と確率の融合がはかられている.

　また個別の話題としては,著者は二値分類の性能評価の基本的な道具である ROC 分析あるいは ROC 曲線に関して多くの研究をしており,本書でも ROC 曲線に関する詳しい説明がある.ROC 分析は統計学における仮説検定の有意水準と検出力の考え方と同様のものであるが,本書の観点は統計的仮説検定の視点とはやや異なるものであり,

私には新鮮に感じられた．

　本書は入門書を意識し，数式を避けて言葉での説明を重視している．そのため，一見非常に初歩的な教科書のように思われるかもしれないが，著者の哲学や考え方を表すような文章も多く，読みこなすのは必ずしも容易ではない．翻訳においてもある程度の意訳が必要な部分もあった．一方で，多数の図が含まれており，図を見ることによって著者の意図を理解することができる．

　各章の翻訳者の選定および全体の翻訳のチェックについては，田中研太郎氏に負うところが非常に大きい．また，私自身が滋賀大学での新学部設立の業務のため多忙となり，監訳の作業が大幅に遅れていたため，初校がそろった時点から松井秀俊氏に詳しく全体を見ていただいた．全体の翻訳の正確性と統一性の観点からは，この2人の編訳者には私以上の仕事をしていただいたと考えている．最後になるが，朝倉書店編集部においては，訳語や文体の統一およびわかりやすい文章への書き換えなどについて，非常に多くの実質的な仕事をしていただいた．この本の翻訳の完成は，これらの方々の尽力のたまものである．ここに記して感謝する．

　2017年2月

　　　　　　　　　　　　滋賀大学データサイエンス教育研究センター長　竹村彰通

訳者一覧

監訳者
竹村彰通　滋賀大学データサイエンス教育研究センター

訳　者（担当順，*は編訳者）
田中研太郎*　成蹊大学経済学部
　　　　　　　（まえがき，プロローグ，第4章，エピローグ）
小林　景　　慶應義塾大学理工学部
　　　　　　（第1章）
兵頭　昌　　大阪府立大学大学院工学研究科
　　　　　　（第2章）
片山翔太　　東京工業大学工学院
　　　　　　（第3章，第12章）
山本倫生　　京都大学医学部附属病院臨床研究総合センター
　　　　　　（第5章，第11章）
吉田拓真　　鹿児島大学大学院理工学研究科
　　　　　　（第6章）
林　賢一　　慶應義塾大学理工学部
　　　　　　（第7章）
松井秀俊*　滋賀大学データサイエンス教育研究センター
　　　　　　（第8章）
小泉和之　　横浜市立大学国際総合科学部
　　　　　　（第9章）
永井　勇　　中京大学国際教養学部
　　　　　　（第10章）

Hessel Flach (1923–2006) †

まえがき

　この本を書き始めたのは2008年の夏になる．ちょうどその年に私の勤め先であるブリストル大学が1年間の研究助成金を授けてくれることになったのだが，それはともかく，機械学習の入門書の執筆に乗り出そうと思ったのには2つの理由がある．1つは，すでに出版されている多くの機械学習の本の内容を補完するような入門書の需要があると思ったからである．もう1つの理由としては，これは個人的な理由だが，執筆を通して私にとって新しい何かを学びたかったからである．結局のところ，何かを学ぶための一番良い方法は，その何かを教える立場になってしまうことなのである．

　機械学習の入門書を書く際においては，機械学習の分野に横たわる統一原理の雰囲気を損なわずに，その広がり豊かな分野をどのように公平に取り扱うかという点が課題になる．その領域の多様性に重点をおきすぎた解説をしてしまうと，内容に一貫性のないレシピ本が出来上がってしまうだろう．逆に，ある分野に偏重しすぎた解説をしてしまうと，他の面白い分野について紹介するページがなくなってしまう．幾度かの試行錯誤を経て到達した私の結論として，統一性と多様性の両方に重点をおいたスタイルをこの本では採用することにした．統一性については，タスクと特徴量抽出という2つの独立な処理について強調して書いている．これらの2つの処理は機械学習的なアプローチで一般に行われていることであるが，どちらも当たり前のこととして教科書などにおいては説明されないことが多い．また，多様性については，さまざまな論理モデル，幾何モデル，確率モデルを紹介することで配慮している．

　当然のことながら，限られたページ数のなかで，機械学習におけるすべての事柄について説明することはできない．さらに勉強したい読者のために，この本に含めることができなかった重要な分野についてのリストをエピローグに与えておいた．私の考えでは，機械学習は統計学と知識表現の融合であり，この本の主題はその視点を強化するように選んだ．そして，より統計学的な話題に進む前に，木構造とルール学習について十分な説明をするように心がけた．また，本全体を通して，数多くの図や例を惜しみなく使用している．これらの多くは，私が機械学習におけるROC解析についての研究をしているときに得られたものであるが，直感的な理解の一助になれば幸いである．

(i) この本の読み方　この本は前から順に読むように素材を並べてはいるが，用途に応じて途中だけ読むことも可能である．

例えば，学習アルゴリズムについて手っ取り早く知りたい読者は，まず 2.1 節の二値分類の話からスタートすればよい．それから第 5 章に飛んで決定木について 5.1 節までを読む．この際，難しい問題については読み飛ばしてかまわない．さらに，ルールモデルについて学びたければ，第 6 章の最初の 2 節も有用である．

また，線形モデルに興味のある読者は，2.1 節を読んでから，3.2 節で回帰タスクについて学び，それから第 7 章の線形回帰に進めばよい．第 4 章から第 9 章は，細かいことをいえば，扱っている論理モデル，幾何モデル，確率モデルについて順を追った形の説明になってはいるが，ほとんど独立に読むことができる．第 10 章から第 12 章も同様の状況で，特徴量とモデルアンサンブルと機械学習の実験についてはほとんど独立に読むことができる．

それから，プロローグと第 1 章は導入の役割を担っており，自己完結した内容をもっている．プロローグはやや技術的な内容についても触れているが，大学入学前の学生にも理解できるはずである．第 1 章は，この本の内容をぎゅっと押し込めたような概要であり，やや高度である．原著のプロローグと第 1 章については，著者のウェブサイト http://www.cs.bris.ac.uk/˜flach/ からダウンロードすることができる．その他の講義資料などの関連する素材についても，このウェブサイトに掲載されている．また，原著の誤りを原著者へフィードバックするフォームなどもこのウェブサイトに用意されている．

(ii) 謝　辞　単著の本を書くというのは孤独な作業であるが，多くの同僚や友人に助けられ，そして励まされた．ブリストル大学の Tim Kovacs 氏，ルーベン大学の Luc De Raedt 氏，ボストン大学の Carla Brodley 氏は，査読グループまで用意してくれて，有益なフィードバックを頂いた．また，Hendrik Blockeel 氏，Nathalie Japkowicz 氏，Nicolas Lachiche 氏，Martijn van Otterlo 氏，Fabrizio Riguzzi 氏，Mohak Shah 氏からも，大変有益なコメントを頂いた．その他の多くの方々からもいろいろな点で情報提供を頂いたことに感謝したい．

José Hernández-Orallo 氏は，注意深く原稿を読んでくださり，たくさんの批評をすばらしい改善案と共に提供してくれた．そして，私は時間が許すかぎり José 氏の要求を本書に取り入れた．José 氏には，いつかランチをおごろうと思う．

ブリストル大学の同僚たちと協力者たちに感謝の意を表したい．Tarek Abudawood 氏，Rafal Bogacz 氏，Tilo Burghardt 氏，Nello Cristianini 氏，Tijl De Bie 氏，Bruno Golénia 氏，Simon Price 氏，Oliver Ray 氏，Sebastian Spiegler 氏には，共同研究やさまざまな議論にも付き合って頂き大変お世話になった．海外の協力者たちにも感謝の意を表したい．Johannes Furnkranz 氏，Cesar Ferri 氏，Thomas Gartner 氏，José Hernández-Orallo 氏，Nicolas Lachiche 氏，John Lloyd 氏，Edson Matsubara 氏，Ronaldo Prati 氏には共同研究などを通してお世話になった．Kerry，Paul，David，Renée，Trijntje の 5 人は，

執筆に静かな環境が必要なときには快く協力してくれた.

ケンブリッジ大学出版局の David Tranah 氏は, この本の出版を軌道に乗せることに尽力してくれた. また,「データの意味を理解する」ということに対する点描画的なメタファーを与えてくれた. このメタファーは表紙のデザイン[*1)]に表れているが, David 氏によれば, ある特定の誰かがモデルになっているわけではなく「標準的なシルエット」であるらしい (読者が納得するかどうかはわからないが……). Mairi Sutherland 氏は注意深く編集作業を行ってくれた. 私は, この本を私の亡き父に捧げたい. もし父が生きていたら, この「記念すべき本」の完成後すぐにシャンパンのボトルを開けてお祝いしてくれただろう. 父が話した帰納法的な問題はやや恐ろしげだが考えさせられるものであった. それは, 鶏を毎日育てているその手が最後にはその首を絞める, という話である (ベジタリアンの読者には申し訳ない). 私の人生に必要なものを惜しみなく授けてくれた両親に感謝したい.

最後に, 言葉では表しきれないほどの感謝を妻の Lisa に贈りたい. 結婚してすぐにこの本の執筆に取り掛かったが, 完成までにほぼ 4 年かかるとは思っていなかった. 結果論というのはすばらしいもので, 例えば, 国際学会を企画したり家の改築を監視しながら本を完成させるのはあまり良い考えとはいえないが, そういった合理的な考えを吹き飛ばしてくれる. 妻 Lisa の支援と励ましと忍耐がなければこの本の完成はありえなかった. 改めて感謝の意を表したい.

Dank je wel, meisje!

Peter Flach, ブリストル大学

[*1)] [訳注:原著の表紙は色・径を変えた丸印の集積により人の横顔が描かれている. 口絵 1 参照.]

目 次

0. プロローグ：機械学習サンプラー 1

1. 機械学習の三大要素 13
  1.1 タスク：機械学習で解ける問題 13
      1.1.1 構造を探る 15
      1.1.2 タスクの性能評価 18
  1.2 モデル：機械学習の出力 20
      1.2.1 幾何モデル 20
      1.2.2 確率モデル 25
      1.2.3 論理モデル 31
      1.2.4 グループ分けとグレード付け 35
  1.3 特徴量：機械学習の立役者 37
      1.3.1 特徴量の2つの使用法 39
      1.3.2 特徴量の構成と変換 41
      1.3.3 特徴量間の相互作用 43
  1.4 まとめと展望 45

2. 二値分類および関連するタスク 48
  2.1 分　　類 51
      2.1.1 分類性能の評価 52
      2.1.2 分類性能の可視化 57
  2.2 スコアリングとランキング 60
      2.2.1 ランキングの性能評価と可視化 63
      2.2.2 ランカーを分類器に変更する方法 69
  2.3 クラス確率の推定 71
      2.3.1 クラス確率の推定量の評価 72
      2.3.2 ランカーをクラス確率の推定量に変更する方法 75

2.4　二値分類および関連するタスク：まとめと参考文献 ················· 78

3. **二値分類を超えて** ··· 80
   3.1　多クラス ··· 80
     3.1.1　多クラス分類 ·· 80
     3.1.2　多クラススコアと確率 ································ 85
   3.2　回　　帰 ··· 89
   3.3　教師なし学習と記述的学習 ··································· 92
     3.3.1　予測クラスタリングと記述クラスタリング ··············· 93
     3.3.2　その他の記述モデル ·································· 97
   3.4　二値分類を超えて：まとめと参考文献 ························ 100

4. **概 念 学 習** ··· 102
   4.1　仮 説 空 間 ·· 103
     4.1.1　最 小 汎 化 ·· 105
     4.1.2　内 部 選 言 ·· 108
   4.2　仮説空間上のパス ·· 109
     4.2.1　最も一般性の高い整合的な仮説 ························ 112
     4.2.2　閉 概 念 ·· 115
   4.3　連言概念の拡張 ·· 115
     4.3.1　ホーン節を用いた学習 ································ 115
     4.3.2　一階述語論理 ·· 119
   4.4　学習可能性 ·· 120
   4.5　概念学習：まとめと参考文献 ································· 124

5. **木 モ デ ル** ··· 126
   5.1　決 定 木 ·· 130
   5.2　ランキング木と確率推定木 ··································· 136
     5.2.1　ランキング木と確率推定木 ····························· 136
     5.2.2　偏りのあるクラス分布に対する感度 ····················· 142
   5.3　分散縮小としての木学習 ····································· 146
     5.3.1　回 帰 木 ·· 147
     5.3.2　クラスタリング木 ···································· 150
   5.4　木モデル：まとめと参考文献 ································· 154

6. **ルールモデル** ··· 156
   6.1　順序付けされたルールリストの学習 ···························· 156

6.1.1　ルールリスト学習 ……………………………………… 156
　　　6.1.2　ランキングと確率推定のためのルールリスト ……… 163
　6.2　順序付けされないルールセットの学習 ……………………… 166
　　　6.2.1　ルールセットの学習 …………………………………… 166
　　　6.2.2　ランキングと確率推定のためのルールセット ……… 171
　　　6.2.3　ルールの重複の検討 …………………………………… 173
　6.3　記述的ルール学習 ……………………………………………… 176
　　　6.3.1　サブグループ発見のためのルール学習 ……………… 176
　　　6.3.2　アソシエーションルールマイニング ………………… 180
　6.4　一階ルール学習 ………………………………………………… 185
　6.5　ルールモデル：まとめと参考文献 …………………………… 189

7. 線形モデル …………………………………………………………… 192
　7.1　最小二乗法 ……………………………………………………… 194
　　　7.1.1　線形単回帰 ……………………………………………… 194
　　　7.1.2　線形重回帰 ……………………………………………… 198
　　　7.1.3　正則化回帰 ……………………………………………… 202
　　　7.1.4　分類問題への応用 ……………………………………… 203
　7.2　パーセプトロン ………………………………………………… 204
　7.3　サポートベクトルマシン ……………………………………… 209
　　　7.3.1　マージン最大化分類器 ………………………………… 209
　　　7.3.2　ソフトマージン SVM ………………………………… 214
　7.4　確率の推定 ……………………………………………………… 217
　7.5　カーネル法を用いた非線形分類器 …………………………… 222
　7.6　線形モデル：まとめと参考文献 ……………………………… 225

8. 距離ベースのモデル ………………………………………………… 228
　8.1　さまざまな「道」 ……………………………………………… 228
　8.2　近隣と見本点 …………………………………………………… 234
　8.3　最近隣分類 ……………………………………………………… 239
　8.4　距離ベースクラスタリング …………………………………… 241
　　　8.4.1　K-平均アルゴリズム ………………………………… 244
　　　8.4.2　メドイド周辺のクラスタリング ……………………… 247
　　　8.4.3　シルエット ……………………………………………… 248
　8.5　階層的クラスタリング ………………………………………… 249
　8.6　カーネルから距離へ …………………………………………… 255
　8.7　距離ベースのモデル：まとめと参考文献 …………………… 257

9. 確率モデル ... 259
9.1 正規分布とその幾何学的解釈 ... 263
9.2 カテゴリカルデータの確率モデル ... 270
9.2.1 分類に対するナイーブベイズモデル ... 272
9.2.2 ナイーブベイズモデルの訓練 ... 276
9.3 条件付き尤度の最適化による識別学習 ... 279
9.4 隠れ変数をもつ確率モデル ... 283
9.4.1 期待値最大化 ... 285
9.4.2 ガウス型混合モデル ... 286
9.5 圧縮ベースのモデル ... 289
9.6 確率モデル：まとめと参考文献 ... 291

10. 特徴量 ... 294
10.1 特徴量の種類 ... 294
10.1.1 特徴量の計算 ... 295
10.1.2 カテゴリカル特徴量，順序特徴量，量的特徴量 ... 299
10.1.3 構造化された特徴量 ... 301
10.2 特徴量変換 ... 303
10.2.1 閾値化と離散化 ... 303
10.2.2 正規化とキャリブレーション ... 309
10.2.3 不完全特徴量 ... 318
10.3 特徴量の構築と選択 ... 319
10.3.1 行列変換と分解 ... 321
10.4 特徴量：まとめと参考文献 ... 323

11. モデルアンサンブル ... 326
11.1 バギングとランダムフォレスト ... 327
11.2 ブースティング ... 329
11.2.1 ブースティング ... 329
11.2.2 ブースティングによるルール学習 ... 333
11.3 アンサンブルの風景の地図を描く ... 334
11.3.1 バイアス，分散，マージン ... 334
11.3.2 その他のアンサンブル法 ... 335
11.3.3 メタ学習 ... 336
11.4 モデルアンサンブル：まとめと参考文献 ... 337

12. 機械学習実験 ……………………………………………………… 339
12.1 測定対象 …………………………………………………… 340
12.2 測定方法 …………………………………………………… 343
12.3 解釈方法 …………………………………………………… 346
12.3.1 複数のデータ集合にわたる結果の解釈 ……………………… 348
12.4 機械学習実験：まとめと参考文献 ………………………………… 352

13. エピローグ ……………………………………………………… 354

参 考 文 献 ……………………………………………………………… 357
索　　　引 ……………………………………………………………… 366

Chapter 0

プロローグ：機械学習サンプラー

　気づいていない人もいるかもしれないが，おそらく誰もが機械学習のテクノロジーのお世話になっているだろう．ほとんどの電子メールクライアントは，スパムメール[*1)]を除去するフィルターの機能を備えている．初期のスパムフィルターは，正規表現などの技術を駆使してパターンの照合を行っていたが，それもすぐに限界を迎えた．スパム (spam) ではない電子メールのことをハム (ham) と呼ぶことがあるが，あるユーザーに届いたスパムメールは他のユーザーにとってはハムかもしれず，従来の手法ではこのようなユーザーごとに融通を利かせたスパムの判定が難しかったのである．このような適応性や融通性が必要な場合に機械学習の手法はとても有効である．

　SpamAssassin というオープンソースのスパムフィルターがある．このフィルターは，受け取る電子メールそれぞれに対してあらかじめ決められた数多くのルール (SpamAssassin の用語では 'テスト' という) に引っかかるかどうかをチェックし，引っかかればそのルールに対する 'スコア (score)' を加算する．そして，それらの合計スコアが 5 以上であれば 'junk' というフラグ情報とレポートを電子メールのヘッダーに追記する．以下は，著者が受け取ったある電子メールに対する SpamAssassin のレポートの例である．

```
-0.1 RCVD_IN_MXRATE_WL       RBL: MXRate recommends allowing
                             [123.45.6.789 listed in sub.mxrate.net]
 0.6 HTML_IMAGE_RATIO_02     BODY: HTML has a low ratio of text to image area
 1.2 TVD_FW_GRAPHIC_NAME_MID BODY: TVD_FW_GRAPHIC_NAME_MID
 0.0 HTML_MESSAGE            BODY: HTML included in message
 0.6 HTML_FONx_FACE_BAD      BODY: HTML font face is not a word
 1.4 SARE_GIF_ATTACH         FULL: Email has a inline gif
 0.1 BOUNCE_MESSAGE          MTA bounce message
 0.1 ANY_BOUNCE_MESSAGE      Message is some kind of bounce message
 1.4 AWL                     AWL: From: address is in the auto white-list
```

[*1)] スパム (spam) は spiced ham の略であり肉製品の名前であるが，イギリスで放送されていた「空飛ぶモンティ・パイソン」というテレビ番組で 1970 年にスパムという名を連呼するコントがあり，それが大量に送られてくる迷惑メールと結び付けられ，スパムメールという呼称が広がった．

左から順に，テストに対するスコア，テストの識別名，短いコメントなどが並んでいる．スコアは，負の値もとりうるが，その場合はスパムよりもハムである可能性が高いことを示唆する．いま，合計スコアは $-0.1 + 0.6 + \cdots + 1.4 = 5.3$ であるので，この電子メールはスパムであるかもしれないことを示している．実は，この電子メールは，他の14.6という高い合計スコアをもつ電子メールがスパムとして除去されたことを報告する中間サーバーからのメールである．その報告メールのなかにもとの電子メールの内容が含まれているため，合計スコアが高くなってしまったのである．

さらにもう1つ，以下の例は，私にとっては大事だったにも関わらずスパムのフォルダーに振り分けられてしまった電子メールについてのSpamAssassinの報告である．

```
2.5 URI_NOVOWEL            URI: URI hostname has long non-vowel sequence
3.1 FROM_DOMAIN_NOVOWEL    From: domain has series of non-vowel letters
```

この電子メールは，2001年から共同開催されているthe European Conference on Machine Learning (ECML)とthe European Conference on Principles and Practice of Knowledge Discovery in Databases (PKDD)の2つの国際会議に投稿した論文に関するものであったのだが，この会議が2008年に使っていた 'www.ecmlpkdd2008.org' というドメイン名にSpamAssassinが反応したのだ．このドメイン名は，機械学習の研究者にとっては信頼できるものであることがわかるのだが，母音(vowel)でない文字が11回も連続で使われており，SpamAssassinがスパムの疑いを向けてしまったのだ．この例からわかるように，SpamAssassinのそれぞれのテストの重要度というのは，ユーザーごとに異なるのである．そして，機械学習は，ユーザーに応じたソフトウェアを作成する優れた方法を提供してくれる．

SpamAssassinは，数多くのテストのそれぞれにどのようにスコア(または重み(weight)とも呼ぶ)を設定しているのだろうか．ここで登場するのが機械学習である．ユーザーの手によってスパムであるかハムであるかが分類済みの電子メールがたくさんあるとする．機械学習ではこのようなデータを訓練データ(training set; training data)と呼ぶ．この訓練データをもとに，スパムに対しては合計スコアが5より大きくなり，ハムに対しては5より小さくなるようなスコアを各テストに割り振ることが目標である．機械学習には，まさにこのための方法がいろいろとあるが，しばらくの間は単純な例と方法を用いて主となるアイデアを説明していく．

例 0.1 線形分類

簡単のために，テストは2つのみで，訓練データとして4つの電子メールがある場合を考える．4つの電子メールのうち1つがスパムであるとする(表0.1)．表0.1の1行めのスパムは両方のテストに引っかかっており，2行めのハムはどちらにも引っかかっていない．3行めのハムは1つめのテストのみに引っかかり，4

行めのハムは2つめのみに引っかかっている．両方のテストに重み4を割り振ったときの合計が表 0.1 の 5 列めに与えられており，5 点を基準としたときに，この得点の付け方でスパムとハムをうまく分類できていることがわかる．背景 0.1 で紹介している数学的な表現を使えば，この分類のルールを $4x_1 + 4x_2 > 5$ または $(4,4) \cdot (x_1, x_2) > 5$ などと表すことができる．各テストの重みを 2.5 から 5 の間の共通の値に設定しているときは，両方のテストに引っかかったときにのみ閾値 5 を超える．また，各テストの重みは異なっていてもかまわないが，その場合，各重みが 5 より小さく合計が 5 よりも大きくなるように設定しなくてはならない（といっても，この訓練データからは，わざわざ異なった重みを与える必要性はそれほど感じられないが）．

電子メール	x_1	x_2	スパム？	$4x_1 + 4x_2$
1	1	1	1	8
2	0	0	0	0
3	1	0	0	4
4	0	1	0	4

表 0.1 SpamAssassin の訓練データのごく簡単な例．x_1, x_2 の列は 2 つのテストのそれぞれの結果を表している．4 列めはどの電子メールがスパムかを表している．一番右の $4x_1 + 4x_2$ の値を 5 点を基準として見比べれば，この得点の付け方でスパムとハムをうまく分類できていることがわかる．

この単純な例でやっていることのいったいどこが「学習」なのかと思われるかもしれない．確かに SpamAssassin がこの例でやっていることは単なる数学の問題である．しかし，それを「訓練データから学習している」と見なすことはそれほど不合理というわけでもない．とくに，もっと訓練データの量が増えて複雑な問題になってくると，SpamAssassin が学習しているという雰囲気が出てくる．また，経験を通して性能 (performance) を改善するという方針は，機械学習のほとんどの場合における共通事項であり，その意味でもこの例は機械学習の基本的な枠組みを示している．以上のことを踏まえて，「機械学習」を次のように定義する．機械学習とは，経験を通して知識や性能を改善するためのアルゴリズムやシステムについての体系的な研究のことである．SpamAssassin の場合でいえば，「経験」とは訓練データのことであり，「性能」というのはスパムを正しく分類する能力のことを指す．スパムの分類のタスクにおいて，機械学習がどのように組み込まれているのかを図式化したものが図 0.1 である．他の機械学習の問題においては，間違いの指摘によって改善させたり，目標達成時の報酬によって改善させたりと，違った形の「経験」によって改善がなされることもある．また，人間の学習の場合と同じように，機械学習においても性能の直接の改善が必ずしもなされるわけではなく，知識の改善がなされている場合も多い．

背景 0.1　SpamAssassin の数学的表現

本書の決まりごととして，「背景」では，役立つ概念や記法について簡単に紹介している．これらの背景の内容について不慣れな読者は，他の関連する本や，www.wikipedia.org や mathworld.wolfram.com などのウェブ上の情報を参照されたい．

SpamAssassin を数学的に表現する方法は何通りもある．

まず，ある電子メールの i 番めのテストの結果を x_i で表し，$x_i = 1$ であるときはテストに引っかかっており，$x_i = 0$ のときはそうではないとする．テストは全部で n 個あるとし，i 番めのテストの重みを w_i で表すと，ある電子メールの合計スコアは $\sum_{i=1}^{n} w_i x_i$ となる．ここで w_i は，$x_i = 1$ のとき(テストに引っかかったとき)のみ合計スコアに加算されている．そして，t をスパム判定の基準点(我々の例では 5 点)とすると，$\sum_{i=1}^{n} w_i x_i > t$ のときにスパムに分類することが SpamAssassin の決定ルール (decision rule) である．

この不等式の左辺は x_i について線形である．つまり，x_i が δ だけ変化したときに合計スコアが δw_i だけ変化し，その変化は x_i の値に依存しない．このような性質は，x_i が 2 乗やもっと高い次数の非線形の形で合計スコアのなかに現れるときには成り立たない．

線形代数の記法を使うともっと簡略化して書くことができる．重みからなるベクトル $(w_1, \ldots, w_n)$ を $\mathbf{w}$ で表し，テストの結果からなるベクトル $(x_1, \ldots, x_n)$ を $\mathbf{x}$ で表せば，上の不等式はベクトルのドット積(内積)を使って $\mathbf{w} \cdot \mathbf{x} > t$ と表される．不等式を等式に変えた $\mathbf{w} \cdot \mathbf{x} = t$ を満たす $\mathbf{x}$ の集合は，スパムとハムを分離する決定境界 (decision boundary) になっている(決定境界を考える際には x_i は 0 や 1 だけでなく連続的な値をとりうると考えている)．左辺の式は x_i について線形であるので，決定境界は平面である．$\mathbf{w}$ は，この平面に直交しスパムの方向を向いたベクトルである．図 0.2 は $\mathbf{w}$ と $\mathbf{x}$ の関係を描いたものである．

定数の変数 (variable) $x_0 = 1$ を便宜的に導入することで，さらに簡略化して書くことができる．$x_0 = 1$ に対応する重み w_0 は $w_0 = -t$ に固定する．$x_0 = 1$ を含めるように拡張したデータのベクトルを $\mathbf{x}° = (1, x_1, \ldots, x_n)$ とし，同様に拡張した重みのベクトルを $\mathbf{w}° = (-t, w_1, \ldots, w_n)$ とする．すると，上の決定ルールの不等式は $\mathbf{w}° \cdot \mathbf{x}° > 0$ となり，決定境界の等式は $\mathbf{w}° \cdot \mathbf{x}° = 0$ となる．このような拡張した座標系(同次座標系と呼ばれる)を用いることで，次元が 1 つ増えてしまうという犠牲はあるが，決定境界が原点を通ることになる(座標系をこのように拡張してもデータ自体には何の影響もなく，データと「もとの」決定境界は $x_0 = 1$ の平面上にある)．

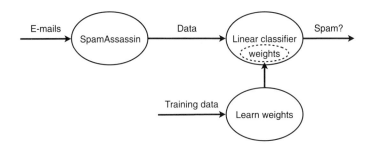

図 0.1 電子メールのスパム分類に SpamAssassin がどのように関わっているのかが図の上側に描かれている．まず，各々の電子メールに対し，SpamAssassin のいくつものテストの結果 $x_1,\ldots,x_n$ が得られ，それによってデータ点 $(x_1,\ldots,x_n)$ が求まる．そして，線形分類器 (線形分類のルール) を用いてそのデータ点がスパムに属するかハムに属するかを判別する．図の下側では，訓練データから各テストの重みを決めてその結果を線形分類器に取り入れるという機械学習の流れが描かれている．

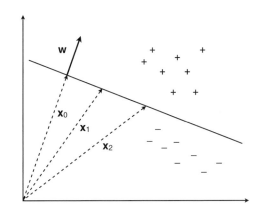

図 0.2 2 次元の場合の線形分類の例．図の直線は $\mathbf{w}\cdot\mathbf{x} > t$ かどうかを分けており，その決定境界は $\mathbf{w}\cdot\mathbf{x} = t$ で表される．ここで，$\mathbf{x}_i$ は決定境界上の点であるとし，$\mathbf{w}$ は決定境界に直交して正の方向を向いたベクトルであり，t は決定ルールの基準点である．とくに，$\mathbf{x}_0$ は，$\mathbf{w}$ と同じ方向を向いたベクトルであるとして描かれているので，$\mathbf{w}\cdot\mathbf{x}_0 = ||\mathbf{w}||\,||\mathbf{x}_0|| = t$ である．ここで $||\mathbf{x}||$ は $\mathbf{x}$ の長さを表すとする．以上より，決定境界は $\mathbf{w}\cdot(\mathbf{x}-\mathbf{x}_0) = 0$ とも表すことができるが，このように表すことによって，決定境界の位置が $\mathbf{w}$ の長さではなくて方向に依存していることがよりわかりやすくなる．

すでに例 0.1 でもみられるように，機械学習の問題では訓練データに対して同程度の性能をもつ解がいくつも存在する場合がある．このような場合に，どの解を選べばよいのかという問題が浮かび上がってくるが，この問題に対する 1 つの考え方として，訓練データに対する性能の向上に固執しすぎないようにして，これからやってくるたくさんの電子メールを正しく分類してくれるような解を選ぶようにする，という方針が挙げられる．そもそも，正しい分類結果がすでにわかっている訓練データに対して性能を向上させるという行為には，循環論法的な落とし穴が存在する．ある分類器 (分類のルール) による分類が正しく行われたかどうかを知るためには，正しい分類結果を知っている必要があるが，もしそれがわかっているのであればわざわざ分類器を用いる必要はないのである．つまり，訓練データに対する性能というのは 1 つの結果であって，目標ではないのである．さらに，訓練データに対する性能の向上に勤しみすぎると，過適合 (過学習; overfitting) という問題が引き起こされてしまう．

> **例 0.2 過適合**
> あなたが「機械学習」という授業の期末試験勉強をしているとする．授業担当の Flach 教授は親切にも過去問とその模範解答をウェブ上に用意してくれていた．あなたは，まず，過去問を解いてみて，自分の解答と模範解答とを比較する．ここまでは良いのだが，あなたは，過去問に対する模範解答を記憶することのみに夢中になってしまった．もし，今度の期末試験が過去問とまったく一緒であれば，あなたはとても良い点をとれる．しかし，同じ題材に関する違う問題ばかりが出された場合には，あなたは低い点しかとれないことになる．この場合，あなたは，過去問に対して「過適合」してしまったことになる．そして，それによって得た知識は，新しい試験問題に対しては役に立たないのである．

機械学習において，汎化 (generalisation) と呼ばれるものは最も基本的な概念である．SpamAssassin がもともともっているスパムの分類に関する知識があなたの電子メールの分類にも良い性能をもつ場合 (「汎化可能」な場合) であればそのまま SpamAssassin を使えばよいが，そうでない場合には違った対処を模索しなくてはならない．つまり，過適合という問題以外にも，新しいデータに対する性能を低下させる原因があるのである．SpamAssassin が重み付けの参考にしたであろう訓練データは，当然あなたの電子メールとは趣が異なっている．この種のミスマッチを解消するには，あなたが実際に受け取ったスパムとハムを訓練データにして SpamAssassin を再学習させてしまえばよいのである．このように，機械学習は，ユーザーごとの状況に応じて性能を向上させるという作業が非常に得意である．

以上より，訓練データに対して同程度の性能をもつ解がいくつも存在する場合には，過適合していないものを選べばよいことがわかる．この選択の方法については，この

本のなかでいくつか紹介する．今度は逆に，訓練データに対してあまり良い性能をもつ解が存在しない場合について考える．例えば，例 0.1 でどちらのテストにも引っかからなかった 2 番めの電子メールがスパムだった場合を考えてみる．すると，1 つの直線ではスパムとハムを分離できないことがわかる (x_1 と x_2 を横軸と縦軸にした平面に 4 点をプロットすれば納得できるはずである)．この場合の対処にはいくつかのアプローチがある．1 つは，このスパムが特殊例であるか，または，間違ってスパムとラベル付けされていた (いわゆるノイズ (noise)) として，無視するという態度が考えられる．他のやり方として，より表現力の高い分類器に切り替えるということも考えられる．例えば，スパムの分類に 2 つめのルールを付け加えるという方法も考えられる．$4x_1 + 4x_2 > 5$ という現状のルールに $4x_1 + 4x_2 < 1$ を付け加えれば，これらを満たす訓練データの電子メールはスパムに分類される．ただし，このような追加をするときには，新しい閾値や重みベクトルなどを学習するための十分な量の信頼できる訓練データが手元にあることが前提である．

SpamAssassin のような線形の分類は，機械学習の雰囲気を紹介する際には役立つが，もちろん機械学習でできることはそれだけではない．SpamAssassin でテストの重みだけではなくて，テストの形自体を学習するのはどうであろうか？ text-to-image の比[*2]が良いテストかどうかをどうやって決めるのであろうか？ そもそも，どうやってテストを用意するのであろうか？ 機械学習はこれらのための方法を提供してくれる．

これまでに SpamAssassin でみたテストの例では電子メールの文章の意味はあまり使っていなかったが，'Viagra (バイアグラ)' や 'free iPod (無料の iPod)' や 'confirm your account details (アカウント情報の確認)' のようなスパムを匂わせる言葉や，逆に，友人のニックネームなどのようなハムであることを示唆する言葉もスパムの分類には有用である．実際に，多くの電子メールフィルターでテキスト分類の技術 (文章の意味などを考慮して分類する手法) が使われている．だいたいの場合，そのようなフィルターにはスパムの分類に役立つと思われる単語やフレーズのリストがある．そして，訓練データから，それらの単語やフレーズに対する統計情報を構築する．例えば，訓練データにおいて，'Viagra' という単語がスパムに 4 回，ハムに 1 回現れていたとする．もし，新しい電子メールが 'Viagra' という単語を含んでいれば，それがスパムであるというオッズは 4 : 1，つまり，0.8 の確率でスパムであり 0.2 の確率でハムであるとする (確率論については背景 0.2 を参照のこと)．

背景 0.2 確率論の基礎

確率論では，確率変数 (random variable) というものを用いる．確率変数とは事

[*2] [訳注：SpamAssassin のテストの 1 つ．]

象 (event) の結果を記述する変数である．ここでいう事象とは，仮想上のものであり，起こりうる確率が見積もられているとする．例えば，「首相の支持率は 42% である」という言明について考える．この言明が正しいかどうかを確かめるには，全有権者に聞いてみるしかないが，それは不可能に近い．代わりに全有権者から抽出される標本に対して質問が行われるが，その場合の正しい言明は「標本における首相の支持率は 42% である」または「首相の支持率は 42% であると見積もられる」となる．これらの言明は相対頻度に基づいた表現であるが，確率の言葉でいえば「無作為に抽出された 1 人の有権者が首相を支持する確率は 0.42」となる．この場合の事象は，「無作為に抽出された 1 人の有権者が首相を支持する」である．

「条件付き確率 $P(A\mid B)$」は，B という事象が起こったもとでの事象 A が起こる確率を表す．例えば，首相の支持率は男女で異なるかもしれない場合を考える．$P(\text{PM})$ で首相を支持する確率を表し，$P(\text{PM}\mid \text{woman})$ で女性が首相を支持する確率を表すとする．すると，$P(\text{PM}\mid \text{woman}) = P(\text{PM}, \text{woman})/P(\text{woman})$ という等式が成立する．ここで，$P(\text{PM}, \text{woman})$ は，無作為に抽出された有権者が首相を支持し，かつ女性であるという同時確率を表す．また，$P(\text{woman})$ は，無作為に抽出された有権者が女性であるという確率 (全有権者における女性の割合) を表す．

同時確率における等式 $P(A, B) = P(A\mid B)P(B) = P(B\mid A)P(A)$ から $P(A\mid B) = P(B\mid A)P(A)/P(B)$ が導かれる．後者の等式は，「ベイズの法則」として知られ，本書でも重要な役割を果たす．これらの等式は，事象や確率変数が 3 つ以上の場合にも拡張することができ，例えば $P(A, B, C, D) = P(A\mid B, C, D)P(B\mid C, D)P(C\mid D)P(D)$ などが成立する．この性質は「連鎖律 (chain rule)」と呼ばれている．

$P(A\mid B) = P(A)$ が成立するとき，つまり，事象 B が起こるかどうかが事象 A の確率に影響しないときに，事象 A と B は独立であるという．この等式は $P(A, B) = P(A)P(B)$ とも同値である．一般に，確率を掛け算しているときには，それらの事象が独立であるということを仮定している．

ある事象のオッズ (odds) とは，事象が起こるときの確率と起こらないときの確率の比として定義される．ある事象が確率 p で起こるとすると，そのオッズ o は $o = p/(1-p)$ と表される．逆に，確率はオッズで $p = o/(o+1)$ と表される．例えば，確率 0.8 に対応するオッズは $4:1$ ($o=4$) であり，オッズ $1:4$ ($o=1/4$) に対応する確率は 0.2 である．また，ある事象が起こるか起こらないかが同様に確からしいとき (コイン投げで表が出るかどうかのような場合) には，確率は 0.5 でオッズは $1:1$ である．オッズよりも確率のほうが使用場面は多いが，ベイズの法則を用いた計算をするときなどのようにオッズのほうが便利な場合もある．

ところで，スパムの割合についての情報も考慮に入れると，状況はやや複雑になる．仮に，6 通のハムに対して 1 通のスパムという割合で電子メールが来るとすると，次に

来る電子メールがスパムであるオッズは 1 : 6 である．さらに，スパムにおいて 'Viagra' という単語が含まれる事象とハムにおいて 'Viagra' という単語が含まれる事象とのオッズは 4 : 1 であるとする[*3]．すると，ベイズの法則によって，スパムであるオッズが 1 : 6 と 4 : 1 の掛け算 4 : 6 で与えられることがわかる[*4]．つまり，'Viagra' という単語が含まれている電子メールでも，スパムの確率が 0.4 であるので，ハムと判断するほうが安全だということになってしまう．これはいったいどういうことなのだろうか．

'Viagra' という単語が含まれる電子メールがスパムかどうかを考えるときには，スパムが来る割合と，'Viagra' という単語がスパムとハムに現れる割合の両方を勘案しなければならない．次に来る電子メールがスパムであるオッズが 1 : 6 であったとき，もし 'Viagra' という単語が入っていれば，スパムのオッズは 1 : 6 より上昇すると考えられる．ただし，いまの場合，'Viagra' という単語によるオッズの上昇は 4 : 1 程度であるので，スパムであると判断するにはやや弱いのである．確かにいえることは，'Viagra' という単語によって，ハムである確率が $6/7 = 0.86$ から $6/10 = 0.6$ に落ちるということだけである．

ベイズ流の分類の長所として，新たな証拠を確率のなかにどんどん取り込むことができるという点が挙げられる．例えば，スパムにおいて 'blue pill (青い錠剤)' という単語が含まれる事象とハムにおいて 'blue pill' という単語が含まれる事象とのオッズが 3 : 1 であるとする．もし，電子メールに 'Viagra' と 'blue pill' の両方の単語が入っていたとすると，そのオッズは 4 : 1 と 3 : 1 の掛け算 12 : 1 になり[*5]，次に来る電子メールがスパムであるオッズ 1 : 6 を上回る．結局，この場合の電子メールがスパムであるオッズは 1 : 6 と 12 : 1 を掛けて 2 : 1 であり，スパムの確率は，0.4 という値 ('blue pill' の有無を考慮しなかった値) から 0.67 くらいに上昇する．

ところで，電子メールフィルターでは 1 万以上もの単語やフレーズをスパムの分類のためのリストに入れているのが普通であるが，そのような特徴量 (feature) がたくさんあるときに，それらの同時確率をまともに推定したり操作したりするのは計算コスト的に実行不可能である場合も多い．このような場合には，いくつかの単語からなるフレーズは単語に分解されて解析されたりする．例えば，$P(\text{blue pill})$ は $P(\text{blue})P(\text{pill})$ として推定することで計算コストを減らしたりする．リストに入れる単語やフレーズは，専門家が試行錯誤により選んでもよいが，計算コストを減らす工夫をすることによって，たくさんある候補のなかから重要な言葉やその組み合わせを分類器に選び出してもらうことも可能になる．

ベイズ流の分類の例において，'Viagra' と 'blue pill' についてのオッズを掛け算して

[*3] [訳注：$\frac{P(\text{Viagra}|\text{spam})}{P(\text{Viagra}|\text{ham})} = 4$]

[*4] [訳注：ベイズの法則より $\frac{P(\text{spam}|\text{Viagra})}{P(\text{ham}|\text{Viagra})} = \frac{P(\text{Viagra}|\text{spam})}{P(\text{Viagra}|\text{ham})} \cdot \frac{P(\text{spam})}{P(\text{ham})}$ となる．]

[*5] [訳注：$\frac{P(\text{Viagra},\text{blue pill}|\text{spam})}{P(\text{Viagra},\text{blue pill}|\text{ham})} = \frac{P(\text{Viagra}|\text{spam}) \cdot P(\text{blue pill}|\text{spam})}{P(\text{Viagra}|\text{ham}) \cdot P(\text{blue pill}|\text{ham})} = 12$]

いたが，それはつまり，それらの間に独立性を仮定していたということである．しかし，実際にはこれら 2 つは独立ではなく同時に現れる可能性がかなり高い．確率論的にいえば以下のようになる．

- ♣ $P(\text{Viagra} \mid \text{blue pill})$ は 1 に近い値になる．
- ♣ よって，同時確率 $P(\text{Viagra}, \text{blue pill})$ は $P(\text{blue pill})$ と近い値になる．
- ♣ それゆえ，'Viagra' と 'blue pill' の 2 つによるスパムのオッズの上昇は，'blue pill' だけの場合とほとんど変わらない．

違ういい方をすれば，2 つのオッズを掛け算することで，1 つで十分な情報を二重に取り込んでしまっているのである．つまり，12:1 というオッズは過大評価で，本当のオッズは例えば 5:1 くらいであると考えられる．

このような過大評価を避けるには，2 つが同時に起こるという事象をきちんと評価すればよいが，そもそも計算コスト的にそれら 2 つが独立だと仮定しなければ実行困難だったことも考えると，あちらを立てればこちらが立たずという状況に追い込まれているようにも思える．我々はこの状況を打破したいのだが，以下のようなルールベースのモデルは我々が求めているものに近いのかもしれない．

1) もし電子メールが 'Viagra' という単語を含んでいれば，スパムかどうかのオッズを 4:1 と推定する．
2) そうではなく，もし，'blue pill' というフレーズを含んでいれば，スパムかどうかのオッズを 3:1 と推定する．
3) 以上の 2 つの状況に当てはまらなければ，スパムかどうかのオッズを 1:6 と推定する．

1 つめのルールでは，'blue pill' を含むかどうかによらず，'Viagra' を含むかどうかだけでオッズを定めているため，過大評価は起こらない．2 つめのルールでは，'Viagra' を含まずに 'blue pill' を含む電子メールのオッズを定めている．3 つめのルールでは，1 つめと 2 つめのルールに当てはまらなかった電子メールのオッズを定めている．

ルールベースの分類の本質は，すべての電子メールが同じ方法で扱われるのではなく，ケースバイケースで扱われるという点にある．各々のケースにおいて，最も関連性の高い特徴量だけがオッズの決定に使われる．また，以下のように，それぞれのケースを階層的に表現してもよい．

1) 電子メールが 'Viagra' という単語を含むか？
    a) 'Viagra' を含む場合，さらに 'blue pill' も含むか？
        i. もしそうなら，スパムかどうかのオッズを 5:1 と推定する．
        ii. もしそうでないなら，スパムかどうかのオッズを 4:1 と推定する．
    b) 'Viagra' を含まない場合，'lottery (宝くじ)' を含むか？

i. もしそうなら，スパムかどうかのオッズを 3 : 1 と推定する．
　　　ii. もしそうでないなら，スパムかどうかのオッズを 1 : 6 と推定する．

これらの 4 つのケースは，'Viagra' を含むが 'blue pill' は含まない，といった論理的な条件の形で表すことができる．後の章において，ルールベースのモデルに対し，予測の意味で最も良い特徴量の組み合わせを得るための効率的なアルゴリズムについて扱う．

これまでに，スパムメール認識の例において実践的ないくつかの例をみてきた．それらの例におけるタスクは二値分類 (二値判別; binary classification) と呼ばれるもので，電子メールのような「対象」をスパムかハムのような 2 つの「クラス」に割り当てるタスクである．SpamAssassin では，電子メールの特徴量は専門家が手作業で選び出していたが，ベイズ流のテキスト分類では大量の語彙を機械的に扱うことができた．次にやることは，スパムとハムの分類にそれらの特徴量をどう役立てるのかを考えることである．訓練データ (正しくラベル付けされた電子メール) を解析して，以下のような，特徴量とクラスの間を結び付けるモデル (model) として最適なものを見つけ出すのである．

♣ SpamAssassin の例では，$\sum_{i=1}^{n} w_i x_i > t$ という形の線形不等式を使って，左辺が t というある決められた閾値以上であればスパムであると分類していた．ここで，x_i は 0 または 1 の値の特徴量 (ブール特徴量) であり，i 番めのテストに引っかかった場合には 1 とし，そうでない場合には 0 であるとする．また，w_i は訓練データから学習して得られた i 番めのテストに対する重みである．
♣ ベイズ流の分類の例では，$\prod_{i=0}^{n} o_i$ という形の決定ルールを用いていた．ここで，$o_0 = P(\text{spam})/P(\text{ham})$ は事前のオッズであり，$o_i = P(x_i \mid \text{spam})/P(x_i \mid \text{ham})$ ($i = 1,\ldots,n$) である．
♣ ルールベースの例においては，論理的な条件分岐を組み立てて分類していた．

これで，タスク (task) とモデル (model) と特徴量 (feature) という 3 つの主な材料がそろった．図 0.3 は，これら 3 つの材料がどのように関連し合っているのかを表している．図 0.3 を図 0.1 と見比べれば，学習という作業が，適切なパラメータの探索だけにとどまらず，モデルの構築というより一般的な形をとっていることがわかるが，広範囲におよぶさまざまなモデルを機械学習に組み込む際に，この汎用性が役に立つのである．ここで，タスク (task) と学習の問題 (learning problem) の違いを強調しておきたい．タスクはモデルを使って取り組まれるが，一方で，学習の問題はモデルを生成するアルゴリズムによって解かれる．この意味的な違いは広く認識されてはいるが，使っている用語は統一されていない．例えば，他の教科書では「学習の問題 (learning problem)」のことを「学習のタスク (learning task)」と呼んでいることもある．

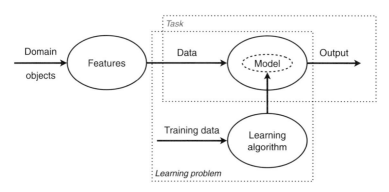

図 **0.3** 与えられたタスクに対処するために，機械学習がどのように使われているのかを表す概略図．タスク (上の枠) においては，特徴量によって記述されるデータから出力を紡ぎ出す適切なモデルが必要である．訓練データからそのようなモデルを構築することが，学習の問題を構成する (下の枠)．

以上をまとめると，機械学習の関心は，正しい特徴量 (feature) を用いて，正しいモデル (model) を作り，正しいタスク (task) をこなすことにある．食事にたとえるなら，これら 3 つを材料のどれをおろそかにしても，おいしい料理は出来上がらない．実際のデータに応用するには，注意深く調理しなくてはならない．料理人は材料を熟知していてはじめておいしい料理が作れるのであり，それは，機械学習の専門家でも同じことなのである．これらの材料については第 2 章以降で詳しく学ぶことになるが，その前に，次の章ではさまざまな例を試食していただきたい．

Chapter 1

機械学習の三大要素

「機械学習の関心は，正しい特徴量を用いて，正しいモデルを作り，正しいタスクをこなすことにある」．図 0.3 で表されるこのスローガンによって，プロローグを終えたのであった．特徴量 (feature) とは，電子メールや複雑な有機分子といった解析の対象を表現するための「言語」といえる．いったん適切な特徴量が取り出せれば，それ以後はそれぞれの対象に戻って考える必要はなくなる．それゆえ特徴量は機械学習において重要な役割を担う．このことについては 1.3 節でより詳しく述べよう．タスク (task) とは，解析対象に関して解きたい問題を抽象的に表現したものである．よくあるのは対象をいくつかに分類するような問題だが，それ以外のタスクも本書には出てくる．そして，タスクの多くはデータ点から出力への写像として表すことができる．さらに，この写像やモデル (model) それ自体が，機械学習アルゴリズムによって訓練データから算出される．1.2 節でみるように，モデルは非常に多様な候補のなかから選ばれるのである．

この章のはじめは，タスク，つまり機械学習で解ける問題について扱う．多種多様な機械学習のモデルがあるが，よくみるとほんの少数のタスクのうちの 1 つを解くために，たった 2, 3 の異なる特徴量を使って作られたものであることがわかる．モデルは機械学習分野に多様性を与えるが，タスクと特徴量は統一性を与えるといってもよいかもしれない．

1.1 タスク：機械学習で解ける問題

プロローグでふれたスパムメール認識問題は二値分類タスクの例である．二値分類は機械学習において最も一般的なタスクであり，本書でも頻繁に登場するが，当然の拡張として 3 つ以上のクラスをもつ分類問題が挙げられる．例えば，いくつかの種類のハムメールを分類したい場合がそうだ (仕事のメールとプライベートなメール等)．この場合，二値分類を組み合わせることによって対処でき，最初にスパムメールとハムメールを，続いてハムメールを仕事メールとプライベートメールに分類すればよい．しかし，この方法では潜在的に有用かもしれない情報，例えばスパムメールは仕事の

メールよりプライベートメールに似た傾向があるといったことが抜け落ちてしまう可能性がある．よって，多値分類 (multi-class classification) をまた別の機械学習タスクとして扱うことにはそれなりの意義がある．もっとも，いずれにせよ特徴量とクラスを結び付けるためのモデルを学習しなくてはいけないのだから，たいした違いはないように思えるかもしれない．しかし，多値分類を最大限に一般化しようとしたとき，いくつかの概念について再考が必要であることに気づく．例えば3つ以上のクラスがあるときに，それらの決定境界をどのように表記すればよいかはもはや自明ではない．

ときにはクラスが離散であるというしばりを捨て，実数で予測するほうが自然な場合もある．例えば電子メールの緊急度を連続値で評価することは有効かもしれない．このようなタスクを回帰 (regression) といい，本質的な例としては，いくつかの入力に対しての関数値をラベルとするような訓練データをもとに，実関数を学習する場合がある．例として，適当な数の電子メールを inbox からランダムに選び，それに緊急度のスコアを 0(無視) から 10(要即対応) まで連続値でつけたものを訓練データとしよう．この回帰タスクは通常次のように行われる．まず「特徴量に関する線形な関数」といったような関数のクラスを選び，次に予測関数値と訓練データの関数値との違いを最小化するものをそのなかから構成する．これは離散値でラベル付けされた訓練データから連続値のスパムスコアを学習する SpamAssassin とは微妙に異なる．この意味では SpamAssassin は少ない情報をもとに学習することになるが，その連続値のスコアは，決定境界から各電子メールがどれだけ離れていると SpamAssassin が判断したかを表し，予測の信頼性の指標となる．回帰タスクにおいては決定境界という概念は意味がなく，実関数予測のモデルの信頼性の評価に関しては別の手法が必要となる．

分類と回帰は，どちらも実際のクラスや関数値でラベル付けされた訓練データが手に入ることを仮定している．それでは，実際のラベル付けが非常に面倒であったり，費用がかかるとしてみよう．ラベル付けされた訓練データがなくとも，スパムメールとハムメール，仕事のメールとプライベートなメールを分ける学習は可能だろうか．答えはイエスだ．ただし，ある程度までだが．事前情報なしでデータを仕分けするタスクをクラスタリング (clustering) と呼ぶ．また，ラベルなしのデータをもとにした学習を教師なし学習 (unsupervised learning) と呼び，ラベル付きの訓練データをもとに学習する教師あり学習 (supervised learning) とは明確に区別する．典型的なクラスタリングのアルゴリズムは，インスタンス (instance: 電子メールのようにクラスタリングしようとしている対象のこと) 間の類似性を評価し，似ているインスタンス同士を同じクラスターに，似ていないインスタンス同士を異なるクラスターに入れるものである．

例 1.1 類似性の評価

テキスト分類の例のように電子メールを単語頻度の特徴量で表すと，電子メールの類似性は，それぞれに共通に現れる単語を用いて評価される．例えば2通の電

子メール両方に共通して出現した単語数を，それぞれの電子メールのみで出現した単語数の和で割ったものを考えよう (これはジャカード係数 (Jaccard coeffcient) と呼ばれる)．いま片方のメールが 42 の相異なる単語を，もう片方のメールが 112 の相異なる単語を含み，両方のメールに共通の単語は 23 語であったとしよう．その場合，両者の類似度は $\frac{23}{42+112-23} = \frac{23}{131} = 0.18$ となる．これを用いて，同じクラスター内の電子メール間の平均類似度が，異なるクラスター間のものより非常に大きくなるようにクラスタリングすればよい．もちろんこれはマジックではないし，結果がスパムメールとハムメールの 2 つのクラスターにきれいに分かれることを期待するのはあまり現実的ではないが，クラスターによって，興味深く有益なデータ内の構造が明らかになるかもしれない．例えば，ある種類のスパムメールが他のメールにはみられない共通の単語や言語を含んでいるときに，それらのスパムメール群を特定できるかもしれない．

他にも教師なし学習ができる多くのパターンがある．アソシエーションルール (association rule; 関連ルール，相関ルール) はマーケティングにおける応用例で，オンラインショッピングサイトでよくみられる．例えば，www.amazon.co.uk で *Kernel Methods for Pattern Analysis* (John Shawe-Taylor and Nello Cristianini 著) を検索すると，「この商品を買った人はこんな商品も買っています」の後に，

- ♣ *An Introduction to Support Vector Machines and Other Kernel-based Learning Methods* by Nello Cristianini and John Shawe-Taylor,
- ♣ *Pattern Recognition and Machine Learning* by Christopher Bishop,
- ♣ *The Elements of Statistical Learning: Data Mining, Inference and Prediction* by Trevor Hastie, Robert Tibshirani and Jerome Friedman,
- ♣ *Pattern Classification* by Richard Duda, Peter Hart and David Stork,

と 34 の他のおすすめが表示される．これらの関連商品は，同時に購入されることが多い商品同士に注目するようなデータマイニングアルゴリズムによって見つけられる．通常これらのアルゴリズムは，一定回数以上購入された商品のみを用いて計算する (あなただって，上記 39 冊すべてを同時購入したただ 1 人のデータをもとに本を推薦されたくはないでしょう!)．もっと興味深いのは，ショッピングカート内の複数の商品によって見つかる関連である．他にも，実数値変数間の相関を含めたさまざまな関連を学習し，応用することが可能である．

1.1.1 構造を探る

他の多くの機械学習モデルと同様，パターンはデータに潜んだ構造の発現である．この構造は単一の隠れ変数 (hidden variable; あるいは潜在変数 latent variable) によって

表されることもある．これは物理学でいえば，エネルギーのように直接観測はできないが説明には必要な量のようなものだ．それでは以下の行列を考えてみよう．

$$\begin{pmatrix} 1 & 0 & 1 & 0 \\ 0 & 2 & 2 & 2 \\ 0 & 0 & 0 & 1 \\ 1 & 2 & 3 & 2 \\ 1 & 0 & 1 & 1 \\ 0 & 2 & 2 & 3 \end{pmatrix}$$

各数値は 6 人の人物 (行に対応) による 4 つの映画，例えば左の列から順に『ショーシャンクの空に』『ユージュアル・サスペクツ』『ゴッドファーザー』『ビッグ・リボウスキ』の評価 (0 から 3 まで) を表しているとしよう．『ゴッドファーザー』と『ビッグ・リボウスキ』は平均 1.5 点で最も人気であり，『ショーシャンクの空に』は平均 0.5 点で最低評価のようである．それでは，この行列内に何か構造が見つけられるだろうか．

ノーと言いかけた人は，各列を他の列の組み合わせで表現できるかを考えてみてほしい．例えば，1 列めと 2 列めの和は 3 列めとなることがわかるだろう．同様に 1 行めと 2 行めの和は 4 行めとなる．つまり 4 人めは 1 人めと 2 人めの結合として表され，また『ゴッドファーザー』の評価は 1，2 本めの映画の評価の和となっている．これは以下のように行列を積の形に書き直すとより明らかになる．

$$\begin{pmatrix} 1 & 0 & 1 & 0 \\ 0 & 2 & 2 & 2 \\ 0 & 0 & 0 & 1 \\ 1 & 2 & 3 & 2 \\ 1 & 0 & 1 & 1 \\ 0 & 2 & 2 & 3 \end{pmatrix} = \begin{pmatrix} 1 & 0 & 0 \\ 0 & 1 & 0 \\ 0 & 0 & 1 \\ 1 & 1 & 0 \\ 1 & 0 & 1 \\ 0 & 1 & 1 \end{pmatrix} \times \begin{pmatrix} 1 & 0 & 0 \\ 0 & 2 & 0 \\ 0 & 0 & 1 \end{pmatrix} \times \begin{pmatrix} 1 & 0 & 1 & 0 \\ 0 & 1 & 1 & 1 \\ 0 & 0 & 0 & 1 \end{pmatrix}$$

もしかすると，1 つの行列が 3 つになって問題がより難しくなったと思われるかもしれない．しかし，よくみると右辺の 3 つの行列のうち，両端は 0，1 の値のみをとるブール型行列で，中央は対角行列 (対角成分以外が 0 である行列) である．さらに，これらの行列は映画のジャンルによるごく自然な解釈が可能だ．右端の行列は映画 (列) とジャンル (行) を関連づける．『ショーシャンクの空に』と『ユージュアル・サスペクツ』はそれぞれドラマと犯罪ものという 2 つの異なるジャンルに属している．『ゴッドファーザー』はこの両方に，『ビッグ・リボウスキ』は犯罪ものともう 1 つの別のジャンル (つまりコメディー) に属している．そして縦長の 6×3 の行列は人々の各ジャンルに対する好みを表している．1，4，5 番めの人はドラマが好きで，2，4，6 番めの人は犯罪もの，3，5，6 番めの人はコメディーが好きなのだ．最後に真ん中の行列は，犯罪ものが他の 2 つのジャンルに比べて，人の好みを決めるのに 2 倍重要性をもつことを意味している．

	予測モデル	記述モデル
教師あり学習	分類，回帰	サブグループ発見
教師なし学習	予測クラスタリング	記述クラスタリング，アソシエーションルール発見

表 1.1 機械学習の異なる設定のまとめ．行は訓練データが目的変数でラベル付けされているかどうかを表し，列は学習されたモデルが目的変数を予測するために用いられるか，もしくは与えられたデータを記述するために用いられるかを表す

映画のジャンルのような隠れ変数を見つける方法は，隠れ変数の数 (ここではジャンルの数) が，もとの行列の行や列の数に比べて非常に小さいときに力を発揮する．例えば，本書執筆時において www.imdb.com は 400 万人の投票からの約 63 万本の映画の評価をリストしているが，映画の分類は (上記のものを含めても) 27 種類のみである．もちろん，ジャンルによる映画の評価は時としてまったく意味をなさない．ジャンル間の境界は曖昧だし，コーエン兄弟によるコメディーのみが好きな人もいるだろう．その一方で，このような行列分解 (matrix decomposition) によって有益な隠れた構造が見つかる場合も多いのである．これについては第 10 章でさらに詳しく述べる．

このあたりで，今後用いる用語についてまとめておこう．ラベル付きデータを扱う教師あり学習とラベルなしデータを扱う教師なし学習の違いについてはすでに述べた．同様に，モデルの出力が目的変数 (target variable) を含むかどうかも分けて考えて，含む場合を予測モデル (predictive model)，含まない場合を記述モデル (descriptive model) と呼ぶ．これらをまとめると，4 つの異なる機械学習の設定が考えられる (表 1.1)．

♣ 最も一般的な設定は，予測モデルの教師あり学習であり，通常教師あり学習といったときはこれを指すことが多い．典型的なタスクは，分類と回帰である．

♣ 記述モデルを作るのにラベル付けされた訓練データを用いることも可能である．例えば目的変数を予測するのではなく，目的変数に対して異なる振る舞いをするようなデータの部分集合を見つける場合が挙げられる．このような記述モデルのための教師あり学習の例をサブグループ発見 (subgroup discovery) といい，6.3 節で詳説する．

♣ 記述モデルの教師なしデータからの学習は自然な設定であり，これまでにもいくつかの例をみてきた (クラスタリング，アソシエーションルール発見や行列分解など)．一般に教師なし学習といえばこのことを指すことが多い．

♣ 予測モデルの教師なし学習の例としては，データのクラスタリングではあるが，そのクラスをもとに新しいデータにラベル付けすることを前提としている場合が挙げられる．このような場合を予測クラスタリング (predictive clustering) と呼び，前記の記述 (的な) クラスタリング (descriptive clustering) と区別する．

本書では扱わないが，予測モデルの半教師あり学習 (semi-supervised learning) も 5

番めの設定として特筆すべきだろう．多くの問題において，ラベルがないデータは安価だがラベル付きデータは高価である．例えば，ウェブページの分類においてワールドワイドウェブは使い放題だが，各ページにラベル付けして訓練データを作るのは骨が折れる仕事である．半教師あり学習の 1 つのアプローチとしては，小規模なラベル付きデータをもとに初期モデルを作り，その後ラベルなしデータを用いてそれを改良する方法が挙げられる．例えば，その初期モデルを用いてラベルなしのデータのラベルを予測し，最も信頼できるラベルの予測値を新たな訓練データとして用いて，モデルを再学習することが考えられる．

1.1.2 タスクの性能評価

機械学習のすべての問題において留意しておかなくてはいけないことは，「正しい」解答などないということだ．これは他のコンピュータ分野とは大きく異なる点である．例えば，もしアドレス帳を姓のアルファベット順に整列するなら，その正しい結果は 1 つに定まる (ただし同じ姓の人がいる場合を除けばだが．その場合は名前や年齢など他の基準を用いてタイブレークをすればよい)．これは，その結果を得るための方法がたった 1 つであるという意味ではない．むしろ，本当にさまざまな整列アルゴリズムが存在して，例えば挿入ソート，バブルソート，クイックソートなど他にもたくさんある．もし，これらのアルゴリズムを比較したいなら，計算速度や扱えるデータサイズなどの基準を用いて，例えば実データによる実験で確かめたり，計算複雑性理論を用いて解析することができる．しかし，通常は結果の正確さを用いてアルゴリズムを比較することはない．これは，結果の厳密さが保証されない整列アルゴリズムなどもとから利用価値がないからである．

しかし，機械学習では状況は異なる (そしてこれは機械学習だけではない．背景 1.1 を参照)．完全なスパムメールフィルターなど存在しないといってよい．もし存在するなら，スパム業者はすぐに「リバース・エンジニアリング」でスパムフィルターにハムメールをスパムと思い込ませる方法を見つけ出すだろう．多くの場合にデータはノイズ (noise) を含む．つまり間違ったラベル付けや誤差を含んだ特徴量が存在する．このような場合は，訓練データを正しく分類するモデルを追求しすぎると，かえって弊害が出てくる．これは，過適合が起きて，新しいデータへの当てはまりが悪くなるからである．時としてデータを表すために用いられた特徴量は，どのクラスに割り当てるのがより妥当かという指標になるだけで，クラスの完全な予測ができるほど十分な信号 (signal) を含んでいない．このことや他の理由などから，機械学習の研究者は学習アルゴリズムの精度評価を非常に真剣に考えており，本書でもこの点に重きがおかれている．そこで，各アルゴリズムの新しいデータに対する性能を予測するための手法が必要であり，その性能とはここでは計算時間やメモリー使用量ではなく，(分類タスクの場合は) 分類性能のことである (ただし，計算時間やメモリー使用量が問題になる場合もある)．

学習したスパムフィルターの性能を調べたいとしよう．まずできることは，スパムメールもハムメールも含めて正確に分類されたメールの数をメール総数で割り，分類器の正答率 (accuracy) を求めることである．しかし，これは過適合が起きているかの指標とはならない．より良い方法は，(例えば) 90%のみの訓練データを用いて学習し，残りの 10%をテストデータ (test set) とすることである．もし過適合が起きていれば，テストデータへの当てはまりは訓練データへの当てはまりに比べて明らかに悪くなるはずである．しかし，もしテストデータをランダムに選んだとしても，幸運にもテストデータの多くが訓練データと似ていたり，逆に不運にも例外的だったりノイズが大きいテストデータが選ばれることも起こりうる．そこで実際には，この訓練データとテストデータの分離は繰り返し行われ，第 12 章で詳しく扱うように，交差検証法 (cross-validation; クロスバリデーション) と呼ばれる．交差検証法は，例えば，まずランダムにデータを 10 等分して，その 9 つ分を訓練データとして学習し，残りの 1 つ分をテストデータとして性能を評価する．テストデータ分を入れ替えながら，これを 10 回繰り返し，最後に性能の平均を計算する (さらにその標準偏差も計算することが多い．これは，性能の平均のわずかな差に本当に意味があるのかを調べるために用いられる)．交差検証法は他の教師あり学習問題にも用いられるが，教師なし学習については通常は別の方法で評価する必要がある．

第 2 章と第 3 章では，機械学習を用いて解析できるさまざまなタスクについて詳しくみていく．いずれの場合もタスクを定義し，異なる変形に注目する．これらのタスクを解くために学習されるモデルの精度評価にとくに注意を払うのは，それによりタスクのさらなる特性が明らかになるからである．

背景 1.1 帰納とフリーランチの問題

機械学習が存在するずっと以前から哲学者たちは，特定の場合の結果をもとに一般的なルールを作るという問題が，明確に定義された解をもつような設定をもつ問題ではないということを知っていた．このような一般化による推論は帰納 (induction) と呼ばれ，明確に定義された正解をもつ問題に対する論理的な手法である演繹 (deduction) とは対照的である．いわゆる帰納的問題にはさまざまな種類がある．例えば 18 世紀スコットランドの哲学者デイビッド・ヒュームは帰納の唯一の正当化法はそれ自体が帰納であると主張した．つまり，ある帰納が有効であるならば，すべての帰納が有効であるといった論法のことである．これは帰納が演繹によって正当化できないということのみならず，帰納の正当化は循環論法となるという，より悪い状況を意味する．

関連する話題として，ノーフリーランチ定理 (no free lunch theorem) が挙げられる．この定理は，すべての可能な分類問題に対しての精度を評価すると，どの学習アルゴリズムも他のものより高精度にはなりえず，当て推量を超える学習アル

ゴリズムは存在しないということを主張している．例えば，心理テストでおなじみの「次の数を予想せよ」という問題を考えよう．1, 2, 4, 8, ... に続く数は何であろうか．もしすべての数列が同様にもっともらしければ，当てずっぽうの推論 (ちなみに私はこういった質問には，いつも「42」と答える) を改良できる余地はないのである．もちろん，心理テストにおいてはある数列が他のものより圧倒的にもっともらしい．これと同様に，現実世界においては学習問題の分布もまったく一様ではない．よってノーフリーランチ定理の呪いから逃れるためには，この分布についてよく調べ，その知識を学習アルゴリズムの選択に活かせばよい．

1.2 モデル：機械学習の出力

モデルは与えられたタスクを解くためにデータから学習するものであり，機械学習における中心的な概念である．「迷ってしまうほどの」とまでは言わないまでも，かなりたくさんの機械学習モデルがあり，そのなかから選ぶ必要がある．この理由として機械学習が解こうとしているタスクが非常に幅広いことが挙げられ，分類，回帰，クラスタリング，アソシエーションルール発見のほかたくさんある．それぞれのタスクの例は，科学や工学の各分野で実際に見つけることができる．数学者，工学者，心理学者，コンピュータ科学者やその他の多くの分野の研究者がこれらのタスクを発見し，またときには再発見してきた．それぞれの分野の背景知識が合わさった結果として，これらのモデルに内在する原理も非常に多様となった．私個人の意見としては，この多様さは機械学習をパワフルでエキサイティングな分野にするという良い役割を果たしている．しかしその一方，この多様さのおかげで機械学習の本を書くことは大変なのである！ ただ幸運にも少しは共通のテーマが見つけられるので，機械学習のモデルをいくらか体系立てて論ずることができる．それでは幾何モデル，確率モデル，および論理モデルの3つのモデルのグループについてみていくことにしよう．これらのモデルのグループは必ずしも互いに排他的ではなく，例えば幾何的かつ確率的な解釈をもつようなモデルもある．しかし，モデルについて理解する上では，このグループ分けから考え始めるのがよいであろう．

1.2.1 幾何モデル

インスタンス空間 (instance space) とは，各インスタンス (事例) が実際のデータ内にあるかどうかとは関係なく，すべての記述可能なインスタンスの集合のことである．さらに，通常この集合は何らかの幾何学的な構造をもつ．例えば各特徴量が数値であるときは，それを座標とするような直交座標系を用いて表すことができる．このインスタンス空間に，直線，平面，距離といった幾何学的な概念を導入することにより，

幾何モデル (geometric model) を構成することができる．例えば図 0.2 の線形分類器は幾何学的な分類である．幾何学的な分類の主な利点は，2〜3 次元においては視覚化が容易であることである．ただし，特徴量が増えると，それに合わせて直交インスタンス空間の座標軸の数も増えていき，10，100，1000 やそれ以上になることもある．このような高次元空間を想像することは難しいが，それでも機械学習ではよく登場する．高次元空間に適用することを暗に意図している幾何学的な概念には，よく「超 (hyper-)」という接頭辞がつく．例えば，線形分類において次元を特定しない決定境界は超平面 (hyperplane) と呼ばれる．

2 つのクラスを分ける線形の決定境界が存在するとき，そのデータは線形分離可能 (linearly separable) という．すでにみたように，線形決定境界は決定境界に直交するベクトル $\mathbf{w}$，決定境界上の任意の点の位置ベクトル $\mathbf{x}$ と決定閾値 t を用いて $\mathbf{w} \cdot \mathbf{x} = t$ と表される．ベクトル $\mathbf{w}$ の解釈としては，負のデータ点の重心 $\mathbf{n}$ から正のデータ点の重心 $\mathbf{p}$ への方向と考えるとよい[*1)]．つまり，$\mathbf{w}$ は $\mathbf{p} - \mathbf{n}$ の定数倍である．これらの重心の計算方法の 1 つは，平均をとることである．例えば，P を n 個の正のデータとしたときに，$\mathbf{p} = \frac{1}{n} \sum_{\mathbf{x} \in P} \mathbf{x}$ とし，$\mathbf{n}$ についても同様に計算する．決定閾値を適切に選ぶことにより，決定境界が $\mathbf{n}$ と $\mathbf{p}$ を結ぶ線分の中点を通るように設定できる (図 1.1)．本書では，これを基本線形分類器 (basic linear classifier) と呼ぶ[*2)]．この方法の利点は単純であることで，データ点の和，差とスケール変換のみで表される (つまり $\mathbf{w}$ はデータ

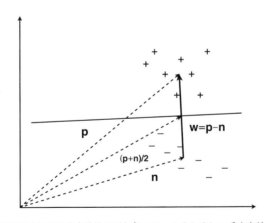

図 **1.1** 基本線形分類器の決定境界は正と負のデータそれぞれの重心を結ぶ線分の中点を通り，$\mathbf{w} = \mathbf{p} - \mathbf{n}$ を用いて $\mathbf{w} \cdot \mathbf{x} = t$ と表される．決定閾値は $(\mathbf{p} + \mathbf{n})/2$ が決定境界上にあることを用いて計算され，$t = (\mathbf{p} - \mathbf{n}) \cdot (\mathbf{p} + \mathbf{n})/2 = (\|\mathbf{p}\|^2 - \|\mathbf{n}\|^2)/2$ となる．ただし，ここで $\|\mathbf{x}\|$ はベクトル $\mathbf{x}$ の長さを表す．

---

*1) [訳注：二値分類の場合，1 つのクラスを正，他のクラスを負として分類する．]
*2) これは線形判別分析の単純版の 1 つである．

点の線形結合である)．そしてこの分類器が，ある条件のもとでは最良のものであるということを後で確かめる．しかし，その条件が成立しない場合には基本線形分類器の性能は悪くなることもあり，データが線形分離可能であるときでさえ両クラスを完全に分類できないかもしれない．

データには通常ノイズが含まれるので，線形分離可能であることはあまりないが，例外として，テキスト分類のようにデータが非常に疎である場合がある．我々は1万語のような多くの語彙をもち，各単語が文章に現れたかどうかをブール値 (0 か 1 の値) で表したものを特徴量とする．このときインスタンス空間は1万次元となるが，どんな文章においても，特徴量が非ゼロとなるのはたかだか数%である．その結果インスタンス間には多くの「隙間」ができ，線形分離可能性を高める．しかし，線形分離データでは決定境界は一意に定まらないので，ここで問題が生じる．無限にある決定境界のどれを選ぶべきであろうか？ 自然な選択肢として，大きなマージンをもつ分類器を選ぶことが挙げられる．ここで線形分類器のマージン (margin) とは，決定境界から最も近いインスタンスへの距離である．第7章で扱うサポートベクトルマシン (support vector machine) は強力な線形分類器で，マージンを可能なかぎり最大化するような決定境界を見つける (図 1.2)．

とくに線形変換においていえることだが，幾何学的な概念はいくつかの機械学習法の間の類似点や相違点を理解するのに非常に役に立つ (背景 1.2)．例えば，全部ではないにしろほぼすべての学習アルゴリズムが平行移動不変であること，つまり座標系の原点のとり方によらないことが期待できる．線形分類器やサポートベクトルマシンを含むいくつかのアルゴリズムはさらに回転不変性をもつが，その一方ベイズ分類器のようにそうでないものも多い．同様に，いくつかのアルゴリズムは一様でないスケー

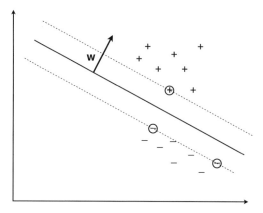

図 **1.2** 図 1.1 の線形分離可能データからサポートベクトルマシンを用いて学習された決定境界．決定境界は点線で表されたマージンを最大化する．丸で囲まれたデータ点がサポートベクトルである．

ル変換により結果が変わってしまう．

距離 (distance) は機械学習において，非常に有用な幾何学的概念である．もし 2 つのインスタンス間の距離が小さければ，特徴量の値でみるかぎりそれらのインスタンスは似ており，同一のクラスやクラスターに分類されることが期待される．直交座標系において用いられる距離はユークリッド距離 (Euclidean distance) であり，各座標で測った二乗距離の和の平方根，つまり $\sqrt{\sum_{i=1}^{d}(x_i-y_i)^2}$ で計算される[*3]．距離ベースの非常に単純な分類器として，以下のようなものがある．新しいインスタンスを分類するときに，メモリーから最も似ている訓練インスタンス (つまり分類したいインスタンスからのユークリッド距離が最小となるもの) をとってきて，その訓練インスタンスと同じクラスを割り当てる．この分類器は最近隣分類器 (nearest-neighbour classifier) として知られている．この単純だがパワフルな手法には無限のバリエーションがある．例えば k 番めまでに近い訓練インスタンスをとってきて，そのなかで投票をして多数決でクラスを決めるのだ (k-近傍法)．また，近隣点の投票を，分類したい点からの距離の逆数で重み付けすることもできる．さらには，訓練インスタンスの関数値の平均をとることにより，同様のアイデアを回帰タスクに応用することもできる．これらすべてに共通することは，全データを用いた大域的なモデルから得られる予測ではなく，ごく少数の訓練インスタンスのみに依存する局所的な予測だということである．

背景 1.2　線形変換

---

d 次元デカルト座標系における線形変換は行列によって表現できる．$\mathbf{x}$ を d 次元ベクトルとしたとき，もう 1 つの d 次元ベクトル $\mathbf{t}$ だけ平行移動 (translating) すると $\mathbf{x}+\mathbf{t}$ となる．点の集合を $\mathbf{t}$ だけ平行移動することは，原点を $-\mathbf{t}$ だけ平行移動することと等しい．1 次元だけ余分な座標を加えた同次座標系 (homogeneous coordinates) を用いると，平行移動は行列の積の形で表される．例えば 2 次元の場合は以下のようになる．

$$\mathbf{x}^\circ = \begin{pmatrix} 1 \\ x_1 \\ x_2 \end{pmatrix}, \quad \mathbf{T} = \begin{pmatrix} 1 & 0 & 0 \\ t_1 & 1 & 0 \\ t_2 & 0 & 1 \end{pmatrix}, \quad \mathbf{T}\mathbf{x}^\circ = \begin{pmatrix} 1 \\ x_1 + t_1 \\ x_2 + t_2 \end{pmatrix}$$

回転 (rotation) は，転置すると逆行列になる $d \times d$ 行列 $\mathbf{D}$ (つまり直交行列) で，行列式が 1 となるものを用いて定義できる．2 次元の場合，原点に関して角度 θ だけ時計回りに回転させるような回転行列は $\mathbf{R} = \begin{pmatrix} \cos\theta & \sin\theta \\ -\sin\theta & \cos\theta \end{pmatrix}$ と書ける．例

[*3] ベクトル表記では，$\|\mathbf{x}-\mathbf{y}\| = \sqrt{(\mathbf{x}-\mathbf{y})\cdot(\mathbf{x}-\mathbf{y})} = \sqrt{\mathbf{x}\cdot\mathbf{x}-2\mathbf{x}\cdot\mathbf{y}+\mathbf{y}\cdot\mathbf{y}} = \sqrt{\|\mathbf{x}\|^2 - 2\|\mathbf{x}\|\|\mathbf{y}\|\cos\theta + \|\mathbf{y}\|^2}$．ただし θ は $\mathbf{x}$ と $\mathbf{y}$ のなす角度．

えば，$\begin{pmatrix} 0 & 1 \\ -1 & 0 \end{pmatrix}$ は 90° 時計回りの回転である．スケール変換 (scaling) は対角行列を用いて定義される．例えば 2 次元の場合の対角行列は $\mathbf{S} = \begin{pmatrix} s_1 & 0 \\ 0 & s_2 \end{pmatrix}$ と表される．一様なスケール変換 (uniform scaling) はスケール因子 s がすべての次元で同じであるもので，単位行列 $\mathbf{I}$ を用いて，$s\mathbf{I}$ と書ける．とくに，スケール因子が -1 の一様スケール変換は回転となる (2 次元の場合は 180° の回転)．これらの変換を使ったよくある手法は以下のようなものである．$n \times d$ 行列 $\mathbf{X}$ が d 次元空間中の n 個のデータ点を表すとする．重心もしくは平均ベクトル $\boldsymbol{\mu}$ は各列に対して平均をとることにより得られる．さらに各行から $-\boldsymbol{\mu}$ を引くことにより，データを中心化する．次に注目する座標軸方向になるべく分散 (おおまかにいえば，ある方向にどれだけデータが広がっているかを表す指標の 1 つ) が大きくなるようにデータを回転する．そのための変換行列を計算する手法は主成分分析 (principal component analysis) と呼ばれ，第 10 章で改めて学ぶ．最後に，各座標ごとの分散が 1 となるようにデータをスケール変換する．

　ユークリッド距離と点集合の平均の間には良い関係がある．それは点集合の各点からのユークリッド距離の二乗和を最小とする点が平均と一致するということである (証明は定理 8.1 を参照)．結果として，近接している点集合の平均をその点集合の代表的な見本点 (exemplar) として用いることができる．例えばデータを K 個のクラスターに分ける問題で，クラスター分けの初期予想が得られているとしよう．それぞれの初期クラスターで平均を計算し，各データ点から最も近い初期クラスター平均を探し，対応するクラスターをその点の新しいクラスターとして更新する．よほど幸運でないかぎり，初期クラスターは更新により変化する．このクラスター平均の計算と，クラスター割り当ての更新を，変化しなくなるまで繰り返す．このクラスタリングアルゴリズムを K-平均法 (K-means) と呼び，広範囲のクラスタリングタスクを解くのに用いられている．K-平均法については第 8 章で詳しく扱う．ここで初期クラスターをどのように構成するかという問題が残っている．通常はランダムに割り振られ，データをランダムに分割して K 個のクラスターを作るか，もしくは K 個のクラスター平均をランダムに選択する．この初期クラスターや初期クラスター平均が実際のものとまったく似ていなくても問題にはならず，繰り返しアルゴリズムを続ければすぐに修正される．
　まとめると，平面，平行移動，回転，距離といった幾何学的な表記は機械学習においては非常に有用であり，主要な概念を直観的に理解するのに役立つ．幾何モデルは，これらの直観を用いることができ，単純かつ強力であるのに加えて，拡張が容易であるという特徴がある．例えば，外れ値の影響を受けやすいユークリッド距離の代わりに，各座標に沿った距離の和であるマンハッタン距離 (Manhattan distance) $\sum_{i=1}^{d} |x_i - y_i|$

1.2.2 確率モデル

2種類めのモデルは，前にみたベイズ分類器のような確率的なものであり，その多くは次のような考え方に基づく．インスタンスの特徴量の値のような既知の変数を X，インスタンスのクラスのような，我々が関心がある目的変数 (target variable) を Y とする．機械学習における主要な問題は，いかに X と Y の関係をモデル化するかである．統計学者の方法は，それぞれの変数を生成する確率的な過程があると仮定し，それらは厳密に定義されてはいるが未知の確率分布に従うと仮定する．そこで，データはその分布についての情報を見つけ出すことに用いられる．どうやって見つけ出すかは後回しにして，もし分布が学習できたときに，それをどうやって使用するかということをまず考えてみよう．

X は特定のインスタンスでは既知であるが，Y は必ずしも既知ではないので，条件付き確率 $P(Y|X)$ にとくに興味がある．例えば，Y はメールがスパムかどうかを表し，X はメールが 'Viagra' と 'lottery' という単語を含むかどうかを表すとする．このとき興味がある確率は $P(Y|\text{Viagra}, \text{lottery})$ であり，Viagra と lottery はブール値 (0か1の値をとる変数) で特徴量ベクトル X を構成する．特徴量の値がわかっている電子メールで，とくに 'Viagra' という単語は含むが 'lottery' は含まないものに関しては $P(Y|\text{Viagra}=1, \text{lottery}=0)$ のように書くことができる．特徴量 X が観測された後に用いられるので，この確率を事後確率 (posterior probability) と呼ぶ．

表1.2 はこれらの事後確率の分布がどのようになるかの一例である．この分布から，'Viagra' という単語を含まないメールが 'lottery' を含むとわかったとき，スパムメールである確率は 0.31 から 0.65 に増加する．一方，'Viagra' という単語を含むメールが，'lottery' も含むとわかったときにはスパムメールである確率は 0.80 から 0.40 に減少する．この表は小さいが，変数の数が増えると，n 個の2値の変数は全 2^n 通りの値をとりうるので，表は急激に拡大する．通常すべての同時分布を知ることはできないので，以下にみるようにさらなる仮定をおいて近似を行う必要がある．

変数 X と Y のみに関心があるとすると，事後分布 $P(Y|X)$ は我々の興味のある多くの問題に答えてくれる．例えば，あるメールを分類したいとき，単語 'Viagra' と 'lottery'

Viagra	lottery	$P(Y=\text{spam}|\text{Viagra}, \text{lottery})$	$P(Y=\text{ham}|\text{Viagra}, \text{lottery})$
0	0	0.31	**0.69**
0	1	**0.65**	0.35
1	0	**0.80**	0.20
1	1	0.40	**0.60**

表 **1.2** 事後分布の例．Viagra と lottery は 0 か 1 の値をとる変数．Y は 'spam' か 'ham' かの値をとるクラス変数．各行で一番もっともらしいクラスを太字にした．

がメールに含まれるかどうかを確認し，対応する確率 $P(Y = \text{spam}|\text{Viagra}, \text{lottery})$ を調べる．そして，確率が 0.5 を超える場合はスパムメール，それ以外はハムメールと予測すればよい．X の値と事後確率 $P(Y|X)$ をもとに Y の値を予測するこのような方法を，決定ルール (decision rule) と呼ぶ．以下の例でみるように，すべての X の値を知らなくても同様の予測が可能である．

> **例 1.2 欠損値**
>
> あるメールをさっと見て 'lottery' は見つかったが，'Viagra' を含むかどうかを特定できるほどは詳しく調べていない場合を考えよう．このとき，表 1.2 の 2 行めと 4 行めのどちらを使えばよいかはわからない．メールが 'Viagra' という単語を含まないとき (2 行め) はスパムメールと予測し，含むとき (4 行め) はハムメールと予測するのであるから，これは問題である．
>
> この問題を解決するためには，(スパムかどうかに関わらず) メールが 'Viagra' を含む確率を用いて，この 2 つの行の平均をとればよい*4)．
>
> $$P(Y|\text{lottery}) = P(Y|\text{Viagra} = 0, \text{lottery})P(\text{Viagra} = 0)$$
> $$+ P(Y|\text{Viagra} = 1, \text{lottery})P(\text{Viagra} = 1)$$
>
> 簡単のため 10 分の 1 のメールが 'Viagra' を含むとしよう．つまり，$P(\text{Viagra} = 1) = 0.10$ かつ $P(\text{Viagra} = 0) = 0.90$ とする．上記の公式を用いると，$P(Y = \text{spam}|\text{lottery} = 1) = 0.65 \cdot 0.90 + 0.40 \cdot 0.10 = 0.625$ かつ $P(Y = \text{ham}|\text{lottery} = 1) = 0.35 \cdot 0.90 + 0.60 \cdot 0.10 = 0.375$ となる．単語 'Viagra' を含むメールはまれなため，この結果と表 1.2 の 2 行めとの違いはわずかとなっている．

実際のところ，統計学者がよく用いるのは，尤度関数 (likelihood function) $P(X|Y)$ で与えられる別の条件付き確率である*5)．これは最初は直感と反するようにみえる．なぜすでに起こった事象である (X) の確率を，まだ未知の変数 (Y) で条件付けて考えるのか？ このことを思考実験を用いて考えてみよう．もし誰かが私にスパムメールを送ったとしよう．調べたいメールがこのスパムメールと完全に同じ単語を含むということは，どのくらい起こりうるだろうか．もしくは誰かが送ってきたハムメールと完全に一致する場合はどうだろうか．「どちらもほとんど起こりそうもない」と思われるだろうが，それはおそらく正しい．単語の選択肢が多すぎて，どんな単語の組み合わせにしても各々の確率は非常に小さいだろう．ただ，本当に問題なのはこれらの尤

---

*4) [訳注：ここでは暗に Viagra と lottery が独立で $P(\text{Viagra}|\text{lottery}) = P(\text{Viagra})$ となることを仮定している．]

*5) 「尤度分布」ではなく「尤度関数」と呼ばれる理由は，X を固定したときに $P(X|Y)$ は Y をある確率へと写す写像と解釈することができるが，Y に関しては和をとっても 1 にならず，その意味では Y に関する確率分布ではないためである．

度の大きさではなく，その比なのである．つまり，この単語の組み合わせが，スパムメールのなかに見つかることと，スパムメールでないもののなかに見つかることのどちらが起こりやすいかが問題なのだ．例えば，ある電子メール X に対して，尤度が $P(X|Y = \text{spam}) = 3.5 \cdot 10^{-5}$ と $P(X|Y = \text{ham}) = 7.4 \cdot 10^{-6}$ で表されるとしよう．すると X を観測した場合，それがスパムメールであることが，ハムメールであることより 5 倍もっともらしい．これにより導かれる決定ルールは，尤度比が 1 以上ならばスパムメール，それ以外ならばハムメールと予測する方法である．

それでは，事後確率と尤度のどちらを用いればよいだろうか．実はベイズの法則 (Bayes' rule) を用いれば，片方からもう片方が容易に導かれる．ベイズの法則とは，条件付き確率が満たす以下のような単純な性質である．

$$P(Y|X) = \frac{P(X|Y)P(Y)}{P(X)}$$

ここで，$P(Y)$ は事前確率 (prior probability) で，分類においては，どのクラスとなりやすいかという事前の知識，つまり X を観測する前の知識を与える．$P(X)$ は Y と独立したデータの確率で，多くの場合無視できる (もしくは $\sum_Y P(X|Y)P(Y)$ と等しいことから，正規化によって推論される)．事後確率による決定ルールは，事後確率を最大化することにより予測でき，ベイズの法則を用いると以下のように尤度関数を用いて書き表せる．

$$y_{\text{MAP}} = \arg\max_Y P(Y|X) = \arg\max_Y \frac{P(X|Y)P(Y)}{P(X)} = \arg\max_Y P(X|Y)P(Y)$$

これは，一般に事後確率最大化 (maximum a posteriori; MAP) と呼ばれる決定ルールである．ここで一様な事前分布 (つまり $P(Y)$ が Y の値によらず定数) を仮定すると，最尤法 (maximum likelihood; ML) による決定ルールとなる．

$$y_{\text{ML}} = \arg\max_Y P(X|Y)$$

これらを使い分けるおおまかな方法は，**事前分布を無視するか，もしくは一様な事前分布を仮定したい場合は尤度法を，それ以外は事後確率最大化を用いることである**．

もしクラスの数が 2 つのみである場合は，それらの事後確率の比や尤度比を使うのが便利である．もし，データが 2 つのクラスのうちの片方をどの程度好むのかを調べたいときには，例えば以下のように事後オッズ (posterior odds) を計算すればよい．

$$\frac{P(Y = \text{spam}|X)}{P(Y = \text{ham}|X)} = \frac{P(X|Y = \text{spam})}{P(X|Y = \text{ham})} \frac{P(Y = \text{spam})}{P(Y = \text{ham})}$$

つまり，事後オッズは尤度比 (likelihood ratio) と事前オッズ (prior odds) の積である．もし事後オッズが 1 以上であるときは分子にあるクラスであると結論し，1 以下であるときは分母にあるクラスであると結論すればよい．事前オッズについては通常単純な定数を用いるが，それは人為的に設定したり，データから推定したり，テストデータへの当てはまりが最大になるように最適化することによって決定される．

例 1.3 事後オッズ

表 1.2 のデータを用い,また一様事前分布を仮定する.このとき,以下の事後オッズが得られる.

$$\frac{P(Y=\text{spam}|\text{Viagra}=0,\text{lottery}=0)}{P(Y=\text{ham}|\text{Viagra}=0,\text{lottery}=0)} = \frac{0.31}{0.69} = 0.45$$

$$\frac{P(Y=\text{spam}|\text{Viagra}=1,\text{lottery}=1)}{P(Y=\text{ham}|\text{Viagra}=1,\text{lottery}=1)} = \frac{0.40}{0.60} = 0.67$$

$$\frac{P(Y=\text{spam}|\text{Viagra}=0,\text{lottery}=1)}{P(Y=\text{ham}|\text{Viagra}=0,\text{lottery}=1)} = \frac{0.65}{0.35} = 1.9$$

$$\frac{P(Y=\text{spam}|\text{Viagra}=1,\text{lottery}=0)}{P(Y=\text{ham}|\text{Viagra}=1,\text{lottery}=0)} = \frac{0.80}{0.20} = 4.0$$

MAP 決定ルール (一様事前分布を仮定しているので,ここでは ML 決定ルールと同じ) を用いると,上 2 つの場合をハムメール,下 2 つの場合をスパムメールと予測する.統計的な意味では知るべきことがすべて含まれた事後分布が与えられているとき,これは我々ができる最良の予測であり,つまりベイズ最適 (Bayes-optimal) な予測である.

上の解析から,機械学習において尤度関数が重要な役割を果たすことがわかる.さらに尤度関数を用いると,生成モデル (generative model) と呼ばれるものを構成できる.生成モデルとは含まれるすべての変数の値を乱数生成できる確率モデルのことである.「ハム」と「スパム」と書かれた 2 つのボタンがついた箱を想像してほしい.「ハム」と書かれたボタンを押すと,$P(X|Y=\text{ham})$ に従い電子メールがランダムに生成され,「スパム」と書かれたボタンを押すと,$P(X|Y=\text{spam})$ に従い電子メールがランダムに生成される.さて問題は,その箱の中身である.笑ってしまうほど単純なモデルを考えてみよう.語彙が 1 万単語からなると仮定し,1 万個のコインのそれぞれに 1 単語ずつ記入したものを 2 セット用意して,それを 2 つの袋に入れる.ランダムな電子メールを生成するためには,どちらのボタンが押されたかによって適切な袋を選び,その中のコインを順にトスしていき,表が出たコインの単語をメールに使い,裏が出たコインの単語は使わないようにするのである.

統計の用語でいえば,それぞれのコイン (これは必ずしも表と裏が等確率ではない) はモデルのパラメータを表し,計 2 万個のパラメータが存在する.もし単語 'Viagra' が語彙にあるとき,「スパム」と書かれた袋の 'Viagra' と書かれたコインは $P(\text{Viagra}|Y=\text{spam})$ を,「ハム」と書かれた袋の 'Viagra' と書かれたコインは $P(\text{Viagra}|Y=\text{ham})$ を表している.まとめると,これらの 2 つのコインは表 1.3 の左側の表に対応する.各単語に関して違うコインを使うという設定により,同一クラス内の各単語の尤度は独立であり,この設定が正しいとすれば以下のように同時尤度は周辺尤度 (marginal likelihood)

Y	$P(\text{Viagra}=1|Y)$	$P(\text{Viagra}=0|Y)$	Y	$P(\text{lottery}=1|Y)$	$P(\text{lottery}=0|Y)$
spam	0.40	0.60	spam	0.21	0.79
ham	0.12	0.88	ham	0.13	0.87

表 1.3 周辺尤度の例

の積の形に分解できる．

$$P(\text{Viagra}, \text{lottery}|Y) = P(\text{Viagra}|Y)P(\text{lottery}|Y)$$

この独立性の仮定は，ある単語がメール内に含まれるかどうかは他の単語の尤度とは関係ないことを意味している．右辺の2つの確率は周辺尤度と呼ばれ，同時分布内のいくつかの変数を「周辺化」することにより計算される．例えば，$P(\text{Viagra}|Y) = \sum_{\text{lottery}} P(\text{Viagra}, \text{lottery}|Y)$ となる．

例 1.4 周辺尤度の使用例

表 1.3 の周辺尤度を用いて，尤度比を計算してみたものが以下である (括弧内の数値は完全な事後分布を用いて計算した事後確率比)．

$$\frac{P(\text{Viagra}=0|Y=\text{spam})}{P(\text{Viagra}=0|Y=\text{ham})} \frac{P(\text{lottery}=0|Y=\text{spam})}{P(\text{lottery}=0|Y=\text{ham})} = \frac{0.60}{0.88}\frac{0.79}{0.87} = 0.62 \quad (0.45)$$

$$\frac{P(\text{Viagra}=0|Y=\text{spam})}{P(\text{Viagra}=0|Y=\text{ham})} \frac{P(\text{lottery}=1|Y=\text{spam})}{P(\text{lottery}=1|Y=\text{ham})} = \frac{0.60}{0.88}\frac{0.21}{0.13} = 1.1 \quad (1.9)$$

$$\frac{P(\text{Viagra}=1|Y=\text{spam})}{P(\text{Viagra}=1|Y=\text{ham})} \frac{P(\text{lottery}=0|Y=\text{spam})}{P(\text{lottery}=0|Y=\text{ham})} = \frac{0.40}{0.12}\frac{0.79}{0.87} = 3.0 \quad (4.0)$$

$$\frac{P(\text{Viagra}=1|Y=\text{spam})}{P(\text{Viagra}=1|Y=\text{ham})} \frac{P(\text{lottery}=1|Y=\text{spam})}{P(\text{lottery}=1|Y=\text{ham})} = \frac{0.40}{0.12}\frac{0.21}{0.13} = 5.4 \quad (0.67)$$

上から3つの場合は，最尤法による決定ルールを使えば，我々の非常に単純モデルでもベイズ最適な予測と同じものが得られるが，4番めのもの ('Viagra' と 'lottery' が両方存在するもの) に関しては違う予測結果となり，周辺尤度による方法が間違いを導いてしまう．1つの説明としては，この2つの単語が同時にみられること自体が非常にまれで，さらにスパムよりハムメールのほうがわずかに同時出現しやすいからである．例えばこのことを説明した私のメールのように！

先ほど同時分布を周辺分布に分解するために，独立性を仮定した．このような独立性の仮定をナイーブ (naive) な仮定と呼ぶことがあり，機械学習の研究者は，このように単純化されたベイズ分類器をナイーブベイズ法 (naive Bayes) と呼ぶ．これは軽蔑的な呼び名ではなく，逆に機械学習における次の非常に重要な指標を表現している．す

なわちできるだけ単純化せよ，でもやりすぎるな*6)．これまでの統計的な話においては，この法則はタスクを解くための最も単純な生成モデルを用いるということに落ち着く．例えば，周辺確率が間違いを導くことが現実には非常にまれなので，データからの学習が困難な場合は，それを理由にナイーブベイズ法を使い続けるといった具合である．

確率モデルがどういった形かはわかったが，これらのモデルをどのように学習すればよいのだろうか．多くの場合，それはモデルのパラメータをデータから推定する問題であり，たいていは直接的に数え上げればよい．例えば，スパムメール認識のコイントスのモデルでは，語彙のなかの各単語 w_i が書かれた2つのコインがあり，スパムメールを生成する場合は一方のコインを，ハムメールを生成する場合はもう一方のコインをトスする．

スパムコインが表となる確率を $\theta_i^{\oplus}$, ハムコインが表となる確率を $\theta_i^{\ominus}$ とすると，すべての尤度はこれらを用いて次のように表される．

$$P(w_i = 1|Y = \mathsf{spam}) = \theta_i^{\oplus}, \quad P(w_i = 0|Y = \mathsf{spam}) = 1 - \theta_i^{\oplus},$$
$$P(w_i = 1|Y = \mathsf{ham}) = \theta_i^{\ominus}, \quad P(w_i = 0|Y = \mathsf{ham}) = 1 - \theta_i^{\ominus}$$

パラメータ $\theta_i^{\pm}$ を推定するためには，スパムかハムがラベル付けされたメールの訓練データが必要である．そのスパムメールのなかに，いくつ w_i を含むものがあるかを数えて，全スパムメール数で割れば $\theta_i^{\oplus}$ の推定値が得られる．ハムメールにも同様にして $\theta_i^{\ominus}$ が得られて，これでやるべきことはすべてだ*7)．

図1.3は，上で述べたナイーブベイズ分類器の1つに関して，これを図示したものである．ここでは，ある単語がメールに含まれたかどうかだけではなく，何回使われたかも記録する．各 $j = 0, 1, 2, \ldots$ に関して，パラメータ $p_{ij\pm}$ は尤度 $P(w_i = j|Y = \pm)$ を意味する．例えば，'lottery' を2回含む2通のスパムメールと，'Peter' を5回含む1通のハムメールがあることがわかる．2つの周辺尤度の集合を合わせると図1.3（下）のようなタータンチェックのような模様となる．これが，私がナイーブベイズ法を「スコットランド分類器」と呼ぶ理由である．これは多変量のナイーブベイズモデルが，単変量の各ナイーブベイズモデルに分割できるという事実を視覚的に記憶するのに役立つ．この分割については今後本書で何度も登場する．

---

*6) この格言はよくアインシュタインのものとされるが，起源は定かではない．同様の意味の他のルールとしては，次のようなものがある．「事物は必要以上に増やしてはならない」（オッカムのウィリアムによるオッカムの剃刀（Occam's razor）と呼ばれる），「真であり，かつ自然現象を説明するのに十分な原因があるなら，それ以上加えてはならない」（アイザック・ニュートン），「科学者は結論に到達する最も単純な方法を使い，五感によって得られるもの以外のすべては除外されるべきである」（エルンスト・マッハ）．これらのルールが方法論的な経験則でしかないのか，自然のもつ本質的な特性なのかについては熱い議論がなされている．

*7) 非常に高頻出であったり，ごくまれである単語に関しては，単に数え上げるだけでなく適当な修正が必要となる場合もある．これについては2.3節で扱う．

1.2 モデル：機械学習の出力　　31

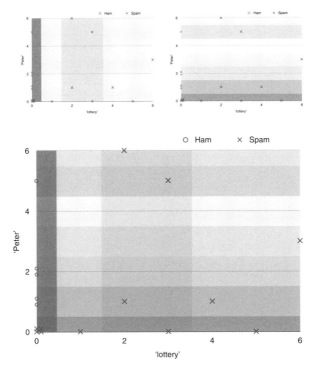

図 **1.3** (上) 小サイズのデータから推定された 2 つの周辺尤度を可視化したもの．色は，尤度がスパムメール (赤) かハムメール (青) のどちらを支持するかを表す．(下) 2 つの尤度を合わせると，スコットランドのタータンチェックに似ていないこともない．あるセルの色は対応する行の色と列の色によって決まる．[口絵 2 参照]

1.2.3　論理モデル

　3 種類めのモデルはよりアルゴリズム的な性質をもち，コンピュータ科学やエンジニアの発想から得られたものである．このタイプのモデルを論理的と呼ぶ理由は，人間に理解可能なルールへの変換が容易であるからである．例としては ·if Viagra = 1 then Class = Y = spam· のようなものである．このようなルールは，図 1.4 のような木構造で容易に表すことができ，この木構造をここでは特徴木 (feature tree) と呼ぶ．このような木構造の考え方は，インスタンス空間を再帰的に分割するときに用いられる．各々の木の葉はインスタンス空間の長方形 (もしくはより一般に超長方形) の領域に対応し，インスタンス空間セグメント (instance space segment) もしくは単にセグメント (segment) と呼ぶ．解いているタスクに合わせて，各葉に書かれるものはクラス，確率，実数などさまざまである．クラスが各葉にラベル付けされている特徴木は一般的に決定木 (decision tree) と呼ばれる．

例 1.5　特徴木へのラベル付け

図 1.4 の木の葉は，多数派クラス (majority class) と呼ばれる単純な決定ルールにより左から順にハム − スパム − スパムとラベル付けできる．もしくは各葉のスパムメールの割合を用いて，左から 1/3, 2/3, 4/5 とラベル付けすることもできる．さらに回帰タスクの場合は葉を実数の予測値でラベル付けしたり，他の実数特徴量の線形関数でラベル付けすることもできる．

特徴木は非常に万能なので，本書では重要な役割を果たす．モデルが木の形で与えられていないものでも，特徴木として理解できる．例えば，以前扱ったベイズ分類器について考えよう．表 1.3 にあるような周辺尤度を用いるので，インスタンス空間は特徴量の組み合わせの個数の領域に分割される．これは，モデルが完全 (complete) な特徴木，つまりすべての特徴量を含み，かつすべての木の各レベルに特徴量が 1 つずつある特徴木と考えられることを意味する (図 1.5)．最も右にある葉はナイーブベイズ法では予測が誤りだったものである．ただしこの葉には 1 つのデータ例しか対応しないので，特徴木が過適合してしまい，1 つ前の特徴木のほうが良いおそれがある．その対策として決定木による学習ではよく分岐の削除，つまり枝刈り (pruning) を行う．

特徴リスト (feature list) は二分岐の特徴木のうち，左か右のどちらか一方のみに分岐するものである．このような特徴木は，入れ子構造の if–then–else 構文で書かれるもので，少しでもプログラミング経験のある人にはおなじみだろう．例えば，図 1.4 の葉をその多数派クラスでラベル付けすると，以下の決定リスト (decision list) が得られる．

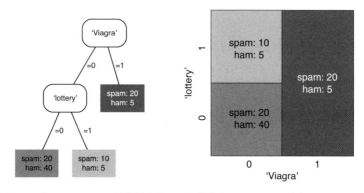

図 1.4　(左) 2 つのブール特徴量を合わせた特徴木．それぞれの内部ノードもしくは分岐には 1 つの特徴量が，そして分岐から出ている各辺には特徴量の値が書かれている．また，各葉には対応する訓練データから計算されるクラスの分布が記されている．(右) 特徴木はインスタンス空間を各葉に対応する長方形の領域に分割する．明らかにハムメールの大多数は左下の長方形に集まっている．

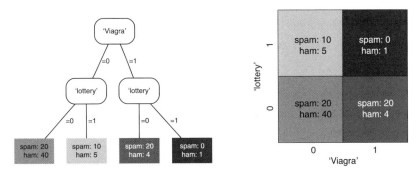

図 1.5 (左) 2 つのブール特徴量から構成された完全な特徴木．(右) 対応するインスタンス空間の分割は，2 つの特徴量による最も細かい分割となる．

- if Viagra $= 1$ then Class $= Y =$ spam·
- else if lottery $= 1$ then Class $= Y =$ spam·
- else Class $= Y =$ ham·

同値である複数の論理モデルが異なる形式となることはよくある．例えば，上の決定リストを 2 通りに言い換えると以下のようになる．

- if Viagra $= 1 \lor$ lottery $= 1$ then Class $= Y =$ spam·
- else Class $= Y =$ ham·

- if Viagra $= 0 \land$ lottery $= 0$ then Class $= Y =$ ham·
- else Class $= Y =$ spam·

1 つめの言い換えは，$\lor$ の記号で表される論理和 (disjunction) 'or' を用いたものである．これはインスタンス空間では，ある長方形外の領域と対応する．2 番めの言い換えは $\land$ の記号で表される論理積 (conjunction) 'and' を用いて逆のクラス (ham) を定義するもので，他のものはすべて spam とする．

さらに同じものを入れ子構造ではない形で表現することもできる．

- if Viagra $= 1$ then Class $= Y =$ spam·
- if Viagra $= 0 \land$ lottery $= 1$ then Class $= Y =$ spam·
- if Viagra $= 0 \land$ lottery $= 0$ then Class $= Y =$ ham·

ここでは根から葉への各パスが対応するルールに翻訳されている．結果として同じ部分木に対応するルール同士は条件を共有している一方 (例えば Viagra $= 0$)，異なるルール同士には何らかの排他的な条件が存在している (例えば 2 番めのルールの lottery $= 1$ と 3 番めのルールの lottery $= 0$)．しかし必ずしもそういうわけではなく，ルールが重複を含むこともある．

例 1.6 重複しているルール

以下の 2 つのルールを考えてみよう.
　　　・if lottery = 1 then Class = Y = spam・
　　　・if Peter = 1 then Class = Y = ham・
図 1.6 でみられるように，この 2 つのルールは lottery = 1 ∧ Peter = 1 のときは重複しており，矛盾する予測を導く．さらに，lottery = 0 ∧ Peter = 0 のときには何も予測しない．

論理学者はこのようなルールは矛盾を含み (inconsistent) 不完全 (incomplete) だというだろう．不完全性への対処として，予測のためのデフォルトのルール (default rule) を設定しておくことが挙げられる．例えば，どのルールでも予測されないインスタンスに関して多数派クラスで予測する場合がそうである．重複ルールの対処法には他にもいろいろとあり，第 6 章でさらに扱う．

木の学習アルゴリズムは通常トップダウン式に行われる．最初のタスクは木の上部 (根) から 2 つに分岐するための，適切な特徴量を見つけることである．ここでは次のレベルの頂点の「純度」を改良するような分岐を見つけることが目標となる．ただし，頂点の純度とは，その頂点に属する訓練データが同じクラスとなる割合のことである．アルゴリズムによりそのような特徴量を見つけた後，訓練データを分岐先に対応する部分集合に分割する．これらの部分集合に対して，適切な特徴量を見つけて分割するということを次々と繰り返す．このように問題を小さな部分問題に分割することを繰り返すアルゴリズムのことを，コンピュータ科学者は分割統治 (divide-and-conquer) 法と呼ぶ．頂点内のすべての訓練データが同じクラスのものになったら，そこで分岐をストッ

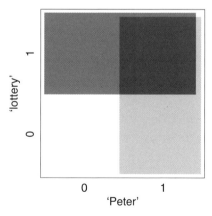

図 1.6　インスタンス空間の重複の影響．右上の領域で 2 つのルールは矛盾した予測をして，左下の領域では何も予測をしない．

プする．多くのルール学習アルゴリズムはトップダウン方式である．ルールを満たすデータが単一のクラスのもののみになるまで条件を次々と加えていくことで，最終的に1つのルールを学習するのである．その後そのルールに従う単一クラスのデータを取り除き，同様の手続きを繰り返す．このような手法を分離統治 (separate-and-conquer) 法と呼ぶこともある．

論理モデルの興味深い点は，多くの幾何モデルや確率モデルと違い，予測の説明ができることである．例えば，決定木による予測は，根から葉へ順に課せられた条件を追えば説明できる．モデル自体は人間も簡単に調べることができ，それゆえ論理モデルは宣言的 (declarative) であるといわれることもある．宣言的モデルは，これまでみてきたような単純なルールによるものだけではない．論理ルール学習システム Progol は，以下のような条件集合を用いて，分子化合物が発がん性をもつかどうかを予測する．

1) サルモネラ菌の検査で陽性である；or
2) ショウジョウバエ属の伴性劣性致死突然変異の検査で陽性である；or
3) 染色体異常の検査で陰性である；or
4) 部分電荷 -0.13 をもつ六員芳香環中の炭素を含む；or
5) 第一級アミノ基をもち，第二級アミノおよび第三級アミノを含む；or
6) 部分電荷 0.168 以上の芳香族 (もしくは共鳴) 水素を含む；or
7) 部分電荷 -0.616 以上の水酸化酸素と芳香族 (もしくは共鳴) 水素を含む；or
8) 臭素を含む；or
9) 部分電荷 -0.144 以下の四面体炭素をもち，かつ Progol の突然変異ルールに従う[*8]．

最初の3つの条件は，すべての分子に対する特定の検査に関したもので，結果は0–1の特徴量 (ブール特徴量) で記録される．一方，残りの6つのルールは分子の構造に関するもので，Progol のみにより作られたものである．例えば，ルール4は，分子がある性質をもつ炭素原子を含むときに，その分子が発がん性をもつことを予測している．この条件は最初の3つの条件とは違い，データにあらかじめ記録されていた特徴量を使うのではなく，Progol による学習の過程でデータを説明するために新たに構成された特徴量を用いる．

1.2.4　グループ分けとグレード付け

これまで幾何モデル，確率モデル，論理モデルと3種類のモデルをみてきた．これらの間にはいくつか通底する原理はあるが，このように分けた主な理由は簡便さのためである．機械学習の3番めの要素である「特徴量」に進む前に，もう1つの分類方

[*8] 突然変異原性の分子は DNA 内で変異を起こし，しばしば発がん性をもつ．この最後のルールは，Progol で事前に学習された突然変異の予測のためのルール集合のことである．

針を説明しよう．この分類方針は重要であるが抽象的で，しかも幾何–確率–論理という分類方針とはある意味直交するものである．それはグループ分けモデル (grouping model) とグレード付けモデル (grading model) という分け方である．これらのモデルの主たる違いは，モデルがどのようにインスタンス空間を扱うかという点である．

グループ分けモデルは，インスタンス空間をグループやセグメント (segment) に分割し，それらの数は学習の段階で決められる．グループ分けモデルは固定された有限の「分解能」をもち，それ以上細かい違いについては個々のインスタンスを見分けられないといえるかもしれない．グループ分けモデルがこの最も細かい分解能で行うことは通常とても単純であり，例えばそのセグメントに入ったすべてのインスタンスに多数決でクラスを割り振る．よってグループ分けモデルにおいて最も重要なのは，このような局所的なセグメントレベルにおける単純なラベル付けがうまくいくように，適切なセグメントを決定することである．一方，グレード付けモデルはこのようなセグメントという概念をもたない．非常に単純な局所的モデルを用いるのではなく，インスタンス空間全体の大域的モデルを構築する．結果的にグレード付けモデルは，(たいていは) どんなに似たインスタンス同士でも見分けられる．とくに直交インスタンス空間のモデルの場合は，グレード付けモデルの分解能は理論的には無限に細かくなる．

グループ分けモデルの良い例として，先ほどみた木構造のモデルがある．木構造のモデルは，インスタンス空間を小さな部分集合に繰り返し分割する．木は通常は根から葉までの深さに制限があり，すべての特徴量を含むことができないため，葉に対応する部分集合はインスタンス空間を有限の分解能で分割する．同じ葉に分けられたインスタンスは同様に扱われ，木に使われなかった特徴量によるさらなる分割の可能性は無視される．一方，サポートベクトルマシンと他の幾何的な分類器はグレード付けモデルの例である．モデルは直交インスタンス空間で構成されるので，インスタンス間のどんな微細な違いも表現し，利用できる．結果として，それ以前のテストデータのどれに対するものとも違うスコアを，新しいテストデータに与えることがつねにありうる．

グループ分けモデルかグレード付けモデルかの違いは相対的なもので絶対的ではなく，両方の特徴をあわせもつモデルもある．例えば，線形分類はグレード付けモデルの主要な例であるが，線形モデルが区別できないインスタンス集合を見つけることは容易である．例としては，インスタンスが決定境界に平行な直線や平面上に乗っている場合が挙げられる．重要なのは，セグメントがないということではなく，無限にあるという点である．これと対極的なのが回帰木であり，グループ分けとグレード付けの特徴をあわせもつ．回帰木については少し後に説明する．全体をまとめると図 1.7 のようになる[*9)]．また，本書で扱う 8 つのモデルを分類学的に表したものが図 1.8 である．これらのモデルについては，第 4〜9 章で詳説する．

[*9)] 図は後にみる例 1.7 のデータを用いて生成された．

1.3 特徴量：機械学習の立役者

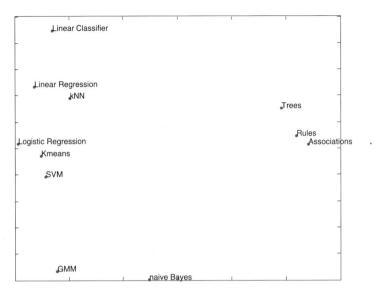

図 1.7 本書で扱うモデルの「地図」．特徴を共有するモデルどうしは近くにプロットされている．論理モデルは右に，幾何モデルは左上に，確率モデルは左下にある．水平軸はおおまかにいって左のグレード付けモデルから右のグループ分けモデルまでの範囲である．

1.3 特徴量：機械学習の立役者

　機械学習のタスクとモデルの例をみてきたが，次に 3 番めの，そして最後の要素に移ろう．モデルは特徴量以上に良くはなれないので，特徴量は機械学習の成否の大部分を決定する．特徴量はどんなインスタンスに対しても容易に扱えるような，ある種の測定量と考えることができる．数学的には，特徴量とはインスタンス空間から特徴空間の領域 (domain) と呼ばれる部分集合への写像である．測定量は多くの場合数値であるから，最も一般的な特徴量の領域は，実数集合である．他の典型的な特徴領域は，整数集合 (例えば特定の単語の数など何かの個数)，ブール値 (「このメールは Peter Flach 宛かどうか」のように，特定のインスタンスに対しての主張の真偽等)，そして任意の有限集合 (色の集合や形の集合等) などである．

38   1. 機械学習の三大要素

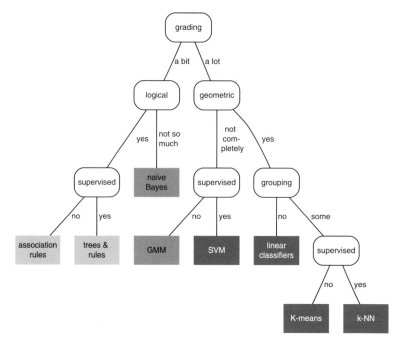

図 1.8　グループ分けかグレード付けか，論理か幾何かその組み合わせか，教師あ
りか教師なしかという観点からの，機械学習法の分類学的表現．色の濃さ
はモデルの種類を表し，左から右に，論理，確率，幾何．

例 1.7　MLM データセット

いくつかの学習モデルをいくつかの特性を用いて表現してみよう．

- ♣ どの程度モデルが幾何的，確率的，論理的か．
- ♣ グループ分けモデルかグレード付けモデルか．
- ♣ どの程度モデルが離散／連続実数の特徴量を扱えるか．
- ♣ 教師あり学習と教師なし学習のどちらで使われるか．
- ♣ どの程度モデルが多値分類問題を扱えるか．

最初の 2 つの特性は，それぞれ 2 つもしくは 3 つの離散特徴量で表現される．ま
た，もし区別がそれほどはっきりしなかったら，それぞれ数値的に表現すること
も可能である．単純な方法は表 1.4 のように各特性を 0 から 3 までの整数値で測
ることである．この表は各行がインスタンス，各列が特徴量となるようなデータ
セットとなる．例えば，この極端に単純化されたデータによると，モデルは純粋
なグループ分けモデル (木モデル，アソシエーションモデル)，純粋なグレード付

けモデル (線形モデル 2 つ，ロジスティック回帰，一般化モーメント法)，そして両者が混ざったモデルに分類される．また，木モデルとルールモデルは多くの特徴量について非常に似た値をとり，一般化モーメント法 (GMM) とアソシエーションモデルはほとんど違う値をとることがわかる．この小さなデータセットは，本書を通していくつかの例のなかで用いられる．実際，図 1.8 の分類は，モデルをクラスとしたこのデータセットをもとに，決定木を用いて手作業で計算されたものである．図 1.7 は，データ点対ごとの距離を可能なかぎり保ちながら次元縮小する技術を使って作成された．

モデル	幾何	統計	論理	グル	グレ	離散	実数	教有	教無	多値
木	1	0	3	3	0	3	2	3	2	3
ルール	0	0	3	3	1	3	2	3	0	2
ナイーブベイズ	1	3	1	3	1	3	1	3	0	3
k-近傍法	3	1	0	2	2	1	3	3	0	3
線形分類	3	0	0	0	3	1	3	3	0	0
線形回帰	3	1	0	0	3	0	3	0	0	1
ロジスティック回帰	3	2	0	0	3	1	3	3	0	0
SVM	2	2	0	0	3	2	3	3	0	0
K-平均法	3	2	0	1	2	1	3	0	3	1
一般化モーメント法	1	3	0	0	3	1	3	0	3	1
アソシエーション	0	0	3	3	0	3	1	0	3	1

表 1.4 機械学習のモデルの特徴を表す MLM データセット．図 1.7 および図 1.8 はこのデータをもとに生成する．(「グル」はグループ分け，「グレ」はグレード付けの略．)

1.3.1 特徴量の 2 つの使用法

特徴量とモデルが強く結び付いているということは特筆すべきである．これはモデルが特徴量を用いて定義されるからのみならず，特徴量が 1 つの場合には，それが 1 変量モデル (univariate model) と呼ばれるモデルと見なせるからである．よって，グループ分けモデルとグレード付けモデルの分類を真似て，特徴量の 2 つの使用法を分類することができる．とくに論理モデルにおいて，非常に一般的な特徴量の使用法は，インスタンス空間のある特定の領域に注目する方法である．あるメール中の 'Viagra' という単語の数を表す特徴量を f とし，任意のメールを x と表記するとしよう．条件 $f(x) = 0$ は 'Viagra' を含まないメールを選択し，$f(x) \neq 0$ もしくは $f(x) > 0$ は 'Viagra' を含むメールを選択する．さらに $f(x) \geq 2$ は 'Viagra' を 2 語以上含むメールを選択し，以下同様である．このような条件は，インスタンス空間をその条件を満たすものとそうでないものに二分することから，二値分岐 (binary split) と呼ばれる．また，二値分岐でない分岐も可能である．例えば特徴量 g として，メールが 20 語以下のときは 'tweet' と

いう値を，21 語から 25 語のときは 'short'，51 語から 200 語のときは 'medium'，200 語より多いときは 'long' という値をとるものを考える．このとき $g(x)$ はインスタンス空間を 4 つに分割する分け方を表している．すでにみたように，このような分割は特徴木にも対応させることができ，特徴木からモデルを生成できる．

特徴量の 2 番めの使用法はとくに教師あり学習に対するものである．数値的な特徴量を x_i として線形分類器は $\sum_{i=1}^{n} w_i x_i > t$ という形の決定ルールをもつ[*10]．この決定ルールの線形性は，インスタンスの各特徴量がそれぞれ独立にスコアに寄与することを意味する．そしてその寄与は重み w_i で表される．重みが大きな正の値のときは，正の x_i はスコアを増加させ，逆に重みが $w_i \ll 0$ のときには，正の x_i はスコアを減少させる．また $w_i \approx 0$ のときには，x_i の影響は無視できる．よって，各特徴量の最終予測への寄与は正確で測定可能である．ここで各特徴量には「閾値」はなく，その完全な「分解能」がインスタンスのスコアを計算するのに使われる．この特徴量の 2 つの使用法，つまり「分岐としての特徴量」と「予測としての特徴量」は 1 つのモデル内で同時に現れることもある．

例 1.8　特徴量の 2 つの使用法

$y = \cos \pi x$ を区間 $-1 \leq x \leq 1$ 上で近似するとしよう．線形近似を用いると $y = 0$ が最適になってしまいそうなので，線形近似は通常用いられない．しかし，区間を $-1 \leq x < 0$ と $0 \leq x \leq 1$ の 2 つに分けてそれぞれで線形近似を行えば，適切な近似が得られるかもしれない．ここでは，x は分岐のための特徴量および回帰変数という 2 つの方法で用いられている (図 1.9)．

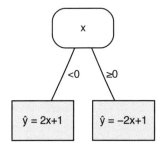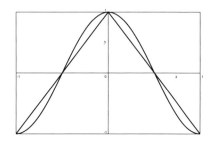

図 1.9　(左) 線形回帰モデルを各葉にもつような 1 分岐の回帰木．x は分岐のための特徴量と回帰変数の 2 つの意味で用いられている．(右) 区間 $-1 \leq x \leq 1$ 上の関数 $y = \cos \pi x$ と回帰木によって得られた区分線形近似．

[*10] ここでは，特徴量を 2 つの異なる形で表す．1 つめは $f(x)$ という形で，これは特徴量を x の関数としてみるときに便利である．一方，特徴量をベクトルとみると便利なときなどには x_i と書く．

1.3.2 特徴量の構成と変換

機械学習においては，特徴量についての工夫の余地がおおいにある．スパムフィルターの例や，より一般的にテキスト分類の例では，手紙や文章は既成の特徴量の形で得られるのではなく，機械学習のアプリケーションの開発者自身が構成しなくてはいけない．この特徴量構成 (feature construction) の過程が，機械学習の応用が成功するかどうかの決定的な鍵を握る．メール内に登場する単語でそのメールの指標を作ることを考えよう．メール内での各単語の順序を無視して，出現回数の情報のみの表現は「単語のバッグ (bag of words)」と呼ばれ，スパムフィルターや関連する分類タスクにおいて，'シグナル'を増幅し，'ノイズ'を減衰させるために注意深く開発された表現である．しかし，この表現がまったくうまくいかない問題も簡単に見つかる．例えば，文法的な文章か，非文法的な文章かを分類するときには，単語の順序は明らかにノイズではなくシグナルであるので，他の表現法が必要になってくる．

与えられた特徴量を用いてモデルを作るのが自然な場合も多いが，特徴量を目の子で調整したり，新しい特徴量を導入したりは自由に行うことができる．例えば，実数の特徴量が過剰に詳細であるときは，離散化 (discretisation) によって対処できる．100人程度の小規模のグループの体重を，ヒストグラムを用いて表すとしよう．もし，0.1 kg単位で体重を測るとすると，そのヒストグラムは疎でギザギザしたものになるであろう．このようなヒストグラムから一般的な結論を導き出すのは難しい．一方，10 kg刻みの区間で離散化したものは，もっと有効である．分類の問題，例えば体重と糖尿病の関係を調べるというような問題では，各区間に当てはまる人のなかで糖尿病の人の割合を，ヒストグラムの縦棒と関連づけることも考えられる．実際第10章でみるよう

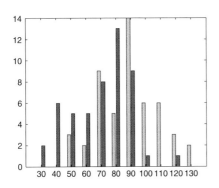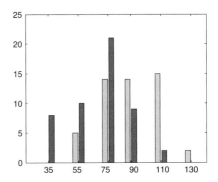

図 **1.10** (左) 体重の人工データのヒストグラム．2本並んだグラフの左が糖尿病の人，右が糖尿病でない人のもの．10 kgごとの11区間ある．(右) 1と2番め，3と4番め，5と6番め，7と8番め，9と10番めの区間をそれぞれ結合したヒストグラム．このような離散化により，糖尿病患者の割合が左から右に増加するようになる．糖尿病の予測においては，このような離散化された特徴量のほうがより有効である．

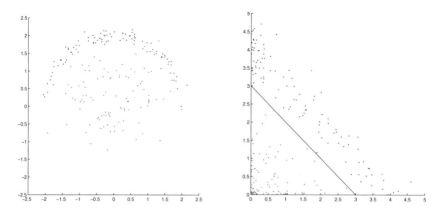

図 1.11 (左) 線形分類ではこのデータはうまく分類できない．(右) もとのデータ (x,y) を $(x',y')=(x^2,y^2)$ に変換すると，データはより「線形」になり，線形決定境界 $x'+y'=3$ はデータを非常によく分離する．この決定境界は，もとの空間では原点を中心とする半径 $\sqrt{3}$ の円に対応する．[口絵 3 参照]

に，この割合が体重と共に増加するように区間を選択することもできる (図 1.10)．

前の例は，分類のような特定のタスクにおいて，特徴量の SN 比 (signal-to-noise ratio) をどのように改良するかを表している．特徴量構成のより極端な例では，全体のインスタンス空間を変換する．図 1.11 をみると，左の図ではデータは明らかに線形分離できないが，特徴量を 2 乗することにより作られる新たな「特徴空間 (feature space)」にインスタンス空間を写像することにより，データはほぼ線形分離可能となる．実際，第 3 番めの特徴量を導入することにより，驚くべきトリックを使える．つまり，この特徴空間を実際には構成することなく，この特徴空間での分類が可能となるのである．

例 1.9　カーネルトリック

$\mathbf{x}_1=(x_1,y_1)$ と $\mathbf{x}_2=(x_2,y_2)$ を 2 つのデータ点として，$(x,y) \mapsto (x^2,y^2,\sqrt{2}xy)$ を 3 次元特徴空間への写像とする．特徴空間において点 $\mathbf{x}_1$ と $\mathbf{x}_2$ と対応するのは，$\mathbf{x}'_1=(x_1^2,y_1^2,\sqrt{2}x_1y_1)$ と $\mathbf{x}'_2=(x_2^2,y_2^2,\sqrt{2}x_2y_2)$ となる．このとき，これら 2 つの特徴ベクトルの内積は以下のようになる．

$$\mathbf{x}'_1 \cdot \mathbf{x}'_2 = x_1^2 x_2^2 + y_1^2 y_2^2 + 2x_1y_1x_2y_2 = (x_1x_2+y_1y_2)^2 = (\mathbf{x}_1 \cdot \mathbf{x}_2)^2$$

よって，もとの空間の内積の 2 乗により新しい空間の内積が計算できる．このとき，実際に特徴空間を構成する必要はないのだ！　もとの空間のベクトルから特徴空間における内積を計算する関数をカーネル (kernel) と呼び，いまの例ではカーネルは $\kappa(\mathbf{x}_1,\mathbf{x}_2)=(\mathbf{x}_1 \cdot \mathbf{x}_2)^2$ である．

決定境界を計算する方法を修正することにより，このカーネルトリック (kernel trick) を，基本線形分類器にあてはめることができる．基本線形分類器とは，正例 **p** と負例 **n** の平均の違い **w** = **p** − **n** を用いて **w** · **x** = t という決定境界をもつものだった．例えば，**n** = (0,0) と **p** = (0,1) として，訓練データは簡単のため $\mathbf{p}_1 = (-1,1)$ と $\mathbf{p}_2 = (1,1)$ の 2 つだけであるとする．このとき，$\mathbf{p} = \frac{1}{2}(\mathbf{p}_1 + \mathbf{p}_2)$ であり，決定境界は $\frac{1}{2}\mathbf{p}_1 \cdot \mathbf{x} + \frac{1}{2}\mathbf{p}_2 \cdot \mathbf{x} - \mathbf{n} \cdot \mathbf{x} = t$ と書ける．カーネルトリックを当てはめると，次のような決定境界が得られる：$\frac{1}{2}\kappa(\mathbf{p}_1,\mathbf{x}) + \frac{1}{2}\kappa(\mathbf{p}_2,\mathbf{x}) - \kappa(\mathbf{n},\mathbf{x}) = t$．先ほど定義されたカーネルを用いると，$\kappa(\mathbf{p}_1,\mathbf{x}) = (-x+y)^2$，$\kappa(\mathbf{p}_2,\mathbf{x}) = (x+y)^2$ かつ $\kappa(\mathbf{n},\mathbf{x}) = 0$ となり，これより決定境界 $\frac{1}{2}(-x+y)^2 + \frac{1}{2}(x+y)^2 = x^2 + y^2 = t$ が得られ，これは原点を中心とする半径 $\sqrt{t}$ の円である．また，これをより大きなデータセットに関して描いたものが図 1.11 である．

この基本線形分類器のカーネル化で重要なのは，訓練データを正例と負例の平均のみに集約するのではなく，訓練データ ($\mathbf{p}_1$，$\mathbf{p}_2$ と **n**) をそのまま残して用いることである．これにより，新しいインスタンスを分類するときには，もとの訓練データと合わせてカーネルを評価することができる．このようなより詳細な計算により，はるかに多様な決定境界を構成できるようになるのである．

1.3.3 特徴量間の相互作用

特徴量の魅力的で多面的な性質として，お互いに多様な相互作用をするということが挙げられる．時にはその相互作用は利用され，時には無視され，そして時には難題を投げかける．ベイズ法を用いたスパムフィルターを扱ったときに，すでにそのような例に出会っている．'Viagra' という単語がメールに見つかったとき，同じメールに 'blue pill' というフレーズがあっても驚きはしない．ナイーブベイズがそうしたように，このような相互作用を無視すると，これらのフレーズが同じメールに含まれていたという情報を過剰評価してしまうことになる．この問題を無視できるかどうかはタスクによる．スパムメールの分類ではこれは大きな問題ではないが，この相互作用の効果を考慮した決定閾値を使う必要は出てくるかもしれない．

特徴量の相互作用のもう 1 つの例が表 1.4 にみられる．特徴量「グレ」と「実数」は，それぞれ機械学習がどの程度グレード付けの特性をもつか，実数の特徴量を扱えるかの指標であった．この 2 つの特徴量は，1 つのモデルを除いて，たかだか 1 の違いしかみられない．統計学的には，それらは正の相関があるといえる (背景 1.3 を参照)．もう 1 つの正の相関をもつ特徴量の組は，「論理」と「離散」であり，それぞれモデルが論理モデルであるか，離散特徴量を扱えるかどうかの指標である．また，負の相関をもつ特徴量の組とは，片方が増大するともう片方が減少するようなものもある．例えば，「グル」と「グレ」はグループ分けかグレード付けかを表す特徴量なので当然の

ように負の相関をもち，また，「論理」と「グレ」も負の相関をもつ．最後に，無相関の特徴量の組は「教無」と「多値」で，それぞれ教師なし学習と多値の分類能力を意味する．また，「離散」と「教有」も無相関で，後者は教師あり学習の意味である．

分類においては，特徴量間にはクラスに依存した別の相関がある．例えば，パリの市議会に務めるヒルトンさんにとっては，単語 'Paris' と 'Hilton' の片方のみ含まれたメールはハムメール，両方含まれるメールはスパムメールとなることが多いということは十分にありうる．別のいい方をすると，スパムのクラスではこれらの特徴量は正の相関をもち，ハムのクラスでは負の相関をもつ．このような状況では，相互作用の無視は分類性能に弊害をもたらす．また，特徴量の相関により真のモデルがわかりにくくなる場合もあり，そのような例については本書で後に扱う．その一方，特徴量の相関により，インスタンス空間のうち関係する部分に注目しやすくなる場合もある．

以上とは異なる形で特徴量同士が関係する場合がある．例えば分子化合物に関する真か偽かで表される以下の3つの特徴量を考えてみよう．

1) 六員芳香環内の炭素を含む．
2) 部分電荷 -0.13 をもつ炭素を含む．
3) 六員芳香環内の部分電荷 -0.13 をもつ炭素を含む．

第3の特徴量は他の2つと比べて，より特定的 (specific) であるもしくは一般的 (general) でないといえる．これは，第3の特徴量が真ならば，第1，第2の特徴量も共に真であるからである．しかし，逆は必ずしも成り立たず，第1，第2の特徴量が共に真であっても，第3の特徴量は偽になりうる (六員芳香環内の炭素が部分電荷 -0.13 の炭素と別であるかもしれないので)．この関係は，論理モデルに加える特徴量を探すときに使うことができる．例えば，いま除外したいような負の例が第3の条件を満たしたとしよう．すると，その負の例を除外するためには，より一般的な第1や第2の特徴量はもはや意味がなくなり，これらを考える必要はなくなる．同様に，残ってほしい正例が第1の特徴量で偽となったときは，より特定的な3番めの特徴量を考える必要はない．つまり，これらの特徴量間の関係が，予測における特徴量を見つける助けとなるのである．

背景 1.3 期待値と推定

確率変数 (random variable) は確率的な過程で生成される出力を表す．それはサイコロの目のような離散値や，もしくはキログラム表記の体重のような連続値の場合もある．確率変数は整数や実数の値である必要はないが，数学的扱いが非常に簡単になるので，ここではそう仮定する．X が確率分布 $P(X)$ に従う離散確率変数であるとき，X の期待値 (expected value) は $\mathbb{E}[X] = \sum_x xP(x)$ となる．例えば，等確率のサイコロの目の期待値は $1 \cdot \frac{1}{6} + 2 \cdot \frac{1}{6} + 3 \cdot \frac{1}{6} + 4 \cdot \frac{1}{6} + 5 \cdot \frac{1}{6} + 6 \cdot \frac{1}{6} = 3.5$ である．3.5 というサイコロの目はないが，平均値としてはありうることに注意が必要

である．連続変数の場合は和が積分に代わり，また確率分布は確率密度関数に代わって，期待値は $\mathbb{E}[X] = \int_{-\infty}^{+\infty} xp(x)dx$ となる．この期待値はやや抽象的な概念であるが，標本 $x_1,\ldots,x_n$ が確率的な過程の出力として得られたときに，その標本平均 (sample mean) $\bar{x} = \frac{1}{n}\sum_{i=1}^n x_i$ が期待値に近づくと思うとわかりやすい．これがヤコブ・ベルヌーイによって 1713 年によって証明された大数の法則である．そのため，期待値は母集団平均や母平均 (population mean) と呼ばれることもあるが，期待値は理論的な値である一方で，標本平均はその経験的な推定値 (estimate) であるという点は重要である．

確率変数の関数についても期待値をとることができる．例えば，離散値の確率変数の (母集団の) 分散 (variance) は $\mathbb{E}\left[(X - \mathbb{E}[X])^2\right] = \sum_x (x - \mathbb{E}[X])^2 P(x)$ と定義でき，期待値のまわりの分布の広がりを測ることができる．以下の変形は重要である．

$$\mathbb{E}\left[(X - \mathbb{E}[X])^2\right] = \sum_x (x - \mathbb{E}[X])^2 P(x) = \mathbb{E}[X^2] - \mathbb{E}[X]^2$$

同様に標本分散 (sample variance) を $\sigma^2 = \frac{1}{n}\sum_{i=1}^n (x_i - \bar{x})^2$ で定義でき，これも $\frac{1}{n}\sum_{i=1}^n x_i^2 - \bar{x}^2$ と分解できる．また，$\frac{1}{n-1}\sum_{i=1}^n (x_i - \bar{x})^2$ という標本分散の定義もみられる．n の代わりに $n-1$ で割っているので，少しだけ大きく推定することになるが，これは標本分散として母平均のまわりではなく標本平均のまわりの広がりを計算していることに関する補正である．

2 つの離散確率変数 X と Y の間の (母集団) 共分散 (covariance) は $\mathbb{E}[(X - \mathbb{E}[X])(Y - \mathbb{E}[Y])] = \mathbb{E}[X \cdot Y] - \mathbb{E}[X] \cdot \mathbb{E}[Y]$ と定義される．X の分散は $Y = X$ とおいた共分散の特殊な場合と見なせる．分散と違い，共分散は正と負のどちらの値もとりうる．正の共分散は 2 つの変数が同時に増減する傾向があることを意味し，負の共分散は 2 つのうちの片方が増大するともう片方は減少する傾向があることを意味する．X と Y のいくつかの値の対が標本として与えられたとき，標本共分散を $\frac{1}{n}\sum_{i=1}^n (x_i - \bar{x})(y_i - \bar{y}) = \frac{1}{n}\sum_{i=1}^n x_i y_i - \bar{x}\bar{y}$ と定義する．X と Y の間の共分散を $\sqrt{\sigma_X^2 \sigma_Y^2}$ で割ったものが相関係数 (correlation coefficient) で，これは -1 から 1 の値をとる．

1.4 まとめと展望

この章の目標は，機械学習の風景に感嘆させるためのツアーにあなたを連れ出し，本書の残りを読みたいと思わせるだけの興味をあなたに抱かせることであった．以下に，これまでみてきたことをまとめておこう．

♣ 正しい特徴量を使い，正しいモデルを作って，正しいタスクをこなす．それに

関することを機械学習と呼ぶ．このタスクの例としては，二値分類，多値分類，回帰，クラスタリング，記述モデルなどがある．これらのタスクの最初のいくつかのモデルは，ラベル付き訓練データが必要な教師あり学習である．例えば，スパムフィルターを機械学習を用いて学習するときには，スパムとハムのラベル付けがされた訓練データのメールが必要である．モデルがどれだけ良いかを知りたければ，訓練データとは別にラベル付けされたテストデータも必要である．学習に用いた訓練データで学習されたモデルを評価すると，楽観的になりすぎるので，起こりうる過適合をテストデータを用いて見つけ出す必要がある．

♣ 一方，教師なし学習ではラベルなしデータを扱うので，テストデータというものは存在しない．例えば，データを分割したクラスターを評価するためには，データから属するクラスターの中心までの平均距離が計算できればよい．他の教師なし学習の例としては，関連性 (複数の物事がどれだけ同時に起きやすいか) の学習や，映画のジャンルのような隠れ変数を特定することが挙げられる．教師なし学習でも過適合の問題は生じる．例えば，すべてのデータ点を 1 つのクラスターと考えれば，クラスター平均までの距離の平均はゼロとなるが，このクラスターは明らかに使えない．

♣ 出力の観点からは，出力が目的変数を含むような予測モデルと，データのなかの興味深い構造を特定する記述モデルに分類できる．たいていは，予測モデルは教師ありで，記述モデルは教師なしで学習されるが，記述モデルの教師あり学習の例 (クラスの分布が通常と異なるような領域を特定するためのサブグループ発見) や，予測モデルの教師なし学習の例 (特定されたクラスターをクラスと見なす予測クラスタリング) もある．

♣ 機械学習モデルを，幾何モデル，確率モデル，論理モデルに緩やかに分類した．幾何モデルは直交インスタンス空間において構成され，平面や距離といった幾何学的な概念を用いる．幾何モデルの原型は基本線形分類器で，正のデータの重心と負のデータの重心を結ぶ直線と直交する決定平面をもつ．確率モデルは，データの不確かさを減らす過程として学習を捉える．例えば，ベイズ分類器は事後分布 $P(Y|X)$ (もしくはこれと対照的な尤度関数 $P(X|Y)$) をモデル化する．事後分布は特徴変数 X が観測された後のクラス Y の分布である．論理モデルは 3 つのモデルのなかで最も「宣言的」で，インスタンス空間における等質的な領域を特定するための論理的な条件を，if–then ルールを用いて表す．

♣ また，グループ分けモデルとグレード付けモデルの分類も導入した．グループ分けモデルは，インスタンス空間を学習の過程で決定されたセグメントに分割する．それぞれのセグメント内では，グループ分けモデルは「すべてをこのクラスと予測せよ」といったような非常に単純な種類のモデルを当てはめる．グレード付けモデルはより大域的なモデルで，インスタンス空間 (通常は直交座標空間) 内のインスタンスの位置によってグレード付けする．論理モデルはグルー

1.4 まとめと展望

プ分けモデルの典型的な例であり，一方幾何モデルはその性質上グレード付けモデルとなりやすいが，この区別は厳密なものではない．現時点ではこれは非常に曖昧に聞こえるが，次章でカバレッジ曲線を扱うと両者の区別がはっきりする．

♣ 最後に述べるが重要な点は，機械学習における特徴量の果たす役割である．特徴量なくしてモデルは存在しないし，たった1つの特徴量でさえモデルを構成できるのであった．データは必ずしも出来合いの特徴量をもつものではなく，特徴量を変形したり，新たに作成したりしなければならない場合も多い．これにより，機械学習はしばしば再帰的な過程となる．つまり，モデルを構成した後にはじめて正しい特徴量であったかがわかり，またモデルがうまく機能しなかった場合は，その精度を解析し，どのように特徴量を改良すればよいかを理解する必要がある．

本書の残りの構成

続く9つの章では，これまでみてきた構造を踏まえつつ，以下のように詳説していく．

♣ 機械学習のタスクについてを第2章，第3章で扱う．
♣ 論理モデルについては，概念学習を第4章で，木モデルを第5章で，ルールモデルを第6章で扱う．
♣ 幾何モデルについては，線形モデルを第7章で，距離ベースのモデルを第8章で扱う．
♣ 確率モデルについては第9章で扱う．
♣ 特徴量について第10章で扱う．

第11章はモデルの「アンサンブル」を学習する手法を述べる．これは単体のモデルと比べていくつかの利点がある．第12章は機械学習の研究者が「実験」と呼ぶいくつかの方法を考察し，これには実データに関するモデルの学習や評価も含まれる．最後にエピローグでは，本書を締めくくり将来の展望について述べる．

Chapter 2

二値分類および関連するタスク

　この章と次の章では，機械学習によって解くことのできるさまざまなタスクの概要を取り扱う．ここでいうタスクは，例えばスパムメール認識のように，機械学習 (p.3 の機械学習の定義を参照) がその性能を改善するために用いられる対象を指す．スパムメールの例の場合に用いるタスクは分類タスクであるため，訓練データから適切な分類器を学習する必要がある．分類器には多くの異なる型が存在する．いくつかの例を挙げると，線形分類器，ベイズ分類器，距離ベースの分類器等である．これらの異なる型のことをモデルと呼び，それらについては第 4～9 章で扱うことにする．分類は，我々がモデルを学習する目的となるさまざまなタスクの 1 つにすぎない．本章で扱う他のタスクは，クラス確率の推定とランキングである．次章では，回帰，クラスタリング，記述的モデリングについて議論する．これらのタスクの各々について，それは何なのか，どのような変形が存在し，タスクの実行性能をどのように評価するか，また，他のタスクにどう関係するか，について議論する．ここではまず，本章中，および本書を通じて使用される一般的な記法を導入する (関連する数学概念については背景 2.1 を参照されたい)．

　機械学習で興味の対象となるものは通常，インスタンス (instance) と呼ばれる．生じうるあらゆるインスタンスの集合はインスタンス空間 (instance space) と呼ばれ，本書では $\mathscr{X}$ で表される．例を挙げるとすると，$\mathscr{X}$ はアルファベットを用いて書くことができるあらゆる電子メールの集合である[*1)]．さらにラベル空間 (label space) $\mathscr{L}$ と出力空間 (output space) $\mathscr{Y}$ を区別する．ラベル空間は，教師あり学習において事例にラベル付けするために用いられる．考慮中のタスクを達成するためには，モデル (model)，すなわちインスタンス空間から出力空間への写像が必要である．例えば，分類においては，出力空間はクラスの集合である．一方，回帰においては，それは実数の集合で

[*1)] このようなインスタンス空間は考えられないほど莫大な集合となり (例えば，小文字，スペースおよび終止符だけを使用する 160 文字のあらゆる可能なテキストメッセージの集合は 28^{160} であり，ほとんどの電卓にとって大きすぎる)，この集合のほんのわずかな部分集合だけが，おそらく実世界で十分な意味をもっているということは指摘しておく必要があろう．

2. 二値分類および関連するタスク

タスク	ラベル空間	出力空間	学習
分類	$\mathscr{L} = \mathscr{C}$	$\mathscr{Y} = \mathscr{C}$	真のラベル付け関数 c の近似 $\hat{c}: \mathscr{X} \to \mathscr{L}$
スコアリングとランキング	$\mathscr{L} = \mathscr{C}$	$\mathscr{Y} = \mathbb{R}^{|\mathscr{C}|}$	クラスに関するスコアベクトルを出力するモデルを学習する.
確率推定	$\mathscr{L} = \mathscr{C}$	$\mathscr{Y} = [0,1]^{|\mathscr{C}|}$	クラスに関する確率ベクトルを出力するモデルを学習する.
回帰	$\mathscr{L} = \mathbb{R}$	$\mathscr{Y} = \mathbb{R}$	真のラベル付け関数 f の近似 $\hat{f}: \mathscr{X} \to \mathbb{R}$

表 2.1 いくつかの予測的機械学習のシナリオ

ある. そのようなモデルを学習するために, 我々は, 事例 (example) とも呼ばれるラベル付けされたインスタンス (labelled instance) $(x, l(x))$ の訓練データ (training set) Tr を必要とする. ただし, $l: \mathscr{X} \to \mathscr{L}$ はラベル付け関数である.

これらの専門用語や記号に基づいて, 予測モデルの教師あり学習を考えると, 表2.1 はいくつかの明確なシナリオを示している. 一般によく遭遇する機械学習のシナリオでは, ラベル空間と出力空間が一致する. すなわち, $\mathscr{Y} = \mathscr{L}$ であり, 我々は訓練データに割り振ったラベルを用いることで, 真のラベル付け関数 l の近似 $\hat{l}: \mathscr{X} \to \mathscr{L}$ を学習したい. このシナリオは分類と回帰の両方を含む. ラベル空間と出力空間が異なるとき, これはふつう, 単なるラベル以上のもの (例えば, 個々の可能なラベルのスコア) を出力するモデルを学習することに役立つ. この場合, $k = |\mathscr{L}|$ (ラベルの数) とすると, $\mathscr{Y} = \mathbb{R}^k$ となる.

ノイズ (noise) によって問題は複雑になるかもしれない. ノイズは, $l = l(x)$ の代わりに汚染されたラベル l' を観察するというラベルのノイズ (label noise) と x の代わりに汚染されたインスタンス x' を観察するというインスタンスのノイズ (instance noise) の2種類の形式をもつ. データノイズが原因で, 訓練データと正確に一致させようとすることにより過適合を導くかもしれないので一般に望ましくないということがある. そこで, ラベル付けされたデータのうちの一部分は, 分類器の評価やテストのために通常とっておく. その場合, それはテストデータ (test set) と呼ばれ, Te で表す. また, 訓練データまたはテストデータを特定のクラスに制限するために上付き添字を使用する. 例えば, $Te^{\oplus} = \{(x, l(x)) | x \in Te, l(x) = \oplus\}$ は正テスト事例 (positive test example) の集合であり, $Te^{\ominus}$ は負テスト事例 (negative test example) の集合である.

最も単純な種類の入力空間が生成されるのは, 属性, 予測変数, 説明変数あるいは独立変数と呼ばれる決まった数の特徴量 (feature) によってインスタンスが記述されるときである. $\mathscr{F}_i$ $(i = 1, 2, \ldots, d)$ によって特徴量の領域 (domain) や値の集合を表すと, $\mathscr{X} = \mathscr{F}_1 \times \mathscr{F}_2 \times \cdots \times \mathscr{F}_d$ となり, すべてのインスタンスは特徴値の d 次元ベクトルで表される. いくつかの領域では, 使用する特徴量は自然に定まるが, 他の領域ではそれらを構築する必要がある. 例えば, プロローグで述べたスパムフィルターの例では, 我々は, 電子メールでの語彙の各単語の出現回数をカウントすることで, 多くの特徴量を構築した. 特徴量が明示的に与えられる場合でも, 当面のタスクのため, その有

用性を最大化するためにそれらを変換したい場合も多い．詳細は第 10 章で説明する．

この章では，表 2.1 の最初の 3 つのシナリオ，つまり，2.1 節において分類，2.2 節においてスコアリングとランキング，2.3 節においてクラス確率の推定を扱う．簡単のため，我々は主としてこの章では 2 クラスの問題を扱い，2 クラス以上の場合は第 3 章で扱う．回帰，教師なし学習，記述的学習もそこで扱う．

この章では，プロローグで論じた種類の単純なモデルを用い重要な概念を説明する．これらのモデルは，グループ分けモデルの代表である単純な木ベースモデルや，またはグレード付けモデルの代表である線形モデルとなる．我々は 1 つの特徴量からでもモデル (1 変量機械学習 (univariate machine learning) として記述することができる設定) を構築することがある．第 4 章以降では，このようなモデルをいかに学習するかという問いから始める．

背景 2.1 離散数学の便利な概念

離散数学からいくつかの重要な概念を概説しておこう．集合 (set) は，通常同じ種類のものの集まりである．例えば，すべての自然数の集合 $\mathbb{N}$ やすべての実数の集合 $\mathbb{R}$ がある．x が集合 A の元であるとき $x \in A$ と表し，$x \in A$ ならば $x \in B$ であるとき $A \subseteq B$ と書く ($A \subseteq B$ は，「$A \subseteq B$ かつ $B \subseteq A$ すなわち A と B が相等である」場合を含む)．A と B の積集合 (intersection) と和集合 (union) は，それぞれ $A \cap B = \{x | x \in A$ かつ $x \in B\}$, $A \cup B = \{x | x \in A$ または $x \in B\}$ として定義される．A と B の差集合 (difference) は，$A \setminus B = \{x | x \in A$ かつ $x \notin B\}$ で定義される．考慮する集合のすべてを包含するような論議領域 (universe of discourse) U を固定することが通例である．集合 A の補集合 (complement) は $\bar{A} = U \setminus A$ として定義される．$A \cap B = \emptyset$ であるとき，2 つの集合 A と B が互いに素 (disjoint) であるという．集合 A の要素数を濃度 (cardinality) と呼び $|A|$ で表す．A のすべての部分集合の集まり $2^A = \{B | B \subseteq A\}$ をべき集合 (powerset) と呼び，その濃度は $|2^A| = 2^{|A|}$ である．$A \subset U$ のとき $x \in A$ ならば $f(x) = \text{true}$ かつ $x \in U \setminus A$ ならば $f(x) = \text{false}$ となる関数 $f : U \to \{\text{true}, \text{false}\}$ を，集合 A の特性関数 (characteristic function) という．

A と B を集合とするとき，デカルト積 (Cartesian product; あるいは直積) $A \times B$ は各集合から 1 つずつ元を取り出して組にしたものすべての集まり $\{(x,y) | x \in A$ かつ $y \in B\}$ である．これは，2 つ以上の集合の積にも一般化できる．A, B 上の二項関係 (binary relation) は，ある集合 A と B に対して，$R \in A \times B$ であるような組の集合をいう．もし，$A = B$ ならば，A 上の二項関係という．$(x, y) \in R$ の代わりに，xRy と表すこともある．A 上の二項関係について，以下の (i) から (v) の性質を考えることができる．

(i) 反射律 (reflexive)：$\forall x \in A, xRx$

> (ii) 対称律 (symmetric)：$\forall x, \forall y \in A, xRy \Rightarrow yRx$
> (iii) 反対称律 (antisymmetric)：$\forall x, \forall y \in A, xRy$ かつ $yRx \Rightarrow x = y$
> (iv) 推移律 (transitive)：$\forall x, \forall y, \forall z \in A, xRy$ かつ $yRz \Rightarrow xRz$
> (v) 完全性 (total)：$\forall x, \forall y \in A, xRy$ または yRx
>
> 半順序 (partial order) は，反射律，反対称律，推移律を満たす二項関係をいう．例えば，部分集合 (subset) の関係 '$\subseteq$' は半順序である．全順序 (total order) は，完全性，反対称律，推移律を満たす二項関係をいう．$\mathbb{R}$ 上の関係 '$\leq$' は全順序である．xRy または yRx であるとき，x と y は比較可能 (comparable) であるといい，そうでないときは比較不可能 (incomparable) であるという．同値関係 (equivalence relation) '$\equiv$' は，反射律，対称律，推移律を満たす二項関係である．x の同値類 (equivalence class) を $[x] = \{y | x \equiv y\}$ とする．例えば，任意の集合上で「A は B と同じ数の要素を含んでいる」という二項関係は同値関係である．任意の2つの同値類は互いに素であり，かつすべての同値類の和集合は全体の集合となる．言い換えれば，すべての同値類の集合は，集合の分割 (partition) を形成する．$A_1, \ldots, A_n$ は集合 A の分割とする，すなわち，$A_1 \cup \ldots \cup A_n = A$ かつ，$A_i \cap A_j = \emptyset \, (i \neq j)$ であるとき，$A = A_1 \uplus \ldots \uplus A_n$ と書くことにする．
>
> これを説明するために，特徴量の決定木を T とし，関係 $\sim_T \subseteq \mathscr{X} \times \mathscr{X}$ を「$x \sim_T x' \Leftrightarrow x$ および x' は特徴の決定木 T の同じ葉に割り当てられる」と定める．このとき，$\sim_T$ は同値関係であり，同値類は T に関するインスタンス空間の分割を形成する．

2.1 分　　　類

分類は機械学習で最も一般的なタスクである．分類器 (classifier) は写像 $\hat{c} : \mathscr{X} \to \mathscr{C}$ である．ただし，$\mathscr{C} = \{C_1, C_2, \ldots, C_k\}$ は有限で通常は少数のクラスラベル (class label) の集合である．クラスの事例の集合を表すためにしばしば C_i を用いることもある．$\hat{c}(x)$ が未知の真の関数 $c(x)$ の推定量であることを示すために '^' (ハット) を用いる．分類器用の事例は $(x, c(x))$ の形式で表される．ただし，$x \in \mathscr{X}$ はインスタンスであり，$c(x)$ はインスタンスの真のクラスを表す．分類器の学習は，$\hat{c}$ が c にできるだけ (理想的には，訓練データ上だけでなくインスタンス空間 $\mathscr{X}$ の全体で) 近づくように関数 c を構築することが必要となる．

最も単純な場合では，通常，正 (positive)・負 (negative) と呼ばれるわずか2つのクラス ($\oplus$ と $\ominus$ あるいは $+1$ と -1) を考える[*2)]．2クラスの分類は，二値分類 (binary

---

[*2)] ［訳注：以下では正を「陽性」，負を「陰性」とも呼ぶ．］

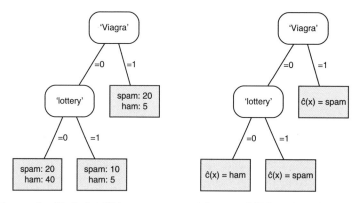

図 2.1 (左) 葉における訓練データのクラス分布による特徴木. (右) 決定木は，多数決により得られる.

classification; あるいは正のクラスを概念と呼ぶことができる場合には概念学習 (concept learning)) と呼ばれる．スパムメールのフィルタリングは，二値分類の良い例である．ただし，慣習的にスパムメールを正のクラスとし，ハムメールは負のクラスとする (明らかに，ここでは「正」は「良い」を意味するものではない!)．二値分類の他の例は，医学診断 (特定の疾病をもつ場合を正のクラスとする) やクレジットカード詐欺検知等がある．

図 2.1 (左) のなかの特徴木は，クラスで各葉にラベルを付けることにより分類器に変えることができる．これを実行する最も単純な方法は，図 2.1 (右) の決定木であり，各葉のなかの多数派クラス (majority class) を割り当てることによって構成される．分類器は以下のように働く: 電子メールが単語 'Viagra' を含んでいる場合スパムメールとして分類され (一番右の葉)，そうでない場合，'lottery' という単語の有無が，スパムかハムのいずれのラベルかを決定する[*3]．図 2.1 のなかの数値から，この分類器がどれくらいうまく分類するかを考察できる．左端の葉は正確に 40 のハムメールを予測するが，'Viagra' も 'lottery' も含んでいない 20 のスパムメールを誤ってラベル付けする．中央の葉は正確に 10 のスパムメールを分類するが，5 つのハムメールを誤ってスパムメールと分類する．'Viagra' テストは，正確に 20 のスパムメールを選ぶが，誤って 5 つのハムメールを選んでしまう．まとめると，50 のスパムメールのうちの 30 のメールが正しく分類され，50 のハムメールのうちの 40 が正しく分類されることを意味している．

2.1.1 分類性能の評価

このような分類器の性能は，分割表 (contingency table) または混同行列 (confusion

[*3] データから決定木を学習する方法についてはアルゴリズム 5.1 を参照されたい.

	予測 ⊕	予測 ⊖			予測 ⊕	予測 ⊖	
実際 ⊕	**30**	*20*	50	実際 ⊕	20	*30*	50
実際 ⊖	*10*	**40**	50	実際 ⊖	*20*	30	50
	40	60	100		40	60	100

表 2.2 (左) 図 2.1 における決定木の性能を表した 2 クラスの分割表 (混同行列). 主対角線上の数字は正しい予測を示し, 逆対角線上の数字は予測誤差を示す. (右) 列の因子と行の因子が独立である周辺同等な分割表.

matrix) (表 2.2 左) として知られる表により要約することができる. この表では, 各行はテスト集合に記録された実際のクラスを指し, 各列は分類器によって予測されたクラスを指す. したがって, 例えば第 1 行は, テストデータが 50 の正例を含み, そのうち 30 は正確に, 20 は不正確に予測されたと述べている. 最後の列と最後の行は, 周辺度数 (marginal: すなわち, 各列と各行の合計) を表している. 統計的有意性を評価することができるため, 周辺度数は重要である. 例えば, 表 2.2 (右) の分割表は同じ周辺度数をもつが, 分類器は正であるか負であるかを無作為に選択する. その結果, 予測クラス内の実際の分布は, 全体の分布 (この場合は一様分布) と同じである.

分割表から, 我々は多くの性能評価指標を計算することができる. これらの最も簡単なものは, 正答率 (accuracy) と呼ばれ, 正しく分類されたテストインスタンスの割合をいう. この章のはじめに導入された表記法を用いて, テスト集合 Te 上での正答率は,

$$acc = \frac{1}{|Te|} \sum_{x \in Te} I[\hat{c}(x) = c(x)] \tag{2.1}$$

のように定義される. ただし, 関数 $I[\cdot]$ は指示関数 (indicator function) と呼ばれ, 引数が true と評価された場合に 1 であり, それ以外の場合は 0 をとる関数である. つまり, (2.1) 式の右辺の和は, 分類器によって正しく分類された (すなわち, 推定されたクラスのラベル $\hat{c}(x)$ が真のクラスラベル $c(x)$ に等しい場合の) テストインスタンス数である. 例えば, 表 2.2 (左) の分類器の正答率は 0.70 または 70%であり, 表 2.2 (右) の分類器の正答率は 0.50 である. その他の性能評価指標として, 誤り率 (error rate: 誤って分類されたインスタンスの割合) がある. 表 2.2 (左) の誤り率は 0.30 であり, 表 2.2 (右) の誤り率は 0.50 である. 明らかに, 正答率と誤り率の合計は 1 となる.

テストデータの正答率は, 任意のインスタンス $x \in \mathscr{X}$ が正しく分類される確率の推定値と見なすことができる. より正確には, acc は確率

$$P_{\mathscr{X}}(\hat{c}(x) = c(x))$$

の推定量である (インスタンス空間 $\mathscr{X}$ 上の確率分布であることを強調するために $P_{\mathscr{X}}$ と表すことに注意されたい. ただし, 文脈から明らかな場合, 添え字を省略することもある). 通常, 我々はインスタンス空間のごく一部でしか真のクラスを入手することができないため, 推定値しか知ることができない. つまり, テストデータは可能なか

ぎり偏りなくインスタンス空間を代表しているということが重要である．これは通常，インスタンスの生起確率(すなわち特定のメールがどの程度起こりやすそうか，あるいは典型的か) は $\mathscr{X}$ 上の未知の確率分布によって支配され，テストデータ Te は，この分布に従って生成されるという仮定によって定式化される．

分類器の性能をクラスごとに区別することは，必要とまではいえないまでも，しばしば有用である．この目的のために，いくつかの専門用語を導入する．真には正であるものを正しく正へ分類することを真陽性 (true positive)，真には負であるものを正しく負へ分類することを真陰性 (true negative) と呼ぶ．真には正であるものを誤って負へ分類することを偽陰性 (false negative) と呼ぶ．同様に，真には負であるものを誤って正へ分類することを偽陽性 (false positive) と呼ぶ．用語を理解するためには，「正／負」は分類器の予測を指し，「真／偽」は予測が正しいかどうかを指しているということを認識しておく必要がある．よって，偽陽性は実際は負であるものを誤って正と予測する誤り (例えば，ハムメールをスパムとする誤分類や健康な患者を問題の疾患をもつ患者とする誤分類) である．前例 (表 2.2 左) では，真陽性が 30，偽陰性が 20，真陰性が 40，偽陽性が 10 となる．

真陽性率 (true positive rate) は，正しく分類された正例の割合であり，数学的には

$$tpr = \frac{\sum_{x \in Te} I[\hat{c}(x) = c(x) = \oplus]}{\sum_{x \in Te} I[c(x) = \oplus]} \tag{2.2}$$

で定義される．真陽性率は，$\mathscr{X}$ 上の任意の正例が正しく分類される確率 $P_{\mathscr{X}}(\hat{c}(x) = \oplus | c(x) = \oplus)$ の推定量である．同様に，真陰性率 (true negative rate) は正しく負と分類される負例の割合 (数学的な定義については，表 2.3 を参照されたい) であり，$P_{\mathscr{X}}(\hat{c}(x) = \ominus | c(x) = \ominus)$ の推定量である．これらは，しばしば感度 (sensitivity) と特異性 (specificity) と呼ばれ，各クラスごとの正答率として捉えることができる．真陽性率と真陰性率は，分割表において，主対角成分をその成分の属する行の合計で割ることによって算出することができる．また，クラスごとの誤り率として，偽陰性率 (false negative rate; 誤って分類された正例の数，または偽陰性の数の正例の総数に対する割合) および，偽陽性率 (false positive rate; 誤警報率 (false alarm rate) ともいう) も考えられる．偽陰性率と偽陽性率は，分割表において，逆対角成分 (主対角成分と線対称な位置にある成分) をその成分の属する行の合計で割ることによって算出することができる．

表 2.2 (左) において，真陽性率は 60%，真陰性率は 80%，偽陰性率は 40%，偽陽性率は 20% となる．表 2.2 (右) において，真陽性率は 40%，真陰性率は 60%，偽陰性率は 60%，偽陽性率は 40% となる．表 2.2 においては正答率は真陽性率と真陰性率の平均であり，誤り率は偽陽性率と偽陰性率の平均である．しかしながら，これらは，テストデータにおいて正例と負例の数が等しい場合にのみ正しい．一般の場合，加重平均を用いる必要がある．ただし，重みはテスト集合における正例と負例の割合である．

例 2.1 重み付き平均としての正答率

テストデータ上での分類器の決定を，以下の表で表す．

	予測 ⊕	予測 ⊖	
実際 ⊕	60	*15*	75
実際 ⊖	*10*	15	25
	70	30	100

この表から，真陽性率は $tpr = 60/75 = 0.80$，真陰性率が $tnr = 15/25 = 0.60$ であるとわかる．全体の正答率 $acc = (60+15)/100 = 0.75$ なので，もはや真陽性率と真陰性率の平均であるとはいえない．しかしながら，正例の割合 $pos = 0.75$ と負例の割合 $neg = 1 - pos = 0.25$ を考慮すると，

$$acc = pos \cdot tpr + neg \cdot tnr \tag{2.3}$$

とすることができる．この式は，一般的に成立し，とくに正例と負例の数が等しい場合は，前の例 $(acc = (tpr+tnr)/2)$ の非加重平均を得る．

(2.3) 式は，直感的には次のように解釈できる．いずれかのクラスにおける優れた分類性能は，正答率の向上に貢献するが，さらにそのクラスが支配的であればより強く貢献する．もし正答率を向上させたいのであれば，分類器は，クラスの分布が非常に不均衡である場合はとくに，データ数の多いクラス (多数派クラス; majority class) に集中すべきである．しかしデータ数の多いクラスは，最も関心の薄いクラスであることがよくある．例を用いて説明する．インターネットの検索エンジン[*4)]にクエリを発行したとし，その特定のクエリに対する関連ページは，1000 のウェブページごとでわずか 1 ページのみであると仮定する (検索エンジンにおけるクエリとは，ユーザーが検索エンジンに対して行う処理要求のことで，一般的にはキーワードやその組み合わせ，キーフレーズなどの検索ワード (検索語) をいう)．いま，どんな検索結果も返さない「消極的」な検索エンジンを考える．すなわち，その検索エンジンはすべてのウェブページをそのクエリに無関係なものとして分類する．このとき，その検索エンジンは，0% の真陽性率，100% の真陰性率を達成する．$pos = 1/1000 = 0.1$%，および $neg = 99.9$% であることに注意すると，「消極的」な検索エンジンの正答率は 99.9% となり非常に高い正答率を有している．言い換えれば，すべてのウェブページ上で一様にランダムな選択を行う場合，正例を選択する確率は 0.001 であり，これは消極的なエンジンが唯一エラーを犯したページである．しかし，我々は通常，ウェブから一

[*4)] クエリを固定することは現実的ではないが，目的のための解析を行うのに便利である．このとき，インターネットの検索エンジンは，関連性が高いかそうでないか，あるいは興味深いかそうでないかという 2 クラスにおける二値分類器としてみることができる．

尺度	定義	同等なもの	推定するもの
陽性数	$Pos = \sum_{x \in Te} I[c(x) = \oplus]$		
陰性数	$Neg = \sum_{x \in Te} I[c(x) = \ominus]$	$|Te| - Pos$	
真陽性数	$TP = \sum_{x \in Te} I[\hat{c}(x) = c(x) = \oplus]$		
真陰性数	$TN = \sum_{x \in Te} I[\hat{c}(x) = c(x) = \ominus]$		
偽陽性数	$FP = \sum_{x \in Te} I[\hat{c}(x) = \oplus, c(x) = \ominus]$	$Neg - TN$	
偽陰性数	$FN = \sum_{x \in Te} I[\hat{c}(x) = \ominus, c(x) = \oplus]$	$Pos - TP$	
正例の割合	$pos = \frac{1}{|Te|} \sum_{x \in Te} I[c(x) = \oplus]$	$Pos/|Te|$	$P(c(x) = \oplus)$
負例の割合	$neg = \frac{1}{|Te|} \sum_{x \in Te} I[c(x) = \ominus]$	$1 - Pos$	$P(c(x) = \ominus)$
クラス比	$clr = pos/neg$	Pos/Neg	
(∗) 正答率	$acc = \frac{1}{|Te|} \sum_{x \in Te} I[\hat{c}(x) = c(x)]$		$P(\hat{c}(x) = c(x))$
(∗) 誤り率	$err = \frac{1}{|Te|} \sum_{x \in Te} I[\hat{c}(x) \neq c(x)]$	$1 - acc$	$P(\hat{c}(x) \neq c(x))$
真陽性率, 感度, 再現率	$tpr = \frac{\sum_{x \in Te} I[\hat{c}(x) = c(x) = \oplus]}{\sum_{x \in Te} I[c(x) = \oplus]}$	TP/Pos	$P(\hat{c}(x) = \oplus | c(x) = \oplus)$
真陰性率, 特異度, 負の再現率	$tnr = \frac{\sum_{x \in Te} I[\hat{c}(x) = c(x) = \ominus]}{\sum_{x \in Te} I[c(x) = \ominus]}$	TN/Neg	$P(\hat{c}(x) = \ominus | c(x) = \ominus)$
偽陽性率, 誤警報率	$fpr = \frac{\sum_{x \in Te} I[\hat{c}(x) = \oplus, c(x) = \ominus]}{\sum_{x \in Te} I[c(x) = \ominus]}$	$FP/Neg = 1 - tnr$	$P(\hat{c}(x) = \oplus | c(x) = \ominus)$
偽陰性率	$fnr = \frac{\sum_{x \in Te} I[\hat{c}(x) = \ominus, c(x) = \oplus]}{\sum_{x \in Te} I[c(x) = \oplus]}$	$FN/Pos = 1 - tpr$	$P(\hat{c}(x) = \ominus | c(x) = \oplus)$
適合率, 信頼度	$prec = \frac{\sum_{x \in Te} I[\hat{c}(x) = c(x) = \oplus]}{\sum_{x \in Te} I[\hat{c}(x) = \oplus]}$	$TP/(TP + FP)$	$P(c(x) = \oplus | \hat{c}(x) = \oplus)$

表 2.3 テストデータ Te に対する分類器のための異なる量および評価尺度の要約. 大文字で始まる記号は絶対度数 (計数) を表示する. 一方, 小文字で始まる記号は相対度数または比率を表示している. (∗) で示されたもの以外のすべては二値分類のためにのみ定義される. 右端の列は, これらの相対度数が推定しているインスタンス空間の確率を表している.

様にページを選択することはしないため, 正答率はこの文脈では意味のある量ではないことがわかる. 実際は, 検索エンジンは真陰性率を犠牲にしてより良い真陽性率を達成する必要がある.

この例より, データ数の少ないクラス (少数派クラス; minority class) に興味があり, かつ, それは非常に小さいクラスとすれば, データ数の多いクラスに対する正答率と性能は最適な尺度ではないと結論づけられる. 通常このような場合は, 真陰性率に代わり適合率 (precision) を用いる. 適合率は, 以下の意味で真の陽性率に対応する. 真陽性率は, 実際に正例であるもののうち, 正と予測されたものの割合であるが, 適合率は, 予測された正例のうち, 実際に正であるものの割合である. 例 2.1 において,

テストセットの分類器の適合率は 60/70 ≒ 85.7% である．消極的検索エンジンの例では，真陽性率 (この文脈では，通常，再現率 (recall) という) が 0 であるだけでなく，適合率でさえ 0 となるため，その検索エンジンに問題があることが示される．表 2.3 は，この章で紹介した評価尺度をまとめたものである．

2.1.2 分類性能の可視化

ここでは，分類器や他のモデルの性能を視覚化するための，カバレッジプロット (coverage plot) と呼ばれる重要なツールを導入する．表 2.2 で示した 2 クラスの分割表をみれば，テーブルが 9 つの数字を含んでいても，それらのうち，うまく選んだ 4 つの数字だけを用いれば十分であることに気づく．例えば，真陽性，真陰性，偽陽性，偽陰性の数を決めると，周辺度数が定まる．また，真陽性，真偽性，正例の総数，テスト集合のサイズが既知であれば，他の数字を構築することができる．統計の言葉では，この表は，自由度 (degrees of freedom) 4 であるという[*5]．

多くの場合，分割表を決定する次の 4 つの数字，正例数 Pos，負例数 Neg，真陽性数 TP，偽陽性数 FP にとくに興味がある．カバレッジプロットは，直交座標系の座標としてこれら 4 つの数を視覚化する．高さ Pos および幅 Neg の長方形を想像してほしい．さらに，y 軸の値が真陽性の数であり，x 軸の値が偽陽性の数であるような点を考える．このことにより長方形内の 1 点として，分割表全体を描写することができる．

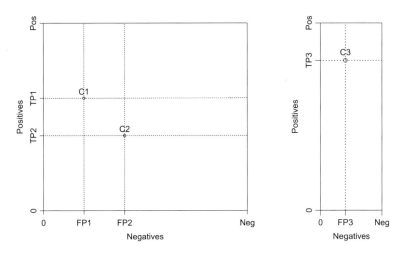

図 2.2 (左) 表 2.2 の 2 つの分割表を描いたカバレッジプロット．クラス分布が均一であるため，プロットは正方形である．(右) 例 2.1 のクラス比 $clr = 3$ である表のカバレッジプロット．

[*5] より一般的には，k クラスの分割表は，$(k+1)^2$ の項目と自由度 k^2 をもつ．

図 2.2 (左) において C1, C2 として印をつけた 2 つの分類器を考える．カバレッジプロットがとても有用であるという理由の 1 つは，C1 は C2 より優れていることを即座に確認することができるという点である．C1 は，C2 より多くの真陽性をもち，C2 より少ない偽陽性をもっており，その両方の点で優れている．言い換えると，C1 は，両クラスにおいて C2 より優れた性能を実現している．ある分類器が，すべてのクラスにおいてその他の分類器よりも性能が優れているとき，ある分類器は，その他の分類器を優越する (dominate)[*6]という．しかし，物事はつねに単純ではない．正例に関しては C1 よりも良いが，負例に関しては C1 より悪い 3 つめの分類器 C3 を考える (図 2.3 左)．C1 および C3 の両方が C2 を優越するが，それらのどちらも他方を優越しない．どちらを好むかは，正例または負例のどちらに重点をおくかによって異なる．

これをもう少し正確に説明する．C1 と C3 とを結ぶ線分が，傾き 1 であることに注意する．その直線上においては，真陽性を獲得するたびに，真陰性を失うが (あるいは同じことであるが，偽陽性を得る)，線分上どこにいたとしても，真陽性数と真陰性数の合計には影響しないため，正答率はいつも同じである．つまり，C1 と C3 は同じ正答率を有する．カバレッジプロットにおいて，同じ正答率の分類器は傾き 1 の線分上にあることがわかる．真陽性と真陰性が同程度に重要である場合は C1 と C3 の選択は任意であり，真陽性がより重要である場合には C3 を，真陰性がより重要であれば C1 を選択する必要がある．

いま，図 2.3 (右) について議論する．ここで行ったことは，Neg で x 軸を，Pos で y 軸を割ることによって得られる軸の正規化で，y 軸が真陽性率，x 軸が偽陽性率を表しており，単位正方形上のプロットになる．この場合，もとのカバレッジプロットはすでに ($Pos = Neg$ の) 正方形だったので，分類器の相対的な位置は正規化の影響を受けない．しかしながら，正規化されたプロットはもとのプロットの形に関わらず正方形になるので，異なる形状をしたカバレッジプロットを組み合わせることができるようになる．つまり，正規化によって，クラス分布が異なるテストデータにおける結果を結合することができるようになる．図 2.2 (右) を正規化すると，C3 の真陽性率と偽陽性率が，それぞれ 80% と 40% (例 2.1 を参照) であるため，正規化されたプロットにおけるその位置は，図 2.3 (右) の C3 とまったく同じ位置である！ つまり，異なるカバレッジ空間での異なる点をもつ分類器 (例えば，図 2.2 右の C3 と図 2.3 左の C3) は，正規化されたプロットにおいては同じ位置になる．

図 2.3 (右) における C1 と C3 を結ぶ傾き 1 の線の意味は何か？ それは，カバレッジプロットのときと同じ意味をもたない．正規化されたプロットにおいては，真陽性率と偽陽性率は既知であるが，クラス分布は未知であるため，正答率 ((2.3) 式を参照) は計算できない．この直線は，$tpr = fpr + y_0$ で定義される．ただし，y_0 は y 切

[*6] この用語は，多目的最適化 (multi-criterion optimisation) の分野からきている．劣解は，パレートフロント (Pareto front) 上にないものである．

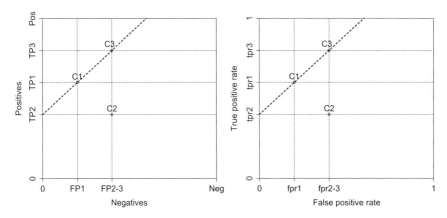

図 2.3 (左) C1 および C3 は両方とも C2 を優越するが，どちらも他方を優越しない．傾きが 1 の線は，C1 と C3 が等しい正答率を達成することを表す．(右) 正規化された軸を用いたプロットである．これは，正規化を用いて異なるクラス分布に対処することで得られる．図 2.2 における 2 つのカバレッジプロットを合併したプロットであると解釈することができる．傾きが 1 の線は，C1 と C3 が同じ平均再現率を有することを示している．

片 (直線と y 軸と交点の y 座標) である．いま，真陽性率と真陰性率の平均を考える．これを，平均再現率 (average recall) と呼び，$avg\text{-}rec$[*7]と表す．傾き 1 の直線上では，$avg\text{-}rec = (tpr+tnr)/2 = (tpr+1-fpr)/2 = (1+y_0)/2$ となり，一定である．正規化カバレッジプロットにおいては，傾き 1 の線分は，同じ平均再現率をもつ分類器を結んだものである．陽性再現率と陰性再現率が同程度重要である場合は，C1 と C3 の選択は任意である．また，陽性再現率がより重要な場合は C3 を選択し，陰性再現率がより重要な場合は C1 を選択する必要がある．

文献では，正規化されたカバレッジプロットは，ROC プロットと呼ばれ，以後はその用法に従う[*8]．ROC プロットは，カバレッジプロットよりも多く用いられるが，どちらも特定の用途がある．おおまかにいえば，クラス分布を考慮に入れたい場合 (例えば，単一のデータセットを用いる場合)，カバレッジプロットを用いる必要がある．異なるクラス分布をもつ異なったデータセットにおける結果を合併したい場合，ROC プロットは有用である．明らかに，カバレッジプロットと ROC プロットの間には多くの関係がある．ROC プロットは，必ず正方形であるので，一定の平均再現率の直線

[*7] 再現率は単に真陽性率の異なる名前である．負の再現率は，真陰性率と同じであり，平均再現率は，正の再現率 (または真陽性率) と負の再現率 (または真陰性率) の平均である．それは，マクロ平均正答率 (macro-averaged accuracy) とも呼ばれている．

[*8] ROC は，信号検出理論 (signal detection theory) における用語であり受信者操作特性 (receiver operating characteristic) を表す．

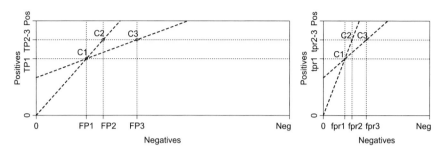

図 2.4 (左) カバレッジプロットにおいて，正答率のアイソメトリックは，傾き 1 であり，平均再現率のアイソメトリックは，主対角線と平行である．(右) 対応する ROC プロットにおいて，平均再現率のアイソメトリックは傾き 1 となり，データセット中の正例に対する負例の比に関連し正答率のアイソメトリックは傾き 3 となる．

(いわゆる平均再現率のアイソメトリック (isometrics)) は，傾き 1 で対角線に平行である．後者の性質は，カバレッジプロットに引き継がれる．図 2.4 におけるカバレッジプロットでは，C1 と C2 の正答率は等しく (C1 と C2 を結ぶ直線の傾きは 1 である)，C1 と C3 は平均再現率が等しい (C1 と C3 を結ぶ直線は，対角線に平行である)．また，C2 は C3 よりも高い正答率と平均再現率を有している (なぜ?)．対応する ROC プロットでは，平均再現率のアイソメトリックの傾きは 1 であり，正答率のアイソメトリックの傾きは $Neg/Pos = 1/clr$ である．

2.2 スコアリングとランキング

多くの分類器は，そのクラスの予測の基礎となるスコアを計算する．例えば，プロローグでは，SpamAssassin がどのようにいくつかのルールから加重和を計算するかを説明した．このようなスコアは，いろいろな形で有益となるような追加情報を含んでいる．したがって，スコアリングはそれ自体で 1 つのタスクといえる．形式的には，スコアリング分類器 (scoring classifier) は，写像 $\hat{s}: \mathscr{X} \to \mathbb{R}^k$ である．すなわち，インスタンス空間から $k(>1)$ 次元実ベクトル空間への写像である．太字表記は，スコアリング分類器が $k(>1)$ 次元ベクトル $\hat{\mathbf{s}}(x) = (\hat{s}_1(x), \ldots, \hat{s}_k(x))$ を出力することを表しており，$\hat{s}_i(x)$ は，インスタンス x に関してクラス C_i に割り当てられたスコアである．このスコアは，(x のラベルとして) クラスラベル C_i が適用されることはどれぐらい妥当かを表している．2 クラスを扱う場合は，1 クラスのスコアを考えればよい．その場合，正クラスのスコアを $\hat{s}(x)$ で表す．

図 2.5 では，どのようにすれば特徴木がスコアリング木に変化するかを示している．各葉のスコアを得るためには，まずはじめにスパムとハムの比率を計算する．左の葉は，$20/40 = 1/2$，真ん中の葉は $10/5 = 2$，右の葉は，$20/5 = 4$ となる．利便性を考

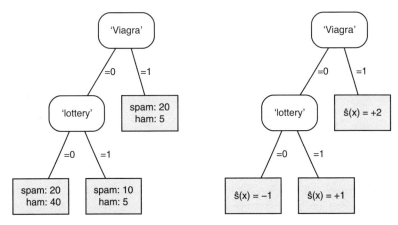

図 2.5 (左) 葉における訓練集合のクラス分布による特徴木. (右) スコアとしてクラス比の対数を使用して得られたスコアリング木. ただし, スパムを正のクラスとする.

慮し, クラス比率の対数 (対数の底は実際に重要ではないが, ここでは, 切りの良い数を得るために底を 2 とした対数をとる) をとることにより, スコアを与える. 多数派クラス決定木では, 0 が $\hat{s}(x)$ の閾値に対応していることに注意する. すなわち, もし $\hat{s}(x) > 0$ であればスパムと予測し, そうでなければハムを予測する.

真のクラス $c(x)$ を正例に対しては $+1$, 負例に対しては -1 とすると, $z(x) = c(x)\hat{s}(x)$ は正確な予測には正値をとり, 正しくない予測には負値をとる. この量は, スコア分類器によって事例に割り当てられたマージン (margin) と呼ばれる[*9]. 我々は, 大きな正のマージンに報い, 大きな負の値に罰則を課したい. これは, 各事例のマージン $z(x)$ を関連する損失 $L(z(x))$ へ写像する, いわゆる損失関数 (loss function) $L : \mathbb{R} \to [0, \infty)$ を用いて達成される. 決定境界上の事例によって生じる損失を, $L(0) = 1$ と仮定する. さらに, $z < 0$ のとき $L(z) \geq 1$ となり, $z > 0$ のとき $0 \leq L(z) < 1$ となる (図 2.6). テストデータ Te 上の平均損失は, $\frac{1}{|Te|} \sum_{x \in Te} L(z(x))$ となる.

最も簡単な損失関数は, $L_{01}(z) = 1 \text{ if } z \leq 0$, $L_{01}(z) = 0 \text{ if } z > 0$ で定義される 0–1 損失 (0–1 loss) である. 平均 0–1 損失は, テスト事例を誤分類する割合となる.

$$\frac{1}{|Te|} \sum_{x \in Te} L_{01}(z(x)) = \frac{1}{|Te|} \sum_{x \in Te} I[c(x)\hat{s}(x) \leq 0] = \frac{1}{|Te|} \sum_{x \in Te} I[c(x) \neq \hat{c}(x)] = err$$

ただし, $\hat{c}(x) = +1 \text{ if } \hat{s}(x) > 0$, $\hat{c}(x) = 0 \text{ if } \hat{s}(x) = 0$, $\hat{c}(x) = -1 \text{ if } \hat{s}(x) < 0$ とする (決定境界上の事例の損失を, 1/2 と定義するほうが便利な場合もある). 言い換えれば, 0–1

[*9] 第 1 章では, 決定境界とそれと最も近いインスタンスの間の距離として, 分類器のマージンを定めた. ここでは, もう少し一般的な意味でのマージンを使用する. 最も近い事例だけでなく, 各々の事例もマージンをもっている. この点は, 7.3 節において詳しく説明される.

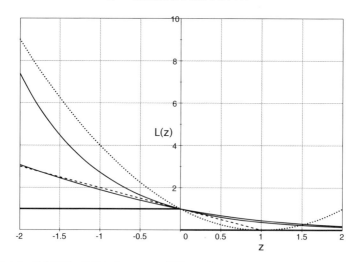

図 2.6 損失関数: 左下から,(i) 0–1 損失 $L_{01}(z) = 1$ if $z \leq 0$, $L_{01}(z) = 0$ if $z > 0$; (ii) ヒンジ損失 $L_h(z) = (1-z)$ if $z \leq 1$, $L_h(z) = 0$ if $z > 1$; (iii) 対数損失 $L_{\log}(Z) = \log_2(1 + \exp(-z))$; (iv) 指数損失 $L_{\exp}(z) = \exp(-z)$; (v) 二乗損失 $L_{sq}(z) = (1-z)^2$ ($z > 1$ のとき 0 とすれば,ヒンジ損失のようになる)

損失は,単にそれらの符号のみを考慮に入れて,インスタンスのマージンの大きさを無視する.その結果,0–1 損失は,予測が一致するかぎりスコア分類器を区別しない.これはスコア分類器を学習するとき,それをヒューリスティックな検索関数や目的関数として用いることは有用ではないことを意味している.図 2.6 は,実際に使用されるいくつかの損失関数を描写している.0–1 損失を除いて,それらはすべて (下に) 凸 (convex: 曲線上の任意の 2 点間の線形補間が曲線よりも下の点にならない) である.凸関数の最適化は,計算上扱いやすい.

後に興味をもって調べる損失関数の 1 つは,$L_h(z) = (1-z)$ if $z \leq 1$, $L_h(z) = 0$ if $z > 1$ で定義されるヒンジ損失 (hinge loss) である.この損失関数の名前は,インスタンスのマージンが 1 以上か否かで,損失が「蝶番状に定まる (hinge)」ということに由来する.したがって,(インスタンスが距離 1 以上で決定境界の正しい側にある場合) 損失が 0 となり,そうでない場合,マージンの減少と共に損失が増大する.実際には,この損失関数はマージンが 1 未満のインスタンスを回避することの重要性を表しているが,大きな正のマージンを達成することに価値は追加されない.サポートベクトルマシンを訓練する折に,この損失関数が用いられる (7.3 節).さらに,11.2 節においてブースティングについて議論するとき,指数損失関数 (exponential loss function) に遭遇するであろう.

2.2.1 ランキングの性能評価と可視化

スコアは，分類器によって割り当てられるものであって，インスタンスの固有な特性ではないことに留意しよう．スコアは，「真のスコア」から推定されるものではない．むしろ，スコア分類器は，クラス $c(x)$ でラベル付けされたインスタンス x という形でのインスタンスから，分類器として学習する必要がある．(真の関数値 $(x, f(x))$ でラベル付けされたインスタンスから関数 $\hat{f}$ を学習するタスクは，回帰と呼ばれ，3.2 節で説明する．) 多くの場合，インスタンスの集合上のスコアの順序のみ保存し，それらの大きさは無視することが便利である．この方法は，外れ値に対してより影響を受けにくいという利点を有する．同時に，スコアを表現するスケールについてどのような仮定もおく必要がないことを意味する．とりわけ，ランカーは，負例から正例を分離するための特定のスコア閾値を仮定しない．ランキング (ranking) は，事例の集合上のタイ (同順位) を許した全順序として定義されている[*10]．

> **例 2.2 ランキングの例**
>
> 図 2.5 のスコアリング木は，以下のランキングを生成する：[20+, 5−] [10+, 5−] [20+, 40−]．ここで，20+ は 20 の正例の列を表し，角括弧 [...] 内のインスタンスはタイである．ランキング中の分離点を選択することで，順位を分類に変えることができる．この場合，次の 4 つの可能性がある．(A) 最初のセグメントの前に分離点を設定する．つまり，負クラスにすべてのセグメントを割り当てる．(B) 最初のセグメントを正クラスに割り当て，他の 2 つを負クラスに割り当てる．(C) 最初の 2 つのセグメントを正クラスに割り当てる．(D) すべてのセグメントを正のクラスに割り当てる．実際のスコアでみると，2 以上の任意のスコアを閾値として選択することが (A) に，1 と 2 の間の閾値を選択することが (B) に，−1 と 1 の間の閾値を設定することが (C) に，−1 よりも低い閾値を設定することが (D) に対応する．

$\hat{s}(x) < \hat{s}(x')$ となる x と x' は，x がより低いスコアをもつような 2 つのインスタンスである．より高いスコアは，問題のインスタンスが正例であることをより強く示すので，これはすなわち x が実際は正例であり，x' が実際は負例であるというケースを除けばうまくいっている．この場合をランキングの誤り (ranking error) と呼ぶ．ランキングの誤りの総数は，$\sum_{x \in Te^\oplus, x' \in Te^\ominus} I[\hat{s}(x) < \hat{s}(x')]$ と表すことができる．さらに，同じスコア (タイ) を有するすべての正と負の事例に対し，$I[\hat{s}(x) = \hat{s}(x')]/2$ をカウントする．ランキングの誤りの最大数は $|Te^\oplus| \cdot |Te^\ominus| = Pos \cdot Neg$ に等しいため，ランキ

[*10] タイを備えた全順序は半順序と混同しないよう注意する必要がある (背景 2.1 を参照)．タイを備えた全順序 (それらは実際は同値クラスに関する全順序である) では，任意の 2 つの要素は一方向ないし双方向的に比較可能である．半順序では，いくつかの比較不能な要素が存在する．

の誤り率 (ranking error rate) は

$$\text{rank-err} = \frac{\sum_{x \in Te^\oplus, x' \in Te^\ominus} I[\hat{s}(x) < \hat{s}(x')] + \frac{1}{2} I[\hat{s}(x) = \hat{s}(x')]}{Pos \cdot Neg} \quad (2.4)$$

と定義され，ランキングの正答率 (ranking accuracy) が

$$\text{rank-acc} = \frac{\sum_{x \in Te^\oplus, x' \in Te^\ominus} I[\hat{s}(x) > \hat{s}(x')] + \frac{1}{2} I[\hat{s}(x) = \hat{s}(x')]}{Pos \cdot Neg} = 1 - \text{rank-err} \quad (2.5)$$

として定義される．ランキングの正答率は，任意の正・負のペアが正しく順序付けされる確率の推定値としてみることができる．

> **例 2.3　ランキングの正答率**
>
> 　先の例に続き図 2.5 のスコアリング木を考える．左の葉は 20 のスパムと 40 のハム，真ん中の葉は 10 のスパムと 5 のハム，右の葉は 20 のスパムと 5 のハムをもっている．右の葉の 5 の負例は，真ん中の葉の 10 の正例と左の葉の 20 の正例よりもスコアが高いので，ランキングの誤り $5 \times 10 + 5 \times 20 = 50 + 100 = 150$ を得る．さらに，真ん中の葉の 5 の負例は，左側の葉の 20 の正例よりも高いスコアをもつのでランキングの誤り $5 \times 20 = 100$ を得る (以上より，$\sum_{x \in Te^\oplus, x' \in Te^\ominus} I[\hat{s}(x) < \hat{s}(x')] = 250$).
> 加えて，タイによる誤りについては，左の葉 (20 の正例と 40 の負例が同じスコアをもつため) は $800/2 = 400$，中央の葉は $10 \times 5/2 = 50/2 = 25$，右の葉は $20 \times 5/2 = 100/2 = 50$ といったランキングの誤りになる．結局，$50 \times 50 = 2500$ 中合計 725 のランキングの誤りをもつので，29% のランキングの誤り率，もしくは 71% のランキングの正答率となる．

分類器の性能を可視化するために前節で紹介したカバレッジプロットと ROC プロットは，ランキングの性能を可視化するためにも優れた道具である．正例数 *Pos* および負例数 *Neg* を，それぞれ縦軸と横軸にプロットした場合，各正例・負例ペアはこのプロットにおいて 1 つのセルに対応する．スコアの降順に正例と負例を並べた場合，より高いスコアをもつ事例が原点に近くなるように，正しくランキングされたペアを右下に，誤ってランキングのされたペアを左上に，タイをその中間に，というように明確に区別することができる (図 2.7)．各領域内のセルの数は，それぞれ，正しくランキングされたペア，誤ってランキングされたペア，そしてタイを示している．斜線はタイであるペアの領域を半分に分断する．したがって，斜線の下の面積は，*Pos·Neg* を乗じたランキング正答率に相当し，斜線の上の面積は，ランキングの誤り率に *Pos·Neg* を乗じたものに相当する．

　これらの対角線に注目すると，図 2.7 (右) に示す区分線形曲線が与えられる．この曲線をカバレッジ曲線 (coverage curve) と呼び，次のように理解することができる．各点 A，B，C および D は，例 2.2 における対応するランキングの分離点，または，ス

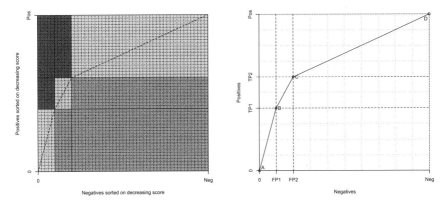

図 2.7 (左) グリッド中のそれぞれのセルは，一意的な正例と負例の組を示す．右下の広い領域を占めるセルは，分類器によって正確にランクされた組を示す．左上の濃い色のセルは，ランキングの誤りを表す．また，それ以外 (両者の '中間' の薄い色) のセルはタイによる半分の誤りである．(右) スコアリング分類器に基づいた木のカバレッジ曲線は，木の各葉につき 1 つの線分，および個々の可能なスコアの閾値の組 (FP,TP) をもっている．

コアの閾値によって達成される真陽性，偽陽性の観点からの分類性能を示している．例えば，C はスコア閾値 0 によって得られ，真陽性 $TP2 = 20+10 = 30$ および偽陽性 $FP2 = 5+5 = 10$ をもたらす．同様に，B はより高い閾値 1.5 により得られ，真陽性 $TP1 = 20$ および偽陽性 $FP1 = 5$ をもたらす．達成不能な高い閾値を設定した場合には点 A を得，自明に低い閾値を設定した場合には点 D を得る．

なぜこれらの点は直線で結ばれているのか？ 例えば C と D の間の補間をどのように説明すべきか？ 木の左の葉によって割り当てられるスコアである -1 を閾値に設定するとしよう．すると，その葉まで木を降りてきた 20 の正例および 40 の負例を，どのクラスへ予測すべきかという問題が生じる．これを決めるのに，(平均して) 正例の半分は正例の予測を，半分は負例の予測を受けるような公正なコイン投げに従うことは合理的と思われる (負例に関しても同様)．このとき，真陽性の総数は $30+20/2 = 40$ であり，偽陽性の数は $10+40/2 = 30$ である．これを言い換えると，我々は線分 CD の中点に正確に到達したことになる．同様の過程を適用し，BC の中間の性能を達成することができる．すなわち，閾値 1 を設定し，中央の葉における 10 の正例と 5 の負例のために一様な分布を得る公正なコイン投げを行い，$20+10/2 = 25$ の真陽性と，$5+5/2 = 7.5$ の偽陽性を得る (もちろん，どの試行でも整数でない偽陽性数が出てくることはないが，この数は多くの試行における偽陽性数の期待値を表している)．そして，もっと重要なことは，正または負にコインを偏らせることにより，直線上のどこでも期待される性能を達成することができるということである．

より一般的には，カバレッジ曲線は $(0,0)$ から (Neg,Pos) へ単調増加する区分線形

曲線であり，すなわち，決定閾値を小さくすると TP と FP は非減少である．曲線の線分はそれぞれ，モデルによって引き起こされたインスタンス空間の分割の同値クラス (例えば特徴木の葉) に相当する．線分の数がテストインスタンス数を決して超えないことに注意しよう．さらに，各線分の傾きは，その同値クラスにおける正のインスタンス数と負のインスタンス数の比に等しい．例えば，我々の例では最初のセグメントにおける直線の傾きは 4 であり，第二のセグメントにおける直線の傾きは 2，第三のセグメントにおける直線の傾きは 1/2 となっている (まさに木の各葉で割り当てられたスコアとなっている!)．カバレッジ曲線は，スコアに依存するのではなくスコアによって定まるランキングに依存するため，一般的にはこの事実は成り立たない．しかしながら，次の節のクラス確率の推定でみられるように，これは偶然というわけではない．

ROC 曲線 (ROC curve) は，カバレッジ曲線の軸を $[0,1]$ に正規化することによって得られる．このことは，我々がここで扱っている事例では大きな意味をもたないが，カバレッジ曲線は一般に長方形内の座標系をもつのに対し，ROC 曲線はつねに単位正方形内の座標系をもつ．このことの 1 つの効果は，傾きが $Neg/Pos = 1/clr$ 倍されることである．さらに，カバレッジ曲線下の面積は，正しくランキングされたペアの絶対数を与え，**ROC 曲線下の面積はランキングの正答率を表している** ((2.5) 式で定義されたように)．そのため通常，「(ROC) 曲線下の面積 (area under (ROC) curve)」を表すのに AUC と記述する．以下ではこの記法に従う．

例 2.4 クラス不均衡

図 2.5 のスコアリング木に 50 個の負例を追加して拡張したテストデータを与えることを考えよう．追加した負例の数は，偶然もとのものと同じであり，追加の影響は各葉のなかの負例数が 2 倍になるということである．その結果，カバレッジ曲線は変化するが (なぜなら，クラス比が変化するため)，ROC 曲線は同じ (図 2.8) である．AUC も同様に不変であることに注意する．分類器は 2 倍のランキングの誤りを生むが，同じく 2 倍の正・負のペアがあるので，ランキングの誤り率は不変である．

グレード付け分類器のカバレッジ曲線の例を考えてみよう．図 2.9 (左) は線形分類器 (決定境界を B と表す) を，正例 5 と負例 5 からなる小さなデータセットに適用し，0.80 の正答率を達成した状態を示している．決定境界と事例の距離を計算する (例えば，負側にあるときは負の距離をとる) ことにより，この線形分類器からスコアを導出することができる．これは，事例が以下の順序でランク付けされることを意味する: p1, p2, p3, n1, p4, n2, n3, p5, n4, n5. このランキングは，4 つのエラーを含んでいる．p4 の前に n1 があり，p5 の前に n1, n2, n3 がある．図 2.9 (右) は，左上の隅に，これらの

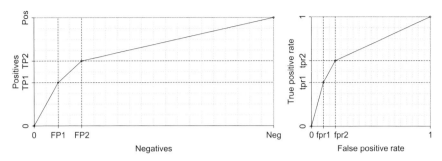

図 2.8 (左) クラス比を $clr = 1/2$ とし，テストデータより得られたカバレッジ曲線．(右) ROC 曲線は，図 2.7 (右) におけるカバレッジ曲線に対応している．

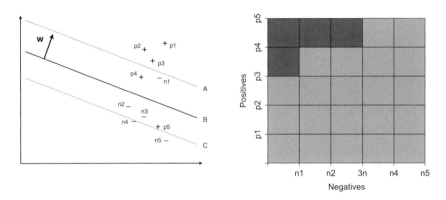

図 2.9 (左) 線形分類器は，スコアとして決定境界からの符号付き距離をとることによって，ランキングを発生させる．このランキングは，決定境界の向きに依存する．3 つの直線は，まったく同じランキングになる．(右) 正しくランキングされた正負ペアを右下に，ランキングの誤りを左上に塗り分けて示す．

4 つのランキングの誤りを視覚化している．このランキングの AUC は，$21/25 = 0.84$ である．

この格子より，図 2.10 のカバレッジ曲線を得る．階段関数のため，この曲線は，先にこの節でみたスコアリング木のカバレッジ曲線とはかなり違ってみえる．主な理由はタイ (同順位) の欠如である．これはつまり，曲線中のセグメントがすべて水平か垂直で，事例と同数のセグメントがあることを意味する．この階段関数はランキングから以下のように生成することができる．左端 (原点) から始めて，ランキング中の次の事例が正例であれば 1 段階段を上り，負例であれば右へ進む．その結果，p1–3 に対して 3 段上り，n1 に対して 1 つ右へ進み，p4 に対して 1 段上り，n2–3 に対して右へ 2 つ進み，p5 に対して 1 段上り，最後に n4–5 に対して右へ 2 つ進むような曲線ができる．

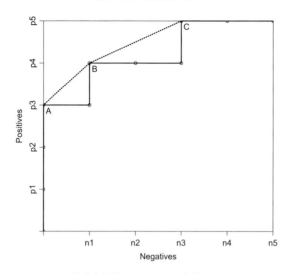

図 2.10　図 2.9 における線形分類器のカバレッジ曲線．点 A，B および C は，対応する決定境界の分類性能を示している．点線は，グレード付け分類器を 4 つのセグメントを備えたグループ分け分類器に変更することにより得ることができる改良を示している．

実際のところ，「正例 p と負例 n がタイの場合には p 段上ると '同時に' n 右に進む」というやり方でタイを扱えば，グループ分けモデルにも同じ手順を使用することができる．図 2.7 に戻ってみると，まさにこれは，決定木の葉における同順位の結果より生じる '中間' の領域の四角形を分割する斜線を意味することがわかる．したがって，ROC 曲線とカバレッジ曲線の原理は，グループ分けモデルとグレード付けモデルで同じである．しかし曲線自体は，それぞれの場合においてかなり異なってみえる．グループ分けモデルの **ROC** 曲線は，モデルにおけるインスタンス空間のセグメントと同数の線分があり，グレード付けモデルはデータセットの各インスタンスにつき 1 つの線分をもつ．これはプロローグのなかで言及したことの 1 つの具体的な明示である．すなわち，グレード付けモデルはグループ分けモデルよりもはるかに高い「解像度」をもっており，これはまた，モデルの精緻さ (refinement) と呼ばれている．

図 2.10 において A，B，C としてラベル付けされた 3 点に注目する．これらの点は，図 2.9 と同じラベルをもつ決定境界によって達成される性能を示している．例として，中間の境界 B は，5 つの正例のうち 1 つを誤分類 ($tpr = 0.80$) し，5 つの負例のうち 1 つを誤分類する ($fpr = 0.80$)．境界 A はすべての負例を誤分類せず，境界 C はすべての正例を正しく分類する．実は，境界 A が p3 と n1 の間に，境界 B が p4 のと n2 の間に，境界 C は p5 と n4 の間にあるかぎり，正確な位置は重要ではない．これら 3 つの境界を選んだのには十分な理由がある．さしあたり，3 つの境界をすべて使用して

線形モデルを4つのセグメント(Aの上，AとBの間，BとCの間，Cの下)を備えたグループ分けモデルに変えたら何が起こるかを観察する．その結果，もはやn1とp4の間も，n2-3とp5の間も区別しないことになる．先ほど導入したタイは，カバレッジ曲線を図2.10の点線のセグメントに変更する．これにより，AUCが0.90へ増加することに注意しよう．このように，モデルの精緻さを減少させることにより，しばしばランキング性能を向上させることが可能である．モデルの訓練は，意味のある区別の増幅だけでなく，誤った区別の影響の縮小にも関係する．

2.2.2 ランカーを分類器に変更する方法

以前にランカーとスコアリング分類器の違いについて，ランカーはより高いスコアが正のクラスをより強く示唆することだけを仮定し，一方でスコアが表すスケールや，負例から正例を分離するための良いスコア閾値に関しては何の仮定もおかないと述べた．ここで，カバレッジ曲線あるいはROC曲線からそのような閾値を得る方法を考えよう．

重要な概念は，正答率のアイソメトリックである．カバレッジ曲線において，等しい正答率は傾き1の直線によって結ばれていることを思い出そう．そのためには，左上の点(ROC最良点(ROC heaven)と呼ばれる)を通り傾き1である直線を描き，カバレッジ曲線上の1つ以上の点に接触するまで，直線を下にずらすだけでよい．これらの接点は，そのモデルで可能な最高の正答率を実現している．図2.10において，この方法は点Aと点Bを最高の正答率(0.80)をもつ点として認識する．ただし点Aと点Bでは違いもある．例えば，モデルAは正例に対してより保守的である．

傾きにクラス比の逆数 $1/clr = Neg/Pos$ を掛けなければならないことを心に留めておけば，同様の手続きをROCプロットで行うことができる．

例 2.5　スパムフィルターのチューニング

注意深くベイズスパムフィルターを訓練し，残る問題は決定閾値の設定だとしよう．6つのスパムおよび4つのハムからなる集合を選択し，スパムフィルターによって割り当てられたスコアを集める．スコアを大きい順にソートすると，0.89 (spam), 0.80 (spam), 0.74 (ham), 0.71 (spam), 0.63 (spam), 0.49 (ham), 0.42 (spam), 0.32 (spam), 0.24 (ham), 0.13 (ham)となったとする．2つのハムに対し3つのスパムというクラス比率が代表的である場合，傾き2/3というアイソメトリックを利用してROC曲線上の最適点を選択することができる．図2.11でみることができるように，こうすると6番めのスパムと3番めのハムの間に決定境界をおくことになる．また，それらのスコアの平均を決定閾値(0.28)と考えることができる．

最適点を見つける別の方法は，最高スコアのメールの前から最低スコアのメールの後まで，すべての可能な分割ポイントを反復処理し，各分割で正しく分類さ

れた事例数 4−5−6−5−6−7−6−7−8−7−6 を計算することである．最大値は，0.80 の正答率をもつ同じ分離点で達成される．ROC プロットにおいて正答率のアイソメトリックを見つけるために，アイソメトリックが下降対角線と交差することを利用する．正答率は真陽性率および真陰性率の加重平均であり，真陽性率および真陰性率は下降対角線上の点で同じであるので，y 軸の上の対応する値から正答率を読み取ることができる．

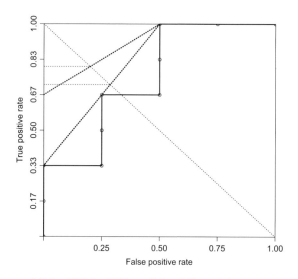

図 2.11　ROC 曲線上の最適点の選択．一番上の点線は，傾き 2/3 の正答率のアイソメトリックである．より低いアイソメトリックは，負例の値を 2 倍にし，閾値の選択を許可する．下降対角線とこれらのアイソメトリックを交差させることにより，y 軸上において達成される正答率を読み取ることができる．

データのクラス分布が代表的とはいえない場合，単純にアイソメトリックの傾きを調整すればよい．例えば，ハムが実際には 2 倍も多いならば，傾き 4/3 のアイソメトリックを用いる．前の例では，これは ROC 曲線上の 3 つの最適点をもたらす[*11]．データのクラス比が代表的であったとしても，クラスに異なる重みを割り当てたい理由は他にもある．迷惑メールの状況では，スパムフィルタは偽陽性 (スパムとして誤分類されたハム) を捨ててしまうので，我々は負例 (ハム) に大きい重みを割り当てることで偽陽性率を引き下げたいと思うかもしれない．これは，偽陽性のコストと偽陰

[*11]　この 3 点の真ん中を選択し，閾値 0.56 を導くのは合理的に思われる．代替案は，区間 [0.28, 0.77] にスコアをもつ電子メールをすべて決定境界の上にあるものとして扱い，それらの電子メールに無作為にクラスを割り当てるという方法である．

性のコストの比であるコスト比 (cost ratio) $c = C_{FN}/C_{FP}$ として表され，この例の場合では1より小さい値に設定される．関連するアイソメトリックは，カバレッジプロットにおいて $1/c$ の傾きをもち，ROC プロットにおいては $1/(c \cdot clr)$ の傾きをもつ．コスト比およびクラス比の組み合わせは，使用条件 (operating condition) と呼ばれる分類器が用いられる際の正確な文脈を与えている．

クラス比やコスト比が非常に偏っている場合は，この手順ではすべての事例に同じクラスを割り当てる分類器になることがある．例えば，負例が正例より1000倍以上多い場合，正答率のアイソメトリックはほぼ垂直となり，極端に高い決定閾値とすべての事例を負例と分類する分類器となる．逆に，1つの真陽性の利益が偽陽性のコストの1000倍であれば，すべての事例を陽性に分類するであろう (実のところこれがスパムメールの原理なのだ!)．しかし，このような「どんな物でもフィットするような」振る舞いはしばしば受け入れがたい．このような場合に正答率は最適化するべき事項ではなく，代わりに平均再現率 (average recall) のアイソメトリックを使用するべきである．これらは，ROC プロットとカバレッジプロットにおいて対角線に平行になり，両クラスにおいて同様の性能を達成することに役立つ．

いま説明した手続きは，ROC 曲線と適切な正答率のアイソメトリックを使ってラベル付けされたデータから識別閾値を学習する方法である．この手続きは多くの場合，とくにスコアが任意のスケールで表現される場合などには，閾値を前もって固定する方法より望ましい．例えば，特定の状況や好みに応じて SpamAssassin の決定閾値を微調整する方法を提供するであろう．次の節で扱うように，もしスコアが確率であっても，0.5 に固定された閾値を正当化するような推定ができない場合がある．

2.3 クラス確率の推定

クラス確率推定量 (class probability estimator)，または略して確率推定量は，クラス上で確率ベクトルを出力するスコアリング分類器である．すなわち，写像 $\hat{\mathbf{p}}: \mathcal{X} \to [0,1]^k$ である．$\hat{\mathbf{p}} = (\hat{p}_1(x), \ldots, \hat{p}_k(x))$ と表す．ただし，$\hat{p}_i(x)$ はインスタンス x がクラス C_i に割り付けられる確率を意味し，$\sum_{i=1}^{k} \hat{p}_i(x) = 1$ である．2 クラスのとき，あるクラスに割り付けられる確率は，もう片方のクラスに割り付ける確率を1から引くことによって表される．その場合，正クラスの推定確率を $\hat{p}(x)$ で表す．スコアリング分類器と同様に，通常，真の確率 $p_i(x)$ を直接入手することはできない．

確率 $\hat{p}_i(x)$ を解釈するための1つの方法は，確率 $\hat{p}_i(x)$ を $P_{\mathscr{C}}(c(x') = C_i | x' \sim x)$ の推定量として捉えることである．ただし，$x' \sim x$ は「x' は x と似ている」ということを表す記号である．言い換えれば，x に似ているインスタンスのうちクラス C_i に属するインスタンスはどれくらいの割合か？直感的には，その割合が高ければ高いほど (低ければ低いほど) x が C_i に属する確信の度合いが強い (弱い)．モデルに依存することになるこの文脈での類似性とは何を意味するかを，2 クラスの例を用いて説明する．まず，すべ

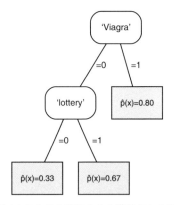

図 2.12 図 1.4 における特徴木より導出される確率推定木.

ての2つのインスタンスが互いに似ているという状況を仮定する．我々は，データセットにおける正例の割合 pos によって推定される $P_\mathscr{C}(c(x') = \oplus | x' \sim x) = P_\mathscr{C}(c(x') = \oplus)$ をもっている (以降，$\mathscr{C}$ を省略)．言い換えれば，このシナリオでは，x の真のクラスを知る知らないに関わらず $\hat{p}(x) = pos$ を予測する．その一方で，2つの事例が等しくないかぎり，それらが似ていないという状況を考える．すなわち，$x' \sim x (x' = x)$, $x' \not\sim x$ (その他) とする．x は固定されているため，$c(x) = \oplus$ ならば 1, それ以外ならば 0 であり，$P(c(x') = \oplus | x' \sim x) = P(c(x) = \oplus)$ となる．言い換えるなら，すべての既知の正例には $\hat{p}(x) = 1$ で，すべての既知の負例には $\hat{p}(x) = 0$ で予測する．しかしながら，未知の事例に対しこの考えを一般化することはできない．

特徴木は，特徴木 T に関連した類似関係 $\sim_T$ を用いることで，上の2つの極端な場合のバランスをとることを可能とする．ただし，$x \sim_T x'$ は x と x' は同じ葉に割り当てられることを意味する．各葉において，それに割り当てられた陽性の割合を予測する．例えば，図1.4の一番右の葉において正例の割合が $40/50 = 0.80$ であるため，その葉に割り当てられたすべての事例 x に対して $\hat{p}(x) = 0.8$ と予測する．他の2つの葉 (図 2.12) においても同様に予測する．$p(x)$ を閾値 0.5 を境に二値化する (すなわち，スパムである確率が 0.5 以上である場合にスパムと予測し，それ以外であるときハムと予測する) ことによって，特徴木の各葉で多数派クラスを予測することによって得られる分類器と同じ分類器を得る．

2.3.1 クラス確率の推定量の評価

分類器と同様に，ここで我々はクラス確率の推定量がどれくらい良いかを問うことができる．この少し複雑な点は，すでに注意しておいたように，我々が真の確率にアクセスできない点である．よく適用される1つの方法は，2進法のベクトル $(I[c(x) = C_1], \ldots, I[c(x) = C_k]$; ただし x の真のクラスが C_i であれば i 番めのビットは 1,

その他のすべてのビットは 0) を定義し「真の」確率としてこれを用いることである．このとき，予測確率ベクトル $\hat{\mathbf{p}}(x) = (\hat{p}_1(x), \ldots, \hat{p}_k(x))$ の二乗誤差 (squared error; SE) として

$$\text{SE}(x) = \frac{1}{2} \sum_{i=1}^{k} (\hat{p}_i(x) - I[c(x) = C_i])^2 \tag{2.6}$$

を定義し，テストデータのすべてのインスタンス上での二乗誤差の平均として平均二乗誤差 (mean squared error; MSE)

$$\frac{1}{|Te|} \sum_{x \in Te} \text{SE}(x) \tag{2.7}$$

を定義することができる．確率推定値の誤差であるこの定義は，予測論 (forecasting theory) におけるブライアースコア (Brier score) としてしばしば用いられる．(2.6) 式における係数 1/2 は，1 例あたりの二乗誤差が 0 と 1 の間で正規化されることを保証する．最悪の状況とは，間違ったクラスに確率 1 で予測されることである．それは，2 つの「ビット」が間違っていることを意味している．2 クラスの場合，これは，正クラスのみを参照する単一の項 $(\hat{p}(x) - I[c(x) = \oplus])^2$ に帰着する．クラス確率の推定量が「カテゴリカル」である場合，すなわちあるクラスへ確率 1 を割り当て，残りに確率 0 を割り当てる場合には，それは実際には分類器であり，MSE は 2.1 節のなかで定義される正答率に帰着することに注意しよう．

> **例 2.6 二乗誤差**
>
> 3 クラスのタスクにおける特定の事例 x について，あるモデルは $(0.70, 0.10, 0.20)$ で予測し，別のモデルは $(0.99, 0, 0.01)$ としてより正確に予測したと仮定する．もし最初のクラスが真のクラスである場合，第 2 の予測は最初の予測よりも明らかに優れている．第 2 の予測の SE が $((0.99-1)^2 + (0-0)^2 + (0.01-0)^2)/2 = 0.0001$ であるのに対し，第 1 の予測の SE は $((0.70-1)^2 + (0.10-0)^2 + (0.20-0)^2)/2 = 0.07$ である．第 1 のモデルは，おおむね正しいが正確さに欠けるため第 2 のモデルより罰せられている．
>
> しかし 3 つめのクラスが真のクラスである場合は，状況が逆になり，第 1 の予測の SE は $((0.70-0)^2 + (0.10-0)^2 + (0.20-1)^2)/2 = 0.57$，第 2 の予測の SE は $((0.99-0)^2 + (0-0)^2 + (0.01-1)^2)/2 = 0.98$ となる．第 2 のモデルは，間違っているだけでなく '決めつけ' が強いので，より罰せられている．

図 2.12 の木における確率推定に戻ると，我々は各葉における二乗誤差を計算できる (左から右へ)．

$$\text{SE}_1 = 20(0.33-1)^2 + 40(0.33-0)^2 = 13.33$$

$$\text{SE}_2 = 10(0.67-1)^2 + 5(0.67-0)^2 = 3.33$$

$$SE_3 = 20(0.80-1)^2 + 5(0.80-0)^2 = 4.00$$

よって，MSE $= \frac{1}{100}(SE_1 + SE_2 + SE_3) = 0.21$ を得る．ここで，より低い平均二乗誤差を得るために，各葉のなかの予測確率を変更することができるかどうかという点に興味が湧く．これは不可能であることがわかる．各葉におけるクラス分布から得られる予測確率は，MSE を最も小さくするという意味で最適である．例えば，左端の葉における予測確率をスパムに 0.40，ハムに 0.60，またはスパムに 0.20，ハムに 0.80 と変更すると，より高い二乗誤差が生じる．

$$SE_1' = 20(0.40-1)^2 + 40(0.40-0)^2 = 13.60$$
$$SE_1'' = 20(0.20-1)^2 + 40(0.20-0)^2 = 14.40$$

正例の数を $n^\oplus$，負例の数を $n^\ominus$ とし，2 クラスの葉における二乗誤差の式を変形することにより，その理由は明らかになる．

$$n^\oplus(\hat{p}-1)^2 + n^\ominus\hat{p}^2 = (n^\oplus + n^\ominus)\hat{p}^2 - 2n^\oplus\hat{p}^2 + n^\oplus = (n^\oplus + n^\ominus)(\hat{p}^2 - 2\dot{p}\hat{p} + \dot{p})$$
$$= (n^\oplus + n^\ominus)((\hat{p}-\dot{p})^2 + \dot{p}(1-\dot{p}))$$

ただし，$\dot{p} = n^\oplus/(n^\oplus + n^\ominus)$ は，葉における事例のうち正クラスに属する事例の相対頻度であり，経験確率 (empirical probability) とも呼ばれる．項 $\dot{p}(1-\dot{p})$ が予測確率 $\hat{p}$ に依存しないので，$\hat{p} = \dot{p}$ を割り当てた場合に葉における二乗誤差が最小化されることが示される．

経験確率は，分類器やランカーから確率推定量を引き出したり改善したりするうえで重要である．ラベル付けされたインスタンスの集合を S とし，クラス C_i に属する S のインスタンスの数を n_i と表すとき，S に関連した経験確率ベクトルは，$\dot{\mathbf{p}}(S) = (n_1/|S|,\ldots,n_k/|S|)$ となる．実際には，極端な値 (0 または 1) をとるという問題を避けるために，これらの相対頻度を平滑化 (smoothing) することをおすすめする．これを行うための最も知られた方法は，

$$\dot{p}_i(S) = \frac{n_i + 1}{|S| + k} \tag{2.8}$$

を設定することである．これは，$k=2$ の場合がフランスの数学者ピエール・シモン・ラプラスによって導入されたことにちなみ，ラプラス補正 (Laplace correction) と呼ばれている (ラプラスの継起の法則としても知られる)．実際には，経験確率が一様になるという事前の確信を反映し，一様疑似カウント (pseudo-count) を k 個の選択肢の各々に加えている[*12]．また，非一様な平滑化として

$$\dot{p}_i(S) = \frac{n_i + m\pi_i}{|S| + m} \tag{2.9}$$

[*12] これは，従来ディリクレ分布 (Dirichlet prior) として知られている事前確率分布によって数学的にモデル化することができる．

を用いることもできる．M 推定 (m-estimate) として知られるこの平滑化技法は，疑似カウント数 m だけでなく，事前確率 π_i の選択を可能にする．ラプラス補正は，$m=k$, $\pi_i=1/k$ とした M 推定の特別な場合である．

S の要素がすべて同じ予測確率ベクトル $\hat{\mathbf{p}}$ をもつ場合 (S がグループ分けモデルのセグメントである場合に生じる)，同様にして S 上で合計された推定量と経験確率の二乗誤差を

$$\mathrm{SE}(S) = \sum_{x \in S} \mathrm{SE}(x) = \sum_{x \in S} \frac{1}{2} \sum_{i=1}^{k} (\hat{p}_i(x) - I[c(x) = C_i])^2$$
$$= \frac{1}{2} |S| \sum_{i=1}^{k} (\hat{p}_i(x) - \dot{p}_i(S))^2 + \frac{1}{2} |S| \sum_{i=1}^{k} (\dot{p}_i(S)(1 - \dot{p}_i(S)))$$

と書くことが可能である．最終式の第 1 項は，キャリブレーション損失 (較正損失; calibration loss) と呼ばれ，経験確率に関する二乗誤差を測定する．これは，確率推定木における例のように，各セグメントに対し予測確率を自由に選ぶことができるグループ分けモデルにおいては，0 に減らすことができる．低いキャリブレーション損失を備えたモデルはうまくキャリブレートされているといえる．第 2 項は，リファインメント損失 (refinement loss) と呼ばれ，経験確率にのみ依存し，それらが一様でないほど小さくなる．

この分析が示唆することは，確率推定値を得る最良の方法は経験確率 (訓練データないしこの目的のためにとっておいた他のラベル付き事例から得る) から得るやり方だということである．しかし，ここで検討すべき問題が 2 つある．1 つめの問題は，いくつかのモデルにおいて予測確率がモデルによって課されたランキングに従うことを確かめなければならないという点である．2 つめの問題は，グレード付けモデルにおいては，各事例は自身の同値クラスに割り当てられる傾向があるので，経験確率に直接アクセスできないという点である．これについて，以降でさらに詳しく議論する．

2.3.2 ランカーをクラス確率の推定量に変更する方法

再び例 2.5 について考える．ここでスコアは確率ではなく未知のスケールを表すと想定すると，スパムフィルターはクラス確率の推定量というよりむしろランカーと考えられる．各テスト事例がそれぞれ異なるスコアをもつので，「経験確率」は 0 (負例) あるいは 1 (正例) をとり，スコアの降順に $1-1-0-1-1-0-1-1-0-0$ となる $\dot{p}$ 値の列を導く．明らかな問題は，これらの $\dot{p}$ 値はスコアによって課される順序に従わないので，確率の推定に直接使えないということである．ラプラス補正を使用した経験確率の平滑化は 0 を 1/3 へ，1 を 2/3 へ置き換えるだけなので，この問題に対処できない．何か違ったアイデアが必要となる．

図 2.11 を見ると，$\dot{p}=1$ は ROC 曲線の縦の線分に対応し，$\dot{p}=0$ は ROC 曲線の横の線分に対応していることがわかる．問題は，横の線分の次に縦の線分がくることにより引き起こされる．より一般には，傾きが急な線分が緩やかな線分の次にくること

が問題となる．増加する傾きを備えた線分の列が ROC カーブ中の「くぼみ」を形成するので，それを凹 (concavity) と呼ぶ．凹部なしの曲線は上に凸 (convex) な ROC 曲線である．我々の扱う曲線は，2 つの凹部がある．1 つめは，3 番め，4 番めおよび 5 番めの事例により形成され，2 つめは 6 番め，7 番めおよび 8 番めの事例により形成される．いま 3 番めから 5 番めまでのインスタンスがすべて同じスコア 0.7，6 番めから 8 番めまでの例がすべて同じスコア 0.4 であると仮定する．この場合，ROC 曲線は経験確率 $1-1-2/3-2/3-0-0$ の 6 つの線分をもつ．ここで p 値は，スコアと共に減少している．言い換えると，凹部が消えて ROC 曲線が凸になっている．

より一般的には，ROC 曲線における凹凸は，線分を組み合わせてタイを作ることによって改善されるといえる．これは，隣接逆順部 (adjacent violator) と呼ばれる例を見つけることによって達成される．例えば，列 $1-1-0-1-1-0-1-1-0-0$ では，スコアが左から右に降順となるべき (数学的に正確にいえば非増加であるべき) 規則に反するので，3 番めおよび 4 番めの事例が隣接逆順部である．これは，双方にその平均スコアを割り当てることによって，列 $1-1-[1/2-1/2]-1-0-1-1-0-0$ へと改善できる．新たに導入された線分は，今度は 4 番めの事例と隣接逆順部のペアを形成するので，それらの平均スコアを与えることで，$1-1-[2/3-2/3-2/3]-0-1-1-0-0$ を得る[*13]．2 つめの凹部 $0-1-1$ が同じように処理され，最終的な列は $1-1-[2/3-2/3-2/3]-[2/3-2/3-2/3]-0-0$ となる．

結果を図 2.13 に示す．左の図では，2 つの凹部がどのように同じ傾きの 2 つの対角線と置き換えられているかを確認できる．これらの対角線は，凹部に関与した「最も外側」の 3 つの点に同じ正答率を付与する正答率のアイソメトリック (図 2.11) と一致する．実線で描かれた線分は，もとの ROC 曲線の最も外側の点を通る唯一の凸曲線である ROC 曲線の凸包 (convex hull) を構成している．もとの曲線のランキングの誤差 (のいくつか) を，タイによる半分の誤差に置き換えるため，凸包はもとの曲線よりも高い AUC をもつ．この例では，もとのランキングは 24 のランキングのうちの 6 つのランキング誤差 (AUC = 0.75) を招くのに対して，凸包はこれらをすべて半分の誤差へ変える (AUC = 0.83)．

凸包を決定したら，キャリブレートされた確率として凸包の各線分における経験確率を用いることができる．図 2.13 (右) は，得られたキャリブレーションマップ (calibration map) を示している．キャリブレーションマップは区分線形関数であり，x 軸上のもとのスコアから y 軸上のキャリブレートされた確率への非減少な写像である．さらに，ラプラス修正後の確率の推定量を与えるキャリブレーションマップも示されている．確率推定を圧縮することにより，列は $2/3-2/3-[3/5-3/5-3/5]-[3/5-3/5-3/5]-1/3-1/3$ として与えられる．

[*13] これらの 2 つのステップは，1 つにまとめることができる．隣接逆順部の組が発見されれば，組における左と右の事例が同じスコアを有するようにさらに左右の事例を走査することができる．

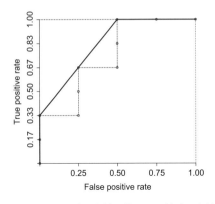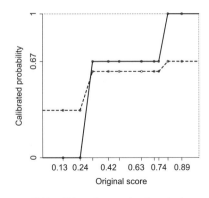

図 **2.13** (左) 実線で描かれた線分は点線の ROC 曲線の凸包である．(右) キャリブレーションマップは実線で表されている．グラフの平坦域は，凸包の同じセグメントへ写像されたいくつかの例に対応していて，ある凸包セグメントから次へ移行するとき，スコア間で線形補間が行われる．ラプラス補正されたキャリブレーションマップは破線で表されている．ラプラス平滑化は，キャリブレーション確率の範囲を圧縮するが，時には，ランキングに影響を与える．

平均二乗誤差，キャリブレーションおよびリファインメントの視点からこの過程を考察しよう．もとのスコアの平均二乗誤差は，$\frac{1}{10}[(0.89-1)^2 + (0.80-1)^2 + (0.74-0)^2 + (0.71-1)^2 + (0.63-1)^2 + (0.49-0)^2 + (0.42-1)^2 + (0.32-1)^2 + (0.24-0)^2 + (0.13-0)^2] = 0.19$ である．すべての経験確率が 0 または 1 のいずれかなので，リファインメント損失が 0 であるため，もとのスコアの平均二乗誤差は，キャリブレーション損失そのものであることに注意する．キャリブレートされたスコアの平均二乗誤差は，$\frac{1}{10}[(1-1)^2 + (1-1)^2 + (0.67-0)^2 + (0.67-1)^2 + (0.67-1)^2 + (0.67-0)^2 + (0.67-1)^2 + (0.67-1)^2 + (0-0)^2 + (0-0)^2] = 0.13$ である．全体の平均二乗誤差は，推定確率が構築された各々の線分における経験確率と等しいとき，リファインメント損失となる．リファインメント損失の増加によってキャリブレーション損失の減少を得たわけである．後者が前者よりも大きいため，全体の誤差は減少する．リファインメント損失の増加は，対角線の導入による凸包の構築からきている．ROC 曲線の凸包を通してキャリブレートされたスコアを得る過程は，根底にある数学的な問題が単調回帰と呼ばれるため，単調キャリブレーション (isotonic calibration) と呼ぶ．単調キャリブレーションを適用する場合，データへの過適合に注意する必要がある．図 2.13 (右) のキャリブレーションマップにおいて，横の転移点および縦のレベルのどちらも，与えられたデータから直接与えられるので，観測されていないデータによく当てはまらないかもしれない．このため，経験確率にラプラス補正を適用することは，それにより与えられたデータのキャリブレーション損失が増加するとしても，望ましいといえる．

2.4 二値分類および関連するタスク：まとめと参考文献

本章では，二値分類 (機械学習における多くの研究の出発点を形成する遍在的なタスク) を扱った．本章のなかで学習についてはあまり述べなかったが，筆者の哲学は，機械学習モデルが対処しようとするタスクを最初に勉強することで，それらのモデルおよびアルゴリズムについてのより良い理解に達するであろうということである．

♣ 2.1 節では，二値分類タスクを定義し，このようなタスクでの性能を評価するための重要なツール，すなわち 2×2 分割表を導入した．性能を評価するさまざまな指標は，分割表における数値から導かれる．縦区間の長さが *Pos*，横区間の長さが *Neg* である長方形において y 座標が *TP*，x 座標が *FP* である点として，分割表を視覚化したカバレッジプロットを導入した．同じデータ集合に対するいくつかの評価されたモデルをプロットの点として視覚化し，正答率で分類器を視覚的にランク付けするためには，正答率が傾き 1 の線分に沿って一定であるという事実を使うことができる．あるいは，軸上の真陽性率と偽陽性率を備えた単位正方形によって長方形を正規化することができる．このいわゆる ROC 空間では，傾き 1 の線分 (すなわち，上昇対角線に平行なもの) は，同じ平均再現率 (時にはマクロ正答率と呼ばれる) をもつ点を結ぶ．機械学習でのこの種のプロットの利用法は，Provost and Fawcett (2001) によって開発された．正規化されていないカバレッジプロットは，Fürnkranz and Flach (2003) によって導入された．

♣ 2.2 節では，各事例についてスコアを計算するより一般的なタスク (または 2 以上のクラスの場合におけるスコアベクトル) を扱った．スコアが表現されているスケールは指定されないが，$s(x) = 0$ に決定閾値をおき，予測 (正または負) をスコアの符号として表すのが慣習である．スコアに真のクラスの符号を掛けることで，マージンが得られる．それは，正しい予測には正を算出し，正しくないものには負を算出する．損失関数は，どのくらいの負のマージンが罰せられ，正のマージンが報いられるかを決定する．(最終的に最適化したい損失関数である 0–1 損失でなく) 凸関数で連続微分可能な「サロゲート」損失関数を用いることの利点は，多くの場合でより扱いやすい最適化問題につながるということである．

あるいは，我々はスコアのスケールを無視することができ，スコアはそれらの順序と連動するだけと考えることもある．このようなランカーは，区分的連続曲線によって，カバレッジ空間や ROC 空間に可視化される．グループ化されたモデルにおいて，曲線の線分はインスタンス空間のセグメント (例えば木モデルの葉) に対応する．一方グレード付けモデルではモデルが与えるスコアごとに線

分が存在する．ROC 曲線下の面積は，ランキングの正答率 (任意の陽性が任意の陰性の前に並べられる確率の推定値) を与えており，Wilcoxon–Mann–Whitney の統計量として統計学で知られている．これらの曲線は，ROC またはカバレッジ空間におけるアイソメトリックに動作条件 (クラスとコストの分布) を平行移動させることにより，適切な動作点を見つけるために使用することができる．ROC 曲線の起源は，信号検出理論 (Egan, 1975) である．わかりやすい導入は，Fawcett (2006), Flach (2010b) である．

♣ 2.3 節において，スコアを事例が特定のクラスに属する確率の推定量として解釈することができるスコアリングモデルを扱った．このようなモデルは，とりわけ，Brier (1950) や Murphy and Winkler (1984) によって予測理論において開拓された．クラス確率の推定量を「理想」の確率 (正であれば 1, そうでなければ 0) と比較し，平均二乗誤差をとることでその質を評価することができる．真の確率は分類別でなければならないという理由はないので，これはかなり粗い評価であり，キャリブレーション損失とリファインメント損失に分解することは有用な追加情報を提供する．また，一様に分布する疑似カウントを加える (ラプラス補正) か，選択した事前確率による疑似カウントを加える (M 推定) かのいずれかを行うことで，確率の相対頻度による推定値を平滑化するという非常に有用な手段を示した．最後に，キャリブレートされたクラス確率の推定値を得るために ROC 凸包を利用する方法を確認した．この手法の起源は，単調回帰 (Best and Chakravarti, 1990) であり，Zadrozny and Elkan (2002) によって機械学習のコミュニティに導入された．Fawcett and Niculescu-Mizil (2007) や Flach and Matsubara (2007) は，この方法が ROC 凸包によるキャリブレーションと同等であることを示している (本章で，「凸」の 2 つの異なる用途を確認したことに注意する．1 つは，損失関数との関係であって，凸は，損失関数の描く曲線上の任意の 2 点を結ぶ線分は，曲線より下にこないという線形補間を意味する．もう 1 つは，ROC 凸包に関連し，それは集合内のすべての点を覆う凸集合の区分直線的な境界を指す).

Chapter 3

二値分類を超えて

　前章では，二値分類やそれに関連するランキング，クラス確率推定などの手法を扱ってきたが，本章ではこれら基本的な手法の拡張を試みる．3.1 節では 3 クラス以上 (多クラス) の場合について議論し，3.2 節では目的変数 (target variable) が実数値をとる場合について考える．最後の 3.3 節においては，教師なし学習や記述モデルの学習を扱う．

3.1 多クラス

　前章までのいくつかの考え方は，2 クラスでしか利用できない．例えばカバレッジ曲線の定義は，容易には多クラスに一般化することはできない．そこで本節ではとくに，分類，スコアリング，クラス確率推定に焦点を当て，これらを多クラスでどのように扱うか議論する．具体的には，多クラスの場合の性能評価をどうするか，2 クラスのモデルから多クラスのモデルをどのように構成するか，といった問題を考える．とくに後者は，線形分類などの基本的に 2 クラス分類を目的としたモデルを考える上で必要不可欠な課題である．なお，決定木などのモデルはごく自然に多クラスを扱うことができることに注意しておく．

3.1.1 多クラス分類

　実際上，多クラスへの分類が必要となるケースは多い．例えばある患者がリウマチ性疾患と診断された際には，医者はその患者の症状をさらに細分化したいだろう．最初に，多クラスにおける性能評価について考えよう．クラスの数を k とすると，ある分類器の性能は $k \times k$ 分割表によって評価される．その分類器の正答率を知りたければ，分割表の対角成分を足してそれを総インスタンス数で割ればよい．しかしすでに述べたように，この指標ではクラス間の性能差を評価することができない．そのため別の指標を用意する必要がある．

例 3.1 多クラス分類器の性能

次の (周辺合計をもつ) 3×3 分割表を考える.

	予測			
	15	*2*	*3*	20
実際	*7*	**15**	*8*	30
	2	*3*	**45**	50
	24	20	56	100

この分類器の正答率は $(15+15+45)/100 = 0.75$ である. 一方で各クラスごとの適合率と再現率は次のように計算できる. クラス 1 については $15/24 = 0.63$ と $15/20 = 0.75$ で, クラス 2 については $15/20 = 0.75$ と $15/30 = 0.50$ で, そしてクラス 3 については $45/56 = 0.80$ と $45/50 = 0.90$ でそれぞれ与えられる. これらの平均もしくは重み付き平均をとることで, この分類器全体に対する適合率と再現率をそれぞれ計算することができる. 例えば, 重み付き平均をとった適合率は $0.20 \cdot 0.63 + 0.30 \cdot 0.75 + 0.50 \cdot 0.80 = 0.75$ のように計算できる. また, 重み付き平均をとった再現率は正答率に一致することが, 2 クラスの場合と同様にして確認できる (例 2.1 を参照).

クラスのペアごとに適合率と再現率を計算することによって, 別の指標を考えることもできる. 例えばクラス 1 とクラス 3 のペアについて考えよう. クラス 1 を正のクラスとしたときの適合率と再現率はそれぞれ $15/17 = 0.88$ と $15/18 = 0.83$ となり, 一方でクラス 3 を正のクラスとしたときはそれぞれ $45/48 = 0.94$ と $45/47 = 0.96$ となる (読者はなぜ後者の数値のほうが高くなるのか考えよ).

次は多クラス分類器を実際に構成することを考えよう. ただし我々は, 2 クラスモデル (線形分類など) までしか学習させることができないとする. このような状況でも, いくつかの 2 クラス分類器を組み合わせて 1 つの k クラス分類器を作ることが可能で, その組み合わせ方によってさまざまな分類器が考えられる. その 1 つは, 一対他 (one-versus-rest) 分類器と呼ばれるものである. これは, クラス C_1 とそれ以外のクラス $C_2, \ldots, C_k$ に対する二値分類器, C_2 とそれ以外に対する二値分類器といった k 個の二値分類器を組み合わせて構成される. なお, i 番めの二値分類器を学習する際には, クラス C_i 中の全インスタンスを正とし, それ以外のインスタンスを負とする. 一対他分類器のなかには, C_i と $C_{i+1}, \ldots, C_k$ $(1 \leq i < k)$ に対する二値分類器を $k-1$ 個組み合わせるというような, 学習の順番が決まっているものもある. 一対他分類器の他には, 一対一 (one-versus-one) 分類器がある. これは, $k(k-1)/2$ 個のクラスのペアに対して二値分類器を作り, それらを組み合わせて構成される. 二値分類器がクラスを非対称

に扱う場合は，各ペアに対して2つの分類器を作ったほうが都合が良く，そのときの分類器の総数は $k(k-1)$ となる．

k クラスの分類問題を l 個の二値分類で記述するためには，出力符号 (output code) 行列を使うと便利である．これは要素が $+1, 0$ または -1 の $k \times l$ 行列である．以下の出力符号行列は，一対一分類器による3クラスの分類問題を記述している．

$$\begin{pmatrix} +1 & +1 & 0 \\ -1 & 0 & +1 \\ 0 & -1 & -1 \end{pmatrix} \quad \begin{pmatrix} +1 & -1 & +1 & -1 & 0 & 0 \\ -1 & +1 & 0 & 0 & +1 & -1 \\ 0 & 0 & -1 & +1 & -1 & +1 \end{pmatrix}$$

各列はそれぞれ，$+1$ に対応するクラスを正のクラス，-1 に対応するクラスを負のクラスとした二値分類器を表している．左が対称の場合で，右が非対称の場合の出力符号行列である．そのため左の行列では，クラス C_1 (正) とクラス C_2 (負)，C_1 (正) と C_3 (負)，そして C_2 (正) と C_3 (負) に対する二値分類器のみを考えている．非対称な場合の右の行列においては，正と負を交換した3つの分類器が追加されている．通常の場合と，順番が決まっている場合の一対他分類器に対する出力符号行列はそれぞれ次で与えられる．

$$\begin{pmatrix} +1 & -1 & -1 \\ -1 & +1 & -1 \\ -1 & -1 & +1 \end{pmatrix} \quad \begin{pmatrix} +1 & 0 \\ -1 & +1 \\ -1 & -1 \end{pmatrix}$$

左の行列においては，クラス C_1 (正) とクラス C_2, C_3 (負)，C_2 (正) と C_1, C_3 (負)，そして C_3 (正) と C_1, C_2 (負) に対する二値分類器を考えている．右の行列においては，$C_1 - C_2 - C_3$ のように順番を決めている．そのため，計2つの分類器が必要となる．

新たなインスタンスが得られた場合は，すべての二値分類器の予測結果を集め，そのインスタンスが所属するクラスを判断する．それぞれの予測結果は，それが正であれば $+1$，負であれば -1，予測なしもしくは予測に迷い棄却 (reject) すれば 0 で記述される (例えば特定のルールに基づいた分類器であれば棄却は起こりうる)．これらの予測結果を集めると，ある「語」が構成され，通常それは出力符号行列の行のなかから探すことができる．このプロセスは復号 (decoding) として知られている．いま，順序なしの一対他分類器において $-1 \ +1 \ -1$ の語が得られたとしよう．このときはクラス C_2 に分類すべきだとわかる．では，出力符号行列中にない語はどう扱うべきだろうか．例えば対称な一対一分類器 (上記の最初の行列) において $0 \ +1 \ 0$ の語が得られたとしよう．この場合最も近い符号は行列の第1行であるから，クラス C_1 に属すると判断すべきだろう．より正確に議論するために，語 w と符号 c の距離を $d(w, c) = \sum_i (1 - w_i c_i)/2$ で定義する[*1]．ここで，i は語と符号の「ビット」を渡る (出力符号行列の列の最初から

[*1] これはバイナリ文字列に対するハミング距離 (Hamming distance) を一般化したものである．なお，ハミング距離は異なった文字がある位置の数で与えられる．

最後まで動く).すなわち,語と符号が分類クラスを同じくしていれば,距離には影響を与えないが,一方が +1 で他方が −1 の場合は距離に 1 の影響を与え,どちらかが 0 の場合は 1/2 の影響を与える.この距離を用いて予測クラスは $\arg\min_j d(w, c_j)$ で計算される.ここで,c_j は出力符号行列の第 j 行ベクトルを意味する.よって $w = 0\ +1\ 0$ に対しては $d(w, c_1) = 1, d(w, c_2) = d(w, c_3) = 1.5$ となり,クラス C_1 に属すると予測されるのである.

しかしながら,距離の最も近い符号がつねに唯一であるとは限らない.例えば 4 クラスの一対他分類器を考え,あるインスタンスに対して,2 つの二値分類器がそれを正と予測し,他の 2 つが負と予測したとしよう.この語は 2 つの符号と距離が同じになり,したがってどちらのクラスに属するか判断できない.このような場合は,出力符号行列にいくつかの列を追加することで状況を改善することができる.

$$\begin{pmatrix} +1 & -1 & -1 & -1 \\ -1 & +1 & -1 & -1 \\ -1 & -1 & +1 & -1 \\ -1 & -1 & -1 & +1 \end{pmatrix} \quad \begin{pmatrix} +1 & -1 & -1 & -1 & +1 & +1 & +1 \\ -1 & +1 & -1 & -1 & +1 & -1 & -1 \\ -1 & -1 & +1 & -1 & -1 & +1 & -1 \\ -1 & -1 & -1 & +1 & -1 & -1 & +1 \end{pmatrix}$$

左の行列は通常の 4 クラス一対他分類器に対する出力符号行列であり,右の行列では 3 つの列 (すなわち二値分類問題) を追加している.その結果,任意の 2 つの符号の距離が 2 から 4 へ増加し,出力符号行列にない語を復号できる可能性も高くなる.列の追加によって得られた分類器は,一対他分類器と一対一分類器の混合と見なすことができる.しかし追加した二値分類問題の学習は一般に難しいかもしれない.例えば,スパムメール,仕事用メール,家計用メール (ガス・電気・水道代やクレジットカード利用状況など),個人用メールの 4 つのクラスの分類問題を考えてみよう.この場合,例えばスパムメールと仕事用メールを正,家計用メールと個人用メールを負とした分類問題は,一対他分類問題よりもかなり難しいと考えられる.

一対他分類器や一対一分類器は,多クラス分類器を構成する際によく用いられる.一対他分類器においては,所属するクラスを一意に定めるために学習の前か後にクラス順位を決めることができる.一対一分類器においては,クラスの決定に投票という方法を使うことができるが,次の例に示すように実質的には前述の距離を用いた復号と同じことである.

例 3.2 一対一投票

クラス数が $k = 4$ の場合の一対一符号行列は次で与えられる.

$$\begin{pmatrix} +1 & +1 & +1 & 0 & 0 & 0 \\ -1 & 0 & 0 & +1 & +1 & 0 \\ 0 & -1 & 0 & -1 & 0 & +1 \\ 0 & 0 & -1 & 0 & -1 & -1 \end{pmatrix}$$

いま，6つの二値分類器が $w = +1 -1 +1 -1 +1 +1$ のように予測したとしよう．これは $C_1-C_3-C_1-C_3-C_2-C_3$ のように投票されたと解釈できる．すなわち，C_3 に3票，C_1 に2票，そして C_2 に1票入っている．形式的には第 i 番めの分類器の第 j クラスへの投票は $(1+w_i c_{ji})/2$ で表される．ここで，c_{ji} は出力符号行列の第 (j,i) 成分である．しかしこのままでは行列の0要素を余分にカウントしてしまう．各クラスは $k-1$ 回二値分類の対象となり，二値分類器の総数は $l = k(k-1)/2$ であるから，各行の0要素の総数は $k(k-1)/2 - (k-1) = (k-1)(k-2)/2 = l(k-2)/k$（いまの場合3）となる．各0要素に対して1/2を取り除く必要があるから，結局クラス C_j への投票数は，

$$v_j = \left(\sum_{i=1}^{l} \frac{1+w_i c_{ji}}{2}\right) - l\frac{k-2}{2k} = \left(\sum_{i=1}^{l} \frac{w_i c_{ji}-1}{2}\right) + l - l\frac{k-2}{2k}$$
$$= -d_j + l\frac{2k-k+2}{2k} = \frac{(k-1)(k+2)}{4} - d_j$$

で与えられる．ここで $d_j = \sum_i (1-w_i c_{ji})/2$ は前に定義した距離である．つまり，距離と投票数を合計するとクラス数だけに依存するある定数（4クラスでは4.5）になる．このことは，$d_1 = 2.5$（C_1 に2票），$d_2 = 3.5$（C_2 に1票），$d_3 = 1.5$（C_3 に3票），$d_4 = 4.5$（C_4 に0票）であることから確認できる．

もし二値分類器がスコアを出力するのであれば，これは次のようにして考慮に入れることができる．すでに述べたように，スコア s_i の符号がそのクラスを示しているとする．このときスコアと出力符号行列の要素 c_{ji} を使って，マージン $z_i = s_i c_{ji}$ が計算でき，さらに損失関数 L が計算できる（マージンと損失関数については2.2節を参照）．よって，スコアベクトル s と符号行列の第 j 行ベクトル c_j の距離 $d(s, c_j) = \sum_i L(s_i c_{ji})$ が定義され，$d(s, c_j)$ を最小にする予測クラスが計算できる．二値分類器のスコアを用いて多クラス分類を行うこの方法を，損失に基づく復号 (loss-based decoding) と呼ぶ．

例 3.3 損失に基づく復号

例3.2において，6つの二値分類器のスコアが $(+5, -0.5, +4, -0.5, +4, +0.5)$ のように得られたとしよう．このとき，マージンは次の行列で与えられる．

$$\begin{pmatrix} +5 & -0.5 & +4 & 0 & 0 & 0 \\ -5 & 0 & 0 & -0.5 & +4 & 0 \\ 0 & +0.5 & 0 & +0.5 & 0 & +0.5 \\ 0 & 0 & -4 & 0 & -4 & -0.5 \end{pmatrix}$$

マージンの大きさを無視する0–1損失を用いた，投票に基づく復号（例3.2）ではクラス C_3 が予測された．一方で指数損失 $L(z) = \exp(-z)$ を用いると，距離

$(4.67, 153.08, 4.82, 113.85)$ が得られる．C_1 は C_2 と C_4 に対してマージンの意味で強く勝っており，一方で C_3 の勝利は 3 つとも弱いため C_1 が選ばれるのである．

なお，損失に基づく復号を使うためには，二値分類器のスコアの尺度を同じにしておかなければならないことに注意しておく．

3.1.2 多クラススコアと確率

二値分類器を用いて多クラススコアと確率を計算する方法はいくつか考えられる．

- ♣ 例 3.2 でみたように，損失に基づく復号によって距離を計算し，それを適切に変換することで多クラススコアが計算できる．この方法は二値分類器がキャリブレートされたスコアを出力する際に適用できる．
- ♣ その他には，二値分類器の出力を特徴量 (スコアの場合は実数値，予測クラスの場合は二値) として扱い，それを用いて，ナイーブベイズ法や木モデルなどのような，多クラススコアを出力できるモデルを学習させる方法が考えられる．この方法は一般に適用できるが，追加学習が必要になる．
- ♣ カバレッジ数 (coverage count) からスコアを計算することもできる．カバレッジ数とは二値分類器で正と予測された数である．この方法は一般に適用可能で，多くの場合で納得のいく結果を返してくれる．

例 3.4 スコアとしてのカバレッジ数

いま，3 クラスの分類問題を考え，正もしくは負を返す (棄却はなしとする) 二値分類器を 3 つ考える．最初の二値分類器では，クラス 1 の 8 事例が正と予測され，クラス 2 の事例に対しては正と予測されたものはなく，そしてクラス 3 の 2 事例が正と予測されたとする．さらに次の二値分類器ではこれらの数が 2,17,1 であり，最後の二値分類器では 4,2,8 であったとする．いま，テストインスタンスが最初と最後の二値分類器において正と予測されたとしよう．このときこれら 2 つの分類器のカバレッジ数を足すことによって，それをスコアベクトル $(12, 2, 10)$ とすることができる．なお，もしすべての二値分類器がテストインスタンスを正と予測した場合は，スコアベクトルは $(14, 19, 11)$ である．

便宜的には，この方法は次の行列計算を使って記述できる．

$$\begin{pmatrix} 1 & 0 & 1 \\ 1 & 1 & 1 \end{pmatrix} \begin{pmatrix} 8 & 0 & 2 \\ 2 & 17 & 1 \\ 4 & 2 & 8 \end{pmatrix} = \begin{pmatrix} 12 & 2 & 10 \\ 14 & 19 & 11 \end{pmatrix} \quad (3.1)$$

真ん中の行列は各クラスのカバレッジ数 (各行が各分類器に対応) を表しており，左の 2×3 行列の各行はどの分類器がテストインスタンスを正と予測したかを表

している．そして右の行列が各テストインスタンスに対するスコアベクトルを表している．

一般に l 個の二値分類器がある場合，上記の方法はインスタンス空間を最大で 2^l 個の領域に分割する．各領域にはスコアベクトルが対応し，そのため，多様なスコアベクトルを得るためには l は十分大きくなければならない．

多クラススコアが得られると，今度はその良さを評価したいと考えるのは自然であろう．2.1 節でみたように，2 クラスの場合の重要な評価指標は ROC 曲線の下面積 AUC である．これは正しく順序付けられた正−負ペアの割合で与えられる．しかし残念ながら，ランキングという考え方を多クラスへ一般化することは簡単ではない．そのため通常は，一対他分類器や一対一分類器における二値分類器の AUC の平均をとる．例えば一対他分類器における平均 AUC は，あるクラスが正のクラスとして一様に抽出されたときに，そのクラスから一様に抽出された事例のスコアが，その他のクラスから一様に抽出された事例のスコアより大きくなる確率を与えている．このとき「負」は，インスタンス数が多いクラスから得られやすい．そのため，正のクラスを抽出する際に，クラス割合で重み付けした一様でない分布を用いることもある．

例 3.5 多クラス AUC

多クラス分類器が，各テストインスタンス x に対して k 次元のスコアベクトル $\hat{s}(x) = (\hat{s}_1(x), \ldots, \hat{s}_k(x))$ をもつとしよう．このベクトルの要素 $\hat{s}_i(x)$ に注目すると，クラス C_i とそれ以外に対するスコア分類器が得られ，これを用いて C_i に関する一対他 AUC が計算できる．

例えば 3 クラス分類問題において，C_1, C_2, C_3 に関する一対他 AUC がそれぞれ $1, 0.8, 0.6$ で与えられたとしよう．この場合，クラス C_1 に属するすべてのインスタンスのスコアベクトルの最初の要素は，他に比べて大きくなっている．これら 3 つの AUC の平均をとると 0.8 となり，これは，添字 i を一様に選んだときに，クラス C_i から一様に抽出したインスタンス x と，それ以外のクラスから一様に抽出したインスタンス x' に対して，$\hat{s}_i(x) > \hat{s}_i(x')$ となる確率が 0.8 であることを意味している．

いま，クラス C_1 に属するインスタンス数が 10，クラス C_2 が 20，そしてクラス C_3 が 70 であるとする．このとき，AUC の重み付き平均は 0.68 となり，これは，クラスの選出をせずに一様に抽出したインスタンス x と，x が属するクラス C_i 以外から一様に抽出したインスタンス x' に対して，$\hat{s}_i(x) > \hat{s}_i(x')$ となる確率が 0.68 であることを意味している．先ほどの例よりも確率が低くなる理由は，x がクラス C_3 から選ばれる可能性が高く，そして C_3 に属するインスタンスのスコアが小さいためである．

一対一分類器に対しても同様に AUC の平均を求めることができる．例えば，クラス C_i と C_j の分類器に対するスコア $\hat{s}_i$ を用いて AUC_{ij} が定義できる．$\hat{s}_j$ が異なったランキングを行う可能性もあるため，一般には $\mathrm{AUC}_{ij} \neq \mathrm{AUC}_{ji}$ である．AUC_{ij} をすべての $i \neq j$ について平均をとると，一様にクラス i と $j (\neq i)$ を選んだときに，一様に抽出された $x \in C_i$ と $x' \in C_j$ に対して $\hat{s}_i(x) > \hat{s}_i(x')$ となる確率が計算できる．なお，重み付き平均を考えた際は，クラスの一様選出を省略した場合のインスタンスが正しくランク付けされる確率が計算できる．

多クラススコアを使って分類を行う簡単な方法は，スコアが最大のクラスにインスタンスを割り当てるものである．すなわち，インスタンス x に対するスコアベクトルが $\hat{\mathbf{s}}(x) = (\hat{s}_1(x), \ldots, \hat{s}_k(x))$ で与えられる場合，$m = \arg\max_i \hat{s}_i(x)$ とすると，x はクラス $\hat{c}(x) = C_m$ に分類される．しかし 2 クラスの場合と同様に，このような固定的な決定ルールは最善ではないことがある．代わりにデータから決定ルールを学習させることを考えよう．すなわち，スコアを調整する重みベクトル $\mathbf{w} = (w_1, \ldots, w_k)$ をデータから学習させ，それを用いてクラスの割り当て $\hat{c}(x) = C_{m'}$ を与えるのである[*2]．ここで $m' = \arg\max_i w_i \hat{s}_i(x)$ である．重みベクトルにある定数を掛けても m' に影響を与えないから，$w_1 = 1$ として自由度を 1 つ減らすことができる．しかし大域的に最適な重みベクトルを見つけることは計算上困難である．発見的な方法として，最初に C_2 を C_1 から最適に分離するように w_2 を学習し，次に C_3 を $C_1 \cup C_2$ から分離するように w_3 を学習し……といったように重みを順に学習していく方法をとれば，良い結果を返すことが経験的に知られている．

例 3.6 重み付き多クラススコア

3 クラスの確率分類器を考える．このとき確率ベクトル $\hat{\mathbf{p}}(x) = (\hat{p}_1(x), \hat{p}_2(x), \hat{p}_3(x))$ は単位立方体内の点として考えることができる．これらの確率を足すと 1 となるため，点は立方体の 3 つの頂点に接する正三角形内に存在する (図 3.1 左)．なお，三角形のそれぞれの頂点が各クラスを表している．三角形内の点があるクラスに割り当てられる確率は，逆側の辺への距離に比例している．

任意の $\arg\max_i w_i \hat{s}_i(x)$ の形で与えられる決定ルールは，辺に垂直な直線によって三角形を 3 つの領域に分割する．重みを使わない場合は，それらの直線は三角形の重心で交わる (図 3.1 右)．重心点を三角形の底辺に平行に動かせば，クラス C_2 を C_1 から最適に分離する重みを見つけることができる．なお，C_2 から重心点を離すには，C_2 の重みを大きくすればよい．最適な重み (点) を見つけたら，次はその点を先ほどの平行線と垂直方向に動かして，C_3 をそれ以外から最適に分離す

[*2] 2 クラスの場合は，$w_1 \hat{s}_1(x) > w_2 \hat{s}_2(x)$ もしくは同値の $\hat{s}_1(x)/\hat{s}_2(x) > w_2/w_1$ であれば x をクラス C_1 に割り当てる．これはスコアをある閾値で分離したと解釈できる．そのため重みベクトルによる決定ルールは，閾値による 2 クラス決定ルールを一般化したものになっている．

る重みを見つけることができる.

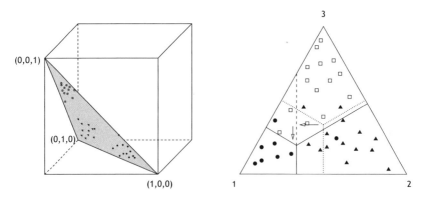

図 3.1 (左) 単位立方体の 3 つの頂点に接する正三角形上の点として表される確率の 3 つ組.(右) 各矢印は,均一な重みの状態 (点線) から,最適な重みへと調整するための方向を表している.最初に C_2 (▲) を C_1 (●) から最適に分離し (破線),それから C_3 (□) をそれ以外から最適に分離する (実線).最終的には C_1 に対する重みが他に比べて小さくなる.

最後にキャリブレートされた多クラス確率を得る方法について簡潔に触れておく.これについてはまだ決定的な方法はなく,いくつかの方法が提案されている.簡単で頑健な方法の 1 つは,正規化されたカバレッジ数を用いるものである.具体的には,二値分類器のカバレッジ数を総合または平均し,それらを正規化して確率分布を構成する.同じことであるが,各分類器に対して別々にクラス分布を計算し,それらを相対カバレッジ率で重み付けて平均をとってもよい.

例 3.7 カバレッジ数による多クラス確率

例 3.4 において,正と予測された総インスタンス数で各クラスのインスタンス数を割ると,次のようなクラス分布が得られる:1 番めの二値分類器では $(0.80, 0, 0.20)$,2 番めでは $(0.10, 0.85, 0.05)$,3 番めでは $(0.29, 0.14, 0.57)$.このとき 1 番めと 3 番めの分類器を組み合わせて得られる確率分布は,

$$\frac{10}{24}(0.80, 0, 0.20) + \frac{14}{24}(0.29, 0.14, 0.57) = (0.50, 0.08, 0.42)$$

となり,これはカバレッジ数を総合した $(12, 2, 10)$ の正規化にもなっている.同様に,3 つの分類器を組み合わせて得られる確率分布は次で与えられる.

$$\frac{10}{44}(0.80, 0, 0.20) + \frac{20}{44}(0.10, 0.85, 0.05) + \frac{14}{44}(0.29, 0.14, 0.57) = (0.32, 0.43, 0.25)$$

行列を使えば以上のことは簡潔に記述できる.

$$\begin{pmatrix} 10/24 & 0 & 14/24 \\ 10/44 & 20/44 & 14/44 \end{pmatrix} \begin{pmatrix} 0.80 & 0.00 & 0.20 \\ 0.10 & 0.85 & 0.05 \\ 0.29 & 0.14 & 0.57 \end{pmatrix} = \begin{pmatrix} 0.50 & 0.08 & 0.42 \\ 0.32 & 0.43 & 0.25 \end{pmatrix}$$

真ん中の行列は (3.1) 式の真ん中の行列を行正規化したものである．ここで，行正規化 (row normalisation) とは，行の総和でその行の各要素を割ることである．その結果，各行の要素をすべて足すと 1 となり，各行を確率分布と見なすことができる．左の行列は 2 つの情報をもっている．(i) 各インスタンスに対してどの分類器が正と予測したか (例えば最初のテストインスタンスは，2 番めの分類器では正とされない) および，(ii) 各分類器のカバレッジ率である．そして右の行列は，確率分布を表している．ここで，行正規化された行列同士の積はまた行正規化された行列となることに注意しておく．

本節では，2 クラスよりも多いクラスを扱う際に起きる重要な問題を考えてきた．二値分類器を用いて k クラス分類を行うための一般的な方法は，(i) 問題を l 個の二値分類問題に分割し，(ii) l 個の二値分類器をデータから学習し，(iii) それらの分類結果を組み合わせて 1 つの k クラス分類器を構成するものである．最初と最後のステップにおいては一対他分類器や一対一分類器がよく用いられるが，出力符号行列の利用により，他の (追加的な) 分類器を学習する必要性もみえた．また，二値分類器から多クラススコアや確率を計算する方法について考え，重み付きスコアによって多クラス決定ルールをキャリブレートする方法についても議論した．

分類に関する話題はここで終わりである．次節ではまた別の教師あり学習問題を扱い，そして 3.3 節において教師なし学習問題および記述的学習問題を扱う．

3.2 回　　帰

今まで扱ってきた分類，スコアリング，ランキング，確率推定の問題ではラベルが離散値をとっていた．一方で本節においては目的変数が実数値をとる場合について考えていく．写像 $\hat{f}: \mathcal{X} \to \mathbb{R}$ を関数推定量 (function estimator) もしくはリグレッサー (regressor) と呼ぶことにし，データ $(x_i, f(x_i))$ から関数推定量 $\hat{f}$ を学習することを回帰学習問題と呼ぶことにする．例えばダウ・ジョーンズ・インデックスや FTSE 100 指数などの学習が回帰学習問題である．

回帰問題は分類問題の単純な一般化のようにみえるかもしれないが，それ特有の問題もある．一つには，低解像度な目的変数を無限大解像度に変更している．このような場合，変更した目的変数に関数が一致するように学習すると，ほぼ間違いなく過適合が起きてしまう．さらに，目的変数のいくつかは，モデルからは考えられない変動をもつ可能性もある．以上のことから，データは誤差をもつと仮定すべきであり，過

適合を回避するために，推定量は関数の基本的な傾向や形状を捉えるように構成されるべきである．

例 3.8 線形適合

次のデータを考える．

x	y
1.0	1.2
2.5	2.0
4.1	3.7
6.1	4.6
7.9	7.0

いま，x の多項式で y を推定したいとする．図 3.2 (左) は次数 1 から 5 の多項式回帰の結果を示している．なお，線形回帰は第 7 章で説明する．次数 4, 5 の多項式回帰では，すべての点に一致していることが確認できる (一般に次数がたかだか $n-1$ の多項式回帰によって n 点に一致させることができる)．しかしそれらの挙動はグラフの端でかなり異なる．とくに次数 4 の場合は，$x=0$ から $x=1$ の区間において減少傾向を示している．だがこの傾向はデータからは正当化できない．

例 3.8 のような過適合を防ぐためには，できるだけ小さな次数での多項式回帰が妥当であろう．実際単純な線形関係が想定されることが多い．

回帰においては，グループ分けモデルとグレード付けモデルの差異が明確に現れる．グループ分けモデルを考える根底には，インスタンス空間をいくつかのセグメントに分け，各セグメントにおいて簡潔なモデルを局所的に学習するという理念がある．例

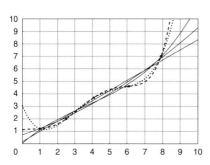
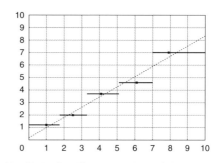

図 **3.2** (左) 異なる次数の多項式による回帰の結果．右上端の下から順に，次数 1 (直線)，次数 2 (放物線)，次数 3，次数 4 (すべての点に一致させられる最小次数，点線で示す)，次数 5 (破線で示す) を表している．(右) グループ分けによって学習された区分的定数関数．破線は左図の直線を表す．

えば決定木における局所モデルは多数派クラス分類器である．同様にして回帰木を求めるためには，各葉に対して1つの値を予測すればよいだろう．例 3.8 のような1変数の問題の場合は，区分的定数関数が得られる (図 3.2 右)．このようなグループ分けモデルは，次数の高い多項式のように，与えられたすべての点に一致させることができるが，過適合の問題には同様に注意しなければならない．

モデルがもつパラメータの個数に注目すると，過適合現象の理解を深めることができる．次数 n の多項式は $n+1$ 個のパラメータをもっている．例えば直線 $y = a \cdot x + b$ は2つのパラメータ (a,b) をもっている．また，5つのデータ点に完全に一致させることが可能な次数4の多項式は，5つのパラメータをもっている．n セグメントから成る区分的定数関数 (piecewise constant curve; 階段関数) を考えると，これは n 個の y 値と $n-1$ 個のジャンプが起きる x 値の計 $2n-1$ 個のパラメータをもっている．以上のことから，与えられたデータ点に完全に一致させることのできるモデルは，データ点以上のパラメータをもつモデルであることがわかる．おおまかにいえば，**過適合を回避するためには，パラメータ数はデータ点の総数よりもかなり小さくなければならないのである**．

分類問題におけるモデルは，負マージン (誤分類) に罰則を与えかつ正マージン (正しい分類) に報酬を与えるような損失関数を使って，その良さが評価された．回帰モデルにおいては，残差 (residual) $f(x) - \hat{f}(x)$ に対する損失関数で評価を行う．分類モデルとは異なり，回帰モデルにおいては (正と負の残差で異なる重みを付けることもあるが) 基本的に原点対称な損失関数を考える．最も普通の損失関数は残差の2乗である．この二乗損失は数学的に扱いが簡単で，観測された関数値が真の関数値と正規ノイズの和で与えられるという仮定の下で正当化される．しかし，二乗損失は外れ値に弱いことがよく知られており，このことは図 7.2 の例からもわかる．

もしモデルのパラメータ数を過小に見積もった場合，訓練データの個数に関わらず二乗損失を0にすることはできない．一方で，パラメータ数が大きくなると，モデルは訓練データに依存しやすくなり，データの小さな変動でかなり異なったモデルが推定されてしまう．このことはバイアス–分散のジレンマ (bias–variance dilemma) と呼ばれることもある．すなわち，複雑度の低いモデルは訓練データの分散の影響をあまり受けないが，データの個数で解決できないバイアスがかかってしまう．一方で複雑度の高いモデルはこのようなバイアスを除けるが，今度はデータの分散の影響を受けてしまうのである．

このことをもう少し詳しく考えてみよう．訓練データ x に対する期待二乗損失は次のように分解できる[*3]．

$$\mathbb{E}\left[\left(f(x) - \hat{f}(x)\right)^2\right] = \left(f(x) - \mathbb{E}[\hat{f}(x)]\right)^2 + \mathbb{E}\left[\left(\hat{f}(x) - \mathbb{E}[\hat{f}(x)]\right)^2\right] \quad (3.2)$$

[*3] $\mathbb{E}[\cdot]$ の線形性と $\mathbb{E}[f(x)] = f(x)$ から導出される．

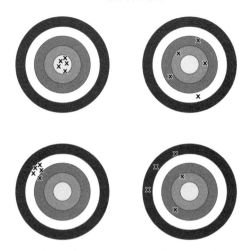

図 3.3 バイアスと分散の概念をダーツ盤にたとえたもの．各ダーツ盤が異なる学習アルゴリズムを意味し，各ダーツが異なる訓練データを表す．上部の学習アルゴリズムは低バイアス，すなわち的の中心 ($f(x)$) に近い状況を表しており，下部は高バイアスを表している．また，左部は低分散，右部は高分散を表している．

ここで，期待値は訓練データとそれに基づく関数推定量についてとられており，学習アルゴリズムやテストデータ x は固定されていることに注意しておく．(3.2) 式の右辺第 1 項は関数推定量の期待値が $f(x)$ であれば 0 になるが，そうでなければある種のバイアス (bias) がかかる．第 2 項は訓練データにおける関数推定値 $\hat{f}(x)$ の分散 (variance) を表している．図 3.3 はこのことをダーツ盤にたとえて説明している．最も良い状況は明らかに左上であるが，実際はほとんど起こりえない．低バイアス–高分散 (例えば次数が大きな多項式による近似) もしくは高バイアス–低分散 (例えば線形近似) のどちらかを選択しなければならない．このようなバイアス–分散のジレンマについては再び本書の各所で考える予定である．また，二乗損失以外の多くの損失関数では分解が一意ではないが，その分解は過適合もしくは過少適合の理解の助けとなる．

3.3 教師なし学習と記述的学習

これまでは主に予測モデルの教師あり学習について考えてきた．すなわち，ラベルの付いたデータ $(x, l(x)) \in \mathcal{X} \times \mathcal{L}$ (もしくは誤差もあるデータ) を使って，インスタンス空間 $\mathcal{X}$ から出力空間 $\mathcal{Y}$ への写像を学習することについて考えてきた．このような学習は，真のラベル付け関数 l についての情報をもつ目的変数 $l(x)$ が訓練データ内に教師として得られているため，「教師あり学習」と呼ばれる．さらにこのようなモデルは，目的変数の推定値や可能性の高い値を出力として返すため，「予測モデル」と呼ば

3.3 教師なし学習と記述的学習

	予測モデル	記述モデル
教師あり学習	分類, 回帰	サブグループ発見
教師なし学習	予測クラスタリング	記述クラスタリング, アソシエーションルール発見

表 3.1 太字の学習問題が本節の残りで考察される.

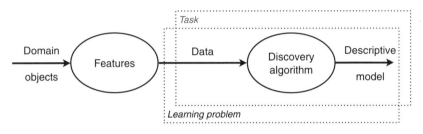

図 3.4 記述的学習においてはタスクと学習問題は同じである. 別の訓練データは存在せず, タスクはデータの記述モデルを生成することである.

れる. このように, 我々は表 3.1 の左上の部分にのみ注意を向けてきた. そこで本節では, 表 3.1 の他の 3 つの学習問題について考えていく. とくに次の問題を考えよう.

- ♣ 予測クラスタリング (予測モデルの教師なし学習)
- ♣ 記述クラスタリングとアソシエーションルール発見 (記述モデルの教師なし学習)
- ♣ サブグループ発見 (記述モデルの教師あり学習)

まずは記述的学習の性質について考えよう. ここでのタスクは, データの記述方法を考え出すこと, つまりデータの記述モデルを生成することである. そのためタスクの出力は学習の出力と同様に, モデルである. さらに, 記述モデルを作る際には訓練データを別に分けて用いる必要はない. テストデータというよりも実際のデータ全体を記述するモデルの作成が目的だからである. 要するに, **記述的学習においてはタスクと学習問題は同じなのである** (図 3.4). しかしこれに伴っていくつかの困難が生じてしまう. 例えば, 記述モデルを検査するための「基本的な基準」や「ゴールドスタンダード」が利用できないという問題がある. そのため記述モデルの評価は予測モデルの場合よりも難しくなってしまう. 一方で, 記述モデルはまったく新しい知見の発見につながることもあり, それは機械学習とデータマイニングの共通部分に位置するといえるかもしれない.

3.3.1 予測クラスタリングと記述クラスタリング

クラスタリングのタスクでは, 予測モデルと記述モデルがはっきりと区別される. クラスタリングの 1 つの解釈は, ラベルなしのデータからラベル付け関数を学習させる問題と捉えることである. そのため分類器のように, 「クラスター器」を定義する

ことが可能で，写像 $\hat{q}: \mathscr{X} \to \mathscr{C}$ で与えられる．ここで，$\mathscr{C} = \{C_1, C_2, \ldots, C_k\}$ は新しいラベルの集合である．写像の定義域はインスタンス空間全体であり，観測されていないインスタンスへの一般化が行われている．よってこれはクラスタリングを予測的 (predictive) に捉えている．一方で記述的 (descriptive) なクラスタリングにおいては，与えられたデータ $D \subseteq \mathscr{X}$ を定義域とした写像 $\hat{q}: D \to \mathscr{C}$ の学習を行う．どちらのケースにおいてもラベル自体には意味がなく，どのインスタンスが同じクラスターに属するかに意味がある．したがってクラスター器は $\hat{q} \subseteq \mathscr{X} \times \mathscr{X}$ もしくは $\hat{q} \subseteq D \times D$ の同値類 (2.1 節を参照)，あるいは，$\mathscr{X}$ もしくは D の分割として定義してもよい．

予測クラスタリングと記述クラスタリングの区別は，文献上でいつも明らかにされているわけではない．ただし，K-平均法 (詳細は第 8 章) などのアルゴリズムは予測クラスタリングである．すなわち，K-平均法は訓練データからクラスタリングモデルを学習し，その後に新しいデータをあるクラスターに割り当てる．これは我々のいうところの，タスク (任意のデータをクラスタリングすること) と学習問題 (訓練データからクラスタリングモデルを学習すること) の区別に沿っている．しかしながらこの区別は記述クラスタリングには適用できない．与えられたデータ D から学習したクラスタリングモデルは，D をクラスタリングするためだけに使われるのである．実際のところ，この場合のタスクは D に対する適切なクラスタリングを学習することになる．

追加的な情報なしには，一般にクラスタリングの良さを評価することはできない．良いクラスタリングであるかどうかは，データが緊密なグループまたはクラスターに分割されるかどうかで評価できる．ここで「緊密性」とは，同じクラスターからの 2 つのインスタンスが，異なるクラスターからのそれらよりも類似しているという意味である．よってインスタンスの任意のペアに対する類似度，非類似度または距離などが与えられていれば，緊密性すなわちクラスタリングを評価することができるのである．特徴量が実数である場合，すなわち $\mathscr{X} = \mathbb{R}^d$ である場合，最も自明な距離はユークリッド距離である．しかし，非実数特徴量に対する距離のような，ユークリッド距離以外の距離も利用可能である．距離に基づくクラスタリング法には多くの場合，任意のインスタンス集合に対する「中心点」もしくは「見本点 (exemplar)」が存在する．見本点は，その集合内の点との距離に依存する量を最小にする点として与えられる．この距離に依存する量は散乱 (散らばり; scatter) と呼ばれる．これによりクラスタリングの良さを，各クラスターの散乱の和 (クラスター内散乱; within-cluster scatter) の大きさで評価することができる．通常，クラスター内散乱は，データ全体に対する散乱よりもかなり小さくなることが望まれる．

このように，クラスタリングの問題を，クラスター内散乱を最小化する分割 $D = D_1 \uplus \ldots \uplus D_K$ を見つける問題に帰着させることができる．しかしこの方法にはいくつかの問題点もある．

3.3 教師なし学習と記述的学習

- ♣ $K = |D|$ とすると，各クラスターが D の各インスタンスを 1 つずつ含むことになり，よって散乱は 0 である．このように，自明解が存在する．
- ♣ クラスター数 K を事前に固定しても，データ数が多い場合は問題を効率的に解くことができない (NP 困難)．

最初の問題はクラスタリングにおける過適合の問題である．しかしこの問題は，大きな K に対してペナルティを課すことで解決できるだろう．一方で多くの場合，クラスター数 K は経験則に基づいて決定される．つまり K の固定は自然であるが，NP 困難の問題，すなわち，大域的最適解の計算が難題として残る．コンピュータ科学においては，NP 困難となる状況は多く，その場合は通常次のように対処される．

- ♣ 発見的アプローチによって，最良な解の代わりに「十分良い」解を見つける．
- ♣ 各インスタンスが 1 つ以上のクラスターに属してもいいように，「ソフト」クラスタリングの問題に緩和する．

K-平均法を含む多くのクラスタリングアルゴリズムは発見的である．また，ソフトクラスタリングは，期待値最大化法 (expectation-maximisation; EM，9.4 節) や行列分解法 (matrix decomposition，10.3 節) などさまざまな方法で得られる．図 3.5 では発見的アプローチとソフトクラスタリングの結果をそれぞれ示している．なお，確率推定が分類器を一般化したように，ソフトクラスタリングが分割の概念を一般化していることに注意しておく．

クラスタリングモデルの表し方は，それが予測的，記述的もしくはソフトクラスタ

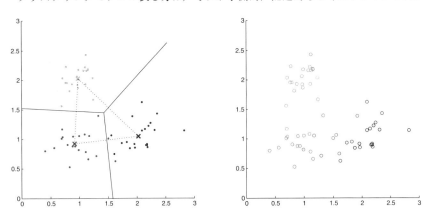

図 **3.5** *(左)* 予測クラスタリングの一例．各点は，中心がそれぞれ $(\boldsymbol{1,1}), (\boldsymbol{1,2}), (\boldsymbol{2,1})$ の 2 次元正規分布から抽出されたデータを表す．また，×印と実線はそれぞれ 3-平均法で得られた見本点とクラスター境界を表している．*(右)* 同一データに対する，行列分解法によるソフトクラスタリングの結果．[口絵 4 参照]

リングかどうかでそれぞれ異なる．n 個のデータ点を c クラスターに分ける記述クラスタリングは，ある分割行列 (partition matrix) によって表される．ここで分割行列とは，$n \times c$ の二値行列で，各行において必ず 1 つの成分は 1 である．また，各列において少なくとも 1 つの成分は 1 である．もしすべての成分が 0 の列があれば，それは空のクラスターがあるということである．また，ソフトクラスタリングは行正規化された $n \times c$ 行列で表される．予測クラスタリングはインスタンス空間全体を分割するため，このような行列表現には適さない．一般に予測クラスタリングにおけるクラスターは，中心点 (centroid) もしくは見本点 (exemplar) によって表現される．そしてクラスター境界はボロノイ図 (Voronoi diagram) と呼ばれるある直線の集合で与えられる (図 3.5 左)．より一般的には，各クラスターが確率密度で表されることも考えられる．隣接するクラスターの密度が同じ値になるところで境界を引くと，多くの場合クラスター境界は非線形となる．

例 3.9　クラスタリングの表現

図 3.5 における各クラスターの見本点は，次の $c \times 2$ 行列で表すことができる．

$$\begin{pmatrix} 0.92 & 0.93 \\ 0.98 & 2.02 \\ 2.03 & 1.04 \end{pmatrix}$$

一方，次の $n \times c$ 行列はそれぞれ，図 3.5 のデータの各点に対する記述クラスタリング (左) とソフトクラスタリング (右) を表している．

$$\begin{pmatrix} 1 & 0 & 0 \\ 0 & 1 & 0 \\ 1 & 0 & 0 \\ 0 & 0 & 1 \\ \cdots & \cdots & \cdots \end{pmatrix} \quad \begin{pmatrix} 0.40 & 0.30 & 0.30 \\ 0.40 & 0.51 & 0.09 \\ 0.44 & 0.29 & 0.27 \\ 0.35 & 0.08 & 0.57 \\ \cdots & \cdots & \cdots \end{pmatrix}$$

クラスタリングモデルの評価方法について考えよう．ラベル付きのデータがないため，分類や回帰と同じように評価することはできないが，前述のクラスター内散乱を評価指標として用いることができる．つまり予測クラスタリングに対しては，クラスター器の学習に使用しなかったテストデータでクラスター内散乱を評価できるのである．もし各インスタンスペアに対するクラスター情報があれば，別の評価もできる．

例 3.10　クラスタリングの評価

真のクラスターが $\{e1, e2\}$, $\{e3, e4, e5\}$ であるような 5 つのテストインスタンスを考える．このとき $5 \cdot 4 = 20$ 個すべてのインスタンスペアのうち，4 個が「リンク」

ペアで，他の16個が「非リンク」ペアである．いま，クラスター $\{e1, e2, e3\}, \{e4, e5\}$ の評価を考えよう．このクラスターにおいては，2つのリンクペア $(e1-e2, e4-e5)$ が実際に同じクラスターに入っており，他の2つのリンクペア $(e3-e4, e3-e5)$ が外れている．

この結果は次のように表にまとめることができる．

	予測リンクペア	予測非リンクペア	
真のリンクペア	**2**	2	4
真の非リンクペア	2	**14**	16
	4	16	20

この表は 2×2 分割表と捉えることができるため，分割表に対する評価指標が利用できる．例えば，性能の「良さ」が，対角成分の全体に占める割合 $16/20 = 0.8$ で評価できる．分類の分野ではこれを正答率と呼んでいたが，クラスタリングの分野ではランド指標 (Rand index) と呼ばれる．

一般に，非リンクペアはリンクペアよりもかなり多くなる．リンクペアの不足を補う1つの方法は，適合率と再現率の調和平均をとることである．情報検索の分野ではこれは F 値 (F-measure) と呼ばれている[*4)]．適合率は分割表の第1列から，再現率は第1行からそれぞれ計算されるため，右下のセル，すなわち正しく非リンクペアと予測された個数に影響しないのである．上の例では適合率と再現率はいずれも $2/4 = 0.5$ となり，F 値もまた 0.5 となる．したがってランド指標が良かったのは非リンクペアが原因だとわかる．

3.3.2 その他の記述モデル

本節では表 3.1 の残り2つの記述モデルを紹介する．1つは教師ありデータから学習され，もう1つは教師なしデータから学習される．

サブグループモデルはラベル付け関数の近似ではなく，母集団全体とは異なるクラス分布をもつデータ集合の特定を目指している．形式的にサブグループ (subgroup) は写像 $\hat{g}: D \to \{\text{true}, \text{false}\}$ によって定義され，さらにこれはラベル付きデータ $(x_i, l(x_i))$ から学習される．ここで $l: \mathcal{X} \to \mathcal{C}$ は真のラベル付け関数である．定義より $\hat{g}$ は集合 $G = \{x \in D \mid \hat{g}(x) = \text{true}\}$ の特性関数であることがわかる．集合 G はサブグループの外延 (extension) と呼ばれる．なお，サブグループモデルは記述モデルであるため，サブグループの定義域としてインスタンス集合全体 $\mathcal{X}$ ではなく所与のデータ D を用いたことに注意する．

[*4)] 適合率と再現率の調和平均は，$\frac{2}{1/prec + 1/rec} = \frac{2prec \cdot rec}{prec + rec}$ で与えられる．調和平均は比率の平均をとるのに適している (背景 10.1 を参照)．

例 3.11　サブグループ発見

いま，あるヒット商品の新バージョンとなる商品を売り込みたいとする．そして手元には，旧バージョンについて意見提供してくれた人々の，地域人口情報，経済・社会的情報そして，その新商品を購入したかどうかのデータベースがあるとする．もし商品を買ってくれそうな顧客を見つけるための分類器やランカーを作ったとしても，多数派クラス分類器の性能を上回ることはありそうにない．なぜなら一般的に，全体に比べるとごくわずかな人々しか商品を購入しないためである．しかし，このような売り込みにおいては，商品を買ってくれそうな顧客が大きな割合を占めるような，データベースの部分集合さえわかればよい．これがわかれば，データベース中の該当する人々にのみキャンペーンを打てばよいのである．

サブグループモデルは本質的に二値分類モデルであり，既存の二値分類器学習アルゴリズムを，全体とは異なるクラス分布をもつ部分集合を見つける目的のために転用することができる．これによりサブグループを見つけることができるが，得られるサブグループは基本的に1つに決まってしまう．サブグループ発見においてはルール学習が適している．各ルールがサブグループに対応すると見なせ，サブグループとなる候補がいくつか得られるためである．

ルール学習などによっていくつかのサブグループが得られたとして，今度はどうやってそれらを評価すればよいだろうか．この疑問は，二値分類のときのように分割表によって解決される．例えばクラス数が3の場合の分割表は次で与えられる．

	サブグループに属す	属さない	
ラベル C_1	g_1	$C_1 - g_1$	C_1
ラベル C_2	g_2	$C_2 - g_2$	C_2
ラベル C_3	g_3	$C_3 - g_3$	C_3
	$|G|$	$|D|-|G|$	$|D|$

ここで，$g_i = |\{x \in D| \hat{g}(x) = \text{true} \wedge l(x) = C_i\}|$ であり，C_i は $|\{x \in D| l(x) = C_i\}|$ の簡略表現である．この分割表に基づく評価方法はいくつか考えられる．まず1つは，第2列と第4列のクラス分布の差を測る方法である．後の例6.6で述べるが，これは結局，平均再現率を計算していることになる．別の方法としては，サブグループを決定木の分岐と見なして決定木学習 (5.1節) における分岐基準を利用することや，適合度検定における χ^2 統計量を利用することが考えられる．このように，いくつかの評価法が挙げられるが，これらの指標に共通するのは，D 全体におけるクラス分布とは異なる分布をもつサブグループで，かつサイズはより大きなものを選びやすいという点

3.3 教師なし学習と記述的学習

である．実際のところ，多くの指標はサブグループとその補集合に同じ評価を与える．そのため，サイズの大きな補集合が選ばれやすく，結果的に全データの約半分のサイズのサブグループが選ばれる．

次は，記述モデルにおける教師なし学習の例である．アソシエーションルール発見についてみてみよう．アソシエーションとはそもそも，同時に起きる状況や事象のことを意味する．例えばマーケットバスケット分析においては，よく一緒に購入される商品について関心がもたれている．この場合のアソシエーションルールの一例は ·if beer then crisps· であり，これは，ビールを購入する人はよく一緒にポテトチップスも購入するということを意味している．アソシエーションルール発見は，頻出アイテム集合 (frequent item set) と呼ばれる，よく同時に出現する特徴量を見つけることから始まる．サブグループ発見と似ているように思えるかもしれないが，頻出アイテム集合は通常，ラベルなしデータから特定される．つまりこれは教師なし学習である．アイテム集合に注目すると，特徴量の共起に関するルールを得る．このようなアソシエーションルールは，分類ルールに類似した「条件–結果ルール」となるが，結果部がクラス変数に限らず任意の特徴量 (複数でもよい) を容認するという点で異なる．ルール発見には，最初に頻出アイテム集合を見つけて，次にそれをアソシエーションルールに変えるような新しい学習アルゴリズムが必要になる．その際には，自明なルールを生成しないように複数の統計量をそのプロセスに組み込まなければならない．

例 3.12 アソシエーションルール発見

高速道路のサービスステーションでは，多くの顧客がガソリンを購入する．そのため，{newspaper, petrol} などのように多くの頻出アイテム集合がガソリンを含む．この場合のアソシエーションルールとして，·if newspaper then petrol· が考えられるかもしれないが，{petrol} がすでに頻出アイテム集合となっているため，これは予想通りのルールである．逆のルール ·if petrol then newspaper·，すなわち，ガソリンを購入した顧客の多くが新聞も購入するというルールのほうが興味深いだろう．

アソシエーションルールは，全データ集合と比較して，ルールの結果部に対して異なる分布をもつサブグループを特定しているため，サブグループ発見との類似性がみられる．だが，結果部がある特定の目的変数ではなく，ルール発見プロセスの一環として得られるという点でサブグループ発見とは異なる．なお，サブグループ発見とアソシエーションルール発見は，ルール学習の文脈で再び 6.3 節で扱われる．

3.4 二値分類を超えて：まとめと参考文献

機械学習において二値分類は重要なタスクであるが，他にも多くの関連するタスクがあり，本節ではそのいくつかを取り扱ってきた．

♣ 3.1 節においては，多クラスの分類問題について考察した．次章以降でわかるが，いくつかのモデルは多クラスの状況にごく自然に対応できる．しかしモデルが本質的に 2 クラス用 (線形モデルなど) である場合は，二値分類の問題を組み合わせてこれにアプローチしなければならない．その際には，複数の二値分類の結果を記述できる出力符号行列が有用となる．出力符号行列は，Dietterich and Bakiri (1995) によって「エラー訂正出力符号」行列という名前で提案され，Allwein et al. (2000) が発展させた．また，多クラスの場合のスコアの計算法について考え，ROC 曲線下の面積による評価法の，多クラススコアへの拡張も考察した．このような拡張の 1 つは，Hand and Till (2001) によって提案・解析された．例 3.6 でみたような多クラススコアの重み付けは Lachiche and Flach (2003) によって提案され，その有用性が Bourke et al. (2008) で示された．

♣ 3.2 節では回帰，すなわち実数値目的変数の予測を扱った．これは 18 世紀末にカール・フリードリヒ・ガウスによって研究された古典的データ解析法である．残差に対する二乗損失関数を考えるのは自然であるが，外れ値に弱いといった欠点もある．回帰の場合はグレード付けモデルを考えるのが通例であるが，インスタンス空間をいくつかのセグメントに分けて，各セグメントに単純な局所モデルを適合させることによって，グループ分けモデルの学習も可能となる．通常，与えられたデータ点に完全に一致するようにモデルを作ることができる (例えばパラメータ数が多い多項式によって) ため，過適合の問題には十分注意しなければならない．過少適合・過適合のバランスをとる問題は，バイアス–分散のジレンマと呼ばれることもあり，ダーツ盤のたとえを含むより詳細な議論は Rajnarayan and Wolpert (2010) によってなされている．

♣ 3.3 節では，教師なし学習と記述的学習について考察した．記述的学習においては，タスクと学習問題が同じになることを確認した．クラスタリングモデルには予測的なものと記述的なものがあり，前者においては教師なし学習によってクラスター構造を学習し，それを新しいデータに適用する．一方で記述クラスタリングは，手元のデータに関してのみ適用される．予測クラスタリングと記述クラスタリングの区別は，文献によっては明確にされていないこともある．ときには「予測クラスタリング」の用語が，目的変数と特徴量の同時クラスタリングを意味することもある (Blockeel et al., 1998)．

♣ 記述クラスタリングのように，アソシエーションルール発見も教師なしデータ

による記述的なタスクである．これは Agrawal et al. (1993) によって提案され，データマイニングの分野で非常に多くの関連研究が行われるようになった．サブグループ発見は，記述モデルの教師あり学習の1つであり，その目的は母集団全体とは異なるクラス分布をもつ部分集合の発見である．これは，Klösgen (1996) が最初に研究し，その後さまざまな拡張が考えられてきた．例えば Leman et al. (2008) は実数値目的変数への拡張を行っている．記述モデルの教師なし学習は非常に大きなテーマであり，Tukey (1977) がその先駆者である．

Chapter 4

概　念　学　習

　これまでの章でタスクについて学んできたが，ここからはいよいよ機械学習のモデルとアルゴリズムの説明に入る．この章と次の2つの章では，論理モデルについて学ぶ．論理モデルはグループ分けのためのモデルであり，インスタンス空間をいくつかのセグメント (segment) に分ける．その分けられたセグメントのなかではなるべく同質になるようなセグメント分けを見つけるのが，ここでのタスクの目的である．例えば，分類においては各セグメントが1つのクラスに対応するようなセグメント分けを探し，回帰では目的変数 (target variable) が少数の予測変数 (predictor variable) の関数で表現できるようなセグメント分けを探す．論理モデルは，おおまかにいって2つの種類があり，1つは木モデル (tree model) でもう1つはルールモデル (rule model) である．ルールモデルはいくつもの論理包含と if–then のルールからなり，if の部分でセグメントを決め，then の部分で各セグメントにおけるモデルの動作を決める．木モデルは if の部分が木の構造をもったルールモデルの特殊ケースである．

　この章では，木モデルやルールモデルの基礎となる論理表現や概念 (concept) の学習についての方法を学ぶ．本書では概念学習 (concept learning) において，正と負の2つのクラスに分類する場合を考えることにし，さらに，正のクラスを表す論理的な記述を構築する方法について主に扱うことにする．逆にそれらの記述を満たさないものを負のクラスに属すると考えることにする．論理モデルにおいて重要な役割を果たす汎化順序 (generality ordering) というものを注意深く扱う (汎化順序については背景 4.1 を参照のこと)．次の2つの章では，概念学習を基礎にして木モデルやルールモデルを学ぶ．これら2つのモデルを用いることで，多値分類，確率の推定，回帰，クラスタリングなどといったタスクを行うことができる．

背景 4.1　論理学の基礎

　最も基本的な論理表現は，Feature = Value のような等式か，または，特徴量が数値であれば，Feature < Value のような不等式である．これらはリテラル

(literal) と呼ばれる．連言 (conjunction; 論理積) ∧，選言 (disjunction; 論理和) ∨，否定 (negation) ¬，論理包含 (implication) → などの論理結合子 (logical connective) を使えば，より複雑なブール表現と呼ばれるものが得られる．以下の同値関係が成り立つ (左の2つはド・モルガンの法則と呼ばれる)．

$$\neg(A \land B) \equiv \neg A \lor \neg B \quad \neg\neg A \equiv A$$
$$\neg(A \lor B) \equiv \neg A \land \neg B \quad A \to B \equiv \neg A \lor B$$

インスタンス x についてブール表現 A が真であるとき，「A は x で真である」または「A は x をカバーする」という．A が真であるようなインスタンス全体の集合を A の外延 (extension) といい，$\mathscr{X}_A = \{x \in \mathscr{X} \mid A$ は x で真である $\}$ で表す．ここで，$\mathscr{X}$ はインスタンス空間を表し，論議領域 (universe of discourse) として考えられるものとする (背景 2.1 を参照のこと)．論理結合子と集合の演算には，$\mathscr{X}_{A \land B} = \mathscr{X}_A \cap \mathscr{X}_B$, $\mathscr{X}_{A \lor B} = \mathscr{X}_A \cup \mathscr{X}_B$, $\mathscr{X}_{\neg A} = \mathscr{X} \setminus \mathscr{X}_A$ のような対応関係がある．$\mathscr{X}_A \supseteq \mathscr{X}_{A'}$ のとき，「A は A' 以上に一般性が高い」という．さらに，$\mathscr{X}_A \not\subseteq \mathscr{X}_{A'}$ も成り立つとき，「A は A' よりも一般性が高い」という．この一般性を表す順序は汎化順序 (generality ordering) と呼ばれ，論理表現についての半順序 (より正確にいえば論理的同値関係 ≡ に関する同値類についての半順序) をなしている (背景 2.1 を参照のこと)．

論理学における節 (clause) とは，論理包含 $P \to Q$ であって，P がいくつかのリテラルの連言 (論理積) であり，Q がいくつかのリテラルの選言 (論理和) になっているもののことである．上に挙げた同値関係を使うと，節になっている論理包含を以下のように表現し直すこともできることがわかる．

$$(A \land B) \to (C \lor D) \equiv \neg(A \land B) \lor (C \lor D) \equiv \neg A \lor \neg B \lor C \lor D$$

つまり，節はそれらリテラルと否定の選言で表されることがわかる．任意の論理表現は節の連言で表されることが知られており，このことは連言標準形 (conjunctive normal form; CNF) と呼ばれる．また，任意の論理表現はリテラルかまたはその否定の連言の選言で表されることが知られており，このことは選言標準形 (disjunctive normal form; DNF) と呼ばれる．ルール (rule) とは $A \to B$ の B が1個のリテラルである場合であり，アメリカの論理学者 Alfred Horn にちなんで，ホーン節 (Horn clause) とも呼ばれる．

4.1 仮説空間

概念学習の最も簡単な場合として，ある概念を記述する論理表現がリテラルの連言

で表される場合を考える (論理学の用語などについては背景 4.1 を参照のこと). つまり, ここでいう概念とは論理表現のことである. 考えている対象の概念全体のことを仮説空間 (hypothesis space) という. 仮説空間に属する概念 (論理表現) のことを仮説と呼んだりもする. まず, 以下の例を考える[*1)].

例 4.1 連言概念についての学習

例えば, 海洋生物の一群に出くわしたとし, それらが 1 つの種に属していると考えられたとする. それらについて, メートル単位で測った体長 (length), エラ (gills) があるかどうか, 突き出たクチバシ (beak) があるかどうか, 多くの歯 (teeth) があるかどうかを観察した. これらの特徴量を使って, まず最初の海洋生物が以下のようなリテラルの連言の形で表されたとする.

$$\text{Length} = 3 \land \text{Gills} = \text{no} \land \text{Beak} = \text{yes} \land \text{Teeth} = \text{many}$$

次の海洋生物は, 同じ性質をもっていたが, 体長が 3 m よりもやや長かった (4 m) とする. すると, これら 2 匹に共通の性質として,

$$\text{Gills} = \text{no} \land \text{Beak} = \text{yes} \land \text{Teeth} = \text{many}$$

が得られる. 3 番めの海洋生物は, 体長は 3 m であり, エラがなく, クチバシはあるが, 歯は少なかったとする. すると, これら 3 匹に共通の性質として,

$$\text{Gills} = \text{no} \land \text{Beak} = \text{yes}$$

が得られる. その 1 群における残りのすべての海洋生物もこの連言で表される概念で真になることがわかると, 結果としてそれらの生物がイルカの 1 種だと判断する.

例 4.1 はとても単純な例であるにも関わらず, その概念全体のなす仮説空間を考えると, とても大きくなってしまう. 仮に, 体長は 3, 4, 5 m の 3 つの値をもつとすると, 他の 3 つの特徴量は各々 2 つの値をもつので, 全部で $3 \cdot 2 \cdot 2 \cdot 2 = 24$ 通りのインスタンスがあることになる. このとき, 連言概念 (conjunctive concept: 例 4.1 のように連言で表される概念) が何通りあるかというと, 連言概念のなかに現れない特徴量もありうるため, 「連言概念に現れない」という状態を各要素のとりうる値として付加することにすると, 連言概念は全部で $4 \cdot 3 \cdot 3 \cdot 3 = 108$ 通りになる. この時点ですでに大きな数に思えるかもしれないが, 可能な異なる外延の総数 (インスタンスの集合において各インスタンスを含むかどうかの総数) に至っては 2^{24} 通り, つまり, 1600 万通り以上もある. この数と連言概念の総数を比べると, ランダムにインスタンスを選ん

[*1)] www.cwtstrandings.org を参考にした.

だ集合において，それがある連言概念で表すことができないというオッズは，10万対1よりも大きくなる．図4.1はこの場合の仮説空間を表しており，より一般性の高い連言 (リテラルの連言) が上になるように配置している (背景4.1を参照のこと)．

4.1.1 最小汎化

例4.1において，どれか1つのインスタンス (1匹) だけ除けば満たされるような連言概念を残すと，32の連言概念が残る (図4.2を参照のこと)．3匹とも満たす連言概念は4つしかないが，そのなかでも最も一般性が低いもののこと (またはそれを選び出すこと) をそれらの最小汎化 (least general generalisation; LGG) と呼ぶ．LGGを求めるためのアルゴリズムがアルゴリズム4.1である．このアルゴリズム中のLGG(H,x)でアルゴリズム4.2を使うことにすると，アルゴリズム4.1は，インスタンスと現時点での仮説 (連言概念) との連言をとり続けていくという操作に相当する．また，最終的に得られる連言概念はインスタンスの順番によらない．

2つのインスタンスのLGGは，図4.1でいうと，それら2つから上へのパスのなかで一番近いところで交わる連言概念になる．LGGは一意に決まるが，このことは，図4.1のような仮説空間が束 (lattice) をなしていることによる．束とは，その任意の2つの要素が最小上界 (least upper bound; lub) と最大下界 (greatest lower bound; glb) をもつような半順序集合のことである．よって，あるインスタンスの集合のLGGは，それらのインスタンスの最小上界ということになる．また，あるインスタンスの集合のLGGは，それらのインスタンスの外延の最大下界とも考えることができる．つまり，LGGはデータから得られる概念として最も保守的なものである．

アルゴリズム 4.1 LGG-Set(D)：LGGの探索

Input: データ D．
Output: 論理表現 H．
1: $x \leftarrow D$における1個めのインスタンス;
2: $H \leftarrow x$;
3: **while** 次のインスタンスがある **do**
4:   $x \leftarrow D$における次のインスタンス;
5:   $H \leftarrow$ LGG(H,x);   //例えばLGG-ConjかLGG-Conj-ID (アルゴリズム4.2か4.3)
6: **end**
7: **return** H

アルゴリズム 4.2 LGG-Conj(x,y)：2つの連言の最小汎化を返すアルゴリズム

Input: 連言 x, y．
Output: 連言 z．
1: $z \leftarrow x$とyに共通するすべてのリテラルの連言;
2: **return** z

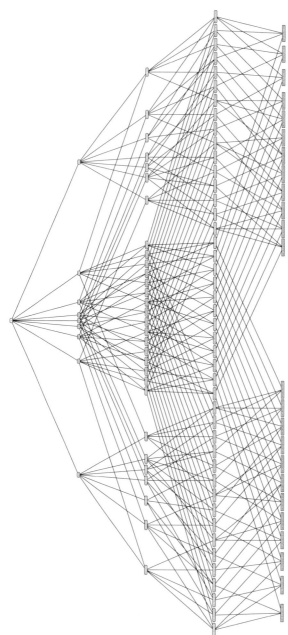

図 4.1 例 4.1 の仮説空間を表す．一番下の行の 24 個の連言概念（文字が小さすぎて見えないかもしれないが）はとりうるインスタンスに対応する．下から 2 番めの行は 44 個の連言概念からなり，それらは 3 個のリテラルからなる．上から 3 番めの行はすなわちどのインスタンスにも当てはまり，つねに真である．連言概念を結ぶ線は汎化順序を表しており，上の行のある連言概念が下のある連言概念よりも一般性が高いという関係があるときに線を引いている．

4.1 仮説空間

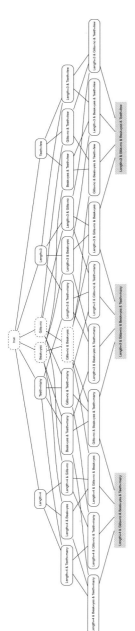

図 4.2 例 4.1 の仮説空間で，一番下の行にある 3 つのインスタンスのいずれか以上に一般的な仮説空間の部分集合を示す．すべてのインスタンスに真になるような連言概念は中央上部の破線で囲まれた 4 つで，Gills = no ∧ Beak = yes，Gills = no，Beak = yes，true である．また，LGG は Gills = no ∧ Beak = yes で，一番左と一番右のインスタンスからその概念を学習できることに注意する．

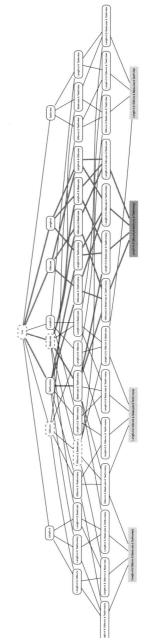

図 4.3 正例によって，正例についてのいくつかの概念が絞られていく例．太い線のパスで結ばれている概念は，負例で真になる概念であり，正例の概念からは取り除かれる．結果的に，Gills = no と Beak = yes と Gills = no という 2 つの連言概念が残る．

LGG として得られた概念 Gills = no ∧ Beak = yes よりも一般性の高い概念として，Gills = no や Beak = yes のような概念もあり，これらはイルカを適切に表す概念の候補として扱ってもいいかもしれない．しかし，空の概念 (図 4.1 の一番上の概念) については，すべての生物をイルカと判断してしまうので，これを扱ってもあまり意味はないだろう．つまり，汎化 (一般化) しすぎることが好ましくないのであって，これについては，負例を使うことができれば防ぐことができる．

例 4.2　負例を使った概念学習

例 4.1 においては以下の 3 匹のイルカ (正例) を観測した．
p1: Length = 3 ∧ Gills = no ∧ Beak = yes ∧ Teeth = many
p2: Length = 4 ∧ Gills = no ∧ Beak = yes ∧ Teeth = many
p3: Length = 3 ∧ Gills = no ∧ Beak = yes ∧ Teeth = few
次に，明らかにイルカではない負例を観測したとする．
n1: Length = 5 ∧ Gills = yes ∧ Beak = yes ∧ Teeth = many
この負例によって，Beak = yes のような概念はイルカを表すには不適当だとわかる．また，空の概念も負例を含んでしまうので，不適当であるとわかる．

上の例における，負例を扱う様子については，図 4.3 を見てほしい．負例を使うことで，Gills = no ∧ Beak = yes と Gills = no という 2 つの連言概念が残る．

4.1.2　内部選言

これまでの例から，最も一般性の高い概念をただ 1 つに決めることができた．しかし，このことは必ずしも一般には成り立たない．これまで使ってきた論理学に，内部選言 (internal disjunction) というものを付け加えた体系を考える．内部選言のアイデアはとても簡単なもので，もし 3 m のイルカと 4 m のイルカを観測したら，「体長は 3 m かまたは 4 m」という条件を概念に加える，というようなものだ．この条件を Length = [3,4] と書くことにする．ただし，内部選言は，値を 3 つ以上もつ特徴量にとって有用なものであり，例えば，Teeth = [many, few] などは，つねに真となるので無用である．

例 4.3　内部選言

例 4.1 と同じ 3 つの正例を使う．すると，内部選言を使うと，1 つめと 2 つめの正例で作られる連言概念は

Length = [3,4] ∧ Gills = no ∧ Beak = yes ∧ Teeth = many

となり，さらに 3 つめの例も加えて作られる連言概念は

$$\text{Length} = [3,4] \land \text{Gills} = \text{no} \land \text{Beak} = \text{yes}$$

となり，これは，内部選言を使ったときのLGGになる．このLGGからどの1つの条件を落としたとしても，負例が真になることはない．条件を1つだけに落とした場合を考えると，Length = [3,4] と Gills = no は大丈夫だが，Beak = yes は負例で真になってしまう．

アルゴリズム 4.3 は，内部選言を使って 2 つの連言の LGG を返すアルゴリズムである．ここで，Combine-ID(v_x, v_y) は，値の集合 v_x と v_y に対し，その和集合 $[v_x, v_y]$ を返す関数である．つまり，例えば，Combine-ID$([3,4], [4,5]) = [3,4,5]$ である．

アルゴリズム 4.3 LGG-Conj-ID(x, y)：内部選言を使って 2 つの連言の LGG を返すアルゴリズム

Input: 連言 x, y.
Output: 連言 z.
1: $z \leftarrow$ true;
2: **for** 各特徴量 f **do**
3:   **if** 「$f = v_x$ は x における連言」かつ「$f = v_y$ は y における連言」**then**
4:     f = Combine-ID(v_x, v_y) を z に加える；   // Combine-ID は本文を参照のこと
5:   **end**
6: **end**
7: **return** z

4.2 仮説空間上のパス

図 4.4 でわかるように，この場合に最も一般性の高い概念は 2 つある．ここで，LGGと最も一般性の高い概念との間に存在している概念もまた有効な概念であることがわかる．つまり，それらの概念は正例では真であり，負例では真ではない．

数学的にいえば，データに合う仮説は凸集合 (convex set) であるということである．これはつまり，その集合の 2 つの概念 A, B に対して，ある概念 C が一方 (A とする) よりも一般性が低く，もう一方 (B とする) よりも一般性が高かったとすると，概念 C もまたその集合に入っているということである．よって，有効な仮説 (概念) の集合は，その最小 (極小) と最大 (極大) の一般性をもつ概念を使って表される．これらをまとめて次のような定義をする．

定義 4.1 バージョン空間 すべての正例に対して真になるような概念を完全 (complete) という．すべての負例に対して真にならないような概念を整合的 (consistent) という．完全かつ整合的な概念のすべてからなる集合をバージョン空間 (version space) という.バージョン空間は凸であり,最小 (極小) の一般性をもつ概念と最大 (極大) の一般性をもつ概念とによって決定される.

第 2 章で紹介したカバレッジプロットと論理学における仮説空間の間の関係について説明する.1 つの正例で真になる概念から始めて,終わりは空の概念まで,概念を徐々に一般化させる方向に変化させていくとする.すると,カバレッジプロットにおいては,単一の正例に対応する点 (0, 1) から動き始め,最終的には正例も負例も真になるので一番右上の点 (*Neg*, *Pos*) に移動する.もし,正例も負例も真にならないような概念から始めれば,その場合のカバレッジプロットの点は,原点 (0, 0) から動き始めることになる.

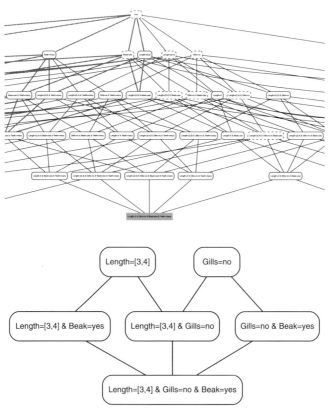

図 **4.4** (上) 特徴量の 1 つである「体長 (length)」に内部選言を使った場合の仮説空間の一部.図 4.2 や図 4.3 のときと比べて,一番下から一番上までの汎化のステップが 1 段増えている.(下) ある LGG と最も一般性の高い 2 つの概念との間の概念からなるバージョン空間.

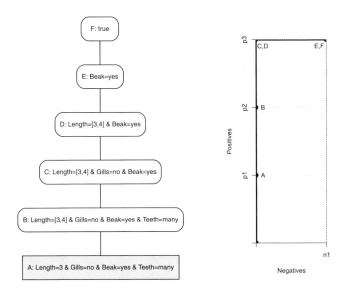

図 4.5 (左) 図 4.3 の仮説空間について，例 4.2 の 1 つの正例の概念 p1 から始めて，空の概念に至るまでのパスを考えている．A は 1 つの例で真である．B はもう 1 つの正例でも真になる．C と D はバージョン空間の要素で，3 つの正例すべてで真になる．E と F は負例でも真になってしまう．(右) 対応するカバレッジプロットが描かれている．ランキングは p1 − p2 − p3 − n1 である．

仮説空間で上の方向に向かうということは，一般性の高い方向に向かうということであり，真になる正例と負例の数は増えることはあっても減ることはない．つまり，仮説空間で上の方向に向かうパスは，カバレッジ曲線に対応している．よって，ランキングとも対応している．図 4.5 はこのことを説明する例の 1 つである．選んだパスは，数あるパスのうちの 1 つであるが，バージョン空間の要素を含むようなパスであれば，対応するカバレッジ曲線は ROC 最良点 (ROC heaven) である $(0, Pos)$ を通るので，AUC = 1 となる．つまり，このようなパスは最適である．概念学習は，仮説空間から最適なパスを探索するという作業であるとも捉えられる．

次に，正例で真になるような LGG が負例でも真になってしまう場合について考える．この場合，その LGG より一般性の高い任意の概念も整合的でなくなってしまう．対偶を考えると，任意の整合的な仮説が完全ではなくなってしまう．よって，バージョン空間はこの場合には空になってしまう．このようなデータは，連言的分離可能 (conjunctively separable) ではないという．以下の例でこのような場合をみてみる．

例 4.4 連言的分離可能ではないデータの場合

以下の 5 つの正例が観測されたとする (最初の 3 つは例 4.1 と同じである).

p1: Length = 3 ∧ Gills = no ∧ Beak = yes ∧ Teeth = many
p2: Length = 4 ∧ Gills = no ∧ Beak = yes ∧ Teeth = many
p3: Length = 3 ∧ Gills = no ∧ Beak = yes ∧ Teeth = few
p4: Length = 5 ∧ Gills = no ∧ Beak = yes ∧ Teeth = many
p5: Length = 5 ∧ Gills = no ∧ Beak = yes ∧ Teeth = few

そして, 以下の 5 つの負例が与えられたとする (最初の 1 つは例 4.2 と同じである).

n1: Length = 5 ∧ Gills = yes ∧ Beak = yes ∧ Teeth = many
n2: Length = 4 ∧ Gills = yes ∧ Beak = yes ∧ Teeth = many
n3: Length = 5 ∧ Gills = yes ∧ Beak = no ∧ Teeth = many
n4: Length = 4 ∧ Gills = yes ∧ Beak = no ∧ Teeth = many
n5: Length = 4 ∧ Gills = no ∧ Beak = yes ∧ Teeth = few

最も一般性の低い完全な概念は, 前にみたように Gills = no ∧ Beak = yes だが, これは負例 n5 でも真になってしまう. 最も一般性の高い整合的な概念については, 以下の 7 個がある. ただし, どれも完全ではない.

Length = 3　　　　　　　　(p1 と p3 が真になる)
Length = [3,5] ∧ Gills = no　(p1 以外が真になる)
Length = [3,5] ∧ Teeth = few　(p3 と p5 が真になる)
Gills = no ∧ Teeth = many　(p1 と p2 と p4 が真になる)
Gills = no ∧ Beak = no
Gills = yes ∧ Teeth = few
Beak = no ∧ Teeth = few

下の 3 つはどの正例に対しても真ではない.

4.2.1 最も一般性の高い整合的な仮説

この例からわかるように, 最も一般性の高い整合的な概念は最も一般性の低い完全な概念よりも多く見つかることが多い. そして, これらの概念を見つけるためには基本的には列挙しなくてはならない. アルゴリズム 4.4 は最も一般性の高い整合的な概念を列挙するためのアルゴリズムである. まず, MGConsistent(C, N) の引数 C としては空の概念を代入 (つまり $C = \text{true}$) すればよい. また, アルゴリズム 4.4 のなかの「C の特殊化 (specialisation)」とは, 「C よりも一般性が低いもののなかで最も一般性が高いもの」のことであり, 例えば, C に連言を 1 つ増やしたり, 内部選言の値の 1 つを削除するなどして得ることができる.

4.2 仮説空間上のパス   113

図 4.6 は，例 4.4 の仮説空間のパスと対応するカバレッジ曲線を表している．パスが 3 個の整合的な概念を通っており，これらに対応して y 軸上をカバレッジプロットの点が動く．残りの 3 個は完全であり，これらに対応してグラフの一番上の横線上をカバレッジプロットの点が動く．これらの 1 つ D は正例の LGG である．このカバレージ曲線に対応するランキングは p3 − p5 − [p1, p4] − [p2, n5] − [n1 − 4] である．このランキングで，25 のうち 0.5 だけエラーになるので，AUC = 0.98 である．2.2 節で扱った方法を使えば，ランキングから 1 つの概念を選ぶことができる．例えば，分類の正答率 (accuracy) を最適の基準としている場合に，図 4.6 において，傾き 1 の線上の点は正答率が同じなので，概念 C と D (または E) は最良の正答率を達成する．もし，正例に

アルゴリズム 4.4　MGConsistent(C,N)：最も一般性の高い整合的な概念を返すアルゴリズム

Input: 概念 C，負例 N.
Output: 概念の集合 S.
1: **if** C が N のどの例に対しても真でない **then return** $\{C\}$;
2: $S \leftarrow \emptyset$;
3: **for** C の特殊化 C' **do**
4: 　　$S \leftarrow S \cup$ MGConsistent(C',N);
5: **end**
6: **return** S

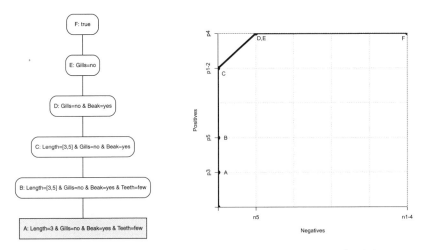

図 **4.6**　(左) 例 4.4 の仮説空間のパス．概念 A は 1 つの正例 (p3) で真であり，B はさらに p5 でも真になる．C は p4 以外で真になる．D は LGG だが負例 n5 でも真になる．E も D と同様である．(右) 対応するカバレッジ曲線が描かれている．

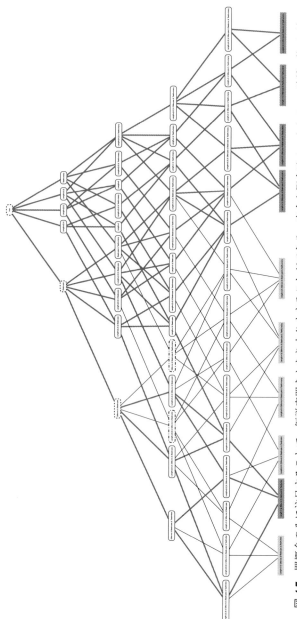

図 4.7 閉概念のみに注目することで，仮説空間をかなり小さくすることができる．完全な概念は4つから3つ（破線の枠）に減り，最も一般性の高い整合的な概念は7つから2つ（一点鎖線の枠）に減った．後者の2つは，正例のLGGに対するLGGに対する特殊化で得られる．よって，そのLGGと最も一般性の高い整合的な概念的の両方を通るパスを選択することができる．

対する性能に重きをおくのであれば，完全だが整合的ではない概念 D を選ぶ．もし，負例に対する性能に重きをおくのであれば，完全ではないが整合的な概念 C を選ぶ．

4.2.2 閉　概　念

カバレッジプロットにおいて，D と E が同じ点になっている理由を考える．D で条件 Beak = yes を削除したものが E であり，E のほうが一般性が高いが，正例と負例で真になる数は変わらない．このことは，与えられたデータにおいては，概念 E が真であれば Beak = yes も真になるという論理包含が成り立つかもしれないことを示しているとも考えられる．ある概念が，論理包含で示される条件をすべて含んでいる (論理包含について閉じている) とき，その概念のことを閉概念 (closed concept) という．例えば，D と E はすべての正例と n5 で真になり，それら 6 個の例の LGG は Gills = no $\land$ Beak = yes，つまり D である．数学的にいえば，E の閉包 (E を含む最小の閉概念) は D である．D の閉包は D それ自身である．このことは，D と E が論理的に同値だということを意味しない．$\mathscr{X}_D \subset \mathscr{X}_E$，つまり，D の外延は E の外延の真部分集合であり，$\mathscr{X}$ のなかには E では真であるが D では真でないインスタンスが存在する．しかし，訓練データのなかに D と E で真偽が異なるようなインスタンスがなければ，そのデータに関するかぎり D と E は見分けがつかない．また，図 4.7 でみるように，閉概念のみに注目することで，仮説空間をかなり小さくすることができる．

この節では，ほとんどかすべての正例に対して真になり，負例に対しては少しだけ真になるかまったく真ではないような 1 つの論理表現を学習する問題について考えてきた．そのような概念のなす仮説空間には一般性の高低で決められる順序 (汎化順序) があるが，概念学習の問題は，仮説空間上の良いパスを探す問題とも捉えることができた．そのようなパスは，カバレッジ曲線や ROC 曲線とも対応する．一方で，概念として，特徴量の値についてのリテラルからなる 1 つの連言しか使えないというのは制約が強すぎる面もある．次の節では，もう少しこの制約を緩めていく．

4.3　連言概念の拡張

4.3.1　ホーン節を用いた学習

連言標準形 (conjunctive normal form; CNF) とは，リテラルかまたはその否定の選言の連言で表される論理表現のことだった (背景 4.1 を参照のこと)．これはまた，節の連言とも同値に表されるのだった．これまでの例でみてきた連言は，リテラルの連言だったので，当然 CNF の形であるが，それらリテラルを節に置き換えるなどすれば，もっと幅広い表現ができる．これまで用いてきたリテラルの連言を拡張して，ホーン節 (論理包含 $A \to B$ で A がリテラルの連言であり B が 1 つのリテラルであるもの) の連言を用いることにし，それらに対する学習のアルゴリズムについて考えていく．記述を簡単にするために，以下ではブール特徴量に関心を絞り，特徴量 ('F'eature) に対

して，F = true ならば F とそのまま書き，F = false ならば ¬F と書くことにする．そして，以下の例では，Gills と Beak などで Gills = yes と Beak = yes を表すとする．また，ManyTeeth で Teeth = many を表すことにし，Short で Length = 3 を表す．

連言概念の学習では，正例で真でないものがあればリテラルを削り，負例で真になるものがあればリテラルを付け加えるなどして特殊化させるという方針で学習を行っていた．この方針は，リテラルがホーン節に置き換わっても有効である．正例で真にならないホーン節がある場合にはそのホーン節を削除することにする．ある正例に対してあるホーン節 $A \to B$ が真にならないということは，A は真であるが B は真ではないということである．

逆に，負例が真になってしまう場合を考える．この場合，負例を排除するために，いくつかの節を付け加える．例えば，現在の概念が以下の負例を含んでいるとする．

$$\text{ManyTeeth} \wedge \text{Gills} \wedge \text{Short} \wedge \neg \text{Beak}$$

これを排除するために，以下のホーン節を概念に付け加える．

$$\text{ManyTeeth} \wedge \text{Gills} \wedge \text{Short} \to \text{Beak}$$

他にも例えば ManyTeeth → Beak のように負例を排除する節はあるが，上に挙げた節が最も詳細 (specific) なものである．つまり，この節による修正が最も軽微な修正であり，正例を排除してしまうリスクも最も小さい．このように，最も詳細な節がただ 1 つに決まるのは，リテラルの否定が 1 つだけの場合である．次の負例を考えてみる．

$$\text{ManyTeeth} \wedge \text{Gills} \wedge \neg \text{Short} \wedge \neg \text{Beak}$$

これを排除するためには，以下の 2 つのホーン節が候補になる．

$$\text{ManyTeeth} \wedge \text{Gills} \to \text{Short}$$
$$\text{ManyTeeth} \wedge \text{Gills} \to \text{Beak}$$

いずれにしても，負例において true となるリテラルが少なければ少ないほど，負例を排除するための節は一般性が高くなっていく．

アルゴリズム 4.5 の基本的な方針は，負例を排除するための節を概念に付け加えていくというものであるが，その付け加える作業において少々工夫している．概念を無駄なく修正していくためには，負例のリスト S がなるべくコンパクトであることが望ましい．また，一般性の低い節は一般性の高い節に含まれる．つまり，一般性の高い節があれば，一般性の低い節は不要であるので，単に負例をリスト S にどんどん付け加えていくのではなくて，より少ないリテラルで true になっているものだけを探して付け加えることで無駄を省いている．これを実装するためには，まず，所属オラクル (membership oracle; Mb) と呼ばれるものが必要である．これは，任意に与えられた例 (インスタンス) が学習している概念に当てはまるかどうかを答えてくれる機能である．アルゴリズム 4.5 の 7 行めにおいて，新しい負例 x とリストにある負例 $s \in S$

4.3 連言概念の拡張

アルゴリズム 4.5 Horn(Mb, Eq)：Mb と Eq からホーン節からなる連言を学習する

Input: 所属オラクル Mb と同値オラクル Eq.
Output: ホーン節からなる連言 h で目的の式 f と同値なもの.
1: $h \leftarrow true$; //ホーン節の連言，初期値は空
2: $S \leftarrow \emptyset$; //負例のリスト，初期値は空
3: **while** $Eq(h)$ が反例 x を返す **do**
4:    **if** x が h の少なくとも 1 つの節で真でない **then** //x が偽陰性 (false negative)
5:       x が真でない節を削除して h を特殊化
6:    **else** //x が偽陽性 (false positive)
7:       負例 $s \in S$ で，(i) $z = s \cap x$ が s より少ない true をもち，かつ (ii) $Mb(z)$ が負である，という s を探す;
8:       もしそのような s が見つかれば S のなかのその s を z で置き換える．見つからなければ，x を S の最後に付け加える;
9:       $h \leftarrow true$;
10:      **for** すべての $s \in S$ **do** //h を S から再構築
11:          $p \leftarrow s$ で真になるリテラルの連言;
12:          $Q \leftarrow s$ で偽になるリテラルの集合;
13:          **for** すべての $q \in Q$ **do** $h \leftarrow h \wedge (p \rightarrow q)$; //左向きの $\leftarrow$ は論理記号ではなく代入
14:      **end**
15:    **end**
16: **end**
17: **return** h

の連言を z とし，z のリテラルで true が s よりも少なければ，今度は概念に当てはまるかどうかを所属オラクルでチェックする．アルゴリズム 4.5 では，同値オラクル (equivalence oracle; Eq) と呼ばれるものも必要である．これは，目的としている概念を正しく表す式 f と現在の概念 h が同値かどうかをチェックし，もし同値でなければ反例 (counter-example) を返す機能である．反例とは，h で真で f で偽 (真でない) になるような偽陽性 (false positive) となる例か，または，h で偽で f で真になるような偽陰性 (false negative) となる例のことである．

例 4.5 ホーン節を用いた学習

目的としている概念 f の論理表現が以下で与えられたとする．

$$(\text{ManyTeeth} \wedge \text{Short} \rightarrow \text{Beak}) \wedge (\text{ManyTeeth} \wedge \text{Gills} \rightarrow \text{Short})$$

正例が 12 個あるとし，そのうち 8 個では ManyTeeth が false であるとする．また，その他の 2 個においては ManyTeeth が true であるが Gills と Short が false であるとする．さらに残りの 2 個においては ManyTeeth と Short と Beak が true であるとする．負例は以下のとおりであるとする．

   n1: ManyTeeth $\wedge$ Gills $\wedge$ Short $\wedge$ ¬Beak

n2: ManyTeeth ∧ Gills ∧ ¬Short ∧ Beak
n3: ManyTeeth ∧ Gills ∧ ¬Short ∧ ¬Beak
n4: ManyTeeth ∧ ¬Gills ∧ Short ∧ ¬Beak

アルゴリズム 4.5 に従って学習を進めていく．S は初期値として空のリストに設定され，h は空の連言概念に設定される．次に同値オラクルを呼び出すと，h は空なので，偽陽性の反例が必ず返される．ここでは，n1 が返されたとする．S のリストにはまだ負例が 1 つもないので，その n1 を追加する (アルゴリズム 4.5 の 8 ステップめ)．これよりステップ 9 から 13 に従って概念 h を更新する．ステップ 11 において p は ManyTeeth ∧ Gills ∧ Short になる．また，ステップ 12 において Q は Beak になる．よって，h は (ManyTeeth ∧ Gills ∧ Short → Beak) というホーン節になる．ここで，h は目的としている概念 f に論理的に包含されている (f の 2 つめの節より，ManyTeeth と Gills が true であれば Short も true であるが，そのとき f の 1 つめの節より，Beak も true である)．

負例がまだ排除しきれていないので，節を追加するためのアルゴリズムのループはまだ続く．同値オラクルから返される次の反例を n2 とする．S に追加されている n1 との連言 (共通して true になっているリテラル) を考えると，n3 が得られるので，S における n1 を n3 で置き換える．この S を使って h を再構築すると，p は ManyTeeth ∧ Gills であり，Q は {Short, Beak} なので，h は (ManyTeeth ∧ Gills → Short) ∧ (ManyTeeth ∧ Gills → Beak) となる．

最後に，同値オラクルから n4 が偽陽性の反例として返ってくると，S のなかの n3 との積は，正例になるので，n4 は S に付け加えられることになる．h が S によって再構築され，h には前の 2 つのホーン節 (n3 から得られたもの) に対して以下の 2 つ (n4 による追加) も加わることになる．

(ManyTeeth ∧ Short → Gills) ∧ (ManyTeeth ∧ Short → Beak)

この付け加わった 2 つのホーン節のうち，最初の節は，偽陽性の例によって削除される．よって，最終的に以下の概念 (f と論理的に同値) が構築される．

$$(\text{ManyTeeth} \wedge \text{Gills} \rightarrow \text{Short}) \wedge$$
$$(\text{ManyTeeth} \wedge \text{Gills} \rightarrow \text{Beak}) \wedge$$
$$(\text{ManyTeeth} \wedge \text{Short} \rightarrow \text{Beak})$$

アルゴリズム 4.5 には機械学習におけるいくつかの考え方が含まれている．まず，このアルゴリズムは能動学習 (active learning) 的なアルゴリズムであり，与えられたデータから学習するというよりは，所属オラクルを用いて訓練データを自ら生成している．また，概念の論理表現を効率的に構築するために，リストに追加する負例をうまく選別している (連言をとるなどして工夫している)．すべての負例をリストにその

4.3 連言概念の拡張

まま追加してしまうと，かなり多くの節が概念に付け加わってしまう．m 個の節と n 個のブール変数 (true か false のどちらかをとる変数) からなる概念を学習するためには，$O(mn)$ 回の同値オラクルの呼び出しと，$O(m^2 n)$ 回の所属オラクルの呼び出しが必要になることが知られている．また，そのアルゴリズムの実行時間は m と n について 2 次のオーダーである．実際の問題における実行可能性はともかくとして，アルゴリズム 4.5 によるホーン節の連言概念に対する学習によって，目的の概念と同値なものを構築できることが知られている．さらに，同値オラクルが利用できない状況においても，「ほとんどの場合」において「ほとんど正しい」概念を学習することができることも知られている．これについては，4.4 節でもう少し詳しく説明する．

4.3.2 一階述語論理

リテラルの連言を用いた連言概念を拡張するもう 1 つの方法として，より表現能力の高い論理の言葉を使うという方向性もありうる．これまでに用いてきた論理表現は，命題論理的 (propositional) な表現であり，例えば，「イルカがエラをもっている」という文言を表すリテラル Gills = yes などに論理結合子 ($\wedge$, $\vee$, $\neg$, $\rightarrow$) を組み合わせることで多様な論理表現を生み出していた．これから紹介する一階述語論理 (first-order predicate logic，または first-order logic) では，さらに述語 (predicate) と名辞 (term) を用いてより複雑な論理表現を扱うことができる．例えば，一階述語論理を用いた論理表現として，BodyPart(Dolphin42, PairOf(Gill)) というものを考える．ここで，Dolphin42 は 42 番めのイルカを表す名辞で，PairOf(Gill) は PairOf という関数記号と Gill という 2 つの語からなる名辞である．BodyPart は，2 つの名辞から true または false を返す二値述語 (binary predicate) である．つまり，42 番めのイルカに一対のエラがなければ false が返される．このような述語と名辞を使う利点を以下に挙げる．

- ♣ Dolphin42 といった個々の対象を扱うことができる．
- ♣ さまざまな論理的な構造を明示的に記述しやすい．
- ♣ 論理表現のなかで変数を用いることができる．

これらの利点のなかから，とくに，変数を扱うことができるという点について考えてみる．例えば，BodyPart(Dolphin42, PairOf(Gill)) において Dolphin42 を変数 x に置き換えたうえで，$\forall$x : BodyPart(x, PairOf(Gill)) というものを考えると，これは，一対のエラをもつすべての対象からなる集合を表している．ここで $\forall$ は全称記号 (universal quantifier) と呼ばれるものであり，「すべての」を表す記号である．よって，Fish(x) を x が魚であれば true を返す二値述語であるとすると，

$$\forall x : \text{BodyPart}(x, \text{PairOf}(\text{Gill})) \rightarrow \text{Fish}(x)$$

は，「一対のエラをもつすべての対象は魚である」を表す論理表現になる．

次に，一階述語論理における汎化の操作について考えてみる．命題論理的に内

部選言を使って汎化を行う場合には，アルゴリズム 4.3 における Combine-ID などを用いていた．例えば，Length=[3,4] と Length=[4,5] の 2 つのリテラルの最小汎化 (両方を満たす最小のリテラル) を求めるためにアルゴリズム 4.3 を使って LGG-Conj-ID(Length=[3,4],Length=[4,5]) を実行すると，Length = [3,4,5] が返される．一方，一階述語論理において，例えば，BodyPart(Dolphin42, PairOf(Gill)) と BodyPart(Human123, PairOf(Leg)) の 2 つのリテラルの汎化を考えると，それは，BodyPart(x, PairOf(y)) になる．これは，true であれば「変数 y で指定される一対の何かを体の一部としてもつ対象 x」を意味している．一階述語論理において，このような最小汎化を求める帰納的な操作のことを反単一化 (anti-unification) と呼ぶ．これは，演繹的な操作である単一化 (unification) のアルゴリズムと双対の関係にある．

例 4.6 単一化と反単一化
以下の 2 つの名辞を考える．
  BodyPart(x, PairOf(Gill))：
    一対のエラを体の一部としてもつ対象に対応
  BodyPart(Dolphin42, PairOf(y))：
    42 番めのイルカが体の一部としてもっている一対の何かに対応
以下の 2 つの名辞は，それぞれ単一化と反単一化である．
  BodyPart(Dolphin42, PairOf(Gill))：
    42 番めのイルカが一対のエラをもつかどうか
  BodyPart(x, PairOf(y))：
    変数 y で指定される一対の何かを体の一部としてもつ対象 x に対応

以上より，一階述語論理では，変数を使うことで複雑な論理構造を表せることがわかる．6.4 節においては，一階述語論理を用いた分類ルールの学習について扱う．

4.4 学習可能性

この章では，リテラルの連言 (内部選言を含む) やホーン節の連言や一階述語論理など，概念学習のためのいくつかの手法を学んだ．これらの論理表現は，表現力に違いがあり，例えば，リテラルの連言は，ホーン節における条件の部分 (ホーン節の → の左側) を空にしたものの連言だと考えられるので，ホーン節を使った表現はより表現力が高いことがわかる．ただし，表現力が高い手法であるほど，学習は難しくなっていくと考えられ，このような学習可能性 (learnability) については，計算論的学習理論 (computational learning theory) という分野で研究されている．

学習可能性を考えるにあたっては，まず，学習モデル (learning model) を明確にし

4.4 学習可能性

ておく必要がある．つまり，概念学習において，何をもって学習可能であると定義するのかということである．よく使われる学習モデルとしては，PAC 学習 (probably approximately correct (PAC) learning) のモデルがある．このモデルでは，「ほとんどの場合」において，「ほとんど正しい」結果を与えてくれるときに，学習可能であるという．ここで，「ほとんど正しい」という意味は，非典型的な例についての間違いについては許容するということである．また，「ほとんどの場合」という意味は，訓練データに非典型的な例が多数含まれるといった，低い確率ではあるが起こりうることが起こった場合に，まったく適切に学習できない「失敗」の可能性も許容するということである．それぞれの例がある確率分布 F に従って発生しているとして，ある例が典型的かそうでないかは分布 F によって判断することにする．そして，分布 F に基づいて計算した誤り率 err_F を真の誤差と呼ぶ．いま，ε と δ の値を固定 (ただし $0 < \varepsilon, \delta < \frac{1}{2}$) したときに，PAC 学習のモデルにおいては，$err_F < \varepsilon$ であるような概念 (仮説) h を出力する確率が $1 - \delta$ 以上であることを学習可能性 (PAC 学習可能性) が成り立つことの条件として要求する．

PAC 学習の考え方に基づいて学習可能性について考えていく．目的としている概念が仮説空間 H のなかに含まれているとし，訓練データはその概念からノイズなしで発生しているとする．また，学習によって，訓練データに対して完全かつ整合的な概念が得られるとする．まず，この分布 F のもとで err_F が ε 以上になってしまうような「悪い」概念が仮説空間のなかに 1 つだけある場合を考えて，訓練データから悪い概念を学習してしまう確率を評価する．各訓練データに対して悪い概念が完全かつ整合的でない確率は ε 以上である (そうでなければ「悪い概念」は悪くはない)．つまり，m 個の独立な訓練データが完全かつ整合的になる確率はたかだか $(1-\varepsilon)^m$ であるが，この確率は，$1 - \varepsilon \leq e^{-\varepsilon} (0 \leq \varepsilon \leq 1)$ という公式を使うと，$(1-\varepsilon)^m \leq e^{-m\varepsilon}$ と上から抑えられる．次に，仮説空間 H のなかに悪い概念が k 個あったとする．当然，$k \leq |H|$ であるので，k 個の悪い概念のどれかが訓練データと完全かつ整合的になってしまう確率は (k 個の和事象の確率が k 個の確率の和以下になることを使って)，$k(1-\varepsilon)^m \leq |H|(1-\varepsilon)^m \leq |H|e^{-m\varepsilon}$ というように上から抑えられる．この確率が δ 以下であれば，PAC 学習可能性の要件を満たすのだが，$|H|e^{-m\varepsilon} \leq \delta$ の対数をとって整理することで

$$m \geq \frac{1}{\varepsilon}\left(\ln|H| + \ln\frac{1}{\delta}\right) \tag{4.1}$$

という式になる．訓練データの数 m をこの式を満たすようにすれば，PAC 学習可能性の要件を満たすことになる．学習可能性の要件を満たすような訓練データの数のことをサンプル複雑度 (sample complexity) といい，この式の右辺の量は完全かつ整合的な学習におけるサンプル複雑度の値の 1 つの候補となる．幸運なことに，$\frac{1}{\varepsilon}$ については線形で $\frac{1}{\delta}$ については対数線形の形になっている．つまり，失敗割合の上限 δ を小さくするのにかかる手間は，真の誤差の上限 ε を小さくするのにかかる手間よりも指数的

に楽であることを意味している．さらに，もし，1つの訓練データに対する学習にかかる計算時間が $\frac{1}{\varepsilon}$ と $\frac{1}{\delta}$ について多項式であったとすると，(4.1) 式の右辺の数だけ学習すれば PAC 学習可能性が成り立つので，PAC 学習全体における計算時間も多項式である．ただし，計算時間を実際に見積もるのはかなり難しい場合も多い．

ところで，(4.1) 式の右辺の $|H|$ は，仮説空間 H のすべてが悪い概念であるという最悪の状況に基づいた値のため，(4.1) 式はあまりにも悲観的に (緩く) 不等式を評価していることになっている．例えば，n 個のブール変数のリテラルからなる連言概念で作られる仮説空間を考えたときに，各ブール変数について true か false になるかまたはそのブール変数が連言に現れないかの 3 通りなので，仮説空間における概念の数は $|H| = 3^n$ 通りになる．よって，サンプル複雑度は $\frac{1}{\varepsilon}\left(n \ln 3 + \ln \frac{1}{\delta}\right)$ となる．ここで，$\delta = 0.05$ とし，$\varepsilon = 0.1$ と設定することにすると，サンプル複雑度はだいたい $10(n \cdot 1.1 + 3) = 11n + 30$ である．イルカの例のように $n = 4$ の場合を考えるとサンプル複雑度は 74 となるが，連言概念が異なる例は $2^4 = 16$ 通りしかないので，この場合は明らかに悲観的すぎることになる．ただし，n が増加すれば，状況は良くなっていく．さらに，PAC 学習のモデルは分布 F について何の情報もない状況で考えられているので，そのこともサンプル複雑度に基づく上限が悲観的すぎるもう 1 つの理由にもなっている．

これまでは，訓練データに対して完全かつ整合的な概念が得られることを仮定してきたが，計算量の問題や，目的としている概念が仮説空間 H のなかに含まれていない場合や，訓練データにノイズが入っている場合などを考えると，そのような仮定が成り立たないこともあるかもしれない．このような場合には，より訓練誤差が少なくなるような概念を学習することが求められる．「悪い」概念とは，その概念の真の誤差が訓練誤差より ε 以上大きくなってしまう場合であり，そのような確率は，最大でも $e^{-2m\varepsilon^2}$ で抑えられることが確率論の結果を用いた計算により知られている．その結果，訓練誤差が生じる場合には，(4.1) 式の $\frac{1}{\varepsilon}$ は $\frac{1}{2\varepsilon^2}$ に置き換わる．つまり，訓練誤差の存在が加わることによって (4.1) 式を満たす訓練データの数 m としてはより大きな値が必要になり，例えば，$\varepsilon = 0.1$ のときには，訓練誤差がない場合に比べて $\frac{1}{0.2} = 5$ 倍の量の訓練データが必要になる．

すでに述べたように，(4.1) 式の右辺の $|H|$ はやや悲観的すぎるものであった．サンプル複雑度を考える上では，実際には仮説空間の要素の数 $|H|$ を全部カウントする必要はなく，その代わりに，仮説空間に存在する概念によって可能な分類のパターンの数を考えればよい．そのような数として，Vladimir Vapnik と Alexey Chervonenkis によって考案された VC 次元 (VC-dimension) と呼ばれるものが知られている．以下の例でその基本的なアイデアを紹介する．

4.4 学習可能性

例 4.7 インスタンス集合のシャッタリング (shattering)

以下のインスタンスを考える.

$$m = \text{ManyTeeth} \land \neg\text{Gills} \land \neg\text{Short} \land \neg\text{Beak}$$
$$g = \neg\text{ManyTeeth} \land \text{Gills} \land \neg\text{Short} \land \neg\text{Beak}$$
$$s = \neg\text{ManyTeeth} \land \neg\text{Gills} \land \text{Short} \land \neg\text{Beak}$$
$$b = \neg\text{ManyTeeth} \land \neg\text{Gills} \land \neg\text{Short} \land \text{Beak}$$

集合 $\{m,g,s,b\}$ の部分集合は,全部で $2^4 = 16$ 通りあるが,その任意の部分集合を連言概念で分類できるだろうか? この場合にはそれが可能で,部分集合に含まれないインスタンスに対応するリテラル ($\neg$ が付いていないもの) に否定 $\neg$ を付けたものを,分類するための連言概念に付け加えていけばよい.例えば,$\{m,s\}$ は $\neg\text{Gills} \land \neg\text{Beak}$ で分類され,$\{g,s,b\}$ は $\neg\text{ManyTeeth}$ で分類され,$\{s\}$ は $\neg\text{ManyTeeth} \land \neg\text{Gills} \land \neg\text{Beak}$ などと分類される.よって,連言概念を用いることですべての分類が可能になっているが,このような場合のことを,集合 $\{m,g,s,b\}$ は連言概念でシャッターされている (shattered) という.

VC 次元とは,用いている仮説空間の表現力の高さを表す量であり,その仮説空間によってシャッターされる集合のうち最も多くの要素をもつ集合の要素数のことをいう.例 4.7 より,d 個のブール値のリテラルの連言概念からなる仮説空間の VC 次元は d 個であることが推察される.実際にこの VC 次元は d に等しいが,そのことを示すには $d+1$ 個の要素をもつどの集合もシャッターされないことを示す必要があり,それほど証明はやさしくはない.もう 1 つの例として,線形分類における VC 次元について考える.これは実際には $d+1$ になる.例えば,1 次元の直線上においては閾値を考えることで 2 つの点をシャッターすることはできるが,3 つの点がある場合に「真ん中の点」と「両側の 2 つの点」を閾値で分けることはできないので,VC 次元は 2 である.また 2 次元平面においては直線によって 3 つの点をシャッターすることはできるが,点が 4 つになると無理なので,VC 次元は 3 である.VC 次元を D とすると,訓練データに対して完全かつ整合的な概念が学習できる場合のサンプル複雑度の評価として以下が得られることが知られている.

$$m \geq \frac{1}{\varepsilon} \max\left(8D\log_2 \frac{13}{\varepsilon}, 4\log_2 \frac{2}{\delta}\right) \tag{4.2}$$

この式の右辺はサンプル複雑度の候補の 1 つとなるが,D について線形になっている.一方,(4.1) 式のサンプル複雑度では $|H|$ について対数のオーダーだったが,D 個の点をシャッターするには仮説空間のなかに少なくとも 2^D 個の概念が必要であり,つまり $\log_2 |H| \geq D$ となるので,この関係は自然であることがわかる.また,$\frac{1}{\delta}$ について

は線形のままである一方，$\frac{1}{\varepsilon}$ については線形項と対数の項の積の形になっている．いま，先ほどと同様に $\delta = 0.05$ と $\varepsilon = 0.1$ の場合を考えると，サンプル複雑度はだいたい $\max(562 \cdot D, 213)$ になる．

VC 次元を使うと，概念が無限個あるような仮説空間においても，VC 次元が有限でありさえすればサンプル複雑度が導ける．また，古典的な計算論的学習理論の結果として，ある学習モデルにおいて PAC 学習可能であることと VC 次元が有限であることは同値であることが知られている．

4.5 概念学習：まとめと参考文献

この章では，訓練データから論理表現を構築するための概念学習の方法について学んだ．概念学習については Bruner et al. (1956)，そして Hunt et al. (1966) などの心理学者による非常に重要な研究を受け継ぐ形で，人工知能の分野を中心として研究されてきた (Winston, 1970; Vere, 1975; Banerji, 1980 を参照)．

- ♣ 4.1 節では学習で用いるすべての概念の集合である仮説空間について考えた．各々の概念についてそれを満たすようなインスタンスの集合である外延があり，2 つの概念の間の関係は，対応する 2 つの外延の間の部分集合の関係として捉えることができる．これらの関係が生み出す半順序によって，仮説空間に束の構造が生まれ，それによって，LGG という重要な概念を考えることができた．LGG の概念は，一階述語論理についての研究において Plotkin (1971) によって定義され，さらに，LGG の操作が単一化の操作と双対であることも Plotkin によって示されている．また，内部選言を使うことでより表現豊かな仮説空間を構築することができる．Michalski (1973) などの研究以降，3 つ以上の値をもつような属性値を扱うときには内部選言を用いることはほぼ必須となっている．仮説空間などについてより詳しく知りたい場合には，Blockeel (2010a, b) などを参照してほしい．
- ♣ 4.2 節では完全かつ整合的な概念 (すべての正例と負例をカバーする概念) というものを定義した．完全かつ整合的な概念のすべてからなる集合はバージョン空間 (Mitchell, 1977) と呼ばれる．バージョン空間は，最小の一般性をもつ概念と最大の一般性をもつ概念によって決定され，それら 2 つを結ぶすべてのパスを考えることで，バージョン空間のすべての概念が得られる．そして，各々のパスはカバレッジ曲線と対応することから，概念学習とは ROC 最良点を通るようなパスを探すことであると考えられる．また，ある訓練データの集合に対しては，異なる概念が区別できないこともありうるが，そのような概念からなる集合のなかにおいて閉概念は最も詳細なものである．閉概念は，概念解析における Ganter and Wille (1999) による研究やデータマイニングにおける Pasquier et

♣ al. (1999) による研究などによって生み出された概念であり，ラベル付きデータについてもその有用性が指摘されている (Garriga et al., 2008).

♣ 4.3 節においては，Angluin et al. (1992) によって提案された，概念学習においてホーン節を利用した場合のアルゴリズムについて扱った．そのアルゴリズムでは所属オラクルが用いられており，能動学習のアイデアと通じるものがある (Cohn, 2010; Dasgupta, 2010)．ところで，ホーン節を用いた場合の概念学習は，第 6 章で学ぶルールモデルと一見すると似たところがあるが，重要な違いがある．第 6 章における分類ルールにおいては，then の部分に目的変数があるが，この章で扱ったホーン節の場合においては任意のリテラルを考えることができた．実際に，この章では目的変数は論理表現のなかでは使わなかったが，そのような設定における学習は，正例を論理表現を使って解釈していると考えられるため，解釈による学習 (learning from interpretation) と呼ばれる．一方，第 6 章におけるような分類ルールの設定における学習は，正例と負例を含意によって分類していくため，含意による学習 (learning from entailment) と呼ばれる．これらの区別については，De Raedt (1997) が詳しい．また，学習における一階述語論理については，Flach (2010a) と De Raedt (2010) なども参照されたい．

♣ 4.4 節においては，学習可能性について簡単に紹介した．この節の内容は Mitchell (1997) の第 7 章を参考にした．他にも，Zeugmann (2010) などに素晴らしい解説がある．また，PAC 学習は，Valiant (1984) において導入され，完全かつ整合的な概念の学習における (4.1) 式は，Haussler (1988) において示されている．VC 次元は，訓練誤差と真の誤差の差異を評価するために Vapnik and Chervonenkis (1971) によって導入されたものであり，これによって，(4.2) 式のサンプル複雑度の評価も可能になった (Blumer et al., 1989)．そして，Blumer et al. (1989) においては，ある学習モデルが PAC 学習可能であることと VC 次元が有限であることが同値であることも示されている．

Chapter 5

木 モ デ ル

　木モデルは機械学習のなかでも最もポピュラーなモデルに含まれる．例えば，Xboxの動作検知機器 Kinect で利用されている姿勢認識アルゴリズムの中心的なアルゴリズムとして決定木分類器が利用されている (もう少し詳しくいうと，ランダムフォレストと呼ばれる決定木のアンサンブルが用いられており，それについては第 11 章で詳しく述べている)．木モデルは表現力が豊かで理解しやすい．また，再帰的な分割統治 (divide-and-conquer) の性質をもつことから，とくにコンピュータ科学者にとって興味深い手法である．

　実は，前章で述べた論理仮説空間上のパス図は，シンプルな木の一種である．例えば，図 5.1 (左) の特徴木 (feature tree) は図 4.6 (左) のパス図と同じものである．この 2つが同じであることは，以下のようにパス図と木を最下部から上にたどっていくことでよく理解できる．

1) 特徴木の一番左の葉ノードは，パスの最下部における概念を表しており，正例を 1 つだけ含んでいる．
2) パスのその 1 つ上の概念は，内部選言 (internal disjunction) によってリテラル Length = 3 を Length = [3,5] に一般化している．つまり，追加されたカバレッジ (coverage，正例 1 つ) は特徴木の左から 2 番めの葉ノードによって表現されている．
3) 条件 Teeth = few を除外することによって，新たに別の正例を 2 つカバーすることとなる．
4) それと同時に 'Length' の条件も除外することにより (もしくは，残りの 1 つの値「4」によって内部選言を拡張することにより)，最後の正例と負例を 1 つ追加することとなる．
5) 条件 Beak = yes を除外したとしても追加でカバーされる事例は存在しない (前章の閉概念 (closed concept) の議論を思い出してほしい)．
6) 最後に，条件 Gills = no を除外することにより，残る負例 4 つがカバーされる．

仮説空間上のパスが同等な特徴木に変換されていることがわかるだろう．パスの最

5. 木 モ デ ル 127

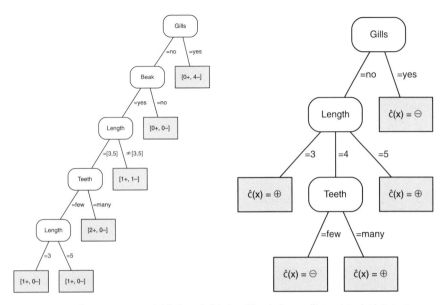

図 5.1 (左) 図 4.6 のパス図を木の形式として描いたもの．葉ノードにおけるカバレッジ数は例 4.4 のデータから得られている．(右) 同じデータから学習された決定木．この木は正例と負例を完璧に分離している．

下部から数えて i 番めの概念と同等な木を得るために，左から i 個の葉ノードをその概念を表現する 1 つの葉ノードに結合することによって，もとの木の先を切り取ることができる．または，左から i 個の葉ノードを正，残った葉ノードを負とラベル付けすることによって，特徴木を決定木 (decision tree) に変換することもできる．

3 つ以上の値をもつ特徴量に対して決定木は内部選言を利用しないが，その代わりにそれぞれの値に対して分岐を作ることができる．また決定木は葉ノードの左から右への順序に従わないラベル付けも行うことができる．そのような木が，図 5.1 (右) に示されている．この木は以下のようなさまざまな方法で論理表現に変換することができる．

$$(\text{Gills} = \text{no} \land \text{Length} = 3) \lor (\text{Gills} = \text{no} \land \text{Length} = 4 \land \text{Teeth} = \text{many})$$
$$\lor (\text{Gills} = \text{no} \land \text{Length} = 5)$$

$$\text{Gills} = \text{no} \land [\text{Length} = 3 \lor (\text{Length} = 4 \land \text{Teeth} = \text{many}) \lor \text{Length} = 5]$$

$$\neg[(\text{Gills} = \text{no} \land \text{Length} = 4 \land \text{Teeth} = \text{few}) \lor \text{Gills} = \text{yes}]$$

$$(\text{Gills} = \text{yes} \lor \text{Length} = [3, 5] \lor \text{Teeth} = \text{many}) \land \text{Gills} = \text{no}$$

1 つめの表現は選言標準形 (disjunctive normal form; DNF，背景 4.1 を参照) に含まれる．その表現は，木の最上部から正とラベル付けされた葉ノードまでのすべてのパ

スの選言を構成することによって得られ，それぞれのパスはリテラルの連言を与えている．2つめの表現は，分配法則 $(A \wedge B) \vee (A \wedge C) \equiv A \wedge (B \vee C)$ を用いて1つめの表現をシンプルにすることによって得られる．3つめの表現は，まず負のクラスを表す選言標準形を作成し，それを否定することによって得られる．4つめの表現は，ド・モルガンの法則 $\neg(A \wedge B) \equiv \neg A \vee \neg B$，$\neg(A \vee B) \equiv \neg A \wedge \neg B$ を用いて3つめの表現を CNF に変換することによって得られる．

決定木によって定義される概念と同等な論理表現は他にも多く存在する．もしかすると，決定木による概念と同等な連言概念を得ることが可能だろうか？ 興味深いことに，この疑問に対する答えは「ノー」である．連言概念を表現する決定木もあるが，多くの木は連言概念を表現することはなく，上記の木もそのうちの1つである[*1)．**決定木は連言概念よりも厳密に表現力が高い**．実際，決定木が選言標準形に対応することと，すべての論理表現が同等な選言標準形をもつことから，決定木は表現力が最も高いことが導かれる．なお，決定木が分離できない唯一のデータは，ラベル付けに一貫性がないデータ，つまり，同じインスタンスに対して異なるラベル付けがされている場合である．このことは，今回取り上げた例のような連言的に分離不可能なデータが，なぜ決定木によって分離可能であるのかということを説明している．

そのような表現力の高い仮説言語 (expressive hypothesis language) を用いることに対して，問題が生じることもある．いま，Δ をすべての正例の選言とすると，Δ は選言標準形である．定義より，Δ は明らかにすべての正例をカバーしている．実際，Δ の外延はまさに正例の集合である．言い換えると，DNF 表現の (もしくは決定木の) 仮説空間において，Δ は正例の LGG であるが，その他のインスタンスをカバーしていない．そのため，Δ は正例を越えては一般化しないが，正例を単に記憶するにすぎない．まさに過適合とはこのことである！ この議論について見方を変えると，**過適合を回避し学習を促進する1つの方法は，例えば連言概念のような制限的な仮説言語を慎重に選ぶことである**．そのような言語では，LGG 操作でさえ通常は正例を越えて一般化する．また，我々が用いている言語が正例のいかなる集合をも表現できるほど表現力が高ければ，学習アルゴリズムが事例を越えた一般化を推し進めると共に，過適合を回避する他のメカニズムを利用していることを必ず確認しなければならない．このことは学習アルゴリズムの**帰納的バイアス** (inductive bias) と呼ばれる．これまで考察してきたように，表現力の高い仮説空間上で動作するほとんどの学習アルゴリズムは，より単純な仮説の方向へと帰納的バイアスをもっている．またそれは，仮説空間を探索する方法を通して暗に生じることもあるし，目的関数において複雑さに対するペナ

[*1) もし新たな連言的特徴量 (conjunctive feature) を作るとすると，実際にこの木は連言概念 Gills = no $\wedge$ F = false として表現されるだろう．ここで，$F \equiv$ Length = 4 $\wedge$ Teeth = few が新たな連言的特徴量である．学習のなかでの新たな特徴量の作成は**構成的帰納** (constructive induction) と呼ばれ，ここで示されているように論理言語の表現力をより豊かなものとする．

ティを導入することによって陽に生じることもある．

木モデルは分類だけに限定されず，ランキングと確率推定，回帰およびクラスタリングといったほとんどすべての機械学習のタスクに対して利用される．それらすべてのモデルに共通する木構造は以下のように定義される．

> **定義 5.1 特徴木** 特徴木は各内部ノード (葉でないノード) が 1 つの特徴量でラベル付けされており，ある内部ノードから出ている枝 (edge) それぞれが 1 つのリテラルによってラベル付けされている．1 つのノードにおけるリテラルの集合は分岐条件 (もしくは単に分岐; split) と呼ばれる．木の葉ノードはそれぞれ論理式を表しており，その論理式は木の根ノードから葉ノードへのパス上に存在するリテラルの連言である．その連言の外延 (連言によってカバーされるインスタンスの集合) は，その葉ノードに関係づけられたインスタンス空間セグメント (instance space segment) と呼ばれる．

本質的に，特徴木は仮説空間における多くの連言概念を表現するためのコンパクトな方法である．そうすると学習の問題とは，考えうる概念のうち与えられたタスクを解くためにどれが最良であるかを決定することである．ルール学習器 (次章で解説する) が本質的にはこれらの概念を 1 つずつ学習するのに対して，木学習器は一度にこれらすべての概念に対してトップダウン型の検索を実行する．

アルゴリズム 5.1 はほとんどの木学習器に共通する包括的な学習手順を与えている．以下の 3 つの関数が定義されていると仮定する．

- Homogeneous(D) は，D に含まれる複数のインスタンスが単独のラベルでラベル付けされるのに十分に同質である場合「真」を返し，そうでなければ「偽」を返す．
- Label(D) は，インスタンス集合 D に対して最も適切なラベルを返す．
- BestSplit(D, F) は，木の根ノードに設定するのに最良なリテラルの集合を返す．

これらの関数の具体的な定義は取り組んでいる問題によって異なる．例えば，分類タスクについては，インスタンスが (ほとんど) ただ 1 つのクラスに属していればその集合は同質であり，最も適切なラベルとは多数派クラスであろう．クラスタリングタスクについては，インスタンスが互いに近い距離にあればその集合は同質であり，最も適切なラベルとは平均のような見本点 (exemplar) のことであろう (見本点については第 8 章でさらに解説する)．

アルゴリズム 5.1 は分割統治 (divide-and-conquer) アルゴリズムである．まずデータを部分集合に分割し，各部分集合に対して木を構築し，その部分集合に対する木を 1 つの木に結合する．分割統治アルゴリズムはコンピュータ科学において十分に試されてきた手法である．各部分集合に対する木の構築は，もとの問題と同じ形式であることから，通常は再帰的に実行される．再帰を止める方法があるかぎりは，このアルゴ

アルゴリズム 5.1　GrowTree(D,F)：訓練データから特徴木を生成する

Input: データ D, 特徴量の集合 F.
Output: ラベル付けされた葉ノードをもつ特徴木 T.
1: **if** Homogeneous(D) **then return** Label(D);　　　　//Homogeneous, Label は本文参照
2: $S \leftarrow$ BestSplit(D,F);　　　　//例えば BestSplit-Class (アルゴリズム 5.2 参照)
3: S に含まれるリテラルに従って D を部分集合 D_i に分割する;
4: **for** 各 i **do**
5: 　　**if** $D_i \neq \emptyset$ **then** $T_i \leftarrow$ GrowTree(D_i,F) **else** T_i は Label(D) でラベル付けされた葉ノード;
6: **end**
7: **return** 根ノードが S でラベル付けされ, 子が T_i である木

リズムはうまく動作し, アルゴリズムの第 1 行めで再帰が停止される. しかし, このようなアルゴリズムは貪欲 (greedy) であることに注意すべきである. つまり, (最良の分岐を選択するような) ある選択を行う際はいつでも, そのときに利用可能な情報によって最良の選択肢が決定され, この選択については決して再度検討されない. このようなアルゴリズムは準最適な選択を導く可能性がある. 別の方法としては, バックトラッキング探索 (backtracking search) アルゴリズムを利用することが考えられる. このアルゴリズムは, 計算時間と多くのメモリーが必要となるが, 最適解を与えることが可能である. しかし本書ではこの点については深くは調べないこととする.

以下本章では, 分類, ランキングと確率推定, クラスタリングおよび回帰タスクに対して, 包括的なアルゴリズム 5.1 を具体例を挙げて説明する.

5.1　決　定　木

すでに述べたように, 分類タスクに関しては, インスタンスがすべて同じクラスに属していれば同質であるという集合 D を単純に定義可能であり, Label(D) はそのクラスを返す関数として明白に定義される. ここで, アルゴリズム 5.1 の 5 行めにおいて, D_i のうちの 1 つが空の場合, 同質でないインスタンスの集合と共に関数 Label(D) が呼び出される可能性があることに注意してほしい. よって, Label(D) はより一般的には, D 内のインスタンスにおける多数派クラスを返すものとして定義できる[*2]. このことより, あとは関数 BestSplit(D,F) をどのように定義すればよいかを考えればよい.

さしあたってブール型の特徴量を扱うと仮定しよう. すなわち, D は D_1 と D_2 の 2 つに分割されるとする. また, 2 つのクラスがあると仮定し, 正例, 負例の集合をそれぞれ $D^\oplus$, $D^\ominus$ と表す (各部分集合に対しては $D_1^\oplus$ などと表す). ここで, 事例を正と負に分割することに関して, ある特徴量の効用をどのように評価すればよいかとい

[*2] もし最大のクラスが 2 個以上存在した場合, 通常は一様な確率に基づいて, それらのうちから任意に 1 つを選択する.

うことが問題となる．明らかに，最良の状況というのは，$D_1^\oplus = D^\oplus$ かつ $D_1^\ominus = \emptyset$ の場合か，もしくは $D_1^\oplus = \emptyset$ かつ $D_1^\ominus = D^\ominus$ の場合である．この状況では，分岐の2つの子ノードは純粋 (pure) であるといわれる．よって，$n^\oplus$ 個の正例と $n^\ominus$ 個の負例からなる集合の不純度 (impurity) を測る必要がある．ここで，我々が遵守すべき重要な原則は，不純度は $n^\oplus$ と $n^\ominus$ の相対度数にのみ依存すべきで，それぞれの度数に同じ値を掛けた場合には変化すべきでないということである．このことは逆にいうと不純度は割合 $\dot{p} = n^\oplus / (n^\oplus + n^\ominus)$ に基づいて定義されることを意味しており，その割合とは2.2節から正のクラスの経験確率 (empirical probability) として思い出されるだろう．さらに述べると，正と負のクラスを交換したとしても不純度は変化すべきではない．つまり，$\dot{p}$ を $1 - \dot{p}$ で置き換えた場合でも不純度は同じ値をとるべきである．また，$\dot{p} = 0$ もしくは $\dot{p} = 1$ の場合はつねに 0 の値をとり，$\dot{p} = \frac{1}{2}$ の場合に最大値をもつような関数が望ましい．以下の3つの関数はその必要条件を満たす．

- 少数派クラス $\min(\dot{p}, 1 - \dot{p})$：葉ノードが多数派クラスによってラベル付けされる場合，この指標は誤分類された事例の割合を測っていることから，誤り率 (error rate) と呼ばれることもある．つまり，事例の集合が純粋であればあるほど，誤りが生じにくくなるのである．この不純度は $1/2 - |\dot{p} - 1/2|$ とも書ける．
- ジニ・インデックス $2\dot{p}(1 - \dot{p})$：葉ノード内の事例を，確率 $\dot{p}$ で正，確率 $1 - \dot{p}$ で負とランダムにラベル付けした場合の期待誤差を表す．このとき，偽陽性の確率は $\dot{p}(1 - \dot{p})$ で偽陰性の確率は $(1 - \dot{p})\dot{p}$ である[*3]．
- エントロピー $-\dot{p}\log_2 \dot{p} - (1 - \dot{p})\log_2(1 - \dot{p})$：ランダムに抽出された事例のクラスを誰かから告げられることによってもたらされる，ビット単位での期待情報量を表す．事例の集合が純粋であればあるほど，この伝言がより予測精度の高いものとなり，期待情報量は少なくなる．

これらの3つの不純度尺度をプロットしたものを図 5.2 (左) に示した．なお，すべての尺度が $(0.5, 0.5)$ で最大値をとるように，いくつかの尺度については縮尺を変更している．ここで4つめの不純度尺度を追加している．ジニ・インデックスの平方根 $\sqrt{\text{Gini}}$ は後述するように他の尺度よりも良い性質をもっている．葉ノード D_j の不純度を $\text{Imp}(D_j)$ と表すことにすると，相互に背反な葉ノードの集合 $D_1, \ldots, D_l$ の不純度は以下の重み付き平均として定義される．

$$\text{Imp}(\{D_1, \ldots, D_l\}) = \sum_{j=1}^{l} \frac{|D_j|}{|D|} \text{Imp}(D_j) \tag{5.1}$$

[*3] 'Gini index' を Wikipedia で調べると Gini coefficient について述べられているページを見つけた．Gini coefficient とは機械学習の文脈では，AUC を区間 $[-1, 1]$ の範囲の値をとるように線形変換した値を意味する．これは全く異なる概念であり，Gini index と Gini coefficient の唯一の共通点は両方ともがイタリアの統計学者 Corrado Gini によって提案されたということである．この2つの単語については混同されることがあることに注意されたい．

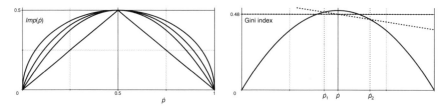

図 5.2 (左) 正のクラスの経験確率に対してプロットされた不純度関数．下から，少数派クラスの相対的な大きさ $\min(\dot{p}, 1-\dot{p})$；ジニ・インデックス $2\dot{p}(1-\dot{p})$；エントロピー $-\dot{p}\log_2\dot{p} - (1-\dot{p})\log_2(1-\dot{p})$ (他の指標と同じ点で最大値をとるために 2 で割られている)；(尺度を調節された) ジニ・インデックスの平方根 $\sqrt{\dot{p}(1-\dot{p})}$．ここで，この最後の関数は半円を描いていることがわかる．(右) ある分岐 (例 5.1 から Teeth = [many, few]) の不純度の決定に対する幾何的な構成方法．$\dot{p}$ は親ノードの経験確率で $\dot{p}_1$ と $\dot{p}_2$ はその子ノードの経験確率である．

ここで，$D = D_1 \cup \cdots \cup D_l$ である．図 5.2 (右) に示しているように，二分岐の場合は，親ノードと子ノードの経験確率が与えられたもとで，$\mathrm{Imp}(\{D_1, D_2\})$ を見つけるための幾何的な構成方法として素晴らしいものがある．

1) まずは不純度曲線上の 2 つの不純度の値 $\mathrm{Imp}(D_1)$, $\mathrm{Imp}(D_2)$ を見つける (ここではジニ・インデックスを考える)．
2) 次に，2 つの値の重み付き平均は必ずその 2 点を結ぶ直線上にあることから，この 2 つの不純度を直線によって結ぶ．
3) 親ノードの経験確率もまた，同じ重みを用いた子ノードの経験確率の重み付き平均である (つまり，$\dot{p} = \frac{|D_1|}{|D|}\dot{p}_1 + \frac{|D_2|}{|D|}\dot{p}_2$．なお，この導出は (5.2) 式で与えられる) ことから，$\dot{p}$ によって正しい補間点が得られる．

この構成方法は，図 5.2 (左) で示されているどの不純度尺度であってもうまく機能する．なお，もし親ノードのクラス分布がかなり偏っている場合には，両方の子ノードの経験確率は $\dot{p} = 0.5$ の垂直線からみて左か右に位置することとなる．少数派クラス不純度尺度の場合を除いて，このことは問題とならない．というのも，この幾何的な構成方法は，すべてのそのような分岐が同じ重み付き平均不純度をもっているとして評価されることを明確に表しているからである．このことから，少数派クラス不純度尺度を用いることはあまりすすめられない．

例 5.1 不純度の計算

例 4.4 のデータについて再度考えてみよう．決定木の根ノードに設定するための最良の特徴量を見つけたいとする．利用できる 4 つの特徴量はそれぞれ以下のような分岐となる．

$$\text{Length} = [3, 4, 5] \qquad [2+, 0-][1+, 3-][2+, 2-]$$
$$\text{Gills} = [\text{yes}, \text{no}] \qquad [0+, 4-][5+, 1-]$$
$$\text{Beak} = [\text{yes}, \text{no}] \qquad [5+, 3-][0+, 2-]$$
$$\text{Teeth} = [\text{many}, \text{few}] \qquad [3+, 4-][2+, 1-]$$

まず最初の特徴量の分岐について不純度を計算してみよう．ここでは3つのセグメントがある．最初のものは純粋 (pure) であり，エントロピーは0である．2つめのセグメントのエントロピーは $-(1/4)\log_2(1/4) - (3/4)\log_2(3/4) = 0.5 + 0.31 = 0.81$ である．3つめのセグメントのエントロピーは1である．よって，エントロピーの合計はこれらの重み付き平均であるので，$2/10 \cdot 0 + 4/10 \cdot 0.81 + 4/10 \cdot 1 = 0.72$ となる．

他の3つの特徴量についても同様の計算によって以下のようにエントロピーが計算される．

$$\text{Gills} \quad \frac{4}{10} \cdot 0 + \frac{6}{10} \cdot \left(-\frac{5}{6}\log_2\frac{5}{6} - \frac{1}{6}\log_2\frac{1}{6} \right) = 0.39$$

$$\text{Beak} \quad \frac{8}{10} \cdot \left(-\frac{5}{8}\log_2\frac{5}{8} - \frac{3}{8}\log_2\frac{3}{8} \right) + \frac{2}{10} \cdot 0 = 0.76$$

$$\text{Teeth} \quad \frac{7}{10} \cdot \left(-\frac{3}{7}\log_2\frac{3}{7} - \frac{4}{7}\log_2\frac{4}{7} \right)$$
$$+ \frac{3}{10} \cdot \left(-\frac{2}{3}\log_2\frac{2}{3} - \frac{1}{3}\log_2\frac{1}{3} \right) = 0.97$$

このことから，'Gills' が分割に用いるためのきわめて良い特徴量であることは明らかである．また，'Teeth' は最も悪い特徴量であり，他の2つは最良と最悪の間である．

ジニ・インデックスについての計算は以下のようになる (なお，値は0から0.5の範囲をとることに注意)．

$$\text{Length} \quad \frac{2}{10} \cdot 2 \cdot \left(\frac{2}{2} \cdot \frac{0}{2} \right) + \frac{4}{10} \cdot 2 \cdot \left(\frac{1}{4} \cdot \frac{3}{4} \right) + \frac{4}{10} \cdot 2 \cdot \left(\frac{2}{4} \cdot \frac{2}{4} \right) = 0.35$$

$$\text{Gills} \quad \frac{4}{10} \cdot 0 + \frac{6}{10} \cdot 2 \cdot \left(\frac{5}{6} \cdot \frac{1}{6} \right) = 0.17$$

$$\text{Beak} \quad \frac{8}{10} \cdot 2 \cdot \left(\frac{5}{8} \cdot \frac{3}{8} \right) + \frac{2}{10} \cdot 0 = 0.38$$

$$\text{Teeth} \quad \frac{7}{10} \cdot 2 \cdot \left(\frac{3}{7} \cdot \frac{4}{7} \right) + \frac{3}{10} \cdot 2 \cdot \left(\frac{2}{3} \cdot \frac{1}{3} \right) = 0.48$$

期待通り，2つの不純度尺度はほとんど評価が一致している．最後の 'Teeth' に関する計算の幾何的な説明については図 5.2 (右) を参照してほしい．

これらの不純度尺度の $k > 2$ クラスの場合への適用は，一対他 (one-versus-rest) 方式でクラスごとの不純度を合計することによって実行される．とくに，k クラスエントロピーは $\sum_{i=1}^{k} -\dot{p}_i \log_2 \dot{p}_i$ によって定義され，k クラスジニ・インデックスは $\sum_{i=1}^{k} \dot{p}_i(1-\dot{p}_i)$ によって定義される．親ノード D を葉ノード $D_1,\ldots,D_l$ に分割することに対する，ある特徴量の質を評価するにあたって，慣習的に純度 (purity) の増加量 $\mathrm{Imp}(D) - \mathrm{Imp}(\{D_1,\ldots,D_l\})$ を確認する．純度がエントロピーによって測定されている場合，この値は情報獲得量 (information gain) 分割基準と呼ばれ，その特徴量を含めることによって得られるクラスについての情報の増加量を測定している．しかし，アルゴリズム 5.1 では同じ親ノードをもつ分岐を比較するだけであることから，親ノードの不純度を無視し，その子ノードの最小の重み付き平均不純度を与える特徴量を探索できる (アルゴリズム 5.2)．

以上で決定木学習アルゴリズムが事例を挙げて完全に説明されたので，我々のイルカのデータについてどのような木が学習されるのかを確認してみよう．上記ですでに木の根ノードで分岐するのに最良の特徴量は 'Gills' であることを述べた．条件 Gills = yes によってラベルが負の純粋な葉ノード [0+,4−] と大部分が正である子ノード [5+,1−] が得られる．次の分岐において，'Beak' は不純度を減少させないことから，'Length' と 'Teeth' のどちらかを選ぶことになる．'Length' は [2+,0−][1+,1−][2+,0−] の分岐となり，'Teeth' は [3+,0−][2+,1−] の分岐となる．ここで，エントロピーとジニ・インデックスの両方が後者よりも前者のほうが純粋であることを示している．よって，残る 1 つの不純なノードの分割のための特徴量として 'Teeth' を用いることとなる．結果として得られる木は図 5.1 にすでに示されており，図 5.3 (左) において再度提示されている．こうしてようやくはじめての決定木を構成できたのだ！

この木はインスタンス空間の分割を表現しているため，訓練データに含まれていなかった 14 インスタンスについてもクラスの割り当てを行っている．このことから木は訓練データを一般化しているといえるのである．葉ノード C では 3 つの特徴量の値を規定しておらず，合計で $3 \cdot 2 \cdot 2 = 12$ 個の値の組み合わせが考えられる．これらのう

アルゴリズム 5.2 BestSplit-Class(D,F)：決定木のための最良の分岐を探索する

Input: データ D，特徴量の集合 F．
Output: 分割するための特徴量 f．
1: $I_{\min} \leftarrow 1$;
2: **for** 各 $f \in F$ **do**
3:      f の値 v_j に基づいて D を部分集合 $D_1,\ldots,D_l$ に分割する;
4:      **if** $\mathrm{Imp}(\{D_1,\ldots,D_l\}) < I_{\min}$ **then**
5:          $I_{\min} \leftarrow \mathrm{Imp}(\{D_1,\ldots,D_l\})$;
6:          $f_{\mathrm{best}} \leftarrow f$;
7:      **end**
8: **end**
9: **return** f_{best}

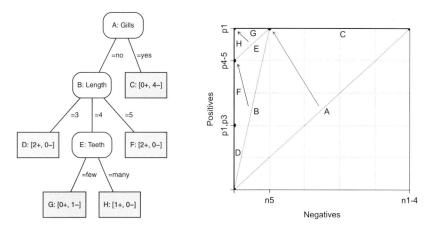

図 5.3 (左) 例 4.4 のデータから学習された決定木．(右) 木の内部ノードと葉ノードのそれぞれがカバレッジ空間の線分に対応している．純粋な正のノードには垂直な線分が，純粋な負のノードには水平な線分が，不純なノードには斜めの線分が対応する．

ち 4 つは訓練事例として与えられているので，葉ノード C は 8 つのラベル付けされていないインスタンスをカバーしており，それらを負と分類している．同様に，葉ノード D によって 2 つのラベル付けされていないインスタンスが正と分類されており，葉ノード F でさらに 2 つが正と分類されている．葉ノード G では 1 つが負と分類され，葉ノード H で残る 1 つが正と分類されている．よって，ラベル付けされていないインスタンスが正 (5 つ) よりも多く負 (9 つ) と分類されているという事実は，葉ノード C によるところが多い．つまり，葉ノード C は木の最も高い部分に位置していることから，多くのインスタンスをカバーしているためである．5 つの負例のうち 4 つがエラ (gill) をもっているという事実は，このデータで発見された最も強い規則であるといえるだろう．

また，カバレッジ空間においてこの木の構成の跡を追ってみることにも価値がある (図 5.3 右)．内部ノードであれ葉ノードであれ，木のすべてのノードは，ある数の正例と負例をカバーしているため，カバレッジ空間において線分としてプロットされる．例えば，木の根ノードはすべての正例とすべての負例をカバーしており，そのために，右上がりの対角線 A によって表現される．ここで，1 つめの分岐を加えると線分 B と線分 C に置き換えられる．線分 B は不純なノードであるため斜めの線分で表示され，線分 C は純粋なノードでありこれ以上は分割されない．線分 B はさらに D (純粋で正)，E (不純)，F (純粋で正) に分割される．最終的に，E が 2 つの純粋なノードに分割される．

分割統治的な方法により右上がりの対角線から「それ自身を引っ張り上げる」決定木

カバレッジ曲線の構成という考え方は魅力的である．しかし残念なことに一般的には正しくない．カバレッジ曲線の線分の順序は葉ノードにおけるクラス分布に完全に依存しており，木構造に直接負うところはない．このことをもっとよく理解するために，これから木モデルがどのようにランカー (ranker) や確率推定器 (probability estimator) に変えられるかを考えてみたいと思う．

5.2 ランキング木と確率推定木

5.2.1 ランキング木と確率推定木

決定木のようなグループ分け分類器 (grouping classifier) は，インスタンス空間をセグメントに分割し，それから，セグメントの順序を学習することによって，ランカーに変更される．いくつかの他のグループ分けモデルとは違って，決定木はセグメントや葉ノードの局所的なクラス分布にアクセスしており，クラス分布は，訓練データにおいて最適な葉ノードの順序を構成するために直接用いられる．例えば，図 5.3 において，この順序というのは，[D–F]–H–G–C であり，最適なランキングとなっている (AUC = 1)．その順序は単純に経験確率 $\dot{p}$ によって得られる．なお，順序がタイとなる場合は，より多くの正例をカバーしている葉ノードを優先して順序付けすることとする[*4)]．ではなぜこの順序が最適なのだろうか？　まず，経験確率 $\dot{p}$ をもつカバレッジ曲線の線分の傾きは $\dot{p}/(1-\dot{p})$ である．そして，$\dot{p} \mapsto \frac{\dot{p}}{1-\dot{p}}$ は単調変換である (もし $\dot{p} > \dot{p}'$ ならば $\frac{\dot{p}}{1-\dot{p}} > \frac{\dot{p}'}{1-\dot{p}'}$) から，線分を経験確率が増加しないように並べ替えることによって，傾きの大きさが増加しないように線分を並べ替えることになるので，得られる曲線は上に凸となる．これは重要なポイントであるからもう一度述べておくが，**決定木の葉ノードでの経験確率から得られるランキングにより，訓練データの上に凸な ROC 曲線を得ることができる**．後に本書で述べるように，ルールリスト (6.1 節) を含むいくつかの他のグループ分けモデルでもこの性質をもつものは存在するが，グレード付けモデル (grading model) でこのような性質をもつものは存在しない．

すでに述べたように，線分の順序は木構造からは導かれない．その原因は，ある分岐の親ノードがもつ経験確率がわかっていたとしても，このことが子ノードの経験確率に対して何の制約も与えないことにある．例えば，$[n^{\oplus}, n^{\ominus}]$ を親ノードのクラス分布とし ($n = n^{\oplus} + n^{\ominus}$)，$[n_1^{\oplus}, n_1^{\ominus}]$，$[n_2^{\oplus}, n_2^{\ominus}]$ を子ノードのクラス分布とする ($n_1 = n_1^{\oplus} + n_1^{\ominus}$, $n_2 = n_2^{\oplus} + n_2^{\ominus}$). すると，以下の結果を得る．

[*4)] カバーしている正例の数からある小さな値 $\varepsilon \ll 1$ を引いておくことによってもタイを壊すことは可能である．なお，このようにタイを壊したとしてもカバレッジ曲線の形を変えることはなく，その意味で本質的なことではない．また，ラプラス補正を用いれば，サイズの大きな葉ノードを優先することでタイを壊せるが，ラプラス補正は単調変換でないためカバレッジ曲線の形を変えてしまう恐れがある．

$$\dot{p} = \frac{n^{\oplus}}{n} = \frac{n_1}{n}\frac{n_1^{\oplus}}{n_1} + \frac{n_2}{n}\frac{n_2^{\oplus}}{n_2} = \frac{n_1}{n}\dot{p}_1 + \frac{n_2}{n}\dot{p}_2 \qquad (5.2)$$

言い換えると，親ノードの経験確率は子ノードの経験確率の重み付き平均なのである．しかし，このことからわかるのは，単に $\dot{p}_1 \leq \dot{p} \leq \dot{p}_2$ もしくは $\dot{p}_2 \leq \dot{p} \leq \dot{p}_1$ ということだけである．カバレッジ曲線のなかでの親ノードの線分の場所がわかっていたとしても，その子ノードがもっと前やもっと後の順序をもつ可能性もある．

例 5.2　木の育成

図 5.4 (上) の木について考えてみよう．各ノードはカバーしている正例と負例の数によってラベル付けされている．よって，例えば，その木の根ノードは全体のクラス分布 (正例 50，負例 100) でラベル付けされており，自明なランキング [50+, 100−] をもつとする．対応する 1 つの線分だけからなるカバレッジ曲線は右上がりの対角線となる (図 5.4 下)．分岐 (1) を追加することによって，このランキングは [30+, 35−][20+, 65−] へと純化され，2 つの線分からなる曲線ができあがる．さらに分岐 (2) と (3) を追加することによって，その親ノードに対応する線分が子ノードに対応する 2 つの線分に分割される．しかし，その完全な木から得られるランキングは [15+, 3−][29+, 10−][5+, 62−][1+, 25−] となり，その葉ノードを左から右に眺めた場合の順序とは異なったものとなる．このことから，カバレッジ曲線の線分を並べ替える必要があり，並べ替えによって図中の最も高い位置にある実線の曲線が得られるのである．

よって，決定木に分岐を追加することは，カバレッジ曲線の観点からは以下の 2 つのステップからなる行為と解釈できる．

- ♣ 該当する曲線の線分を 2 つもしくは 3 つ以上の線分に分割する．
- ♣ 線分の傾きの大きさについて降順になるように，線分を並べ替える．

決定木の育成に関する全行程はこれら 2 つのステップの繰り返しであると解釈できる．もしくは，一連の分割ステップの後に全体の並べ替えを 1 回だけ行う方法とも考えられる．この最後のステップによって，(訓練データに対して) カバレッジ曲線が上に凸であることが保証されるのである．

与えられた木によって構成されうるすべてのランキングを検討してみることによって，さらにこの分析を推し進めてみることは有益である．そのための 1 つの方法として，その木をクラスラベルをもたない特徴木と考え，もし各葉ノードでカバーされる正例と負例の数が与えられた場合，その木をラベル付けするための方法はいったい何通りあるのかということと，そのラベル付けの性能はどの程度であるかといったことを考えてみてほしい．一般に，特徴木が l 個の葉ノードをもち c 個のクラスが存在す

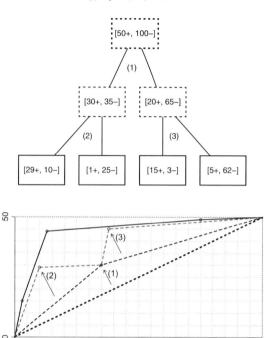

図 5.4 (上) 各ノードでカバーされている正例と負例の数を示したある木の抽象的表現．示されている順番で木に二分岐が追加されている．(下) 木に 1 つの分岐を追加することにより，矢印で示されているようにカバレッジ曲線に新たな線分を追加することとなる．分岐が追加されると，線分は整理のし直しを必要とするかもしれず，そのため黒色の線だけが実際のカバレッジ曲線を示している．

る場合，葉ノードをクラスでラベル付けするための場合の数は c^l である．図 5.4 の例であれば，$2^4 = 16$ となる．図 5.5 はカバレッジ空間でのこれら 16 個のラベル付けを示している．おそらく想定されたように，図では多くの対称性が見受けられる．例えば，ラベル付けはペアで生じている (例えば，$+-+-$ と $-+-+$)．そして，それらペアは図中の反対側の場所で生じている (ここで「反対側」が意味するところが把握できるだろうか?)．左下の角にある $----$ からスタートして，各葉ノードを何らかの順序に基づいて $+$ に変更していくことでランキングを得る．例えば，最適なカバレッジ曲線は順序 $----, --+-, +-+-, +-++, ++++$ によって得られる．l 個の葉ノードをもつ木に対しては，$l!$ 個の葉ノードの順列が考えられるので $l!$ 個のカバレッジ曲線が考えられる (先の例では 24 個である)．

もし木モデルの本質的な部分を示す図を 1 つ選ぶとすれば，それは図 5.5 になるだ

5.2 ランキング木と確率推定木　　　　　　　　　　　　　　　139

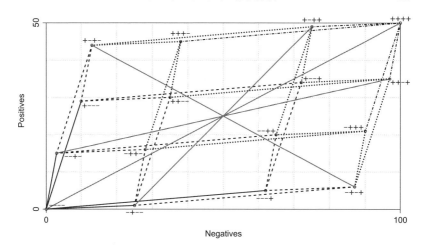

図 5.5 図 5.4 の 4 つの葉ノードからなる決定木で得られる可能性のあるすべてのラベル付けとランキングの図による表現．葉ノードのラベル付けとして $2^4 = 16$ の可能性がある．例えば，「+−+−」は左から 1 つめと 3 つめの葉ノードを + に，2 つめと 4 つめを − にラベル付けすることを意味している．また，あるペアごとの対称性が示されている (薄い線)．例えば +−+− と −+−+ はそれぞれ一方の裏返しになっており，結局そのプロットの反対側の端となることがわかる．これらの点を通る実線−破線−点線−一点鎖線の $4! = 24$ のパスが考えられ，それらは −−−− から始まってある順序で各葉ノードを + に切り替える．これらは可能性のあるすべての 4 つの線分からなるカバレッジ曲線もしくはランキングを表現している．

ろう．図中では，ラベル付けされていない特徴木の葉ノードにおけるクラス分布が，まったく同一の木を決定木やランキング木，確率推定木に変化させるのに利用されるということが可視化されている．

- ♣ 特徴木をランカーに変化させるためには，経験確率が増加しないように特徴木の葉ノードの並べ替えを行う．得られる順序は訓練データにおいて最適であることが証明できる．
- ♣ 特徴木を確率推定器に変化させるためには，各葉ノードにおける経験確率を推定し，サイズの小さな葉ノードに対してより頑健な推定量を与えるためにラプラス平滑化や M 推定平滑化 (m-estimate smoothing) を利用する．
- ♣ 特徴木を分類器に変化させるためには，動作条件 (operating condition) を選択しその条件のもとで最適な動作点を見つける．

最後の手順は 2.2 節で説明されていた．最後の手順についてここで具体例を用いて説明してみよう．いま，訓練データ集合のクラス比 $clr = 50/100$ が代表的であると仮

定する．ここで 5 つのラベル付けから 1 つ選ぶが，その選択は偽陽性にかかるコストに対する偽陰性にかかる期待コスト比 $c = c_{\mathrm{FN}}/c_{\mathrm{FP}}$ に左右されるとする．

+ − + −　$c = 1$ のとき，もしくはより一般的に $\frac{10}{29} < c < \frac{62}{5}$ のとき，このラベル付けが選択される．

+ − + +　$\frac{62}{5} < c < \frac{25}{1}$ のとき選択される．

+ + + +　$\frac{25}{1} < c$ のとき選択される．つまり，偽陰性にかかるコストが偽陽性にかかるコストよりも 25 倍以上多い場合，つねに正と判断する．というのも，2 番めの葉ノードで正と予測したとしてもコストが減少するからである．

− − + −　$\frac{3}{15} < c < \frac{10}{29}$ のとき選択される．

− − − −　$c < \frac{3}{15}$ のとき選択される．つまり，偽陽性にかかるコストが偽陰性にかかるコストよりも 5 倍多い場合，つねに負と判断する．というのも，3 番めの葉ノードで負と推定したとしてもコストが減少するからである．

これらの選択のうち 1 つめは多数派クラスによるラベル付けに対応している．多数派クラスラベル付けは決定木の最も標準的な処置として推奨されているものであり，本書でもアルゴリズム 5.1 のなかで関数 Label(*D*) について議論した際に推奨していた．実際に多くの場合において，多数派クラスラベル付けは最も有用な手段である．しかし，そのようなラベル付けを行う際に用いている仮定について意識しておくことは重要である．その仮定とは，訓練データ集合のクラスの分布が代表的であり，コストが一様であるというものである．もしくは，より一般的にいうと，期待コスト比と期待クラス比の積が訓練データ集合で観測されたクラス比に等しいことを仮定している (このことは実は，期待クラス比を反映するために訓練データ集合を操作するのに有用な手段を示唆している．つまり，期待クラス比 c を模倣するために，$c > 1$ の場合は訓練データ集合から正例を c 倍多くサンプリングし，$c < 1$ の場合は負例を $1/c$ 倍多くサンプリングする．この手段については以下で再度検討する).

クラス分布が代表的であり偽陰性 (例えば，患者の病気を診断しそこねること) にかかるコストが偽陽性にかかるコストの約 20 倍多いとする．たったいま考察したように，これらの動作条件のもとで最適なラベル付けは + − + + であり，負例を取り除くためには 2 つめの葉ノードだけを利用することを意味している．言い換えると，右の 2 つの葉ノードは 1 つの葉ノード (つまり，それらの親ノード) に結合される．もっと正確に述べると，ある部分木におけるすべての葉ノードを結合するという操作は部分木の枝刈り (pruning) と呼ばれる．枝刈りの手順を図 5.6 に示している．枝刈りの利点は，選択された動作点に影響を与えることなく木をシンプルにできる点であり，誰か他の人に木モデルを伝える際には有用なことがある．欠点は，図 5.6 (下) に示されているように，ランキングの性能を失ってしまうという点である．それゆえに，(i) 木を分類のためだけに使用してランキングや確率推定に利用しない場合や，(ii) 十分正確に期待される動作条件を定義できる，といった場合を除いて，枝刈りはすすめられない．決定

5.2 ランキング木と確率推定木

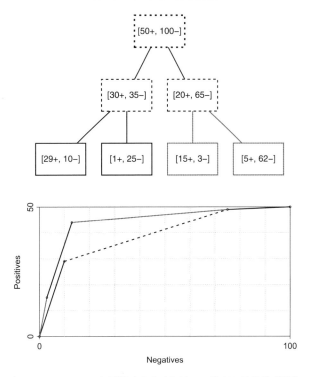

図 5.6 (上) ラベル +−++ に到達するためには，一番右の分岐は必要ないため刈り取られる．(下) 枝刈りは選択された動作点に影響を与えないが，木のランキングの性能を低下させる．

木の枝刈りのためのよく用いられるアルゴリズムとして縮小誤差枝刈り (reduced-error pruning) があり，アルゴリズム 5.3 で与えられている．そのアルゴリズムでは，枝刈りが訓練データ上での正答率 (accuracy) を決して改善しないため，訓練の際に参照しなかったラベル付けされたデータの別の枝刈り集合 (pruning set) を使用する．しかし，もし木の単純さがまったく問題でないのであれば，全体の木をそのままにしておくことと，葉ノードのラベル付けだけを考慮して動作点を選択することをおすすめする．このことは検証用のデータセット (hold-out data set) を使うことによっても同様に行うことができる．

アルゴリズム 5.3 PruneTree(T,D)：決定木の縮小誤差枝刈り

Input: 決定木 T, ラベル付けされたデータ D.
Output: 枝刈りされた木 T'.
1: **for** T のすべての内部ノード N について，最下部から開始する **do**
2:     $T_N \leftarrow N$ を根ノードにもつ T の部分木；
3:     $D_N \leftarrow \{x \in D \mid x$ は N にカバーされている $\}$；
4:     **if** D_N 上での T_N の正答率が D_N 上での多数派クラスの場合よりも悪い **then**
5:         T 内で T_N を D_N 上での多数派クラスでラベル付けされた葉ノードによって置き換える；
6:     **end**
7: **end**
8: **return** T の枝刈りされたバージョン

5.2.2 偏りのあるクラス分布に対する感度

訓練データ集合が正しい動作条件を反映するようにする1つの方法は，モデルの展開において正例や負例の複製を作成して，訓練データ集合のクラス比を期待コスト比と期待クラス比の積に等しくすることであると，いましがた述べた．実際上このことが，カバレッジ空間を表している矩形のアスペクト比(長辺と短辺の比)を効果的に変化させる．この方法の良いところは，発見的な探索や評価の尺度を妨げる必要なしに，どのようなモデルに対してもそのまま適用可能な点にある．悪いところは，訓練時間を増加させる点である．それに加えて，学習されているモデルに対して実際には効果がない可能性がある．この点について例を用いて説明しよう．

例 5.3 分割基準のコスト感度

正例が 10 と負例が 10 あり，2種類の分岐 [8+,2−][2+,8−] と [10+,6−][0+,4−] から選択する必要があるとしよう．順当に両方の分岐についてエントロピーの重み付き平均を計算し，1つめの分岐のほうが良いと結論づける．念のためにジニ・インデックスの平均も計算してみると，再度1つめの分岐のほうが良かった．そのとき，あなたはジニ・インデックスの平方根のほうが良い不純度尺度であると以前誰かが述べていたのを思い出し，同様にジニ・インデックスの平方根でも試してみることにする．そしてなんと，2つめの分岐が支持されたではないか！ 結局どうすればよいだろうか？

そのとき，あなたは正例を誤分類することには負例を誤分類するよりも約 10 倍コストがかかることを思い出す．そうするとその計算を解決する方法がまったくわからないので，単純にすべての正例のコピーを 10 ずつ作成することに決める．そうすると，分岐は [80+,2−][20+,8−] と [100+,6−][0+,4−] となる．3つの分割基準を再度計算してみると今度は3つの基準がすべて2つめの分岐を支持してい

る．この結果について若干困惑しているものの，いまや 3 つの基準がその提案において満場一致であるので 2 つめの分岐を結果として受け入れることとする．

この例ではいったい何が起きているのだろうか？ まずは正例のサイズを膨らませた状況について考えてみよう．2 つめの分岐については子ノードのうちの 1 つが純粋で，もう片方の子ノードも同様にかなり良い ([80+, 2−] ほどではないが) ことから，2 つめの分岐がここでは好ましいことは直感的には明らかだろう．しかし，もし正例の数が 10 分の 1 しかなかった場合は，少なくともエントロピーとジニ・インデックスの結果に従うのであればこの状況は変わってくる．先ほど導入した表記を用いると，これは次のように理解できる．親ノードのジニ・インデックスは $2\frac{n^\oplus}{n}\frac{n^\ominus}{n}$ で，子ノードのうちの 1 つの重み付きジニ・インデックスは $\frac{n_1}{n}2\frac{n_1^\oplus}{n_1}\frac{n_1^\ominus}{n_1}$ である．よって，その子ノードの重み付き不純度の親ノードの不純度に対する比は $\frac{n_1^\oplus n_1^\ominus / n_1}{n^\oplus n^\ominus / n}$ となる．この値を相対不純度 (relative impurity) と呼ぼう．$\sqrt{\text{Gini}}$ についても同様の計算を行うと，以下の結果を得る．

- ♣ 親ノードの不純度：$\sqrt{\frac{n^\oplus}{n}\frac{n^\ominus}{n}}$
- ♣ 子ノードの重み付き不純度：$\frac{n_1}{n}\sqrt{\frac{n_1^\oplus}{n_1}\frac{n_1^\ominus}{n_1}}$
- ♣ 相対不純度：$\sqrt{\frac{n_1^\oplus}{n^\oplus}\frac{n_1^\ominus}{n^\ominus}}$

重要なポイントは，正例を含んでいるすべての数に因子 c を乗じても，この最後の比の値は変化しないという点である．つまり，$\sqrt{\text{Gini}}$ は相対不純度を最小にするようにデザインされており，クラス分布の変化に対して反応しない．一方，ジニ・インデックスに対する相対不純度は比 $\frac{n_1}{n}$ を含んでおり，その比は正例の数を増やした場合，値が変化する．エントロピーについてもジニ・インデックスと同様のことが生じる．結果として，これら 2 つの分割基準は，より多くの事例をカバーしている子ノードを重要視する．

このことは，図で説明したほうがわかりやすいだろう．正答率や平均再現率がカバレッジや ROC 空間におけるアイソメトリックをもつように，分割基準もアイソメトリックをもっている．分割基準の非線形な性質から，これらアイソメトリックは直線ではなく曲がった線となる．分岐の質を変えることなく左と右の子ノードを取り替えることが可能であるため，アイソメトリックは対角線のどちら側でも生じる．不純度の地形とは上から見下ろした山のようであると想像するかもしれない．そこでは頂上は右上がりの対角線に沿った尾根であり，子ノードが親ノードと同じ不純度をもつ分岐を表している．この山は両側に向かって傾斜しており，不純度が 0 となる場所なの

で ROC 最良点 (ROC heaven) とその反対側の ROC 最悪点 (ROC hell) の点においてグラウンドレベルに到達する．アイソメトリックはこの山の等高線であり，一定の高度の場所が線で描かれている．

図 5.7 (左) を考えてみよう．例 5.3 (の正例を膨らませる前の状態) ではどちらか一方を選択する必要があった 2 つの分岐が，この図では点で示されている．図の左上に 6 つのアイソメトリック (2 つの分岐 × 3 つの分割基準) が描かれている．個々の分割基準は，2 つの分岐のうちで最も高い (ROC 最良点に最も近い) アイソメトリックをもつ分岐のほうを選択している．3 つの基準のうち $\sqrt{\text{Gini}}$ だけが右上に位置する分岐を選択しているのがわかるだろう．図 5.7 (右) では正例を 10 倍した場合にこれがどのように変わるかが例示されている (ここではカバレッジプロットがページからはみ出てしまうため，クラス分布がどのように変化しているかをグリッドが示している ROC 空間にこれをプロットしている)．エントロピーとジニ・インデックスの「山」が時計回りに回転している (エントロピーと比べてジニ・インデックスのほうが大きく動いている) 一方で，$\sqrt{\text{Gini}}$ の山はまったく動いていないことから，いまや 3 つのすべての分割基準が右上の分岐を選択している．

ほとんどすべての利用可能な木モデルの学習パッケージで行っているように，エントロピーやジニ・インデックスを不純度として用いて決定木や確率推定木を学習する場合，もし過剰サンプリングによってクラス分布が変化した場合には得られるモデルも変化するが，$\sqrt{\text{Gini}}$ を用いる場合は毎回同じ木を作成できるということが，以上の議論の結論である．より一般的に述べると，エントロピーとジニ・インデックスはク

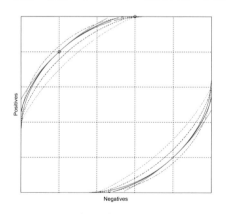
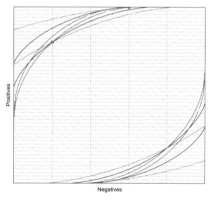

図 **5.7** (左) 分岐 [8+, 2−][2+, 8−] (実線) と [10+, 6−][0+, 4−] (点線) 上でのエントロピー (青)，ジニ・インデックス (紫)，$\sqrt{\text{Gini}}$ (赤) に対する ROC アイソメトリック．$\sqrt{\text{Gini}}$ だけが 2 つめの分岐を選択している．(右) 10 倍に正例を膨らませた後の同じアイソメトリック．すべての分割基準がいまや 2 つめの分岐を選択している．$\sqrt{\text{Gini}}$ アイソメトリックのみ動いていない．[口絵 5 参照]

ラス分布の変動に影響を受けやすいが，$\sqrt{\text{Gini}}$ は影響を受けない．それではどの基準を選ぶべきだろうか？多数派クラスによるラベル付けと枝刈りの説明で述べたことの繰り返しとなるが，訓練データ集合の動作条件が代表的でないかぎりは，$\sqrt{\text{Gini}}$ のような分布に影響されにくい不純度尺度の利用をおすすめする[*5]．

　これまでの木モデルに関する議論をまとめたいと思う．もしあなたが，与えられたデータセットからどのように決定木を訓練しますかと私に尋ねたとしよう．私がとる手順のリストは以下のようになる．

1) 何よりもまず，うまくランキングできることを重視するだろう．というのも，良いランカーからは良い分類や確率推定を行えるが，その逆は必ずしも成り立たないからである．
2) よって，$\sqrt{\text{Gini}}$ のような分布に影響されにくい不純度尺度を利用しようとするだろう．もしそれが利用可能でなくコードを書き換えることができない場合，バランスの良いクラス分布を得るために少数派クラスを過剰サンプリングしてみるだろう．
3) 枝刈りは止めて，ラプラス修正 (もしくは M 推定) によって確率推定値の平滑化を行うだろう．
4) いったん展開動作条件がわかってしまえば，これらを用いて ROC 曲線上の最良の動作点 (つまり，予測確率の閾値や木のラベル付け) を選択するだろう．
5) (任意で) 最終的に，すべての葉ノードが同じラベルをもつような部分木を枝刈りで消去する．

　これまでの議論では主として二値分類タスクに焦点を当ててきたが，他のグループ分けモデルと同様に，決定木は問題なく 3 クラス以上の場合も扱えることに留意すべきである．すでに述べたように，多クラスの不純度尺度は各クラスに対して一対他の方法で計算した不純度を単純に足し上げている．このリストのなかで 3 クラス以上の場合に完全に自明というわけではない唯一の手順は，ステップ 4 である．この場合，3.1 節で簡単に説明したように各クラスに対する重みを学習するか，ステップ 4 とステップ 5 を一緒にして縮小誤差枝刈りに頼ることになる (アルゴリズム 5.3)．なお，縮小誤差枝刈りは使用しているソフトウェアパッケージにおいてすでに実装されているかもしれない．

[*5] 実は，エントロピーやジニ・インデックスのような尺度を分布に影響されにくくすることもかなり簡単であることに留意すべきである．本質的には，観測されたクラス比が $clr \neq 1$ である場合に，正例の全例数かもしくは正例の経験確率を clr で割ることによって相殺するという要素が含まれていればよい．

5.3 分散縮小としての木学習

次に決定木をどのように回帰タスクやクラスタリングタスクに適用するか考えてみよう．これは驚くほどダイレクトであることがわかるだろう．そこでは，以下のようなアイデアに基づいて適用される．前の節では葉ノードの2クラスジニ・インデックス $2\dot{p}(1-\dot{p})$ を，葉ノードに含まれるインスタンスをランダムにラベル付けした場合の期待誤差として定義した (確率 $\dot{p}$ で正，$1-\dot{p}$ で負とラベル付けする)．このことは，事例を分類するために，確率 $\dot{p}$ で表が出るようなコインを用いてコイン投げを行うこととして思い描ける．これを表が出た場合1，裏が出た場合0の値をもつ確率変数として表現すると，この確率変数の期待値は $\dot{p}$ で分散は $\dot{p}(1-\dot{p})$ である (この点について確認したいならウェブ上で「ベルヌーイ試行」を調べてほしい)．このことから，分散項としてのジニ・インデックスの別の解釈が得られる．つまり，葉ノードが純粋になればなるほど，コインの偏りは大きくなり，分散は小さくなる．k クラス問題の場合，各クラスについて一対他の確率変数の分散を単純に合計することとなる[*6)]．

もっと具体的に述べると，経験確率 $\dot{p}_1$, $\dot{p}_2$ によって n 例を n_1 例と $n_2 = n - n_1$ 例の2つに分割するとしよう．すると，ジニ・インデックスを用いたこれらの子ノードの重み付き平均不純度は以下のようになる．

$$\frac{n_1}{n}2\dot{p}_1(1-\dot{p}_1) + \frac{n_2}{n}2\dot{p}_2(1-\dot{p}_2) = 2\left(\frac{n_1}{n}\sigma_1^2 + \frac{n_2}{n}\sigma_2^2\right)$$

ここで，σ_j^2 は成功確率 $\dot{p}_j$ のベルヌーイ分布の分散である．よって，重み付き平均ジニ・インデックスの最小値を与える分岐を見つけることは，分散の重み付き平均を最小化することに等しく (係数2はすべての分岐に共通であるから省略してもかまわない)，決定木を学習することは各セグメントのもつ分散が小さくなるようにインスタンス空間を分割することにほかならない．

背景5.1 分散に関するまとめ

実数の集合 $X \subseteq \mathbb{R}$ に対する分散 (variance) は，平均値からの平均二乗誤差として定義される．

$$\mathrm{Var}(X) = \frac{1}{|X|}\sum_{x \in X}(x-\bar{x})^2$$

ここで，$\bar{x} = \frac{1}{|X|}\sum_{x \in X} x$ は X の平均値である．$(x-\bar{x})^2 = x^2 - 2\bar{x}x + \bar{x}^2$ であるから，分散は以下のように表される．

[*6)] この方法では一対他の確率変数が無相関であることを暗に仮定しているが，厳密には成り立たない．

$$\text{Var}(X) = \frac{1}{|X|}\left(\sum_{x \in X} x^2 - 2\bar{x}\sum_{x \in X} x + \sum_{x \in X}\bar{x}^2\right)$$
$$= \frac{1}{|X|}\left(\sum_{x \in X} x^2 - 2\bar{x}|X|\bar{x} + |X|\bar{x}^2\right) \quad (5.3)$$
$$= \frac{1}{|X|}\sum_{x \in X} x^2 - \bar{x}^2$$

つまり,分散とは2乗の平均と平均の2乗の差であることがわかる.

他の値 $x' \in \mathbb{R}$ からの平均二乗誤差を考えてみると有益なことがあり,上記と同様に以下のように展開される.

$$\frac{1}{|X|}\sum_{x \in X}(x-x')^2 = \frac{1}{|X|}\left(\sum_{x \in X}x^2 - 2x'|X|\bar{x} + |X|x'^2\right) = \text{Var}(X) + (x'-\bar{x})^2$$

最後の等式は,(5.3) 式から $\frac{1}{|X|}\sum_{x \in X}x^2 = \text{Var}(X) + \bar{x}^2$ が得られることから導かれる.

別の有用な性質として,X の任意の2つの要素間の平均二乗誤差は分散を2倍したものとなることが挙げられる.

$$\frac{1}{|X|^2}\sum_{x' \in X}\sum_{x \in X}(x-x')^2 = \frac{1}{|X|}\sum_{x' \in X}(\text{Var}(X) + (x'-\bar{x})^2)$$
$$= \text{Var}(X) + \frac{1}{|X|}\sum_{x' \in X}(x'-\bar{x})^2$$
$$= 2\text{Var}(X)$$

$X \subseteq \mathbb{R}^d$ が d 個の実数値からなるベクトルの集合であれば,d 個の各座標に対して分散 $\text{Var}_i(X)$ を定義できる.そうすると,分散の和 $\sum_{i=1}^d \text{Var}_i(X)$ を,集合 X 上のベクトルと平均ベクトル $\bar{\mathbf{x}} = \frac{1}{|X|}\sum_{\mathbf{x} \in X}\mathbf{x}$ との平均二乗ユークリッド距離として解釈できる.

($\frac{1}{|X|-1}\sum_{x \in X}(x-\bar{x})^2$ と定義された標本分散を目にすることがあるが,それは $\text{Var}(X)$ よりも少しだけ大きな値をとる.X がある母集団からのランダムサンプルである場合の母集団分散を推定しているのであれば上記のバージョンが生じてくる.標本平均と母集団平均の差が原因となり,$|X|$ で正規化すると母集団分散を過小推定してしまうのである.ここでは,得られた値 X の散らばり具合の評価に関心があるだけで,ある未知の母集団については関心がないので,この問題については無視することとする.)

5.3.1 回 帰 木

回帰問題では,目的変数は二値ではなく連続であり,その場合,目的変数の値の集

合 Y の分散を平均値からの平均二乗誤差として定義できる.

$$\text{Var}(Y) = \frac{1}{|Y|} \sum_{y \in Y} (y - \bar{y})^2$$

ただし, $\bar{y} = \frac{1}{|Y|} \sum_{y \in Y} y$ は Y に含まれる目的変数の値の平均値である. 分散のいくつかの有用な性質については背景 5.1 を参照してほしい. ある分岐で目的変数の値の集合 Y が互いに排反な集合 $\{Y_1, \ldots, Y_l\}$ に分割される場合, 分散の重み付き平均は以下のようになる[*7].

$$\begin{aligned}\text{Var}(\{Y_1, \ldots, Y_l\}) &= \sum_{j=1}^{l} \frac{|Y_j|}{|Y|} \text{Var}(Y_j) = \sum_{j=1}^{l} \frac{|Y_j|}{|Y|} \left(\frac{1}{|Y_j|} \sum_{y \in Y_j} y^2 - \bar{y}_j^2 \right) \\ &= \frac{1}{|Y|} \sum_{y \in Y} y^2 - \sum_{j=1}^{l} \frac{|Y_j|}{|Y|} \bar{y}_j^2 \end{aligned} \quad (5.4)$$

そして, 回帰木学習アルゴリズムを構成するために, アルゴリズム 5.2 において不純度尺度 Imp を関数 Var によって置き換える. ここで, $\frac{1}{|Y|} \sum_{y \in Y} y^2$ は集合 Y が与えられたもとでは一定であるから, 親ノードが与えられたもとでの可能性のあるすべての分岐上での分散の最小化は, 各分岐の子ノードでの二乗平均の重み付き平均の最大化に等しい. 関数 Label(Y) は同様に Y の平均値を返す関数として適用され, 関数 Homogeneous(Y) は, Y での目的変数の値の分散が 0 であれば (もしくはある閾値を下回れば) 真を返す.

例 5.4　回帰木の学習

あなたが年代物のハモンド・トーンホイールオルガンのコレクターだとしよう. あなたはインターネットオークションのサイトを観察しており, 興味のある取引に関するいくつかのデータが得られているとする.

#	Model	Condition	Leslie	Price
1.	B3	excellent (最高に良い)	no	4513
2.	T202	fair (まあまあ良い)	yes	625
3.	A100	good (良い)	no	1051
4.	T202	good (良い)	no	270
5.	M102	good (良い)	yes	870
6.	A100	excellent (最高に良い)	no	1770
7.	T202	fair (まあまあ良い)	no	99
8.	A100	good (良い)	yes	1900
9.	E112	fair (まあまあ良い)	no	77

次に購入する際の妥当な価格を決める助けとするために, このデータから回帰木を作成したい.

[*7] [訳注: $\bar{y}_j$ は Y_j の標本平均.]

5.3 分散縮小としての木学習

3つの特徴量があるので，以下の3つの分岐が考えられる．

Model = [A100, B3, E112, M102, T202]
[1051, 1770, 1900][4513][77][870][99, 270, 625]

Condition = [excellent, good, fair]
[1770, 4513][270, 870, 1051, 1900][77, 99, 625]

Leslie = [yes, no]
[625, 870, 1900][77, 99, 270, 1051, 1770, 4513]

最初の分岐の平均値はそれぞれ 1574, 4513, 77, 870, 331 であり，二乗平均の重み付き平均は $3.21 \cdot 10^6$ である．2番めの分岐の平均値は 3142, 1023, 267 で，二乗平均の重み付き平均は $2.68 \cdot 10^6$ である．3番めの分岐の平均値は 1132, 1297 で，二乗平均の重み付き平均は $1.55 \cdot 10^6$ となる．よって，木の根ノードでは，最も値の大きな特徴量 'Model' について分岐を作成する．そうすると，A100 と T202 のインスタンスがそれぞれ3つずつ含まれる葉ノードに加えて，単独のインスタンスからなる葉ノードが3つ生じる．

A100 モデルについて，以下の分岐を得る．

Condition = [excellent, good, fair]　　[1770][1051, 1900][ ]
Leslie = [yes, no]　　[1900][1051, 1770]

計算するまでもなく2つめの分岐のほうが分散が小さくなることが見てとれる (空の子ノードに対しては慣習的にその分散は親ノードの分散に等しいとする)．T202 モデルについては以下の分岐が考えられる．

Condition = [excellent, good, fair]　　[ ][270][99, 625]
Leslie = [yes, no]　　[625][99, 270]

こちらでも 'Leslie' の分岐がよりタイトな値のクラスターを与えることがわかる．学習された回帰木は図 5.8 のようになる．

回帰木はつねに過適合を疑われる．例えば，各ハモンドモデルにちょうど1事例ずつのデータがある場合，'Model' で分岐することによって，子ノードの分散の平均を0に減少させる．実際，例 5.4 のデータは疎らすぎて良い回帰木を学習できない．さらにいうと，枝刈り用のデータセットをあらかじめとっておき，縮小誤差枝刈りを適用して，枝刈り集合上の分散の平均が部分木を含めた場合よりも含めない場合のほうが小さくなれば，その部分木を枝刈りしてしまうことは良い考えである (アルゴリズム 5.3 を参照)．また，1つの葉ノード内で一定値を予測することはかなりシンプルな方

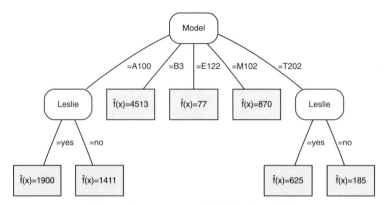

図 **5.8** 例 5.4 のデータから学習された回帰木

法であり，いわゆるモデル木 (model tree) を学習するための方法が存在することに留意すべきである．なお，モデル木とは葉ノード内で線形回帰モデルをもつ木のことである (線形回帰は第 7 章で説明される)．その場合，分割基準は単純に分散に基づくというよりも，目的変数と説明変数との相関に基づくだろう．

5.3.2 クラスタリング木

ここで取り上げた単純な回帰木は，クラスタリング木の学習方法についても示唆を与えている．回帰は教師あり学習問題であるがクラスタリングは教師なし学習問題であることから，これはいくらか驚くべきことである．回帰木はセグメント内で目的変数の値が平均値の周りにしっかりと集まっているようなインスタンス空間セグメントを見つける，ということが重要な洞察である．実際，目的変数の値の集合の分散は，単純に (1 変量の) 平均値からの平均二乗ユークリッド距離である．すぐ考えられる一般化は目的変数の値のベクトルを用いることであり，数学的にはほとんど変化がない．さらに一般化して，任意の 2 つのインスタンス $x, x' \in \mathscr{X}$ の距離もしくは非類似度 (dissimilarity) を測る抽象的な関数 $\mathrm{Dis}: \mathscr{X} \times \mathscr{X} \to \mathbb{R}$ を導入しよう ($\mathrm{Dis}(x,x')$ が大きければ大きいほど，x と x' は似ていないことを意味している)．すると，インスタンスの集合 D のクラスター非類似度 (cluster dissimilarity) は次のように計算される．

$$\mathrm{Dis}(D) = \frac{1}{|D|^2} \sum_{x \in D} \sum_{x' \in D} \mathrm{Dis}(x,x') \tag{5.5}$$

よって，ある分岐におけるすべての子ノード上のクラスター非類似度の重み付き平均は分岐非類似度 (split dissimilarity) を与える．分岐非類似度は GrowTree アルゴリズム (アルゴリズム 5.1) のなかの $\mathrm{BestSplit}(D,F)$ に情報を与えるのに利用される．

例 5.5　非類似度行列に基づくクラスタリング木の学習

例 5.4 で用いたインターネットオークションサイトの 9 個の取引の評価の際に, 最低競売価格や入札回数といったいくつかの追加の特徴量を用いることで (これらの特徴量はいまは気にしないが例 5.6 で示される), 以下の非類似度行列が得られたとしよう.

$$\begin{pmatrix} 0 & 11 & 6 & 13 & 10 & 3 & 13 & 3 & 12 \\ 11 & \mathbf{0} & 1 & \mathbf{1} & 1 & 3 & \mathbf{0} & 4 & 0 \\ 6 & 1 & \mathbf{0} & 2 & 1 & \mathit{1} & 2 & \mathit{2} & 1 \\ 13 & \mathbf{1} & 2 & 0 & 0 & 4 & 0 & 4 & 0 \\ 10 & 1 & 1 & 0 & 0 & 3 & 0 & 2 & 0 \\ 3 & 3 & \mathit{1} & 4 & 3 & \mathbf{0} & 4 & \mathit{1} & 3 \\ 13 & \mathbf{0} & 2 & 0 & 0 & 4 & 0 & 4 & 0 \\ 3 & 4 & \mathbf{2} & 4 & 2 & \mathit{1} & 4 & 0 & 4 \\ 12 & 0 & 1 & 0 & 0 & 3 & 0 & 4 & 0 \end{pmatrix}$$

この行列からは例えば 1 つめの取引は他の 8 つの取引とかなり異なっていることがわかる. 9 個の取引すべてのペアごとの非類似度の平均は 2.94 である.

例 5.4 と同じ特徴量を用いると, 3 つの考えられる分岐は以下のようになる (今回は価格ではなく取引番号を表示している).

Model = [A100, B3, E112, M102, T202]　　[3,6,8][1][9][5][2,4,7]

Condition = [excellent, good, fair]　　　　[1,6][3,4,5,8][2,7,9]

Leslie = [yes, no]　　　　　　　　　　　　[2,5,8][1,3,4,6,7,9]

取引 3, 6, 8 のクラスター非類似度は $\frac{1}{3^2}(0+1+2+1+0+1+2+1+0) = 0.89$ である. 取引 2, 4, 7 では, $\frac{1}{3^2}(0+1+0+1+0+0+0+0+0) = 0.22$ となる. 1 つめの分岐における他の 3 つの子ノードは単独の要素だけからなるのでクラスター非類似度は 0 である. よって, その分岐の重み付き平均クラスター非類似度は $\frac{3}{9} \cdot 0.89 + \frac{1}{9} \cdot 0 + \frac{1}{9} \cdot 0 + \frac{1}{9} \cdot 0 + \frac{3}{9} \cdot 0.22 = 0.37$ である. 2 番めの分岐では, 同様の計算により, 分岐非類似度は $\frac{2}{9} \cdot 1.5 + \frac{4}{9} \cdot 1.19 + \frac{3}{9} \cdot 0 = 0.86$ となり, 3 番めの分岐では $\frac{3}{9} \cdot 1.56 + \frac{6}{9} \cdot 3.56 = 2.89$ となる. 'Model' は与えられた非類似度の大部分を占めている一方で, 'Leslie' は実質的には関係していない.

回帰木での注意点のほとんどがクラスタリング木に対しても適用される. 例えば, クラスターのサイズが小さくなるほど非類似度は小さくなる傾向にあるため, 簡単に過適合してしまう. 枝刈り集合をとっておくことにより, 枝刈り集合においてクラスター内の一貫性を改善しないような非類似度の小さな分岐であればそれを削除するこ

とがすすめられる．また，単独の事例が支配的となる可能性がある．上記の例では，最初の取引を除外すると取引のペアごとの非類似度の全体は 2.94 から 1.5 に減少する．よって，1 つめの取引をそれ自身からなる 1 つのクラスターとする分岐から免れるのは難しいだろう．

クラスタリング木の葉ノードをどのようにラベル付けすればよいのか，というのは興味深い疑問である．直感的には，クラスター内で最も代表的なインスタンスでそのクラスターをラベル付けするというのは道理にかなっている．ここで，あるインスタンスが最も代表的であるとは，他のインスタンスに対する非類似度の総和が最小であると定義できる．この定義は第 8 章でメドイド (medoid) として定義されている．例えば，A100 のクラスターでは，取引 6 の取引 3, 8 に対する非類似度は 1 で，取引 3, 8 の間の非類似度は 2 であることから，取引 6 が最も代表的であるといえる．同様に，T202 のクラスターでは，取引 7 が最も代表的である．しかし，この代表的なインスタンスがつねに一意に定義されるという保証はない．

最良の分岐の決定のための計算が簡単で，一意なクラスターラベルが得られるような状況の多くは，非類似度が数値的特徴量 (numerical feature) から計算されるユークリッド距離である場合である．背景 5.1 で示されているように，もし $\text{Dis}(x, x')$ が二乗ユークリッド距離であるとすると，$\text{Dis}(D)$ は平均値への二乗ユークリッド距離の平均の 2 倍となる．平均値と平均値への二乗距離の平均は，非類似度行列しか手元にない場合に必要とされる $O(|D|^2)$ ステップではなく，$O(|D|)$ ステップ (データ全体の一度の探索) で計算されるので，計算量が少なくなる．実際，二乗ユークリッド距離の平均は単に個々の特徴量の分散の総和である．

例 5.6　ユークリッド距離を用いたクラスタリング木の学習

最低競売価格 'Reserve' とオークションでの入札回数 'Bids' という新たな数値的特徴量を 2 つ追加してハモンド・オルガンデータを拡張する．3 つの数値的特徴量に対してほぼ同じ重みで距離の計算を行うために，販売価格と最低競売価格は 100 ポンド単位で表示している．

#	Model	Condition	Leslie	Price	Reserve	Bids
1.	B3	excellent (最高に良い)	no	45	30	22
2.	T202	fair (まあまあ良い)	yes	6	0	9
3.	A100	good (良い)	no	11	8	13
4.	T202	good (良い)	no	3	0	1
5.	M102	good (良い)	yes	9	5	2
6.	A100	excellent (最高に良い)	no	18	15	15
7.	T202	fair (まあまあ良い)	no	1	0	3
8.	A100	good (良い)	yes	19	19	1
9.	E112	fair (まあまあ良い)	no	1	0	5

5.3 分散縮小としての木学習

3つの数値的特徴量の平均値は $(13.3, 8.6, 7.9)$ であり，分散は $(158, 101.8, 48.8)$ である．平均値への二乗ユークリッド距離の平均は分散の総和であり，308.6 となる ((5.5) 式で定義されるクラスター非類似度を得るためにこの値を 2 倍してもよい)．A100 のクラスターについては，平均値と分散のベクトルは $(16, 14, 9.7)$ と $(12.7, 20.7, 38.2)$ となり，平均値への二乗距離の平均は 71.6 である．T202 のクラスターについては，$(3.3, 0, 4.3)$ と $(4.2, 0, 11.6)$ で，二乗距離の平均は 15.8 である．この分岐を用いると，葉ノードが平均ベクトルによってラベル付けされたクラスタリング木を構成できる (図 5.9)．

この例では，分岐にはカテゴリカル特徴量を用い，距離の計算には数値的特徴量を用いた．実際，これまで取り上げてきたすべての木の例では，分岐にはカテゴリカル特徴量のみを用いている[*8]．実際には，数値的特徴量が分岐に頻繁に用いられている．その際には，適切な閾値 t を決めて特徴量 F を $F \geq t$ と $F < t$ という条件によって二値の分岐に変えるだけでよい．最適な分岐点を求めることは数値的特徴量の離散化に密接に関連しており，離散化については第 10 章で詳細に議論する．とりあえずは，数値的特徴量における閾値をどのように学習できるかについては以下の見解が参考になるだろう．

- ♣ 理論的には無限に多くの閾値が考えられるが，実際には訓練データ集合の事例を特徴量の値で昇順 (もしくは降順) で並べ替えた場合に，互いに隣り合わせになる 2 つの事例を分ける値を考えればよい．
- ♣ 分類タスクの場合は異なるクラスの連続的な事例を，回帰タスクであれば目的変数の値が十分に異なるような連続的な事例を，クラスタリングタスクであれ

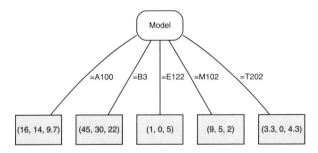

図 5.9　数値的特徴量でのユークリッド距離を用いて，例 5.6 のデータから学習されたクラスタリング木

[*8] カテゴリカル特徴量とは，離散値の比較的小さな集合からなる特徴量のことである．技術的には，カテゴリカル特徴量は尺度や順序をもたない点において数値的特徴量とは異なる．この点については第 10 章でさらに議論する．

♣ ばその非類似度が十分に大きいような連続的な事例を考えればよい．
♣ 想定される閾値それぞれが，それがあたかも明確に区切られた二値の特徴量であるかのように評価される．

5.4 木モデル：まとめと参考文献

　木に基づくデータ構造はコンピュータ科学に遍在しており，機械学習においても状況は何ら変わらない．木モデルは簡潔で解釈と学習が容易であり，分類，ランキング，確率推定，回帰およびクラスタリングといった幅広い目的に適用可能である．Microsoftの動作検知器 Kinect で用いられている姿勢認識のための木に基づく分類器については Shotton et al. (2011) で述べられている．

♣ 上記の木に基づくモデルすべてに共通する核となるものとして特徴木を導入し，再帰的な GrowTree アルゴリズムを包括的な分割統治アルゴリズムとして導入した．そのアルゴリズムは，データセットが十分に同質であるかテストし，もし同質であれば適切なラベルを見つけ，もし同質でなければ分岐するのに最適な特徴量を見つける関数を適切に選択することで，上記の目的の各々に適用される．

♣ 特徴木をクラスラベルの予測のために使うことにより，それは決定木となる (5.1節のテーマである)．機械学習における古典的な決定木として説明した2つの方法はアルゴリズムとしてはほとんど同じものであるが，ヒューリスティクス (heuristics) や枝刈りの方法などの詳細な部分が異なる．Quinlan の方法は不純度尺度としてエントロピーを用い，それ自体は Hunt et al. (1966) に端を発する ID3 アルゴリズム (Quinlan, 1986) から C4.5 システム (Quinlan, 1993) へと昇華された．Breiman et al. (1984) によって開発された CART 法 (classification and regression trees) は不純度尺度としてジニ・インデックスを用いている．$\sqrt{\text{Gini}}$ 不純度尺度は Dietterich, Kearns and Mansour (1996) によって導入され，したがって DKM と呼ばれることがある．図 5.2 (右) の幾何的な構成により $\text{Imp}(\{D_1, D_2\})$ を見つける方法もその論文に端を発している．

♣ 5.2 節で述べたようなランカーや確率推定器を構成するために特徴木の葉ノードにおける経験分布を用いるのはさらに最近の発展である (Ferri et al., 2002; Provost and Domingos, 2003)．Provost and Domingos (2003) では，木の枝刈りをやめてラプラス修正による経験確率の平滑化を行うことでより良い確率推定値が得られることが実験によって示されており，この点については Ferri et al. (2003) で裏づけられている．決定木の分割基準がクラスの分布の偏りや誤分類のコストに対してどの程度影響されにくいかは Drummond and Holte (2000) と Flach (2003) によって調査・検討されている．上述の3つの分割基準のうち，$\sqrt{\text{Gini}}$ だけが

5.4 木モデル：まとめと参考文献

そのようなクラスやコストの不均衡さに対して頑健である.

♣ 木モデルは葉ノードにおける多様性を最小にすることを目的としたグループ分けモデルであり，多様性の適切な概念はタスクに依存する．一般には多様性とはある種の分散として解釈される場合が多く，このアイデアは Breiman et al. (1984) ですでに登場しており，とりわけ Langley (1994), Kramer (1996), Blockeel et al. (1998) で再度利用されている．5.3 節ではこの考え方が回帰木やクラスタリング木を学習するためにどのように利用されているかを確認した (また，いつノードの分割をストップすべきかといった，たくさんの重要な詳細については詳しくは説明しなかった).

連言概念 (conjunctive concept) と比べて木の表現力がさらに高いということから，過適合への対抗策を講じる必要があるということに留意すべきである．さらにいうと，貪欲な分割統治アルゴリズムは，訓練データでのほんの小さな変化が木の根ノードで異なる選択を引き起こすかもしれないという欠点をもっている．当然その場合，後続の分岐での特徴量の選択に影響するだろう．このようなモデルのばらつきを減少させる手助けをするのにバギングのような方法がどのように適用されるのかについては第 11 章で説明する．

Chapter 6

ルールモデル

ルールモデル (rule model) は論理的機械学習モデルの第 2 の主要なモデルである．一般的に，ルールモデルは木モデル (tree model) よりも柔軟だといえる．例えば決定木 (decision tree) は枝が相互排他的であるのに対し，ルールモデルはルールの重複を扱うことができるため，より多くの情報をもたらすことがある．しかしながら，この柔軟性には代償も伴う．すなわちこの柔軟性は，ルールが個々に独立した情報の断片であるように見せかけやすい．だがこれはルールが学習されるやり方からみて十分な理解でない場合が多い．とくに教師あり学習では，ルールモデルは単なるルールの集合ではない．より良い予測を行うために，どのようにルールを結合させるべきかを示すことがこのモデルの重要な役割である．

教師ありルール学習にはおおまかに 2 つのアプローチがある．1 つは決定木学習に似ている．すなわち，十分に同質的な事例の集合をカバーするリテラルの結合 (ルールのボディ (body) と呼ばれ，前節では概念 (concept) と呼んでいた) を見つけ，ルールの「ヘッド (head)」に割り当てるラベルを見つける方法である．2 つめはそれとは正反対で，まず学習したいクラスを 1 つ選び，そのクラスに含まれる事例の多くをカバーするルールボディを見つける方法である．1 つめのアプローチは 6.1 節で議論するように，順序付けされたルールの連なりであるルールリスト (rule list) から成るモデルを自然に導く．6.2 節で議論する 2 つめのアプローチは，順序付けされないルールの集積であるルールセット (rule set) を扱う．2 つのアプローチの違いは重複するルールの扱い方の違いといえる．6.3 節ではサブグループ (subgroup) とアソシエーションルール (相関ルール; association rule) の発見について触れる．

6.1 順序付けされたルールリストの学習

6.1.1 ルールリスト学習

この種のルール学習アルゴリズムでは，同質性 (homogeneity) を最もよく改善するリテラルを加えることによって，連言ルールボディ (conjunctive rule body) を拡大し続けることが鍵となるアイデアである．つまり，4.2 節で議論したような仮説空間を下

へ降りていくようなパスを構築し，ある同質性に関する基準を満たせば終了する．決定木で行ったのと同様，純度 (purity) に関して同質性を測ることは自然である．ルールボディにリテラルを追加することは，追加したリテラルがもとのルールボディにカバーされていたインスタンスを 2 つのグループ (新しいリテラルが真となるインスタンスと偽となるインスタンス) に分割することで，ちょうど決定木に二分岐を加えることと同じだと考えるかもしれない．しかし，1 つの重要な違いは，決定木学習では新しいリテラルについて真と偽の両方の子ノードの純度に興味をもっていたため，木を構成するときに発見的探索法 (heuristic search) として重み付き平均不純度 (weighted average impurity) を用いていたことである．一方，ルール学習では新しいリテラルが真となる子ノード 1 つの純度にのみ興味をもつ．したがって，前章で扱った不純度尺度を平均化する必要はなく直接用いることができる (図 5.2 を参照)．

実際，ルールモデルではどの不純度尺度を用いるかは議論しなくてよい．なぜならどの方法でも同じ結果が得られるからである．これを確認するには，概念の不純度は経験確率 (カバーされる正例の相対頻度) $\dot{p}$ が $\dot{p} > 1/2$ のとき $\dot{p}$ と共に減少し，$\dot{p} < 1/2$ のとき $\dot{p}$ と共に増加することに注意する (図 6.1 を見よ)．こうした増減が線形であるかどうかは，(決定木学習のときのように) 複数の概念の不純度を平均化する際には問題となるが，個々の概念を評価する際には問題とならない．言い換えれば，こうした不純

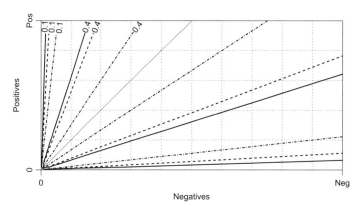

図 6.1　エントロピー (実線，最大値が 1/2 となるように補正)，ジニ・インデックス (破線)，少数派クラスの ROC アイソメトリック (一点鎖線)．点線は対称線 $\dot{p} = 1/2$．各事例のアイソメトリック曲線が対称線より上側と下側の 2 つの部分からなる．対称線より上側にあるアイソメトリック曲線は，経験確率 $\dot{p}$ が増加するほど不純度が減少しており，下側にあるアイソメトリック曲線は不純度が経験確率 $\dot{p}$ に比例している．もしルール学習におけるように不純度尺度が発見的手法として用いられるなら，不純度の値ではなく，線の形状のみが重要である．したがって，3 つの基準はすべて等しいと解釈できる．

度尺度の違いはルール学習では消滅するのだ．そこで本節では，最もシンプルな少数派クラスの割合 $\min(\hat{p}, 1-\hat{p})$ (あるいは $1/2 - |\hat{p} - 1/2|$) を不純度尺度の基準として用いる．もし他書でリテラルやルールボディの不純度の比較基準としてエントロピーやジニ・インデックスを用いていたとしても，得られる結果に変わりはないことに注意してほしい (不純度の値は変わるが選択されるクラスは変わらないという意味である)．

ここで，ルールリスト学習の主となるアルゴリズムを 1 つの例を用いて示す．

例 6.1 ルールリスト学習

ここで再び，第 4 章で扱った「イルカ」データを扱う．このデータは正例として，

p1: Length = 3 ∧ Gills = no ∧ Beak = yes ∧ Teeth = many
p2: Length = 4 ∧ Gills = no ∧ Beak = yes ∧ Teeth = many
p3: Length = 3 ∧ Gills = no ∧ Beak = yes ∧ Teeth = few
p4: Length = 5 ∧ Gills = no ∧ Beak = yes ∧ Teeth = many
p5: Length = 4 ∧ Gills = no ∧ Beak = yes ∧ Teeth = few

があり，負例として，

n1: Length = 5 ∧ Gills = yes ∧ Beak = yes ∧ Teeth = many
n2: Length = 4 ∧ Gills = yes ∧ Beak = yes ∧ Teeth = many
n3: Length = 5 ∧ Gills = yes ∧ Beak = no ∧ Teeth = many
n4: Length = 4 ∧ Gills = yes ∧ Beak = no ∧ Teeth = many
n5: Length = 4 ∧ Gills = no ∧ Beak = yes ∧ Teeth = few

がある．9 つのリテラルとそのカバレッジ数が図 6.2 (上) に示されている．そのうちの 3 つは純粋であり，図 6.2 (下) に描かれている不純度アイソメトリックプロット (impurity isometrics plot) では，それらは x 軸上か y 軸上にある．2 つの正例と 2 つの負例をカバーしているリテラルの不純度はデータ集合全体の不純度と同じであって，このリテラルはカバレッジプロットの上昇対角線上にある．

不純度それ自体は純粋なリテラルを区別しないが (後述する)，この例では Gills = yes が 3 つの純粋なリテラルのなかで最も多くの事例をカバーしており最良であることがわかる．したがって，最初のルールを

·**if** Gills = yes **then** Class = ⊖·

と定義する．対応するカバレッジ点は図 6.2 (下) に矢印で示されている．この矢印は，リテラルを追加しながら仮説空間を下へ降りるパスに従っていくことで到達するカバレッジ曲線の右端を示すと考えることができる．この場合，我々の興味はパスをたどることではない．なぜなら，我々の見つけた概念はすでに純粋であるとわかっているためである (後に，一方の軸に到達する前にいくつかのリテラルを追加する必要のある例を紹介する)．また，このカバレッジ曲線は対角線の下側にあることがわかる．こ

6.1 順序付けされたルールリストの学習

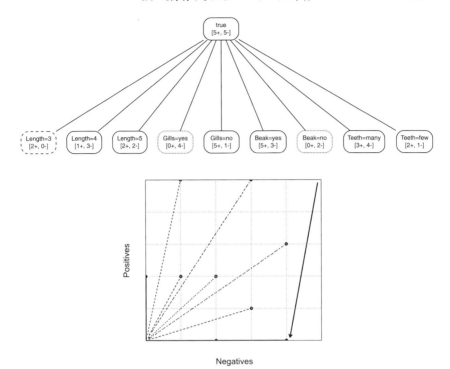

図 **6.2** (上) 例 6.1 におけるすべてのリテラルとそのカバレッジ数．破線 (点線) で囲われているリテラルは正 (負) のクラスに対して純粋なもの．(下) カバレッジ空間に点でプロットされた 9 つのリテラル．不純度の値を不純度アイソメトリック曲線で示す (対角線から離れているほど純粋)．45° のアイソメトリック曲線は $\dot{p} = 1/2$ を表し，それより上側の線では $\dot{p} > 1/2$，下側の線では $\dot{p} < 1/2$ である．矢印は選ばれたリテラルを示している．ここでは，正例が 5，負例が 1 であるリテラルが選ばれている．

れは，先だってクラスを固定していないことから得られた結果であり，よって対角線の下に潜るのも上に飛び上がるのも，どちらでもかまわない．別の考え方をするならば，もしラベルを入れ替えれば，その影響は学習されたルールのボディではなくヘッドに出るということになる．

ほとんどのルール学習アルゴリズムは以下のようなプロセスで実行される．まずは学習されたルールがカバーしている事例を除去し，残りの事例のみを対象として次のルールを学習する．このような方法は分離統治法 (separate-and-conquer) と呼ばれ，決定木における分割統治法 (divide-and-conquer) に近い方法といえる (分離統治法は残りの部分問題 (subproblem) が単一となる点において，いくつかを残す分割統治法とは異なる)．よって，最初のルールが学習された時点で 5 つの正例，1 つの負例が残ってお

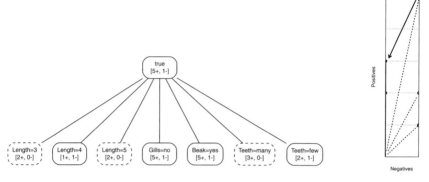

図 **6.3** (左) 最初のルールにカバーされた 4 つの負例を取り除いた後のカバレッジ数 (事例をカバーしていないリテラルは省かれている). (右) 図 6.2 (下) の右端の部分を切り取った空間のみでルールを実行している.

り，再び不純度最小化に基づいて新しいリテラルを探す．図 6.3 に示されているように，先ほどよりも小さいカバレッジ空間で考えることになる．探索後，次の学習ルールとして

·**if** Teeth = many **then** Class = ⊕·

が見つかる．前に述べたように，このルール自体を解釈する際は慎重にならなければいけない．実際，このルールはもとのデータセット全体では正例よりも多くの負例をカバーするのだ．すなわちこのルールは，前のルールにカバーされた事例を除外したもとで構成されたルールであることに注意する．最終的なルールモデルでは，ルールの前に「さもなくば (else)」を付け加える．

2 番めのルールが学習された時点で，2 つの正例と 1 つの負例が残っている (図 6.4)．次のルールとして，1 つの負例がカバーされるようなルール，すなわち，

·**if** Length = 4 **then** Class = ⊖·

を選ぶのがよい．すると残りの事例はすべて正なので，他のどのルールでも捉えられ

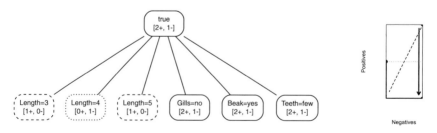

図 **6.4** (左) 3 番めのルールは残された 1 つの負例をカバーしており，残りの正例は一括してデフォルトルールでカバーする．(右) このプロセスによってカバレッジ空間は消える．

6.1 順序付けされたルールリストの学習

なかったそれらの事例をすべてカバーするデフォルトルール (default rule) を呼び出すことができる．まとめると，ここまでで学習されたルールは以下のようになる．

· **if** Gills = yes **then** Class = $\ominus$·
· **else if** Teeth = many **then** Class = $\oplus$·
· **else if** Length = 4 **then** Class = $\ominus$·
· **else** Class = $\oplus$·

複数のルールを1つのリストに編成することは，ルール間のオーバーラップに対処する1つのやり方である．例えば，我々はデータから Gills = yes と Teeth = many の双方を共にもついくつかの事例があることがわかっている．上記のルールリストでは，こうしたケースでは1番めのルールが優先されることがわかる．あるいは，ルールリストを相互排他的なルールで書き直すことも可能である．このような方法は，それぞれのルールを他のルールやそれらの順序を無視して考えることができるため使いやすく有用である．ルールの構成における少しやっかいな問題として，'Length' のように3値以上の特徴量に対するリテラルの扱いがある．しかしそのようなものは，否定文 (もしくは，内部選言) を使うことで，以下のように，より正確に書き直すことができる．

· **if** Gills = yes **then** Class = $\ominus$·
· **if** Gills = no $\wedge$ Teeth = many **then** Class = $\oplus$·
· **if** Gills = no $\wedge$ Teeth = few $\wedge$ Length = 4 **then** Class = $\ominus$·
· **if** Gills = no $\wedge$ Teeth = few $\wedge$ Length $\neq$ 4 **then** Class = $\oplus$·

この例では，各ルールにおいて1つのリテラルしか含まないという事実をあてにすることができた．しかし，一般的には非連言的なルールボディが必要となるだろう．例えば，以下のルールリストを考える．

· **if** $P \wedge Q$ **then** Class = $\oplus$·
· **else if** R **then** Class = $\ominus$·

もし，2番めのルールを1番めのルールと相互排他的に作りたいなら

· **if** $\neg(P \wedge Q) \wedge R$ **then** Class = $\ominus$·

か，もしくは

· **if** $(\neg P \vee \neg Q) \wedge R$ **then** Class = $\ominus$·

とすればよい．ルールを相互排他的に作るとルールが長くなるため，ルールリストは強力でよく用いられる手法となっている．

アルゴリズム6.1はより詳細な分離統治法によるルール学習アルゴリズムである．これは訓練データがまだ残っている間はさらなるルール学習を行い，ルールによってカバーされたすべての事例をデータセットから取り除くようなアルゴリズムである．このようなシステムをもつアルゴリズムは一般にカバリングアルゴリズム (covering algorithm) と呼ばれ，多くのルール学習システムの基礎をなしている．単一のルール学習に対するアルゴリズムをアルゴリズム6.2に示す．決定木と同様に，さらなるリテ

アルゴリズム 6.1　LearnRuleList(D)：順序付けされたルールリストの学習

Input: ラベル付けされた訓練データ D.
Output: ルールリスト R.
1: $R \leftarrow \emptyset$;
2: **while** $D \neq \emptyset$ **do**
3: 　　$r \leftarrow$ LearnRule(D); 　　　　　　　　　　　//LearnRule はアルゴリズム 6.2 を参照
4: 　　R の末尾に r を追加する;
5: 　　$D \leftarrow D \setminus \{x \in D | x$ は r でカバーされている $\}$;
6: **end**
7: **return** R

アルゴリズム 6.2　LearnRule(D)：単一のルール学習

Input: ラベル付けされた訓練データ D.
Output: ルール r.
1: $b \leftarrow$ true;
2: $L \leftarrow$ リテラルの集合;
3: **while** not Homogeneous(D) **do**
4: 　　$l \leftarrow$ BestLiteral(D,L); 　　　　　　　　　//例えば，最も純粋なリテラル
5: 　　$b \leftarrow b \wedge l$;
6: 　　$D \leftarrow D \setminus \{x \in D | x$ は b でカバーされている $\}$;
7: 　　$L \leftarrow L \setminus \{l' \in L | l'$ は l と同じ特徴量を使う $\}$;
8: **end**
9: $C \leftarrow$ Label(D); 　　　　　　　　　　　　　　//例えば，多数派クラス
10: $r \leftarrow$ **if** b **then** Class $= C$;
11: **return** r

ラルの細分化が必要かどうかを決定するための関数，およびルールのヘッドにどのクラスを割り当てるかを決定するための関数を，それぞれ Homogeneous(D)，Label(D) で与えている．また，データ D が与えられたもとで，リテラルの集合 L のなかからルールに加えるための最適なリテラルを選択する関数を BestLiteral(D,L) としている．上記の例では，このリテラルは純度に基づいて選択されている．

　これらのアルゴリズムのさまざまな変形が研究されている．しばしば，while 文のなかの条件はノイズの多いデータを扱うために，他の停止基準 (stopping criterion) に緩められる．例えば，アルゴリズム 6.1 では，残った事例のうち一定数以上を含めるクラスがなくなればアルゴリズムを終了させ，残った事例にデフォルトルールを導入したいかもしれない．同様にアルゴリズム 6.2 では，もし D があるサイズより小さくなったときはアルゴリズムを終了させることも考えうる．

　ルールリストは決定木と多くの共通な性質をもつ．したがって，図 5.3 と同様の方法でルールリストの構造を分析することができる．これは図 6.5 に同じ例を用いて示されている．例えば，最初のルールを付与することは，カバレッジ空間において正の

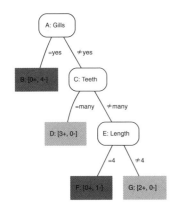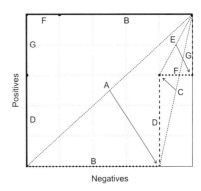

図 6.5 (左) 単一のリテラルからなるルールリストに対応している右枝分かれの特徴木 (feature tree). (右) カバレッジ空間に描かれた特徴木の構成. 葉は純粋な正例 (右下側のセグメント D と G, 破線) か純粋な負例 (右下側のセグメント B と F, 点線) に対応する. 左上側のセグメント D, G, F, B (太線) のカバレッジ曲線は, 経験確率に基づいて並べ替えられた葉を示している. ルールリストがクラスを分割しているため, 完全なカバレッジ曲線を構成できている.

対角線 A を, 新しいルールを表す水平方向のセグメント B と新しいカバレッジ空間を表すもう 1 つの斜め方向のセグメント C へと分割するものとして描かれる. 2 番めのルールを付与することは, セグメント C を垂直方向のセグメント D (2 番めのルール) と斜め方向のセグメント E (3 番めのカバレッジ空間) に分割する結果となる. 最後に, E が水平方向 (F) と垂直方向 (G) のセグメントに分割される (それぞれ 3 番めのルールとデフォルトルール). このとき, 残ったセグメント B, D, F, G はすべて水平方向か垂直方向であり, これはここで学習したルールが純粋であることを示している.

6.1.2　ランキングと確率推定のためのルールリスト

　決定木と同様で, ルールリストをランカー (ranker) と確率推定器 (probability estimator) に変換することは簡単である. いま, 我々はカバリングアルゴリズムを介して, 各ルールにおける局所的なクラス分布 (local class distribution) を同定できる. したがって, クラス分岐のための基準として経験確率に基づくスコアを用いることができる. 例えば 2 クラスの場合は, 正のクラスの経験確率 (empirical probability) の大きい順にインスタンスをランク付けすることができる. この場合は各ルールに対して, 1 つのセグメントをもつカバレッジ曲線が描かれる. ここで注意すべき点は, ルールのランキングはルールリストにおける順番とは異なることである. これは決定木における葉のランキングが葉の左から右への順番と異なることに似ている.

例 6.2 ランカーとしてのルールリスト

以下の2つの構造を考える.

　　　　　　　(A) 　Length = 4 　　p2 　　n2, n4–5
　　　　　　　(B) 　Beak = yes 　　p1–5 　　n1–2, n5

右に示しているのは，訓練データ集合全体における各概念のカバレッジである．これらの概念をルールボディとして使うことで，以下のルールリスト AB を構成できる．

　　　　　・**if** Length = 4 **then** Class = ⊖· 　　　　[1+, 3−]
　　　　　・**else if** Beak = yes **then** Class = ⊕· 　　[4+, 1−]
　　　　　・**else** Class = ⊖· 　　　　　　　　　　　　[0+, 1−]

このルールリストのカバレッジ曲線を図 6.6 に示す．最初のセグメントは A にはカバーされておらず，B にカバーされている (B \ A と書く) すべてのインスタンスに対応する．ただし，このセグメントはルールリストでは2番めのルールに対応するものだが，正例の比率が最も高いためこのセグメントがカバレッジ曲線では最初に描かれることに注意されたい．2番めのカバレッジセグメントはルール A に対応しており，'-' で表される3番めのセグメントはデフォルトルールに対応している．このセグメントが最後に現れるのはルールが正例をカバーしていないことに起因している．決して，最後に与えられるルールだからではない．

また，A と B の順序を逆にしたルールリスト BA を構成することも可能である．ルールリスト BA は

　　　　　・**if** Beak = yes **then** Class = ⊕· 　　　　[5+, 3−]
　　　　　・**else if** Length = 4 **then** Class = ⊖· 　　[0+, 1−]
　　　　　・**else** Class = ⊖· 　　　　　　　　　　　　[0+, 1−]

で与えられる．このルールリストのカバレッジ曲線も図 6.6 に示されている．このとき，最初のセグメントはルールリスト B のなかの最初のセグメントに対応しており，2番めと3番めのセグメントはルール A (B にカバーされるインスタンスを取り除いた後: A \ B) とデフォルトルールに結び付けられる．

上記の2つのルールリストはどちらが良いランカーだといえるだろうか？ AB のランキングの誤り (ranking error) は BA のそれより小さく (4.5 vs. 7.5)，AUC も良いことがわかる (0.82 vs. 0.70)．また，正答率 (accuracy) を性能基準とした場合も AB が優れていることがわかる．実際，AB の正答率は 0.80 であり ($tpr = 0.80$, $tnr = 0.80$)，BA は 0.70 程度である ($tpr = 1$, $tnr = 0.40$)．しかし，もし正例に対する性能が負例に対する性能より3倍重要であれば，BA の最適動作点 (optimal operating point) は AB のそれよりも優れたものとなる．よって，それぞれのルールリストは他方がもっていない情報を含んでおり，一概にどちらが良いとはいえない．

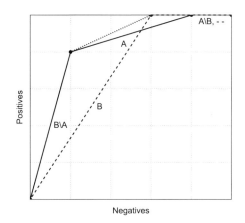

図 6.6 例 6.2 で構成された 2 つのルールリストのカバレッジ曲線 (AB を実線, BA を破線で示す). B \ A はルール A のカバレッジを取り除いた後のルール B のカバレッジに対応している. '-' はデフォルトルールを表す. どちらの曲線も互いを完全に覆ってはいない. このように, それぞれの曲線がある動作条件 (operating condition) のもとで他より優れている. 点線のセグメントは AB, BA ではアクセスできない 2 つのルールの重複部分 A ∧ B を表している.

このような問題が起きる原因は, 2 つのルールの重複部分であるセグメント A ∧ B をルールリストに導入していないことによる. 図 6.6 では, この重複部分をルールリスト BA におけるセグメント B とルールリスト AB におけるセグメント B \ A をつないだ点線で示している. このセグメントは B にカバーされ, B \ A にカバーされていない事例をちょうど含んでいる. すなわち, このセグメントは A ∧ B にカバーされているといえる. ルールの重複部分にアクセスするためには, 2 つのルールリストを結合するか, それぞれのルールリストより強力な方法が必要となる. このことに関しては次節の最後で議論する.

これまでに述べたように, ルールリストと決定木にはいくつかの共通点がある. さらにいえることとして, ルールリストは, 各ルールに基づく経験確率によって, 訓練データの凸な ROC やカバレッジ曲線を構成できるところも決定木と似ている. カバリングアルゴリズムは次の学習を実行する前に, これまでのルールにカバーされた訓練インスタンスをデータセットから取り除くようなアルゴリズムである (アルゴリズム 6.1 参照). このことから, 我々は経験確率を計算でき, ROC やカバレッジ曲線を構成することが可能となる. 結果として, ルールリストは訓練データについてよくキャリブレートされた確率を導くものとなる. ルール学習アルゴリズムのなかには, すべてのルールを構成した後にルールリストを並べ替えるものがある. この場合は, 凸性

を保証するには，並べ替えられたルールリストにおいて各ルールのカバレッジを再評価しなければならない．

6.2 順序付けされないルールセットの学習

6.2.1 ルールセットの学習

ここでは，1回の学習につき1つのクラスに対してのみルール学習を行うような，先ほどとは異なるルール学習について考える．これは，学習するクラスの経験確率 $\dot{p}$ の最大化に基づく方法であり，$\min(\dot{p}, 1-\dot{p})$ を最小化するよりも簡単な発見的探索であるといえる．この探索は慣習上，その評価尺度である適合率 (precision) と呼ばれている (表 2.3 を参照).

> **例 6.3　1つのクラスに対するルールセットの学習**
> 再び，例として「イルカ」データを用いる．図 6.7 には正のクラスに対する 1番めのルール
>
> ·if Length = 3 then Class = ⊕·
>
> が示されている．このルールにカバーされている2つの事例を取り除き，次の新しいルールを学習する．しかしここで，純粋なルールが存在しないという状況に陥る (図 6.8 を参照)．そこで，次に純粋なルールを作るために，
>
> ·if Gills = no ∧ Length = 5 then Class = ⊕·
>
> のように，2つの条件を満たすような探索を行う．ここで，現在残っている正例をカバーするためには再び2つの条件をもつルール
>
> ·if Gills = no ∧ Teeth = many then Class = ⊕·
>
> が必要となる (図 6.9)．これらのルールには重複があるが，両方とも純粋であり，重複は正例に関するもののみであるため，if-then-else リストを必要としないことに注意する．

いま，正のクラスに対するルールセットを得た．クラスが2つしかない場合は，ルールにカバーされていない事例はすべて負に分類すればよいので，これで十分といえる．しかしながらこの場合，不確かで難しいケースを自動的に負のクラスに分類してしまうような選択バイアスを生む可能性がある．よって，負のクラスに対するいくつかのルール学習を行うほうがよい．例 6.3 と同様に，1番めのルールとして，·if Gills = yes then Class = ⊖·，2番めのルールとして，·if Length = 4 ∧ Teeth = few then Class = ⊖· が発見される (各自で確認してほしい)．よって，両方のクラスに対する最終的なルールセットは

6.2 順序付けされないルールセットの学習　　　　　　　　　　　　　　167

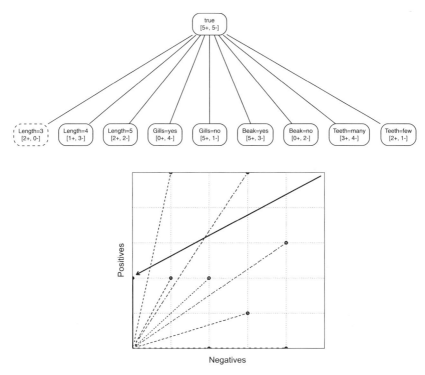

図 **6.7**　(上) 正のクラスに対する 1 番めのルール学習．(下) 適合率アイソメトリック曲線．不純度アイソメトリック曲線 (図 6.2) と似ているが，微妙に異なる．カバレッジ数が対角線上にあるときは最も純度 (purity) が低く，x 軸か y 軸に達すると高くなるが，一方，適合率 (precision) は x 軸に近いほど低くなり，y 軸に近いほど高くなる．

(R1)　　·**if** Length $=$ 3 **then** Class $= \oplus$·
(R2)　　·**if** Gills $=$ no $\wedge$ Length $=$ 5 **then** Class $= \oplus$·
(R3)　　·**if** Gills $=$ no $\wedge$ Teeth $=$ many **then** Class $= \oplus$·
(R4)　　·**if** Gills $=$ yes **then** Class $= \ominus$·
(R5)　　·**if** Length $=$ 4 $\wedge$ Teeth $=$ few **then** Class $= \ominus$·

として与えられる．

　ルールセットの学習アルゴリズムはアルゴリズム 6.3 で与えられる．LearnRuleList (アルゴリズム 6.1) との主な違いは各クラスを順にみていく点と，ルールが見つかったときに学習中のクラスでルールにカバーされている事例のみを取り除く点である．ここで 2 つめの違いは，ルールセットはある決まった順序でルールが適用されるわけで

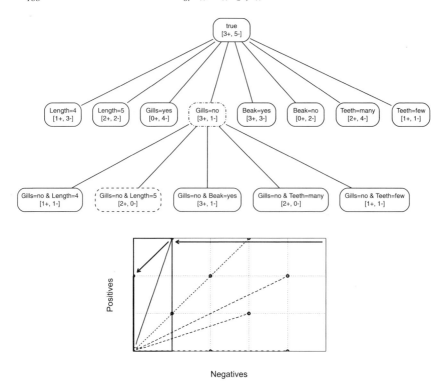

図 **6.8** (上) 適合率最大化によると，2 番めのルールでは 2 つのリテラルが必要となる．(下) 1 番めのルールにカバーされる 2 つの正例が除去されているため，カバレッジ空間は最初のものよりも小さくなる．左側の太枠は，条件 Gills = no で 4 つの負例を除いた後で 2 番めのリテラルを探索するためのカバレッジ空間を表している．太枠内部の適合率アイソメトリック曲線は枠の外にあるものと重複している (この手順は適合率以外の探索のためには必ずしも必要ではない)．

はないので，あるルールにカバーされる負例は他のルールによってデータセットから取り除かれないことによる．アルゴリズム 6.4 は 1 つのクラスに対して 1 つのルールを学習するためのアルゴリズムであり，(i) 最良のリテラルは学習中のクラス C_i に関して選ばれること，(ii) ルールのヘッドはつねにクラス C_i でラベル付けされること，の 2 点以外は LearnRule (アルゴリズム 6.2) と同様である．文献でときおり出くわす興味深い 1 つのバリエーションとして，利用可能なリテラルの集合 L を，学習したいクラスに属する種事例 (seed example) がもつリテラルと設定するものがある．こうすることの利点は，探索スペースをカットできることであるが，起こりうる不利益として，種事例の選択が最善には及ばないことがある．

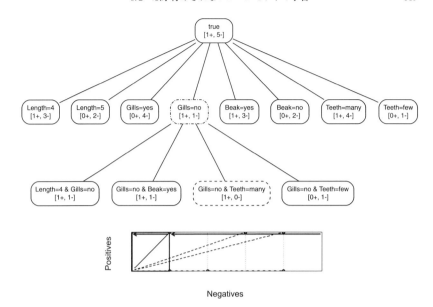

図 **6.9** (上) 3 番めと最後のルールの実行のためには 2 つのリテラルが必要である. (下) 1 番めのルールでは 4 つの負例が取り除かれ, 2 番めのルールではその時点で残っている 1 つの負例が取り除かれる.

アルゴリズム **6.3**　LearnRuleSet(*D*)：順序付けされないルールセットの学習

Input: ラベル付けされた訓練データ *D*.
Output: ルールセット *R*.
1:　$R \leftarrow \emptyset$;
2:　**for** すべてのクラス C_i **do**
3:　　$D_i \leftarrow D$;
4:　　**while** D_i がクラス C_i の事例を含む **do**
5:　　　$r \leftarrow$ LearnRuleForClass(D_i, C_i);　　//LearnRuleForClass はアルゴリズム 6.4 を参照
6:　　　$R \leftarrow R \cup \{r\}$;
7:　　　$D_i \leftarrow D_i \setminus \{x \in C_i | x$ は r によってカバーされる $\}$;
8:　　**end**
9:　**end**
10:　**return** *R*

さて，探索法として適合率を使うことの問題の 1 つは，それが純粋なルールを見つけることにやや焦点を当てすぎるきらいがある点である．そうすることで，より一般的な '純粋に近い' ルール (near-pure rule) を見逃してしまう可能性がある．図 6.10 (上) を見てほしい．適合率はルール ·**if** Length = 3 **then** Class = ⊕· を選ぶが，'純粋に近い' リテラルである Gills = no はやがて純粋なルール ·**if** Gills = no ∧ Teeth = many **then**

アルゴリズム **6.4** LearnRuleForClass(D,C_i)：与えられたクラスに対する単一のルールの学習

Input: ラベル付けされた訓練データ D とクラス C_i.
Output: ルール r.
1: $b \leftarrow$ true;
2: $L \leftarrow$ 利用可能なリテラルの集合;　　　　　　　　　//種事例によって初期化
3: **while** Homogeneous(D) でない **do**
4: 　　$l \leftarrow$ BestLiteral(D,L,C_i);　　　　　　　//例えば C_i 内で適合率を最大化する
5: 　　$b \leftarrow b \wedge l$;
6: 　　$D \leftarrow D \setminus \{x \in D | x$ は r によってカバーされる $\}$;
7: 　　$L \leftarrow L \setminus \{l' \in L | l'$ は l と同じ特徴量を用いる $\}$;
8: **end**
9: $r \leftarrow$ ·**if** b **then** Class $=C_i$·;
10: **return** r

Class $= \oplus$· を導く．この適合率の '近視眼的な特性 (myopia)' にうまく対処する方法としてラプラス補正 (Laplace correction) がある．これは例えば，[5+,1−] を [6+,2−] に '補正' でき，同様に [2+,0−] も補正した [3+,1−] と同じ意味をもつと考える (図 6.10 下を参照). '近視眼的な特性' の改善や，タイ (tie: 適合率の値が同じになること) をなくすための他の方法として，ビーム探索 (beam search) がある．ビーム探索では，欲張って最良の候補を追求するのでなく，一定数の候補を保持する．次の例では，ビームのサイズが小さいときにより一般的なルールを見つけることができる．

- ♣ 最初のビームは，候補となるボディとして Length = 3 と Gills = no を含む．
- ♣ 次に，考えうるすべての純粋ではないリテラルをビームに加える．
- ♣ もとのビームにすべてのリテラルを加えた要素のなかで，少数の最良のもののみキープする．適合率がタイである場合には，すでにビームにあるリテラルのほうがルールが短いために好ましい．
- ♣ すべてのビームの要素が純粋になり，最良のビームを決定したら探索を終了する．

ここまででどのようにルールセットを学習するのかを確認した．ここからは，ルールセットモデルを分類器として用いるにはどうしたらよいかを考える．いま，新たなインスタンスが得られ，Length = 3 ∧ Gills = yes ∧ Beak = yes ∧ Teeth = many と書けるとする．すると，p.161 のルールリストでは最初のルールがヒットし，このインスタンスは負に分類される．一方，p.167 のルールセットによると，R1 と R4 がヒットし，矛盾した予測結果を得る．このような問題はどのように解決すればよいだろうか？この問いに答えるために，より一般的な問題を考える．すなわち，ルールセットをどのようにランキングと確率推定に利用すればよいのだろうか？

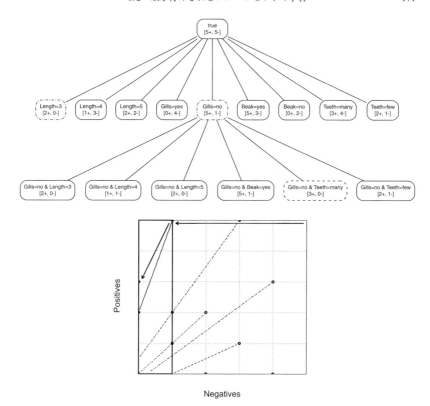

図 6.10　(上) ラプラス補正された適合率の利用は最初の反復において良いルールの学習につながる．(下) ラプラス補正によって 1 つの正例の疑似カウント (pseudo-count) と 1 つの負例の疑似カウントが加わった．これにより，カバレッジ空間においてアイソメトリック曲線が $(-1,-1)$ のまわりに回転することになり，より一般的なルールにも適用できるようになった．

6.2.2　ランキングと確率推定のためのルールセット

一般的に，r 個のルールがあれば，ルールの重複の仕方には最大で 2^r 通りの組み合わせがあり，インスタンス空間セグメント (instance space segment) が 2^r 個できる．実際にはルールそのものが相互排他的であり，多くのセグメントは空となる．しかし一般にはルールの個数以上のインスタンス空間セグメントが作れるだろう．そのため我々はいくつかのセグメントのカバレッジ数を推定しなければならない．

例 6.4 ランカーとしてのルールセット

以下のルールセットを考える (最初の 2 つは例 6.2 で使われているものと同じである).

(A) ·if Length = 4 then Class = ⊖·　[1+,3−]
(B) ·if Beak = yes then Class = ⊕·　[5+,3−]
(C) ·if Length = 5 then Class = ⊖·　[2+,2−]

右の列にはすべての訓練データにおける各ルールのカバレッジが示されている. 1 つのルールにカバーされているインスタンスの経験確率を計算したければ, そのカバレッジ数を用いればよい. 例えば, ルール A にのみカバーされているインスタンスの経験確率は $\hat{p}(A) = 1/4 = 0.25$ となり, 同様に $\hat{p}(B) = 5/8 = 0.63$, $\hat{p}(C) = 2/4 = 0.5$ となる.

明らかに A と C は相互排他的であるので, 考慮すべき重複は AB と BC のみである. 重複ルールの経験確率の計算のためによく利用される方法は, 関係あるルールのカバレッジを平均することである. 例えば, AB のカバレッジは [3+,3−] と推定できる. よって, $\hat{p}(AB) = 3/6 = 0.5$ を得る. 同様に, $\hat{p}(BC) = 3.5/6 = 0.58$ である. 経験確率に基づくランキングは, B − BC − [AB,C] − A となり, 図 6.11 の実線として訓練データセットのカバレッジ曲線が得られる.

次に, 上のルールセットと次のルールリスト ABC の比較を考える:

·if Length = 4 then Class = ⊖·　[1+,3−]
·else if Beak = yes then Class = ⊕·　[4+,1−]
·else if Length = 5 then Class = ⊖·　[0+,1−]

このルールリストのカバレッジ曲線は図 6.11 の点線で示されている. B のみにカバーされている事例と, B と C にカバーされている事例を分離できるという利点があるため, ルールセットはルールリストよりも優れているといえる.

この例ではルールセットはルールリストより優れているが, 一般にそうなるわけではない. いくつかのセグメントのカバレッジ数を推定しなければならないことから, ルールセットのカバレッジ曲線は訓練データセットにおいてさえ凸性が保証されないのである. 例えば, 仮にルール C も p1 をカバーしていたとしても, ルールリストの性能には影響しない (p1 はすでにルール B にカバーされているので). しかしルール AB とルール C のタイが崩される (後者が選好される) ことにより, 凹性が導入されることになる.

この種のランカーを分類器として応用したいときには, カバレッジ曲線上において最良動作点を見つけなければならない. 適合率を性能基準とする場合は, 点 ($fpr = 0.2$,

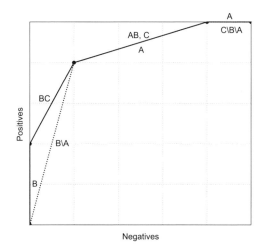

図 6.11 例 6.4 におけるルールセットのカバレッジ曲線 (実線) とルールリスト ABC のカバレッジ曲線 (点線). ルールセットは小さいセグメントによってインスタンス空間を分割しており, この場合は優れたランキングが得られる.

$tpr = 0.8$) が最適であり, これは $\hat{p} > 0.5$ となるインスタンスを正に, 他を負に分類することで到達される. もしそのような決定閾値のキャリブレーションが困難であれば (例えば 3 クラス以上の分類を考える場合など), 平均カバレッジが一番高いクラスに分類し, タイの場合はランダムに割り振るなどの方法が考えられる.

6.2.3 ルールの重複の検討

我々はこれまでに, ルールリストは常に訓練データへの凸なカバレッジ曲線を与えたが, 与えられたルールの集合の最適な順序付けを大域的に行うことはできなかった. その主な理由は, ルールリストでは 2 つのルールの重複部分 A ∧ B にアクセスすることができなかったためである. アクセスが可能なのは, ルール順序が AB ならば A = (A ∧ B) ∨ (A ∧¬ B), BA ならば B = (A ∧ B) ∨ (¬ A ∧ B) についてである. より一般的には, r 個のルールからなるルールリストはただ r 個のインスタンス空間セグメント (デフォルトルールを加えれば $r+1$ 個) のみを構成する. これはつまり, 重複を含めた 2^r の全ルールのうちのほとんどにアクセスできないことを意味する. 一方ルールセットは, 潜在的にはそのような重複にもアクセスできる. しかし, 重複しているセグメントのカバレッジ数を推定する必要があるため, 訓練データの凸性が失われてしまう. この点をさらに理解するために, ここでルールを特徴量として用いた完全特徴木であるルール木 (rule tree) の概念を導入する.

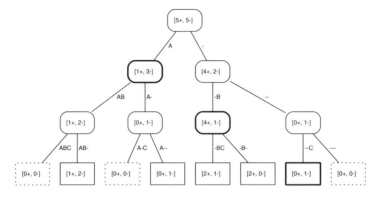

図 **6.12** 例 6.5 のルールから構成されたルール木．ノードはそのカバレッジによってラベル付けされており (点線の葉はカバレッジがなかったもの)，分岐 (branch) のラベルはインスタンス空間の特定の範囲を示している (例えば，A-C は A ∧ ¬B ∧ C を表している)．太枠のノードは，ルールリスト ABC に対応するインスタンス空間セグメントである．ルール木はそれらをさらに分岐しているので，ルールリストよりも良い性能を示している．

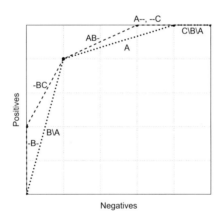

図 **6.13** 点線は例 6.4 で示されているルールリスト ABC のカバレッジ曲線である．この曲線は図 6.12 のルール木のカバレッジ曲線 (破線) に覆われている．ルール木はまた，すべてのセグメントにおいて正確なカバレッジ数を求めることができ，AB-は--C より先行することなどがわかるので，ルールセット (図 6.11 の実線) も改善している．

例 6.5　ルール木

例 6.4 にあるルールより，図 6.12 のようなルール木を構成できる．リストでなく木を利用することで，ルールリストのセグメントのさらなる分岐を増やすことができる．例えば，A とラベル付けされているノード (node) はさらに AB (A ∧ B) と A- (A ∧¬ B) に分割される．とくに後者は純粋であるから，より良いカバレッジ曲線を構成することができる (図 6.13 の破線).

この例からわかるように，ルール木のカバレッジ曲線はルールリストのカバレッジ曲線を常に覆っている．これは一般的に成り立つ結果であり，ルールの重複に関する

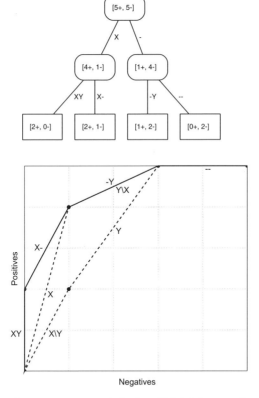

図 6.14　(上) X と Y の 2 つのルールに基づいて構成されたルール木．(下) ルール木のカバレッジ曲線は 2 つのルールリストの曲線の凸包を完全に覆っている．これは，2 つのルールリストでは行き着かない動作点 [2+,0−] がルール木には存在することを意味している．

情報はすべてルール木に含まれており，ルールリストから得られる情報はすべてその一部でしかない．すると，ルール木曲線上にあるどの動作点についても，特定のルールリストによって表現できるかどうかが気になるところであるが，答えは「否」である．その簡単な反例を図 6.14 に示す．

要約すると，3 つのルールモデル (ルールリスト，ルールセット，ルール木) のうち，ルール木のみがすべてのルールの重複の効果を引き出せる．すなわち，ルール木は r 個のルールからなる 2^r の重複領域を表現でき，各領域で正確なカバレッジ数を得ることができる．ルールリストもカバレッジ数を正確に求めることができるが，より少数のセグメントのみに限られる．ルールセットはルール木と同様のセグメントを識別しうるが，重複部分のカバレッジ数を推定しなければならない．一方で，ルール木はルールの個数が増えるとそのサイズが指数的に増加するという欠点がある．またルール木では，カバレッジ数はルールを学習した後に別のステップで計算しなければならない．ここでルール木を導入したのは，主として概念的な理由による．つまり，実際によく用いられているルールリストやルールセットモデルをよりよく理解するためである．

6.3 記述的ルール学習

これまでにみてきたように，ルールモデルはヘッドに目的変数をもつようなルールから構成される予測モデルと見なせる．このことから，第 5 章の最後で木モデルに対して行ったのと同様のやり方で，ルールモデルを回帰タスクやクラスタリングタスクに応用させることは難しくない．しかしそれについてはここではこれ以上議論しない．代わりにここでは，同じくらい簡単にルール形式を記述モデルの構成に利用する方法を示す．1.1 節で説明したように，記述モデルは教師あり，教師なしの両方のケースで学習できる．以下では教師あり学習の例として，与えられたルール学習アルゴリズムがどのようにサブグループの発見 (subgroup discovery) に適用されるかを議論する．記述ルールモデルの教師なし学習では，頻出アイテム集合 (frequent item set) とアソシエーションルール発見 (association rule discovery) について考える．

6.3.1 サブグループ発見のためのルール学習

分類モデルを学習するとき，訓練データの純粋な部分集合，例えば同じクラスに属する事例の集合や同じ連言概念 (conjunctive concept) を満たす事例の集合を同定するルールに注目するのは自然なことである．しかしながら 3.3 節でみたように，ときには事例が属するクラスの予測よりも，事例の出現パターンを見出すことに興味がある場合がある．我々はサブグループを写像 $\hat{g}: \mathscr{X} \to \{\text{true}, \text{false}\}$ により (あるいは代わりにインスタンス空間の部分集合として) 定義した．これはラベル付けされた事例 $(x_i, l(x_i))$ から学習されたもの (ただし $l: \mathscr{X} \to \mathscr{C}$ は真のラベル付け関数) である．良いサブグループとは，全体の母集団とは著しく異なるクラス分布をもつサブグループを指す．

6.3 記述的ルール学習

これは定義上，純粋なサブグループが当てはまることだが，それらだけが関心の対象となるわけではない．例えば，サブグループの補集合はサブグループ自体と同じぐらい関心の対象となる．「イルカ」データでは，Gills = yes は 4 つの負例をカバーし，正例を 1 つもカバーしない．ということは，その補集合である Gills = no は 1 つの負例とすべての正例をカバーすることにほかならない．これは，我々が不純度に基づく評価尺度から離れる必要があることを意味している．

概念と同じように，サブグループはサブグループ内の正例を y 軸，負例を x 軸にとることで，カバレッジ空間上の点として図示できる．上昇対角線上に図示されたすべてのサブグループは全体の母集団におけるのと同じ正例の比率をもつことを意味する．それらはサブグループをランダム標本としたときと同じ統計的性質をもつので，興味の対象にはなりにくい．対角線の上 (下) にあるサブグループは母集団に対して正の比率が大きい (小さい)．よって，サブグループがどれだけの情報をもつかを測る 1 つの方法として，ルール学習に用いた発見的方法の 1 つをここでも用いることや，対角線上のデフォルト値からの絶対偏差 (absolute deviation) を計算することが考えられる．例えば，対角線上のどのサブグループの適合率も正例の比率に等しいため，$|prec - pos|$ を 1 つの評価尺度にすることができる．以前議論したように，ラプラス補正を施した適合率 $prec^L$ を用いたほうがよい場合も多く，そのときは $|prec^L - pos|$ が評価尺度となる．図 6.15 (左) にみられるように，疑似カウント (pseudo-count) の導入により $[5+,1-]$ は $[6+,2-]$ と評価され，これは $[3+,1-]$ と評価される純粋な概念である $[2+,0-]$ と同程度に興味深い．

しかしながら，$[5+,1-]$ はいまだに $[0+,4-]$ よりも質が低いことからわかるように，サブグループの補集合に対して同様の議論はできない．この問題を解決するために，アイソメトリック曲線が上昇対角線に平行になるような基準を用いる．実際にそのよ

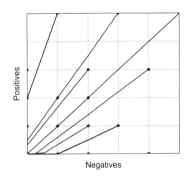
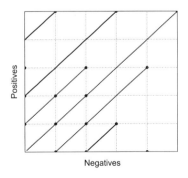

図 **6.15** (左) サブグループとそのラプラス補正適合率によって構成されたアイソメトリック曲線．最も外側の実線で示すサブグループが最も良いサブグループである．(右) もし平均再現率によってランキングを行えば結果は異なるものになる．例えば，$[5+,1-]$ はいまは $[3+,0-]$ よりも良く，$[0+,4-]$ と同等であると判定される．

うな基準として，平均再現率 (average recall) を 2.1 節ですでに導入している (図 2.4 参照)．ここで，対角線上に分布するサブグループの平均再現率はクラス分布に関わらず 0.5 となることに注意する．よって，良いサブグループであるかどうかを測る基準を $|avg\text{-}rec - 0.5|$ とすればよい．平均再現率は $(1 + tpr - fpr)/2$ と書くこともできるため，$|avg\text{-}rec - 0.5| = |tpr - fpr|/2$ とも表せる．対角線の上にあるか下にあるかが符号によってわかるように，絶対値で表さないほうが望ましいときもある．他に関連のあるサブグループの評価尺度として，重み付き相対正答率 (weighted relative accuracy) があり，$pos \cdot neg(tpr - fpr)$ で定義される．

図 6.15 にある 2 つのアイソメトリック曲線を比較すればわかるように，ラプラス補正正答率ではなく，平均再現率を用いることは，いくつかのサブグループのランキングに影響を与えている．その詳細な計算を表 6.1 に示す．

例 6.6　ラプラス補正適合率と平均再現率の比較

ここでも，「イルカ」データを用いる．表 6.1 には，ラプラス補正適合率と平均再現率によってランキングされた 10 個のサブグループが示されている．相違点の 1 つは，ラプラス補正適合率では，カバレッジ [3+,0−] をもつルール Gills = no ∧ Teeth = many は，[5+,1−] をもつ Gills = no よりも優れている一方で，平均再現率では前者のほうが劣り，後者はその補集合である Gills = yes と同位のランキングを与える．

分類ルール学習とサブグループ発見の 2 つめの違いは，サブグループ発見では重複しているルールに自然に関心が向く点である．先に述べたように，通常のカバリング

サブグループ	カバレッジ	$prec^L$	ランク	$avg\text{-}rec$	ランク
Gills = yes	[0+,4−]	0.17	1	0.10	1–2
Gills = no ∧ Teeth = Many	[3+,0−]	0.80	2	0.80	3
Gills = no	[5+,1−]	0.75	3–9	0.90	1–2
Beak = no	[0+,2−]	0.25	3–9	0.30	4–11
Gills = yes ∧ Beak = yes	[0+,2−]	0.25	3–9	0.30	4–11
Length = 3	[2+,0−]	0.75	3–9	0.70	4–11
Length = 4 ∧ Gills = yes	[0+,2−]	0.25	3–9	0.30	4–11
Length = 5 ∧ Gills = no	[2+,0−]	0.75	3–9	0.70	4–11
Length = 5 ∧ Gills = yes	[0+,2−]	0.25	3–9	0.30	4–11
Length = 4	[1+,3−]	0.33	10	0.30	4–11
Beak = yes	[5+,3−]	0.60	11	0.70	4–11

表 6.1　一番上のサブグループの詳細な評価．ラプラス補正適合率を使うと，サブグループの質は $|prec^L - pos|$ によって測られる．また，平均再現率で測る場合は $|avg\text{-}rec - 0.5|$ で評価される．2 つの基準によりランキングは少し異なったものとなる．

アルゴリズムでは一度ルールにカバーされた事例は訓練データセットから除かれるため，重複には注目しない．サブグループ発見においてこの問題に対処する1つの方法として，新しく学習されるルールが事例をカバーするごとに減少するような重みを事例に付与することが考えられる．実際的な方法は，まずすべての事例に重み1を付与し，新しいルールが事例をカバーするたびに重みを半分にしていく方法である．発見的探索法の評価は，単にルールがカバーした事例数によるものでなく，カバーした事例の累積重みによって行われる．

例 6.7 重み付きカバリングの効果

いま，最初のサブグループは Length = 4 により構成され，カバーしている1つの正例，3つの負例の重みを1/2に減らすとする．この重みがサブグループのカバレッジにどのように影響を与えるのかは表 6.2 に与えられる．図 6.16 の内側の太枠は重み付けを行ったことによって縮小されたカバレッジ空間を示している．図中の矢印は Length = 4 のルールにおいて重複しているサブグループの重み付きカバレッジへの影響を示している．いくつかのサブグループは対角線に近づき，重要性を失っている．例えば，Length = 4 自身は [3+,1−] から [1.5+,0.5−] に移動している．他は対角線から離れており，重要性が増している．[0+,2−] へ移動している Length = 5 ∧ Gills = yes は1つの例である．

重み付きカバリングアルゴリズムはアルゴリズム 6.5 で与えられる．このアルゴリズムは，1つのルールを学習するための評価基準が2クラス以上に対応できるかぎり

サブグループ	カバレッジ	avg-rec	Wgtd cov	W-avg-rec	ランク
Gills = yes	[0+,4−]	0.10	[0+,***3−***]	0.07	1–2
Gills = no	[5+,1−]	0.90	[***4.5+,0.5−***]	0.93	1–2
Gills = no ∧ Teeth = Many	[3+,0−]	0.80	[***2.5+***,0−]	0.78	3
Length = 5 ∧ Gills = yes	[0+,2−]	0.30	[0+,2−]	0.21	4
Length = 3	[2+,0−]	0.70	[2+,0−]	0.72	5–6
Length = 5 ∧ Gills = no	[2+,0−]	0.70	[2+,0−]	0.72	5–6
Beak = no	[0+,2−]	0.30	[0+,***1.5−***]	0.29	7–9
Gills = yes ∧ Beak = yes	[0+,2−]	0.30	[0+,***1.5−***]	0.29	7–9
Beak = yes	[5+,3−]	0.70	[***4.5+,2−***]	0.71	7–9
Length = 4	[1+,3−]	0.30	[***0.5+,1.5−***]	0.34	10
Length = 4 ∧ Gills = yes	[0+,2−]	0.30	[0+,***1−***]	0.36	11

表 6.2 Wgtd cov と表記されている列は，Length = 4 が当てはまっている事例の重みを1/2に減らしたとき，サブグループの重み付きカバレッジがどのように影響されたのかを示している．*W-avg-rec* は表 6.1 で計算された *avg-rec* の値が重み付けによって影響され，それまで同値だったサブグループがさらに区別される様子を示している．

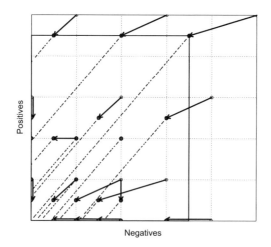

図 6.16 重み付きカバリングの効果を可視化した．もし最初のサブグループが Length = 4 によって構成されているなら，1 つの正例と 3 つの負例の重みは 1/2 となり，カバレッジ空間は内側の太枠の範囲へと縮小する．矢印は他のサブグループの重み付きカバレッジにどのように影響しているのかを表している．これは各サブグループがカバーする縮小重み付きの事例に依存する．

アルゴリズム 6.5 WeightedCovering(D)：重み付き事例による重複ルール学習

Input: 重みの初期値 1 を付与されたラベル付けされた訓練データ D.
Output: ルールリスト R.
1: $R \leftarrow \emptyset$;
2: **while** D 内のいくつかの事例が重み 1 をもつ **do**
3: $r \leftarrow$ LearnRule(D);   //LearnRule はアルゴリズム 6.2 を参照
4: r を R の末尾に加える;
5: r にカバーされている事例の重みを減少させる;
6: **end**
7: **return** R

は $k > 2$ クラス以上のサブグループ発見にも適用可能である．先ほどの例で平均再現率を使った場合がそれに対応する．他の可能性として，χ^2 検定から導かれる基準や相互情報量 (mutual information) に基づく基準を用いた場合が含まれる．

6.3.2 アソシエーションルールマイニング

ここでは，教師なし学習に適用でき，データマイニングでよく用いられる新しいルールを導入する．いま，リンゴ ('apples')，ビール ('beer')，スナック ('crisps')，おむつ ('nappies') を購入した 8 人の顧客データが得られたとする．表では，各トランザクショ

6.3 記述的ルール学習

Transaction	Items
1	nappies
2	beer, crisps
3	apples, nappies
4	beer, crisps, nappies
5	apples
6	apples, beer, crisps, nappies
7	apples, crisps
8	crisps

ン (Transaction) について購入されたアイテム (Items) がまとめられている．ここではトランザクションは顧客なので，以降は顧客と書く．おむつは 1, 3, 4, 6 番の顧客が購入し，リンゴは 3, 5, 6, 7 番の顧客が購入したというように，各アイテムに対して顧客をリストアップすることもできる．また，アイテムの集合に対して同様のリストアップを考えることができ，ビール，スナックは顧客 2, 4, 6 で一緒に買われているため，アイテムの集合 {beer, crisps} は顧客の集合 {2,4,6} をカバーしているといえる．このとき，16 種類のアイテムの集合が考えられる (全顧客をカバーする空集合を含む)．顧客とアイテム集合の関係は，カバーする顧客に関連するアイテムの部分集合の包含関係を半順序 (partial order) として扱うことにより，束 (lattice) を形成する (図 6.17 を参照)．

いま，アイテム集合 I にカバーされる顧客数をサポート (support) と呼び (ときには頻度と呼ぶ)，$\mathrm{Supp}(I)$ と書く．我々の興味は，サポートの閾値 f_0 を超える集合であ

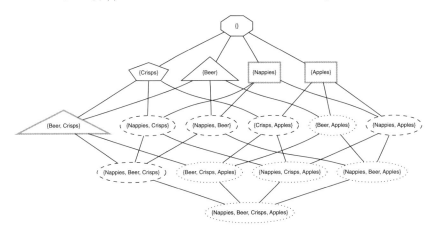

図 6.17 アイテムセット束．点線の楕円で囲まれている集合は 1 人の顧客しかカバーしていないアイテム集合．同様に破線の楕円は 2 人の顧客を，三角形は 3 人の顧客を，n 角形が n 人の顧客をカバーしているアイテム集合．サポートが 3 つ以上ある最大アイテム集合は太線で囲われている．

る頻出アイテム集合 (frequent item set) にある．アイテム集合の束のパスを単調に下降していくとき，サポートは決して増加せず，単調になることがわかる．これは，頻出アイテム集合の族は凸であり，最も大きいアイテム集合からなる下側境界によって特徴づけられることを意味している．例えば，$f_0 = 3$ に対する最大の頻出アイテム集合は {apples}，{beer, crisps}，{nappies} となる．よって，少なくとも 3 人の顧客が {apples}，{beer, crisps}，{nappies} を含む購入を行い，これ以外の組み合わせで購入されることはより少ないことがわかる．

アイテム集合のサポートの単調性から，頻出アイテム集合は単純な列挙型の幅優先探索 (breadth-first search) や階層探索 (level-wise search) のアルゴリズムによって見つけることができる (アルゴリズム 6.6 を参照)．アルゴリズムは優先度付きキュー (priority queue) をもち，初期値としては最初はすべての顧客をカバーする空アイテム集合のみ有する．優先度付きキューの次の候補を取り出し，そのすべての可能な拡張 (すなわちもう 1 つのアイテムを含む集合，束のすぐ下の要素) を生成し，サポート閾値を超えるものをキューに (幅優先のため最後に) 追加する．もし少なくとも 1 つの I の拡張が頻出アイテム集合ならば，I は最大ではないので，削除できる．そうでないなら，I は最大頻出アイテム集合に加えられる．

集合を閉アイテム集合 (closed item set) に制限することで計算スピードを向上させることができる．これは 4.2 節で説明した閉概念 (closed concept) と完全に同様の手法であり，閉アイテム集合は，そのアイテムがカバーする顧客が共通に購入しているアイテムからなるアイテム集合である．例えば，{beer, crisps} は顧客 2, 4, 6 をカバーして

アルゴリズム 6.6 FrequentItems(D, f_0)：与えられたサポート閾値を超えるすべての最大アイテム集合の発見

Input: データ $D \subseteq \mathcal{X}$，サポート閾値 f_0．
Output: 最大頻出アイテム集合の族 M．
1: $M \leftarrow \emptyset$；
2: 優先度付きキュー Q を空アイテム集合を含むように初期化する；
3: **while** Q が空でない **do**
4:     $I \leftarrow Q$ の前方から消去された次のアイテム集合；
5:     $max \leftarrow$ true；   //I が最大かどうかを判定
6:     **for** I のすべての拡張 I' **do**
7:        **if** $\text{Supp}(I') \geq f_0$ **then**
8:           $max \leftarrow$ false；   //頻出拡張が発見されたので，I は最大ではない
9:           Q の末尾に I' を加える；
10:        **end**
11:     **end**
12:     **if** $max =$ true **then** $M \leftarrow M \cup \{I\}$；
13: **end**
14: **return** M

6.3 記述的ルール学習

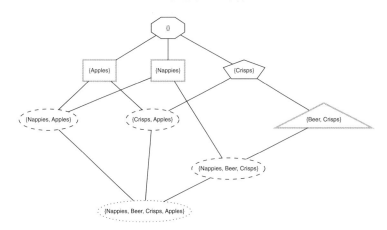

図 6.18 図 6.17 のアイテム集合に対応する閉アイテム集合束. この束では同じカバレッジをもつ隣接したアイテム集合は存在しない.

いるが，それぞれの顧客をカバーしているアイテムは 'beer' と 'crisps' のみである．その意味でアイテム集合は閉じている．しかしながら，{beer} がカバーする顧客は閉じていない．したがって，その閉包は {beer, crisps} である．もし束において隣接する 2 つのアイテム集合が同じカバレッジをもつなら，サイズが小さいほうのアイテム集合は閉じていないことになる．閉アイテム集合の束は図 6.18 に示されている．ここで，最大頻出アイテム集合は必ず閉じているため (1 つでもアイテムを付け加えるとサポート閾値より小さくなる．そうでない場合は最大ではない)，この制限による影響を受けないことに注意する．しかし，閉アイテム集合による拡張を行うことで効率の良い検索が可能となる．

それでは，頻出アイテム集合を考えるメリットは何だろうか？　それは，アソシエーションルールの構成に用いることができる点である．ここで構成されるアソシエーションルールは，顧客に同時に頻出するアイテム集合 B と H をそれぞれボディ，ヘッドとしたときに ·if B then H· のような型をもつルールである．いま，図 6.17 の枝 (edge) を 1 つ選ぶ．例えば，{beer} と {nappies, beer} 間の枝を見よう．{beer} と {nappies, beer} のサポートはそれぞれ 3 と 2 であるので，3 人の顧客が {beer} を購入し，そのうちの 2 人が {nappies, beer} を購入していることになる．このとき，アソシエーションルール ·if beer then nappies· の信頼度 (confidence) は 2/3 であるといえる．同様に，{nappies} と {nappies, beer} の間の枝について，ルール ·if nappies then beer· の信頼度は 2/4 であることが示される．他に，信頼度が 1 であるようなルール ·if beer then crisps· や，信頼度は 5/8 であるがボディがないルール ·if true then crisps· (8 人の顧客のうち 5 人が 'crisps' を購入している) などがある．

しかしいま，我々は頻出アイテムに関連するアソシエーションルールのみを構成し

アルゴリズム **6.7** AssociationRules(D, f_0, c_0)：与えられたサポート閾値を超えるすべてのアソシエーションルールの発見

Input: データ $D \subseteq \mathscr{X}$, サポート閾値 f_0, 信頼閾値 c_0.
Output: アソシエーションルールの集合 R.
1: $R \leftarrow \emptyset$;
2: $M \leftarrow$ FrequentItems(D, f_0);　　　　　　//FrequentItems はアルゴリズム 6.6 を参照
3: **for** 各 $m \in M$ **do**
4: 　 **for** $H \cap B = \emptyset$ となる $H \subseteq m$ と $B \subseteq m$ **do**
5: 　　 **if** $\text{Supp}(B \cup H)/\text{Supp}(B) \geq c_0$ **then** $R \leftarrow R \cup \{\cdot\text{if } B \text{ then } H\cdot\}$
6: 　 **end**
7: **end**
8: **return** R

たい．ルール ·**if** beer ∧ apples **then** crisps· は信頼度として 1 をもつが，3 つのアイテムを購入した顧客が 1 人しか存在しないため，このルールのサポートが大きいわけではない．よって，まずアルゴリズム 6.6 を使って頻出アイテム集合を獲得する．次に，頻出アイテム集合 m からボディ B とヘッド H を選択し，与えられた閾値よりも信頼度が低いルールを消去する．アルゴリズム 6.7 はそのための基本的なアルゴリズムを与える．頻出アイテム集合の部分集合であればどの集合も同じように頻出アイテム集合であるため，最大頻出アイテム集合のいくつかのアイテムを自由に削除してもよいことに注意する (例えば，$H \cup B$ は m より小さいだろう).

サポートの閾値が 3 で信頼度の閾値が 0.6 のとき，アルゴリズムは以下のアソシエーションルールを与える．

　　　　·**if** beer **then** crisps·　　サポート 3，信頼度 3/3
　　　　·**if** crisps **then** beer·　　サポート 3，信頼度 3/5
　　　　·**if** true **then** crisps·　　サポート 5，信頼度 5/8

アソシエーションルールマイニングは余分なルールを除外する後処理 (post-processing) を含むことがある．例えば，一般的なケースよりも高い信頼度をもたない特別なケースなどが該当する．後処理のために使われる 1 つの量としてリフト (lift) があり，以下で定義される．

$$\text{Lift}(\cdot\text{if } B \text{ then } H\cdot) = \frac{n \cdot \text{Supp}(B \cup H)}{\text{Supp}(B) \cdot \text{Supp}(H)}$$

ただし，n は顧客数である．例えば，上記の最初の 2 つのアソシエーションルールに対するリフト $\text{Lift}(\cdot\text{if } B \text{ then } H\cdot) = \text{Lift}(\cdot\text{if } H \text{ then } B\cdot)$ は $8 \cdot 3/3 \cdot 5 = 1.6$ となる．3 番めのルールでは $\text{Lift}(\cdot\text{if true then crisps}\cdot) = 8 \cdot 5/8 \cdot 5 = 1$ となる．このことは，$B = \emptyset$ であれば以下の等式が成り立つため，すべてのルールで成り立つ．

$$\text{Lift}(\cdot\text{if } \emptyset \text{ then } H\cdot) = \frac{n \cdot \text{Supp}(\emptyset \cup H)}{\text{Supp}(\emptyset) \cdot \text{Supp}(H)} = \frac{n \cdot \text{Supp}(H)}{n \cdot \text{Supp}(H)} = 1$$

より一般的に，リフトが 1 であることは Supp$(B \cup H)$ が完全に周辺頻度 (marginal frequency) Supp(B) と Supp(H) で定義され，B と H の間にどんな交互作用もないことを意味している．よって，リフトが 1 より大きくなるようなアソシエーションルールのみが考察の対象となる．

信頼度やリフトのような基準は確率論的にも解釈できる．いま，Supp$(I)/n$ を顧客が I のすべてのアイテムをカバーする $p(I)$ の推定値であるとする．すると，信頼度は条件付き確率 $p(H|B)$ の推定値と見なせる．また，H を真のクラス，B を予測されたクラスとした場合の判別分析では，これは適合率と呼ばれ (表 2.3 参照)，本章ではすでにルール学習における発見的探索として用いた基準となる．また，リフトは無作為に選ばれた顧客が B をカバーする事象と H をカバーする事象の統計的独立性を測っている．

ここで，アソシエーションルールのヘッドには複数のアイテムを割り当てることができることに注目する．例えば，いまサポートが 2，信頼度が 2/4 をもつルール ·if nappies **then** beer· を考える．ただし，{nappies, beer} は閉アイテム集合ではなく，閉包は {nappies, beer, crisps} となる．よって，·if nappies **then** beer· は完全にルール ·if nappies **then** beer ∧ crisps· の特別なケースであることがわかる．2 つのルールはサポートと信頼度は同値であるが，後者は閉アイテム集合のみを含んでいる点が異なる．

もしアイテムとして各リテラル Feature = Value を用いれば，頻出アイテム集合解析をイルカデータに適用することもできる．ただし，同じ特徴量で数値が異なる場合は相互に排他的であることに注意する．このとき，アイテム集合はリテラルの集合 (概念) に，顧客はインスタンスに，そして概念の外延はそのままアイテム集合にカバーされる顧客の集合に対応する．したがって，アイテム集合束は以前の負例を考えない場合の仮説空間と同じである (図 6.19 を参照)．閉概念/アイテム集合の場合は図 6.20 に示されている．例えば，ルール

·**if** Gills = no ∧ Beak = yes **then** Teeth = many·

はサポートが 3，信頼度が 3/5 である (しかしリフトがどうなるかは各自で検証してほしい)．

6.4　一階ルール学習

4.3 節では，一階述語論理を概念言語として用いることの概観を述べた．以前の議論との違いは，リテラルはもはや単純な特徴量とその値の対ではなく，より多くの情報をもった構造を有している点にある．本章で述べたすべてのルール学習は一階述語論理で表現されるルールの学習に拡張できる．この節では，それがどのように機能するのかを概観する．

一階述語論理における多くの学習方法は論理プログラミング言語 Prolog に基づいて

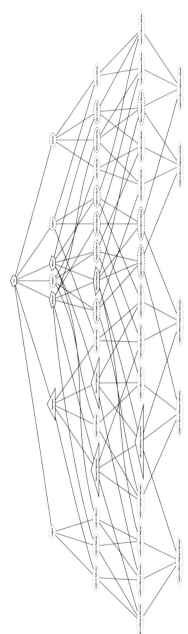
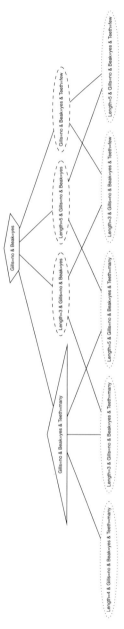

図 6.19 例 4.4 にあるイルカデータの正例に対応するアイテム集合束. 各アイテムはリテラル Feature = Value であり, 各特徴量はアイテム集合においてたかだか一度表現される. 結果の構造を扱った仮説空間と同様である.

図 6.20 図 6.19 に対応する閉アイテム集合束.

6.4 一階ルール学習

おり，一階ルール学習はしばしば帰納論理プログラミング (inductive logic programming; ILP) と呼ばれる．論理的にいうと，Prolog ルールはヘッドに単一のリテラルをもつホーン節 (Horn clause) であるといえる．ホーン節に関しては 4.3 節で議論した．実は Prolog の書き方は一階述語論理の書き方とは微妙に異なる．例えば，

$$\forall x : \text{BodyPart}(x, \text{PairOf}(\text{Gill})) \rightarrow \text{Fish}(x)$$

は，Prolog では

```
fish(X):-bodyPart(X,pairOf(gills))
```

と書く．2 つの主たる違いとして次のことが挙げられる:

- ♣ ルールは 'head-if-body' のように後ろから前に書かれる．
- ♣ 変数の頭文字は大文字で書かれ，定数，述語関数 (predicate)，関数 (Prolog では関手 (functor) と呼ぶ) の頭文字は小文字で書かれる．
- ♣ 変数は暗黙的に全称量化される．

上記の 3 番めに関して，ヘッドとボディの両方にある変量と，ボディのみにある変量の違いに注意すべきである．まず以下の Prolog について考える.

```
someAnimal(X) : -bodyPart(X,pairOf(Y))
```

このルールは一階述語論理で次の 2 通りの書き方がある.

$$\forall x : \forall y : \text{BodyPart}(x, \text{PairOf}(y)) \rightarrow \text{SomeAnimal}(x),$$
$$\forall x : (\exists y : \text{BodyPart}(x, \text{PairOf}(y))) \rightarrow \text{SomeAnimal}(x).$$

最初の論理式は「任意の x, y に対して，x がボディパートとして y のペアをもつならば，x は動物である」と読め，2 番めの論理式は「任意の x に対して，もし y が存在して x がボディパートとして y のペアをもつならば，x は動物である」と読める．決定的な違いは，最初の論理式の y の全称記号は全体の論理節にかかっているのに対して，2 番めの論理式では y の存在記号がルールの if の部分にかかっている点である．このヘッドではなくボディに現れる Prolog 節の変量は局所変量 (local variable) と呼ばれ，これらは命題ルールの上位にある一階ルールの学習にさらなる複雑さをもたらしている．

順序付けされた Prolog 節のリストを学習する際は，LearnRuleList (アルゴリズム 6.1) はそのまま，LearnRule (アルゴリズム 6.2) は微調整して使えばよい．その微調整とは，節に追加されるリテラルの選択である．構成可能なリテラルは述語関数，関手，定数の組み合わせをリスト化することによって列挙できる．例えば，もし 2 変数の述語 bodyPart，単項の関手 pairOf，定数 gill, tail をもっているならば，以下のようなリテラルを構成できる (他にも多数構成できる).

```
bodyPart(X,Y)
bodyPart(X,gill)
bodyPart(X,tail)
bodyPart(X,pairOf(Y))
bodyPart(X,pairOf(gill))
bodyPart(X,pairOf(tail))
bodyPart(X,pairOf(pairOf(Y)))
bodyPart(X,pairOf(pairOf(gill)))
bodyPart(X,pairOf(pairOf(tail)))
```

ここで，関手を用いることは実質，リテラルを無限に構成できることを意味する．ここではそのなかで，'意味をなす' ようなリテラルをリストしたにすぎない．実際，bodyPart(pairOf(gill),tail) や bodyPart(X,X) などのように実用性をもたないリテラルも多数存在する．Prolog は型が指定されていない言語であるが，型を入れることによってそれらの多くの実用性のないリテラルを除外することができる (論理プログラミングや ILP ではしばしば述語の特別な入力−出力パターンを指定する 'モード宣言' がなされている).

こうした例から明らかにわかることは，リテラル間には関連があり，したがってそれらを含む節同士にも何らかの関連があるということである．例えば，以下の3つの節を考える．

```
fish(X):-bodyPart(X,Y),
fish(X):-bodyPart(X,pairOf(Z)),
fish(X):-bodyPart(X,pairOf(gill)).
```

最初の節は 'あるボディパート' をもつものはすべて魚であると定義している．次の節はこれを '何らかのボディパートのペア' に制限した節である．3番めの節はこのペアを 'gills' に指定したものであり，1番め，2番めの節をさらに限定しているものになっている．この順で合理的な探索が実行でき，もし負例によって上の節が除外された場合は段階的に下の節を実行すればよい．実際に，トップダウン ILP システム (top–down ILP system) はこのような実装がなされる．簡単なやり方としては等号を加えていけばよい．例えば，上述した節の列は

```
fish(X):-bodyPart(X,Y),
fish(X):-bodyPart(X,Y),Y=pairOf(Z),
fish(X):-bodyPart(X,Y),Y=pairOf(Z),Z=gill
```

と書き換えられる．

別の方法として，データからボトムアップ式 (bottom–up fashion) にリテラルを列挙することもできる．イルカについて以下の情報

    bodyPart(dolphin42,tail)
    bodyPart(dolphin42,pairOf(gills))
    bodyPart(dolphin42,pairOf(eyes))

さらに，マグロ (tunafish) について，以下の情報

    bodyPart(tuna123,pairOf(gills))

が得られていると仮定する．すると，イルカの例のそれぞれのリテラルとマグロのリテラルの LGG を形成することによって，以前に考察した一般化されたリテラルを得ることができる．

以上の簡単な議論では，一階述語論理におけるルール学習における多くの重要な性質を省き，概観を述べるだけに留めた．Prolog 節による学習の問題は非常に簡潔に述べることができる一方で，ナイーブなアプローチは計算コストが膨大となり，まさに「悪魔は細部に宿る (the devil is in the detail)」という状況を引き起こすこともある．ここで述べた簡単なアプローチは事前情報を用いた拡張を行うこともでき，それは一般に仮説空間の順序付けに影響を与える．例えば，もしある事前情報を節

    bodyPart(X,scales):-bodyPart(X,pairOf(gill))

に加えると，2 つの仮説

    fish(X):-bodyPart(X,scales),
    fish(X):-bodyPart(X,pairOf(gill))

において，1 番めの仮説は 2 番めの仮説より一般的なものとなる．しかしながら，これは構文のみからわかることではなく，論理的な推論を必要とする．

一階述語論理から導かれる他の興味深い可能性として，節の再帰的な学習が考えられる．例えば，仮説の一部が以下の節で書けるとする．

    fish(X):-relatedSpecies(X,Y),fish(Y).

これは，仮説のボディに利用できる背景述語と学習されるべき目的述語の区別をあいまいにしてしまい，計算上の困難 (非停止など) を導くことになる．しかしこれは，まったく実用不可能ということはなく，関連のある技法が，多重かつ相互関係のある述語関数を一度に学習し，また未観測の背景述語を発見するのに利用できる．

6.5 ルールモデル：まとめと参考文献

決定木では，根から葉へ続く枝は連言分類ルール (conjunctive classification rule) と

して理解された．ルールモデルはこれの一般化であり，多くのルールをモデルに組み込むことができる．典型的なルール学習アルゴリズムはカバリングアルゴリズムであり，これは 1 つのルールを学習し，カバーされる事例をデータセットから取り除くプロセスを反復する手法である．このアプローチは Michalski (1975) によって AQ システムとして提案され，ここ 30 年で急速に発展している (Wojtusiak et al., 2006)．ルールモデルの一般的な概観は Fürnkranz (1999, 2010) や Fürnkranz et al. (2012) が与えている．カバレッジプロット (coverage plot) は，ルール学習アルゴリズムをより詳しく理解するため，また複数の発見的探索法の関係性 (ほとんどの場合が同等性) を調べるために，Fürnkranz and Flach (2005) によって導入された．

♣ ルールは重複を生じることがあり，そのため，ルール間の潜在的な衝突を解決する必要がある．そのような方法の 1 つが 6.1 節で議論した，複数のルールを順序付けしたルールリストに統合する方法である．Rivest (1987) はこの手法を決定木と比較し，そのルールベースのモデルを「決定リスト (decision list)」と呼んだ (本書ではリストの要素が単一のリテラルであるかのような印象を与えにくいように「ルールリスト」の呼称を採用した)．よく知られた学習器として CN2 (Clark and Niblett, 1989) や Ripper (Cohen, 1995) があり，後者はインクリメンタル縮小誤差刈り込み (incremental reduced-error pruning: Fürnkranz and Widmer, 1994) による過適合を回避する効果がある．また，注目すべき学習器として，学習可能なすべてのルールの空間をくまなく探索することで有名になった Opus システム (Webb, 1995) がある．

♣ 6.2 節では，6.1 節とは対照的に，順序付けされていないルールセットについて述べた．カバリングアルゴリズムは 1 回に 1 つのクラスに対してのみルール学習を行い，いま考察しているそのクラス内でルールがカバーしている事例のみを取り除く．CN2 は順序付けされていないルールセットの学習を行うこともできる (Clark and Boswell, 1991)．概念的には，ルールリストとルールセットは共に，与えられたルールの集合のすべての論理結合 (Boolean combination) を分離するルール木の特別な場合であるといえる．また，ルールリストのインスタンス空間セグメントは，(ルールの集合上の) ルールセットのそれよりも少なくなる．一方で，ルールリストのカバレッジ曲線は訓練データセット上で凸性を有する．ルールセットはルールの重複部分におけるクラス分布を推定する必要がある．

♣ ルールモデルは記述的なタスクに利用でき，6.3 節ではサブグループ発見のためのルール学習について議論した．重み付きカバリングアルゴリズムは Lavrač et al. (2004) によって CN2 の応用として導入され，Abudawood and Flach (2009) が 3 クラス以上の場合に一般化した．アルゴリズム 6.7 はアソシエーションルールを学習するためのアルゴリズムであり，Agrawal et al. (1996) によって考案された有名な Apriori アルゴリズムによっている．他にもこれに代わる多くのアルゴリ

ズムが提案されており，Han et al. (2007) にまとめられている．アソシエーションルールは有効な分類器の構成にも利用することができる (Liu et al., 1998; Li et al., 2001 を参照).

♣ 6.4 節で簡単に紹介した一階ルール学習は 40 年前から研究されており，豊富な歴史をもつ．De Raedt (2008) には優れた近年の研究がまとめられており，Muggleton et al. (2012) には最新手法の概観と未解決問題 (open problem) が提示されている．Flach (1994) は Prolog の序論と帰納論理プログラミングにおけるいくつかの重要なテクニックを用いた高度なプログラミングについて議論している．Quinlan (1990) が開発した FOIL システムは本章で議論したトップダウン学習アルゴリズムを実装している．ボトムアップ法は Golem システム (Mugglelton and Feng, 1990) に最初に組み込まれ，ILP システムのなかで最も有用な 2 つの手法である Progol (Mugglelton, 1995) と Aleph (Srinivasan, 2007) に取り込まれたことでさらにその有用性が広まった．一階ルールは教師なし学習にも適用でき，例えば，一階節 (ホーンである必要はない) を学習する Tertius (Flach and Lachiche, 2001) や，一階アソシエーションルールを学習する Warmr (King et al., 2001) などがよく知られている．高階論理は，学習においてより高い利益をもたらすより強いデータの型を構成できる (Lloyd, 2003)．より最新の発展研究として一階述語論理と確率モデルの結合があり，これは統計的関係学習 (statistical relational learning) につながる (De Raedt and Kersting, 2010).

Chapter 7

線 形 モ デ ル

本章では，前節までで扱った論理モデルとはまったく異なるモデルを扱おう．本章と次章で扱うモデルは，インスタンス空間の幾何学的観点から定義される．幾何モデルにおいて，インスタンスは d 個の実数値からなる特徴量により記述されると仮定することが多い．したがって，$\mathscr{X} = \mathbb{R}^d$ である．例えば，地図上の物体の位置は緯度と経度によって記述することができ ($d = 2$)，実世界では緯度と経度，そして高度によって記述することができる ($d = 3$)．実数値で表されるほとんどの特徴 (人の年齢や物体の温度など) は，本来幾何学的な量ではないが，それらを d 次元直交座標系に配置することはできる．これによって，直線や平面といった空間に構造を与える概念を駆使し，例えば分類モデルの構築ができるようになる．また，2 つの点が近ければそれらの特徴量は似たような値をもち，それゆえ興味ある性質に対しても似たような振る舞いが期待される．したがって，類似度を表すために距離という幾何学的概念を利用することができる．このような距離ベースのモデルは，次章で取り扱う．本章では，一般に線形モデル (linear model) と呼ばれる，直線や平面といった概念から理解されるモデルについて考える．

線形性は，数学やその関連分野において基本的な役割を担い，線形モデルの数理はよく理解されている (線形モデルにおける重要な概念については，背景 7.1 を参照せよ)．機械学習では，線形モデルはその単純さから強い関心が向けられている (第 1 章で述べた，「できるだけ単純化せよ，でもやりすぎるな」という経験則を思い出そう)．

- ♣ 線形モデルはパラメトリック (parametric) である．すなわち，線形モデルはデータからの学習を要する，少数のパラメータによって記述される．これは，木モデルやルールモデルのような，構造 (例えば，木モデルにおいてどの特徴量をどこで用いるかのような) が事前に規定されていないモデルとは異なる．
- ♣ 線形モデルは安定的である．すなわち，訓練データの小さな変動は，モデルの学習に限定的な影響しか与えない．木モデルの根部分における異なる分岐の選択は，一般にその後のさらなる分岐の選択も変えてしまう．そのため，木モデルでは，訓練データの変化に伴う学習の変動が線形モデルより大きい傾向にある．

♣ 線形モデルは，比較的少数のパラメータしかもたないため，他のモデルよりも訓練データに過適合しにくい．裏を返せば，これは時として過少適合 (underfitting) を招くことを意味する．例えば，ラベル付けされた標本から2国間の国境がどこを走っているかを学習することを想像してみよう．このとき，線形モデルは良い近似を与えにくい．

最後の2点は，線形モデルは低分散で高バイアスである，と要約できる．このようなモデルは，データのサイズが小さく，過適合を避けたい場合によく好まれる．高分散かつ低バイアスであるモデル (木モデルなど) は，データが豊富で過少適合が問題となる場合に好まれる．通常は，線形モデルのような簡素で高バイアスなモデルから出発し，それが過少適合であると思われる場合にのみ，より複雑なモデルを検討するのがよいだろう．

線形モデルは，分類，確率推定，回帰などすべての予測タスクに対して存在する．とくに線形回帰は，次節で扱う最小二乗法によって解くことのできる，よく研究された方法である．本章では，最小二乗分類 (7.1節)，パーセプトロン (7.2節)，サポートベクトルマシン (7.3節) など，多くの線形モデルを扱う．また，7.4節でこれらのモデルから確率を推定する方法について議論する．最後に，7.5節でこれらの方法がカーネル関数という手段によって，非線形モデルを学習できることを概観する．

背景 7.1　線形モデル

x_1 と x_2 がスカラーまたは同じ次元のベクトル，α と β が任意のスカラーであるとき，$\alpha x_1 + \beta x_2$ を x_1 と x_2 の線形結合 (linear combination) であるという．f が x の線形関数 (linear function) であるとき，

$$f(\alpha x_1 + \beta x_2) = \alpha f(x_1) + \beta f(x_2)$$

が成り立つ．言葉で表すと，ある入力の線形結合の関数値が，個々の関数値の線形結合であるということである．特別な場合として，$\beta = 1 - \alpha$ かつ $0 \leq \alpha \leq 1$ ならば線形結合は重み付き平均となり，f の線形性は，重み付き平均の関数値が関数値の重み付き平均と等しいことを意味する．

f の定義域と値域に依存して，線形関数は特定の形で表される．x と $f(x)$ が共にスカラーならば，f はある定数 a と b によって $f(x) = a + bx$ と表される．a を切片，b を傾きという．$\mathbf{x} = (x_1, \ldots, x_d)$ がベクトルで $f(\mathbf{x})$ がスカラーならば，$\mathbf{b} = (b_1, \ldots, b_d)$ を用いて

$$f(\mathbf{x}) = a + b_1 x_1 + \cdots + b_d x_d = a + \mathbf{b} \cdot \mathbf{x} \tag{7.1}$$

と表される．方程式 $f(\mathbf{x}) = 0$ は，法線ベクトル $\mathbf{b}$ に垂直な $\mathbb{R}^d$ 上の平面を表す．

最も一般的な場合は，$f(\mathbf{x})$ が d' 次元ベクトルである場合である．このとき，d' 行 d 列の行列 $\mathbf{M}$ と d' 次元ベクトル $\mathbf{t}$ によって $f(\mathbf{x}) = \mathbf{M}\mathbf{x} + \mathbf{t}$ と表すことができる．ここで，$\mathbf{M}$ は回転や拡大・縮小といった線形変換 (linear transformation) を表し，$\mathbf{t}$ は平行移動を表す．このような場合，f をアフィン変換 (affine transformation) という．線形変換とアフィン変換の違いは，前者では原点を原点に写像する点である．(7.1) 式の形の線形関数は，切片が 0 の場合にのみ線形変換であることに注意しよう．

同次座標系を用いることによって，切片 a または平行移動 $\mathbf{t}$ を用いた表現を避けることができる．例えば，(7.1) 式において $\mathbf{b}° = (a, b_1, \ldots, b_d)$ と $\mathbf{x}° = (1, x_1, \ldots, x_d)$ と書くことによって，$f(\mathbf{x}) = \mathbf{b}° \cdot \mathbf{x}°$ と表すことができる (背景 1.2 を参照せよ)．

非線形関数の例は，次数 $p > 1$ の多項式 $g(x) = a_0 + a_1 x + a_2 x^2 + \cdots + a_p x^p = \sum_{i=0}^{p} a_i x^i$ である．その他の非線形関数は，テイラー展開によって多項式で近似することができる．関数 g の，点 x_0 まわりでの線形近似 (linear approximation) は，g' を g の導関数として $g(x_0) + g'(x_0)(x - x_0)$ である．区分的線形近似は，複数の異なる点での線形近似を組み合わせることによって得られる．

7.1 最小二乗法

7.1.1 線形単回帰

まずは，回帰と分類の両者において，線形モデルの学習に用いられる方法の紹介から始めよう．回帰問題とは，例 $(x_i, f(x_i))$ $(i = 1, \ldots, n)$ から推定関数 $\hat{f} : \mathscr{X} \to \mathbb{R}$ を学習するという問題であった．本章では，$\mathscr{X} = \mathbb{R}^d$ と仮定する．真の関数値と推定された関数値の差 $\varepsilon_i = f(x_i) - \hat{f}(x_i)$ を，残差 (residual) と呼ぶ．最小二乗法 (least-squares method) は，$\sum_{i=1}^{n} \varepsilon_i^2$ を最小にするような $\hat{f}$ を探索する方法であり，18 世紀後半にカール・フリードリヒ・ガウスにより導入された．次の例は，単純な状況における最小二乗法である．このような 1 つの特徴量 x_i からなる回帰を，単回帰 (univariate regression) という．

例 7.1 線形単回帰

ある人々の身長と体重の関係を調べたいとしよう．n 組の身長と体重の測定値 (h_i, w_i) $(1 \leq i \leq n)$ を集めたとする．線形単回帰は，方程式 $w = a + bh$ を仮定し，残差の二乗和 $\sum_{i=1}^{n} (w_i - (a + bh_i))^2$ を最小にするようなパラメータ a と b の値を選ぶ．そのためには，上式の偏導関数をとり，それらが 0 となる方程式を a と b について解けばよい．

7.1 最小二乗法

$$\frac{\partial}{\partial a}\sum_{i=1}^n (w_i-(a+bh_i))^2 = -2\sum_{i=1}^n (w_i-(a+bh_i)) = 0 \quad \Rightarrow \hat{a} = \bar{w}-\hat{b}\bar{h}$$

$$\frac{\partial}{\partial b}\sum_{i=1}^n (w_i-(a+bh_i))^2 = -2\sum_{i=1}^n (w_i-(a+bh_i))h_i = 0$$

$$\Rightarrow \hat{b} = \frac{\sum_{i=1}^n (h_i-\bar{h})(w_i-\bar{w})}{\sum_{i=1}^n (h_i-\bar{h})^2}$$

ここで，$\bar{h}$ と $\bar{w}$ はそれぞれ身長と体重の標本平均である．以上より，線形回帰による解は $w = \hat{a}+\hat{b}h = \bar{w}+\hat{b}(h-\bar{h})$ となる (例えば，図 7.1 を参照せよ).

注意すべきは，この例における回帰係数 (regression coefficient) または傾き $\hat{b}$ は，分子が h と w の共分散を n 倍したもの，分母が h の分散を n 倍したものの分数で表されるということである．このことは一般の場合にも成り立つ．特徴量 x と目的変数 y に対して，回帰係数は

$$\hat{b} = n\frac{\sigma_{xy}}{n\sigma_{xx}} = \frac{\sigma_{xy}}{\sigma_{xx}}$$

と表される (σ_{xx} は，x の分散 σ_x^2 の別表現である)．これは，共分散の単位が x と y の単位の積 (例 7.1 では，センチメートルとキログラムの積)，分散の単位が x の単位の平方 (センチメートルの平方) であり，これらの商の単位が x の単位あたりの y の単位となる (キログラム / センチメートル) ことからも理解できる．

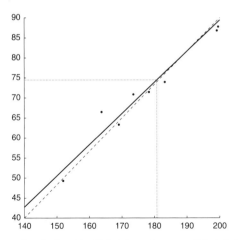

図 7.1 実線は，9 人の体重 (y 軸，単位はキログラム) に対する身長 (x 軸，単位はセンチメートル) の線形回帰の結果である．点線は平均身長 $\bar{h} = 181$ と平均体重 $\bar{w} = 74.5$ を示す．回帰係数は $\hat{b} = 0.78$ である．測定値は平均 0，分散 5 の正規分布に従う誤差を，破線 ($b = 0.83$) で示されるモデルに加えて生成した．

より有益な事実を見出すこともできる．切片 $\hat{a}$ は，点 $(\bar{x},\bar{y})$ を通る回帰直線上の点である．すべての x の値に定数を足すこと (平行移動) は，切片には影響を与えるが，回帰係数には影響を与えない (回帰係数は平均からの隔たりにより定義されているため，平行移動の影響を受けない)．したがって，x の値から $\bar{x}$ を引いて中心化 (zero-centre) し，切片を $\bar{y}$ と等しくすることができる．さらに，y の値から $\bar{y}$ を引くと，問題の本質に変更を加えることなく切片を 0 にすることができる．

さらに，x_i を $x_i' = x_i/\sigma_{xx}$ に置き換え，$\bar{x}$ を $\bar{x}' = \bar{x}/\sigma_{xx}$ に置き換えると $\hat{b} = \frac{1}{n}\sum_{i=1}^{n}(x_i' - \bar{x}')(y_i - \bar{y}) = \sigma_{x'y}$ となる．言い換えると，x をその分散で割って正規化する (normalise) と，正規化された特徴量と目的変数の共分散は回帰係数となる．さらに言い換えると，線形単回帰は次の 2 つのステップから構成されていることがわかる．

1) 特徴量を，その分散で割って正規化する．
2) 目的変数と特徴量の共分散を計算する．

後で，複数の特徴量を扱うときに，これらのステップがどのように変わるかをみる．

もう 1 つの重要な点は，最小二乗解の残差の和が 0 になるということである．

$$\sum_{i=1}^{n}(y_i - (\hat{a} + \hat{b}x_i)) = n(\bar{y} - \hat{a} - \hat{b}\bar{x}) = 0$$

これは，例 7.1 で示したように $\hat{a} = \bar{y} - \hat{b}\bar{x}$ から得られる．この性質は，直感的に非常に好ましいものであるが，線形回帰が外れ値 (outlier) に影響を受けやすい原因にもなっていることには留意すべきだろう．外れ値とは，多くの場合は測定の誤差によって，回帰直線から遠くに位置してしまった点のことである．

> **例 7.2 外れ値の影響**
> 転記ミスによって，図 7.1 の体重の 1 つが 10 kg 増えたとしよう．図 7.2 は，その変化が最小二乗回帰直線に大きく影響することを示している．

外れ値に対する敏感さにもかかわらず，最小二乗法は単純なわりに驚くほどうまく機能する．これはどのように正当化されるのだろうか？ 1 つの見方は，真の関数 f が本当に線形であるが，観測される y の値はランダムノイズが混じっていると仮定することである．すなわち，観測された例は $(x_i, f(x_i))$ ではなく $(x_i, f(x_i) + \varepsilon_i)$ であり，ある a と b に対して $f(x) = a + bx$ と仮定することである．a と b が既知であれば，残差の値が正確に計算できるし，分散 σ^2 が既知であれば，残差の集合が得られる確率の推定もできるだろう．しかし a と b は未知であるため，推定しなければならない．望ましい a と b の推定値は，残差の得られる確率が最大になるような値である．第 9 章では，最尤推定値と呼ばれるものが最小二乗法の解と同等であることを学ぶ．

最小二乗推定量の拡張版も存在する．ここまでで議論したのは，'通常の (ordinary)'

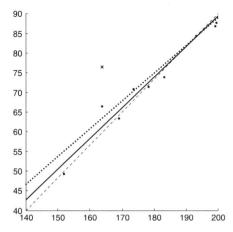

図 7.2 単回帰における外れ値の影響．点の 1 つが縦方向に 10 単位変化し，×印で示した点へ移動すると，回帰直線 (実線) が点線の直線に変化する．

最小二乗法であり，y のみにランダムノイズが混入すると仮定している．全最小二乗法 (total least squares) は，x と y の両方にノイズが混入する場合に一般化したものであるが，一意な解をもつとは限らない．

背景 7.2 行列の記法について

$\mathbf{X}$ は通常，列に d 個の特徴量を配し，行に n 個のインスタンスを配した，n 行 d 列のデータ行列を表す．$\mathbf{X}_r$ は $\mathbf{X}$ の第 r 行を表し，$\mathbf{X}_{\cdot c}$ は $\mathbf{X}$ の第 c 列を表す．また，$\mathbf{X}_{rc}$ は r 行 c 列の成分を表す．i と j は，それぞれ行と列の番号を表すために用いられる．第 j 列の平均は $\mu_j = \frac{1}{n}\sum_{i=1}^{n}\mathbf{X}_{ij}$ で定義され，$\boldsymbol{\mu}^{\mathrm{T}}$ はすべての列の平均を含む行ベクトルである．$\mathbf{1}$ を，すべての成分が 1 である n 次元ベクトルであるとすると，$\mathbf{1}\boldsymbol{\mu}^{\mathrm{T}}$ は各行が $\boldsymbol{\mu}^{\mathrm{T}}$ である n 行 d 列の行列である．したがって，$\mathbf{X}' = \mathbf{X} - \mathbf{1}\boldsymbol{\mu}^{\mathrm{T}}$ は各列の平均が 0 であり，中心化データ行列 (zero-centred data matrix) と呼ばれる．散乱行列 (scatter matrix) は，d 行 d 列の行列 $\mathbf{S} = \mathbf{X}'^{\mathrm{T}}\mathbf{X}' = (\mathbf{X} - \mathbf{1}\boldsymbol{\mu}^{\mathrm{T}})^{\mathrm{T}}(\mathbf{X} - \mathbf{1}\boldsymbol{\mu}^{\mathrm{T}}) = \mathbf{X}^{\mathrm{T}}\mathbf{X} - n\mathbf{M}$ である．ここで，$\mathbf{M} = \boldsymbol{\mu}\boldsymbol{\mu}^{\mathrm{T}}$ は d 行 d 列の行列で，その成分は列の平均の積 $\mathbf{M}_{jc} = \mu_j\mu_c$ である．$\mathbf{X}$ の共分散行列 (covariance matrix) は $\boldsymbol{\Sigma} = \frac{1}{n}\mathbf{S}$ であり，その成分は共分散 $\sigma_{jc} = \frac{1}{n}\sum_{i=1}^{n}(\mathbf{X}_{ij} - \mu_j)(\mathbf{X}_{ic} - \mu_c) = \frac{1}{n}(\sum_{i=1}^{n}\mathbf{X}_{ij}\mathbf{X}_{ic} - \mu_i\mu_c)$ である．相関のない 2 つの特徴量は，0 に近い共分散をもつ．正の相関をもつ 2 つの特徴量は正の共分散をもち，2 つの特徴量が共に増減する傾向にあることを示す．負の相関をもつ 2 つの特徴量は負の共分散をもち，一方の特徴量が増加すれば他方が減少する傾向にあること (逆も同様) を示す．$\sigma_{jj} = \frac{1}{n}\sum_{i=1}^{n}(\mathbf{X}_{ij} - \mu_j)^2 = \frac{1}{n}\left(\sum_{i=1}^{n}\mathbf{X}_{ij}^2 - \mu_j^2\right)$ は第 j 列の分散 (variance) であり，σ_j^2 とも表す．分散はつねに正であり，平均まわり

の値の散らばり具合を示す量である.

簡単な例で，これらの定義を確認しよう.

$$\mathbf{X} = \begin{pmatrix} 5 & 0 \\ 3 & 5 \\ 1 & 7 \end{pmatrix}, \quad \mathbf{1}\boldsymbol{\mu}^{\mathrm{T}} = \begin{pmatrix} 3 & 4 \\ 3 & 4 \\ 3 & 4 \end{pmatrix}, \quad \mathbf{X}' = \begin{pmatrix} 2 & -4 \\ 0 & 1 \\ -2 & 3 \end{pmatrix},$$

$$\mathbf{G} = \begin{pmatrix} 25 & 15 & 5 \\ 15 & 34 & 38 \\ 5 & 38 & 50 \end{pmatrix}, \quad \mathbf{X}^{\mathrm{T}}\mathbf{X} = \begin{pmatrix} 35 & 22 \\ 22 & 74 \end{pmatrix}, \quad \mathbf{M} = \begin{pmatrix} 9 & 12 \\ 12 & 16 \end{pmatrix},$$

$$\mathbf{S} = \begin{pmatrix} 8 & -14 \\ -14 & 26 \end{pmatrix}, \quad \boldsymbol{\Sigma} = \begin{pmatrix} 8/3 & -14/3 \\ -14/3 & 26/3 \end{pmatrix}.$$

この例では，2 つの特徴量が負の相関をもち，2 番めの特徴量が大きな分散をもつことがわかる. 散乱行列の他の計算法は，各例の外積の和をとることである ($\mathbf{S} = \sum_{i=1}^{n}(\mathbf{X}_{i\cdot} - \boldsymbol{\mu}^{\mathrm{T}})^{\mathrm{T}}(\mathbf{X}_{i\cdot} - \boldsymbol{\mu}^{\mathrm{T}})$). この例では，次のようになる.

$$(\mathbf{X}_{1\cdot} - \boldsymbol{\mu}^{\mathrm{T}})^{\mathrm{T}}(\mathbf{X}_{1\cdot} - \boldsymbol{\mu}^{\mathrm{T}}) = \begin{pmatrix} 2 \\ -4 \end{pmatrix} \begin{pmatrix} 2 & -4 \end{pmatrix} = \begin{pmatrix} 4 & -8 \\ -8 & 16 \end{pmatrix}$$

$$(\mathbf{X}_{2\cdot} - \boldsymbol{\mu}^{\mathrm{T}})^{\mathrm{T}}(\mathbf{X}_{2\cdot} - \boldsymbol{\mu}^{\mathrm{T}}) = \begin{pmatrix} 0 \\ 1 \end{pmatrix} \begin{pmatrix} 0 & 1 \end{pmatrix} = \begin{pmatrix} 0 & 0 \\ 0 & 1 \end{pmatrix}$$

$$(\mathbf{X}_{3\cdot} - \boldsymbol{\mu}^{\mathrm{T}})^{\mathrm{T}}(\mathbf{X}_{3\cdot} - \boldsymbol{\mu}^{\mathrm{T}}) = \begin{pmatrix} -2 \\ 3 \end{pmatrix} \begin{pmatrix} -2 & 3 \end{pmatrix} = \begin{pmatrix} 4 & -6 \\ -6 & 9 \end{pmatrix}$$

7.1.2 線形重回帰

任意の数の特徴量を扱うためには，行列表記を用いるのが便利である (背景 7.2). 単回帰は，行列表記を用いて次のように書くことができる.

$$\begin{pmatrix} y_1 \\ \vdots \\ y_n \end{pmatrix} = \begin{pmatrix} 1 \\ \vdots \\ 1 \end{pmatrix} a + \begin{pmatrix} x_1 \\ \vdots \\ x_n \end{pmatrix} b + \begin{pmatrix} \varepsilon_1 \\ \vdots \\ \varepsilon_n \end{pmatrix}$$

$$\mathbf{y} = \mathbf{a} + \mathbf{X}\mathbf{b} + \boldsymbol{\varepsilon}$$

2 つめの形式において，$\mathbf{y}$, $\mathbf{a}$, $\mathbf{X}$, $\boldsymbol{\varepsilon}$ は n 次元ベクトルであり，$\mathbf{b}$ はスカラーである. 特徴量が d 個の場合は，$\mathbf{X}$ は n 行 d 列の行列になり，$\mathbf{b}$ は d 次元の回帰係数ベクトルになる.

同次座標系を用いると，これらの方程式はより簡潔になる.

7.1 最小二乗法

$$\begin{pmatrix} y_1 \\ \vdots \\ y_n \end{pmatrix} = \begin{pmatrix} 1 & x_1 \\ \vdots & \vdots \\ 1 & x_n \end{pmatrix} \begin{pmatrix} a \\ b \end{pmatrix} + \begin{pmatrix} \varepsilon_1 \\ \vdots \\ \varepsilon_n \end{pmatrix}$$

$$\mathbf{y} = \mathbf{X}^\circ \mathbf{w} + \boldsymbol{\varepsilon}$$

ここで，$\mathbf{X}^\circ$ は第 1 列の成分がすべて 1 であり，残りの列は $\mathbf{X}$ の列であるような n 行 $(d+1)$ 列の行列である．また，$\mathbf{w}$ は第 1 成分が切片で，残りの d 個は回帰係数であるような $(d+1)$ 次元ベクトルである．簡単のため，上の 2 種類の表記を明確に区別せず，d 列をもつ行列 $\mathbf{X}$ を用いて回帰方程式を $\mathbf{y} = \mathbf{X}\mathbf{w} + \boldsymbol{\varepsilon}$ と書くことにする (文脈から，同次座標系を用いて切片を表すのか，中心化された特徴量と目的変数を考えているのかは明らかになるであろう)．

単回帰の場合，$\mathbf{w}$ の解は陽に得られた．重回帰の場合も同様にできるだろうか？ まずは，各特徴量と目的変数の共分散が必要になりそうである．そこで，$\mathbf{X}^\mathrm{T}\mathbf{y}$ という n 次元ベクトルを考えよう．このベクトルは，第 j 成分に $\mathbf{X}$ の第 j 列 $(x_{1j}, \ldots, x_{nj})$ と $(y_1, \ldots, y_n)$ の積和

$$(\mathbf{X}^\mathrm{T}\mathbf{y})_j = \sum_{i=1}^n x_{ij} y_i = \sum_{i=1}^n (x_{ij} - \mu_j)(y_i - \bar{y}) + n\mu_j \bar{y} = n(\sigma_{jy} + \mu_j \bar{y})$$

をもつ．各特徴量が中心化されていると仮定すると，$\mu_j = 0$ であり，$\mathbf{X}^\mathrm{T}\mathbf{y}$ は必要となるすべての共分散 (の n 倍) をもつ n 次元ベクトルとなる．

特徴量が 1 個 (単変量) の場合，その分散が 1 になるように正規化する必要があった．特徴量が複数個 (多変量) の場合，正規化は対角成分に $1/n\sigma_{jj}$ をもつ d 行 d 列の対角行列によって実現される．このような行列は，$\mathbf{S}$ が対角成分に $n\sigma_{jj}$ をもつ対角行列であるとき，その逆行列をとることによって得られる．したがって，線形重回帰 (multivariate regression) 問題の解への第一歩は

$$\hat{\mathbf{w}} = \mathbf{S}^{-1} \mathbf{X}^\mathrm{T} \mathbf{y} \tag{7.2}$$

である．一般の場合には，実は $\mathbf{S}$ よりも複雑な行列が必要になる．

$$\hat{\mathbf{w}} = (\mathbf{X}^\mathrm{T}\mathbf{X})^{-1} \mathbf{X}^\mathrm{T} \mathbf{y}. \tag{7.3}$$

項 $(\mathbf{X}^\mathrm{T}\mathbf{X})^{-1}$ について，もう少し理解を深めよう．特徴量が中心化され，かつ無相関 (異なる 2 つの特徴量の共分散がすべて 0) であると仮定しよう．背景 7.2 の記法では，共分散行列 $\boldsymbol{\Sigma}$ は対角成分が σ_{jj} の対角行列である．$\mathbf{X}^\mathrm{T}\mathbf{X} = n(\boldsymbol{\Sigma} + \mathbf{M})$ であり，$\mathbf{X}$ の列は中心化されていることから，$\mathbf{M}$ の成分はすべて 0 である．したがって，$\mathbf{X}^\mathrm{T}\mathbf{X}$ は対角成分が $n\sigma_{jj}$ の対角行列である．つまり，これは前述した行列 $\mathbf{S}$ である．言い換えると，中心化され，かつ無相関な特徴量に対して $(\mathbf{X}^\mathrm{T}\mathbf{X})^{-1}$ は行列 $\mathbf{S}^{-1}$ に帰着する．一般の場合，特徴量に対して仮定を設けることはできず，$(\mathbf{X}^\mathrm{T}\mathbf{X})^{-1}$ は特徴量を無相関に

し，中心化かつ正規化するような[*1]役割をもつ．

このことをより明確に理解するため，次の例では $(\mathbf{X}^T\mathbf{X})^{-1}$ がどのように機能するかを 2 変量の場合で示している．

例 7.3 行列表記を用いた 2 変量線形回帰
まず，基本的な表現を与えよう．

$$\mathbf{X}^T\mathbf{X} = \begin{pmatrix} x_{11} & \cdots & x_{n1} \\ x_{12} & \cdots & x_{n2} \end{pmatrix} \begin{pmatrix} x_{11} & x_{12} \\ \vdots & \vdots \\ x_{n1} & x_{n2} \end{pmatrix} = n \begin{pmatrix} \sigma_{11} + \bar{x}_1^2 & \sigma_{12} + \bar{x}_1\bar{x}_2 \\ \sigma_{12} + \bar{x}_1\bar{x}_2 & \sigma_{22} + \bar{x}_2^2 \end{pmatrix}$$

$$(\mathbf{X}^T\mathbf{X})^{-1} = \frac{1}{nD} \begin{pmatrix} \sigma_{22} + \bar{x}_2^2 & -\sigma_{12} - \bar{x}_1\bar{x}_2 \\ -\sigma_{12} - \bar{x}_1\bar{x}_2 & \sigma_{11} + \bar{x}_1^2 \end{pmatrix}$$

$$D = (\sigma_{11} + \bar{x}_1^2)(\sigma_{22} + \bar{x}_2^2) - (\sigma_{12} + \bar{x}_1\bar{x}_2)^2$$

$$\mathbf{X}^T\mathbf{y} = \begin{pmatrix} x_{11} & \cdots & x_{n1} \\ x_{12} & \cdots & x_{n2} \end{pmatrix} \begin{pmatrix} y_1 \\ \vdots \\ y_n \end{pmatrix} = n \begin{pmatrix} \sigma_{1y} + \bar{x}_1\bar{y} \\ \sigma_{2y} + \bar{x}_2\bar{y} \end{pmatrix}$$

いま，2 つの特殊な場合を考えよう．1 つめの場合は，$\mathbf{X}$ が同次座標系で表される場合 (すなわち，単回帰の場合) である．このとき，$1 \leq i \leq n$ に対して，$x_{i1} = 1$ であり，$\bar{x}_1 = 1$，$\sigma_{11} = \sigma_{12} = \sigma_{1y} = 0$ である．x_2 を x，σ_{22} を σ_{xx}，σ_{2y} を σ_{xy} と書くとすると，次を得る．

$$(\mathbf{X}^T\mathbf{X})^{-1} = \frac{1}{n\sigma_{xx}} \begin{pmatrix} \sigma_{xx} + \bar{x}^2 & -\bar{x} \\ -\bar{x} & 1 \end{pmatrix}$$

$$\mathbf{X}^T\mathbf{y} = n \begin{pmatrix} \bar{y} \\ \sigma_{xy} + \bar{x}\bar{y} \end{pmatrix}$$

$$\hat{\mathbf{w}} = (\mathbf{X}^T\mathbf{X})^{-1}\mathbf{X}^T\mathbf{y} = \frac{1}{\sigma_{xx}} \begin{pmatrix} \sigma_{xx}\bar{y} - \sigma_{xy}\bar{x} \\ \sigma_{xy} \end{pmatrix}$$

これは例 7.1 と同じ結果である．

2 つめの場合は，x_1, x_2, y が中心化されている場合である．これは，切片が 0 で $\mathbf{w}$ に 2 個の回帰係数が含まれていることを意味する．この場合は，次のようになる．

[*1] [訳注：この記述は，あくまで比喩であることに注意されたい．一般には，変換 $(\mathbf{X}^T\mathbf{X})^{-1}$ でこれらの結果は得られない．]

$$(\mathbf{X}^{\mathrm{T}}\mathbf{X})^{-1} = \frac{1}{n(\sigma_{11}\sigma_{22} - \sigma_{12}^2)} \begin{pmatrix} \sigma_{22} & -\sigma_{12} \\ -\sigma_{12} & \sigma_{11} \end{pmatrix}$$

$$\mathbf{X}^{\mathrm{T}}\mathbf{y} = n \begin{pmatrix} \sigma_{1y} \\ \sigma_{2y} \end{pmatrix}$$

$$\hat{\mathbf{w}} = (\mathbf{X}^{\mathrm{T}}\mathbf{X})^{-1}\mathbf{X}^{\mathrm{T}}\mathbf{y} = \frac{1}{\sigma_{11}\sigma_{22} - \sigma_{12}^2} \begin{pmatrix} \sigma_{22}\sigma_{1y} - \sigma_{12}\sigma_{2y} \\ \sigma_{11}\sigma_{2y} - \sigma_{12}\sigma_{1y} \end{pmatrix}$$

最後の式は，x_1 と x_2 の相関を考慮すれば ($\sigma_{12} \neq 0$)，たとえ x_1 と y の間に相関がなくても ($\sigma_{1y} = 0$)，x_1 の回帰係数は必ずしも 0 にならないことを示す．

$\sigma_{12} = 0$ を仮定すると，$\hat{\mathbf{w}}$ の成分は σ_{jy}/σ_{jj} となり，(7.2) 式に帰着することに注意しよう．つまり，特徴量間がすべて無相関であると仮定すると，重回帰問題は情報を失うことなく d 個の単回帰問題に分解できることを意味する．本書では，多変量の学習問題が複数の単変量問題に分解される例がいくつかある (例えば，第 1 章のナイーブベイズ分類器)．ここで，なぜ特徴量間の相関を考慮に入れるのかと，疑問に思う読者もいるかもしれない．

その答えは，相関を無視することが結果に悪影響をもたらす場合がある，ということである．図 7.3 (左) のデータは特徴量間の相関が弱く，結果として真の関数 (平面) について十分な情報をもっている．一方で，図 7.3 (右) では 2 つの特徴量が強い負の相関を示しているため，一方の特徴量が増えれば他方が減る．つまり，$y = x_1 + x_2 + \varepsilon$ はほとんど一定の値をとることになる．その結果，重回帰問題を 2 つの単回帰問題に

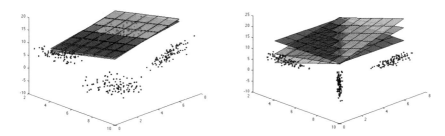

図 **7.3** (左) 線形回帰によって学習された回帰関数 (緑の平面)．真の関数は $y = x_1 + x_2$ である (赤の平面)．赤い点はこの関数から得られた応答に，ノイズを加えたものである．黒い点は，それらの点を (x_1, x_2) 平面に射影したものである．青の平面は，分解された 2 つの単回帰問題 (青の点) の結果である．どちらの学習の結果も，真の関数の良い近似となっている．(右) 真の関数は左図と同じであるが，x_1 と x_2 が非常に高い負の相関をもっている．このとき，データは真の関数についての情報を十分にもたない．実際に，単回帰問題に分解した場合，学習したそれぞれの関数は定数に近い関数となってしまう．[口絵 6 参照]

分解すると，ほとんど定数に近い関数を学習することになってしまう．公正を期すため，共分散行列を考慮に入れたとしても，この例ではうまく学習できない．詳細はここでは述べないが，共分散を考慮する方法の長所は，このような場合に回帰係数の推定値が信頼に足らないことを示唆してくれる点である．一方で，最小二乗解 (7.3) の計算量の大部分は d 行 d 列の行列 $\mathbf{X}^\mathrm{T}\mathbf{X}$ の逆行列をとることを要し，特徴量が高次元である場合には計算が困難になりうる．

7.1.3 正則化回帰

先ほど，最小二乗回帰が不安定になる例をみた．この例は，特徴量間に強い相関がある場合であった．解の不安定性は，過適合の顕れである．正則化法 (regularisation) は，重みベクトル $\mathbf{w}$ に制約を与えることによって過適合を防ぐ一般的な方法である．正則化法に共通するのは，重みベクトルが平均的に小さくなることを保証する点である．これを縮小 (shrinkage) と呼ぶ．縮小がどのように達成されるかを示すため，まずは最小二乗回帰問題を最適化問題として書いてみよう．

$$\mathbf{w}^* = \arg\min_{\mathbf{w}} (\mathbf{y} - \mathbf{X}\mathbf{w})^\mathrm{T}(\mathbf{y} - \mathbf{X}\mathbf{w})$$

この式の右辺は，残差の平方和を内積で表したものである．この最適化問題の正則化版は，次のようになる．

$$\mathbf{w}^* = \arg\min_{\mathbf{w}} (\mathbf{y} - \mathbf{X}\mathbf{w})^\mathrm{T}(\mathbf{y} - \mathbf{X}\mathbf{w}) + \lambda ||\mathbf{w}||^2 \tag{7.4}$$

ここで，$||\mathbf{w}||^2 = \sum_i w_i^2$ はベクトル $\mathbf{w}$ の二乗ノルムであり ($\mathbf{w}^\mathrm{T}\mathbf{w}$ と同等)，λ は正則化の程度を規定する正の実数である．この正則化問題も，次のように陽な解をもつ．

$$\hat{\mathbf{w}} = (\mathbf{X}^\mathrm{T}\mathbf{X} + \lambda \mathbf{I})^{-1} \mathbf{X}^\mathrm{T}\mathbf{y} \tag{7.5}$$

$\mathbf{I}$ は単位行列 (対角成分がすべて 1，非対角成分がすべて 0 である行列) である．(7.3) 式と比べると，正則化法は $\mathbf{X}^\mathrm{T}\mathbf{X}$ の対角成分に λ を加えることに相当する．これは，逆行列の数値的不安定性を改善するための，よく知られた方法である．この形式の最小二乗回帰は，リッジ回帰 (ridge regression) として知られている．

他の興味深い正則化法に，lasso がある．これは，'least absolute shrinkage and selection operator' の略称である．lasso は，リッジ回帰の $\sum_i w_i^2$ の項を，重みの絶対和 $\sum_i |w_i|$ に置き換えたものである (定義 8.1 で導入する用語を用いれば，lasso は L_1 正則化であり，リッジ回帰は L_2 正則化である)．lasso の解は，重みのいくつかが縮小され，それ以外は 0 となる．すなわち，lasso は疎 (スパース) な解を与える．lasso は正則化パラメータ λ に非常に敏感であり，その値は多くの場合，交差検証法 (cross-validation) などによって決定されることに注意しよう．また，lasso の解は陽に表現できないため，何らかの数値的最適化法が必要であることにも注意しよう．

7.1.4 分類問題への応用

ここまでは，最小二乗法は関数を近似するために用いられてきた．おもしろいことに，二値分類問題における2つのクラスの情報を実数値でコーディングすることによって，線形回帰問題を二値分類器の学習にも用いることができる．例えば，Pos 個の正例に $y^{\oplus} = +1$，Neg 個の負例に $y^{\ominus} = -1$ というラベルを与える．このとき，$\boldsymbol{\mu}^{\oplus}$ と $\boldsymbol{\mu}^{\ominus}$ をそれぞれ正例，負例の特徴量の平均ベクトルとすると，$\mathbf{X}^{\mathrm{T}}\mathbf{y} = Pos\,\boldsymbol{\mu}^{\oplus} - Neg\,\boldsymbol{\mu}^{\ominus}$ である．

例 7.4 単変量最小二乗分類器

単変量の場合，$\sum_i x_i y_i = Pos\,\mu^{\oplus} - Neg\,\mu^{\ominus}$ である．また，例 7.3 より $\sum_i x_i y_i = n(\sigma_{xy} + \bar{x}\bar{y})$ であるから，$\sigma_{xy} = pos\,\mu^{\oplus} - neg\,\mu^{\ominus} - \bar{x}\bar{y}$ となる．$\bar{x} = pos\,\mu^{\oplus} + neg\,\mu^{\ominus}$，$\bar{y} = pos - neg$ より，x と y の共分散は $\sigma_{xy} = 2pos \cdot neg(\mu^{\oplus} - \mu^{\ominus})$ と表せる．したがって，回帰直線の傾きは

$$\hat{b} = 2pos \cdot neg \frac{\mu^{\oplus} - \mu^{\ominus}}{\sigma_{xx}} \tag{7.6}$$

となる．この式より，回帰直線の傾きは2クラス間の分離の度合い(クラスの平均の間の距離を，特徴量の分散で調整したもの)の増加に伴って大きくなるだけでなく，2クラスの事例数の比が不均一になるほど小さくなることを示す．

回帰方程式 $y = \bar{y} + \hat{b}(x - \bar{x})$ は，決定境界を得るために使うことができる．このためには，y_0 が $y^{\oplus}$ と $y^{\ominus}$ の間にあるような点 (x_0, y_0) を決める必要がある (例えば，$y_0 = 0$ とする)．このとき，

$$x_0 = \bar{x} + \frac{y_0 - \bar{y}}{\hat{b}} = \bar{x} - \frac{pos - neg}{2pos \cdot neg} \frac{\sigma_{xx}}{\mu^{\oplus} - \mu^{\ominus}}$$

を得る．すなわち，正例と負例が同数存在するならば $x_0 = \bar{x}$ となり，特徴量の平均 $\bar{x}$ を境界として分類すればよい．事例数の比が不均一である場合は，適当にこの境界を右または左に移動させてやればよい (図 7.4)．

一般の場合，最小二乗分類器は

$$\mathbf{w} = (\mathbf{X}^{\mathrm{T}}\mathbf{X})^{-1}(Pos\,\boldsymbol{\mu}^{\oplus} - Neg\,\boldsymbol{\mu}^{\ominus}) \tag{7.7}$$

として，決定境界 $\mathbf{w} \cdot \mathbf{x} = t$ を学習する．したがって，あるインスタンス $\mathbf{x}$ に対してクラスを $\hat{y} = \mathrm{sign}(\mathbf{w} \cdot \mathbf{x} - t)$ と予測することになる．ここで，

$$\mathrm{sign}(x) = \begin{cases} +1, & x > 0 \\ 0, & x = 0 \\ -1, & x < 0 \end{cases}$$

である．中心化された特徴量，分散が等しい特徴量，無相関の特徴量，クラスの事例

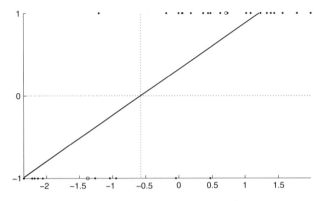

図 7.4 分類問題に，線形単回帰を用いた結果．10 個の負例にラベル $y^\ominus = -1$ を与え，20 個の正例にラベル $y^\oplus = +1$ を与える．$\boldsymbol{\mu}^\ominus$ と $\boldsymbol{\mu}^\oplus$ は白い丸で表されている．実線は回帰直線 $y = \bar{y} + \hat{b}(x - \bar{x})$ であり，十字の点線は決定境界 $x_0 = \bar{x} - \bar{y}/\hat{b}$ を表す．この結果では，3 つの事例が誤分類されている (このデータにおいて達成しうる，最善の結果である)．

数が等しいことなど，式を簡潔にするための多くの仮定が考えられる．最も単純なものは，上のすべての仮定を与えた場合である．このとき，(7.7) 式は $\mathbf{w} = c(\boldsymbol{\mu}^\oplus - \boldsymbol{\mu}^\ominus)$ に帰着する．ここで，c は境界の閾値 t に関連するスカラーである．この式は，序章で紹介した基本線形分類器とみることができる．つまり，(7.7) 式は，特徴量間の相関やクラスの不均一性などを考慮するために，最小二乗法を用いて基本線形分類器を適応させる方法を示しているのである．

要約すると，決定境界 $\mathbf{w} \cdot \mathbf{x} = t$ をもつ線形分類器を構成する一般的な方法は，$\mathbf{w}$ を $\mathbf{M}^{-1}(n^\oplus \boldsymbol{\mu}^\oplus - n^\ominus \boldsymbol{\mu}^\ominus)$ とすることである．$\mathbf{M}$, $n^\oplus$, $n^\ominus$ の選択は複数考えられる．共分散を用いる方法では，$\mathbf{M} = \mathbf{X}^\mathrm{T}\mathbf{X}$ であり，$O(n^2 d)$ の計算量を要し，その逆行列には $O(n^3)$ を要するため[*2]，特徴量の数が多いときは適用が困難になる．

7.2 パーセプトロン

第 1 章で，クラスを完全に分離できるような線形の決定境界が存在するならば，そのようなラベル付きデータは線形分離可能である (linearly separable) と呼んだ．線形分離可能なデータに対して，最小二乗分類器は完全にクラスを分離できるような決定境界を構成できるかもしれないが，これがつねに保証されるわけではない．このことを理解するために，所与の訓練データ集合に対して，基本線形分類器が完全分離を達成する場合を考えよう．このデータに対して，1 つの正例を除くすべての正例を，負ク

[*2] より洗練されたアルゴリズムでは $O(n^{2.8})$ であり，おそらくこれが最良である．

ラスから遠ざかるように移動させるとする．このとき，決定境界も固定された1つの正例と交差するまで，負クラスから遠ざかっていく．変化の加えられたデータは，依然として線形分離可能である．しかし，このデータに対する基本線形分類器は，外れ値となった1つの正例を誤分類するであろう．

線形分離可能なデータに対して完全分離を実現する分類器は，単純なニューラルネットワークとして提案されたパーセプトロン (perceptron) である．パーセプトロンは，誤って分類された事例がある場合にはつねに重みベクトルを更新し，学習を繰り返す．例えば，$\mathbf{x}_i$ を誤分類された正例とすると，$y_i = +1$ かつ $\mathbf{w} \cdot \mathbf{x}_i < t$ である．そのため，$\mathbf{w}' \cdot \mathbf{x}_i > \mathbf{w} \cdot \mathbf{x}_i$ となるような $\mathbf{w}'$ を見つけたい．$\mathbf{w}'$ により，決定境界は $\mathbf{x}_i$ に近づき，うまくいけば正しく分類するよう $\mathbf{x}_i$ をとびこえる．これは，新しい重みベクトルを $\mathbf{w}' = \mathbf{w} + \eta \mathbf{x}_i$ とすることで達成される．ここで，$0 < \eta \leq 1$ は学習率 (learning rate) である．このとき，$\mathbf{w}' \cdot \mathbf{x}_i = \mathbf{w} \cdot \mathbf{x}_i + \eta \mathbf{x}_i \cdot \mathbf{x}_i > \mathbf{w} \cdot \mathbf{x}_i$ となり，要求を満たす．同様に，$\mathbf{x}_j$ が誤分類された負例である場合には，$y_j = -1$ かつ $\mathbf{w} \cdot \mathbf{x}_j > t$ である．この場合に，新しい重みベクトルを $\mathbf{w}' = \mathbf{w} - \eta \mathbf{x}_j$ とすれば，結果として $\mathbf{w}' \cdot \mathbf{x}_j = \mathbf{w} \cdot \mathbf{x}_j - \eta \mathbf{x}_j \cdot \mathbf{x}_j < \mathbf{w} \cdot \mathbf{x}_j$ となる．これらをまとめると，次のような単純な更新規則として表すことができる．

$$\mathbf{w}' = \mathbf{w} + \eta y_i \mathbf{x}_i \tag{7.8}$$

パーセプトロンの学習アルゴリズムは，アルゴリズム 7.1 に示される．このアルゴリズムは，すべての事例が正しく分類されるまで学習を繰り返す．また，このアルゴリズムは，次々と送られてくる事例を処理するオンラインアルゴリズムに容易に変形できる．すなわち，最後に受け取った事例が誤分類された場合のみ，重みベクトルを更新するように変形すればよい．パーセプトロンは，訓練データが線形分離可能であれば解の収束が保証されるが，線形分離可能でなければ収束するとは限らない．図 7.5

アルゴリズム 7.1   Perceptron(D, η)：線形分類のためのパーセプトロン学習

Input: 同次座標系においてラベル付けされた訓練データ集合 D，学習率 η．
Output: 分類器の重みベクトル $\mathbf{w}$ (分類器は $\hat{y} = \text{sign}(\mathbf{w} \cdot \mathbf{x})$ で定義)．
1: $\mathbf{w} \leftarrow \mathbf{0}$;   //初期値は別の値でもよい
2: *converged* $\leftarrow$ false;
3: **while** *converged* = false **do**
4:    *converged* $\leftarrow$ true;
5:    **for** $i = 1$ to $|D|$ **do**
6:       **if** $y_i \mathbf{w} \cdot \mathbf{x}_i \leq 0$ //すなわち，$\hat{y}_i \neq y_i$
7:       **then**
8:          $\mathbf{w} \leftarrow \mathbf{w} + \eta y_i \mathbf{x}_i$;
9:          *converged* $\leftarrow$ false;   //収束していないので $\mathbf{w}$ を更新
10:      **end**
11:   **end**
12: **end**

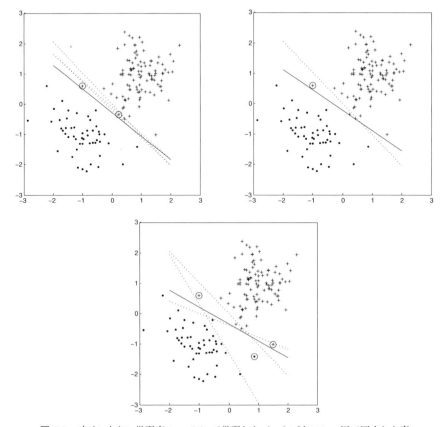

図 7.5 (左上) 小さい学習率 ($\eta = 0.2$) で学習したパーセプトロン．円で囲まれた事例は，重みの更新に関係したものであることを示す．(右上) 学習率を $\eta = 0.5$ と大きくすると，この例では急速に収束する．(下) さらに学習率を大きく $\eta = 1$ とすると，重みの更新が大きすぎて収束に悪影響を与える可能性がある．3つの場合すべてにおいて，初期値を基本線形分類器とした．

はパーセプトロンの学習アルゴリズムの例示である．この例では，重みベクトルの初期値として基本線形分類器の重みベクトルを与え，初期の決定境界から離れていく速さと学習率 η の関係を示している．しかし，重みベクトルの初期値がゼロベクトルである場合，学習率は収束に影響を与えないことを容易に示せる．本節の以降では，学習率を1とする．

パーセプトロンアルゴリズムの要諦は，事例 $\mathbf{x}_i$ が誤分類されたとき，必ず重みベクトルに $y_i \mathbf{x}_i$ を加えることである．学習の終了後，各事例は1回も誤分類されなかったか，または何回か誤分類されたことになる．$\mathbf{x}_i$ が誤分類された回数を α_i と書くことにしよう．このとき，重みベクトルは

7.2 パーセプトロン

$$\mathbf{w} = \sum_{i=1}^{n} \alpha_i y_i \mathbf{x}_i \tag{7.9}$$

と表すことができる．言い換えると，重みベクトルは訓練インスタンスの線形結合である．パーセプトロンは，この性質を基本線形分類器と共有している．

$$\mathbf{w}_{blc} = \boldsymbol{\mu}^{\oplus} - \boldsymbol{\mu}^{\ominus} = \frac{1}{Pos} \sum_{\mathbf{x}^{\oplus} \in Tr^{\oplus}} \mathbf{x}^{\oplus} - \frac{1}{Neg} \sum_{\mathbf{x}^{\ominus} \in Tr^{\ominus}} \mathbf{x}^{\ominus}$$
$$= \sum_{\mathbf{x}^{\oplus} \in Tr^{\oplus}} \alpha^{\oplus} c(\mathbf{x}^{\oplus}) \mathbf{x}^{\oplus} - \sum_{\mathbf{x}^{\ominus} \in Tr^{\ominus}} \alpha^{\ominus} c(\mathbf{x}^{\ominus}) \mathbf{x}^{\ominus} \tag{7.10}$$

ここで，$c(\mathbf{x})$ は事例 $\mathbf{x}$ の真のクラス（+1 または −1）であり，$\alpha^{\oplus} = 1/Pos$, $\alpha^{\ominus} = 1/Neg$ である．双対的なインスタンスベースの観点から線形分類器をみれば，我々は特徴量に対する重み w_j ではなくインスタンスに対する重み α_i を学習しているとみることができる．この双対的な視点では，インスタンス $\mathbf{x}$ は $\hat{y} = \mathrm{sign}(\sum_{i=1}^{n} \alpha_i y_i \mathbf{x}_i \cdot \mathbf{x})$ と分類される．これは，学習において必要な訓練データの情報は，すべての事例の組の内積であることを意味する．n 行 n 列の行列 $G = \mathbf{X}\mathbf{X}^{\mathrm{T}}$ は，これらの内積を含む行列であり，グラム行列 (Gram matrix) という．アルゴリズム 7.2 は，パーセプトロン学習アルゴリズムの双対形式を与えたものである．このような視点は，次節のサポートベクトルマシンに関する議論で再び登場する．

図 7.6 は，あるランダムなデータに対する基本線形分類器，最小二乗分類器，パーセプトロンの違いを示したものである．このデータに対しては，基本線形分類器も最小二乗分類器も完全分離を達成できないが，パーセプトロンは達成している．パーセプトロンが他の線形手法と異なるのは，ヒューリスティックな方法ゆえに，重みベクトル $\mathbf{w}$ に対する解が陽に表せないという点である．

パーセプトロンは線形関数の近似，つまり回帰問題にも応用できる (アルゴリズム 7.3)．そのためには，残差平方を用いた更新規則 $\mathbf{w}' = \mathbf{w} + (y_i - \hat{y}_i)^2 \mathbf{x}_i$ に変更すればよ

アルゴリズム 7.2 DualPerceptron(D)：双対形式のパーセプトロン学習

Input: 同次座標系においてラベル付けされた訓練集合 D.
Output: 係数 α_i (重みベクトル $\mathbf{w} = \sum_{i=1}^{|D|} \alpha_i y_i \mathbf{x}_i$ を構成)
 1: $\alpha_i \leftarrow 0 \ (1 \leq i \leq |D|)$;
 2: *converged* ← false;
 3: **while** *converged* = false **do**
 4:     *converged* ← true;
 5:     **for** $i = 1$ to $|D|$ **do**
 6:         **if** $y_i \sum_{j=1}^{|D|} \alpha_j y_j \mathbf{x}_i \cdot \mathbf{x}_j \leq 0$ **then**
 7:             $\alpha_i \leftarrow \alpha_i + 1$;
 8:             *converged* ← false;
 9:         **end**
10:     **end**
11: **end**

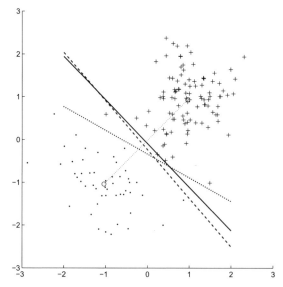

図 7.6 3つの異なる学習方法による線形分類器．データは 100 個の正例 (右上) と 50 個の負例 (左下) からなる．実線は基本線形分類器，破線は最小二乗分類器，点線はパーセプトロンである．パーセプトロンは訓練データ集合を完全に分離するが，このヒューリスティックな方法は，ある状況では過適合を引き起こす可能性がある．

アルゴリズム 7.3 PerceptronRegression(D, T)：回帰のためのパーセプトロン学習

Input: 同次座標系においてラベル付けされた訓練データ集合 D，学習の反復回数 T．
Output: 重みベクトル $\mathbf{w}$ (y の予測値は $\hat{y} = \mathbf{w} \cdot \mathbf{x}$ で定義)．
1: $\mathbf{w} \leftarrow \mathbf{0}; t \leftarrow 0;$
2: **while** $t < T$ **do**
3:     **for** $i = 1$ to $|D|$ **do**
4:         $\mathbf{w} \leftarrow \mathbf{w} + (y_i - \hat{y}_i)^2 \mathbf{x}_i;$
5:     **end**
6:     $t \leftarrow t + 1;$
7: **end**

い．この変更したアルゴリズムは収束しない可能性があるので，固定した回数だけ反復するのがよい．また，残差平方和がある値に達するまでアルゴリズムを反復させるのも 1 つの方法である．

7.3 サポートベクトルマシン

7.3.1 マージン最大化分類器

線形分離可能なデータに対して,完全分離を実現する決定境界は無数に存在する.しかし,直感的には,そのうちのいくつかが他の決定境界より良いと考えられる.例えば,図 7.5 (左上) と図 7.5 (右上) の決定境界は,いくつかの正例に不必要に近い.その一方で,図 7.5 (下) では両側に大きく空間ができている.これらのうち,どれかがとくに良いとはいえないようにみえる.このことをより踏み込んで考えるために,2.2 節で定義したマージンを思い出そう.$c(x)$ を,正例に対して $+1$ を,負例に対して -1 をとる関数とする.$\hat{s}(x)$ を事例 x に対するスコアとするとき,x に対するマージンを $c(x)\hat{s}(x)$ と定義した.$\hat{s}(\mathbf{x}) = \mathbf{w}\cdot\mathbf{x} - t$ とすると,真陽性例 $\mathbf{x}_i$ に対してマージンは $\mathbf{w}\cdot\mathbf{x}_i - t > 0$ となり,真陰性例 $\mathbf{x}_j$ に対しては $-(\mathbf{w}\cdot\mathbf{x}_j - t) > 0$ となる.与えられた訓練データ集合と決定境界に対し,$m^{\oplus}$ をすべての正例のなかで最も小さいマージンとし,$m^{\ominus}$ をすべての負例のなかで最も小さいマージンとする.このとき,できるだけこれらの和を大きくしたい.この和は,決定境界に最も近い正例と負例が正しく分類されるよう保ち続けるかぎり,閾値 t とは無関係である.したがって,t は $m^{\oplus}$ と $m^{\ominus}$ の値が等しくなるように調整できる.図 7.7 は,2 次元のインスタンス空間における例である.決定境界に最も近い訓練事例をサポートベクトルと呼ぶ.後述するように,サポートベクトルマシン (support vector machine; SVM) の決定境界は,サポートベクトルの線形結合として定義される.

以上より,マージン (margin) は $m/||\mathbf{w}||$ で定義される.ここで,m は決定境界に最

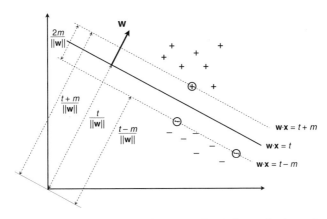

図 **7.7** サポートベクトル分類器の幾何.円で囲まれた点がサポートベクトルであり,決定境界から最も近い訓練データの事例である.サポートベクトルマシンは,マージン $m/||\mathbf{w}||$ を最大化する決定境界を導く.

も近い訓練インスタンス (少なくとも各クラス1例ずつ) の, 決定境界から $\mathbf{w}$ に沿って測った距離である. t と $||\mathbf{w}||$ と m の値を定数倍しても結論は変わらないので, $m = 1$ と設定する. このとき, 訓練インスタンスの点がマージンの間に落ちないかぎり, マージンの最大化は $||\mathbf{w}||$ の最小化と等価である. 計算の便のため, $||\mathbf{w}||$ の最小化と等価である $\frac{1}{2}||\mathbf{w}||^2$ の最小化を考えると, 次の制約付き最適化問題が得られる.

$$\mathbf{w}^*, t^* = \underset{\mathbf{w},t}{\arg\min} \frac{1}{2}||\mathbf{w}||^2 \quad \text{subject to} \quad y_i(\mathbf{w} \cdot \mathbf{x}_i - t) \geq 1, \quad 1 \leq i \leq n$$

この問題を, ラグランジュ乗数を用いて解こう (背景7.3). 訓練データの各事例に対する制約に, ラグランジュ乗数 α_i を掛けたものを目的関数に加え, ラグランジュ関数

$$\begin{aligned}
\Lambda(\mathbf{w}, t, \alpha_1, \ldots, \alpha_n) &= \frac{1}{2}||\mathbf{w}||^2 - \sum_{i=1}^{n} \alpha_i(y_i(\mathbf{w} \cdot \mathbf{x}_i - t) - 1) \\
&= \frac{1}{2}||\mathbf{w}||^2 - \sum_{i=1}^{n} \alpha_i y_i (\mathbf{w} \cdot \mathbf{x}_i) + \sum_{i=1}^{n} \alpha_i y_i t + \sum_{i=1}^{n} \alpha_i \\
&= \frac{1}{2}\mathbf{w} \cdot \mathbf{w} - \mathbf{w} \cdot \left(\sum_{i=1}^{n} \alpha_i y_i \mathbf{x}_i \right) + t \left(\sum_{i=1}^{n} \alpha_i y_i \right) + \sum_{i=1}^{n} \alpha_i
\end{aligned}$$

を得る. この式は一見ややこしいが, 解析していくと, より単純なラグランジュ関数の双対形式が導かれる.

t についてラグランジュ関数の偏導関数をとり, 0になるようにすることで, 最適な閾値 t に対して $\sum_{i=1}^{n} \alpha_i y_i = 0$ となることがわかる. 同様に, $\mathbf{w}$ についてラグランジュ関数の偏導関数をとることによって, ラグランジュ乗数が訓練データの各事例の線形結合として重みベクトルを定義することがわかる.

$$\frac{\partial}{\partial \mathbf{w}} \Lambda(\mathbf{w}, t, \alpha_1, \ldots, \alpha_n) = \frac{\partial}{\partial \mathbf{w}} \frac{1}{2} \mathbf{w} \cdot \mathbf{w} - \frac{\partial}{\partial \mathbf{w}} \mathbf{w} \cdot \left(\sum_{i=1}^{n} \alpha_i y_i \mathbf{x}_i \right) = \mathbf{w} - \sum_{i=1}^{n} \alpha_i y_i \mathbf{x}_i$$

この偏導関数は最適な重みベクトルに対して0となることから, $\mathbf{w} = \sum_{i=1}^{n} \alpha_i y_i \mathbf{x}_i$ となり, (7.9) 式のパーセプトロンの重みベクトルと同じ表現になることがわかる. パーセプトロンでは, インスタンスの重み α_i は非負の整数 (例が誤分類された回数) であった. それに対し, サポートベクトルマシンでは, α_i は非負の実数である. これら両者に共通することは, ある事例 $\mathbf{x}_i$ について $\alpha_i = 0$ であれば, その事例を決定境界の学習に影響を与えずに訓練データ集合から取り除きうるということである. これは, サポートベクトルマシンの場合, サポートベクトル (決定境界から最も近い事例) に対してのみ $\alpha_i > 0$ であることを意味する.

$\sum_{i=1}^{n} \alpha_i y_i = 0$ と $\mathbf{w} = \sum_{i=1}^{n} \alpha_i y_i \mathbf{x}_i$ をラグランジュ関数に代入すると, $\mathbf{w}$ と t が消去され, ラグランジュ乗数のみで表される双対最適化問題が得られる.

$$\Lambda(\alpha_1, \ldots, \alpha_n) = -\frac{1}{2} \left(\sum_{i=1}^{n} \alpha_i y_i \mathbf{x}_i \right) \cdot \left(\sum_{i=1}^{n} \alpha_i y_i \mathbf{x}_i \right) + \sum_{i=1}^{n} \alpha_i$$

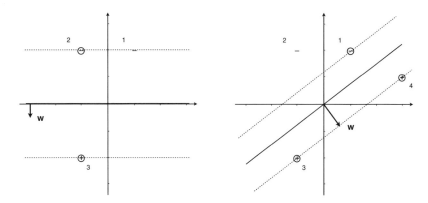

図 7.8 (左) 3 つの事例から構成されるマージン最大化分類器．$\mathbf{w} = (0, -1/2)$ であり，マージンの値は 2 である．円で囲まれた事例は，サポートベクトルである．これらは，対応するラグランジュ乗数が正であることから，決定境界を規定する．(右) 正例を 1 つ加えることにより，決定境界が $\mathbf{w} = (3/5, -4/5)$ と回転し，マージンの値は 1 に減少する．

$$= -\frac{1}{2}\sum_{i=1}^{n}\sum_{j=1}^{n}\alpha_i\alpha_j y_i y_j \mathbf{x}_i \cdot \mathbf{x}_j + \sum_{i=1}^{n}\alpha_i$$

双対問題は，上の関数を α_i が正であるという複数個の不等式制約と 1 個の等式制約のもとで最大化することである．

$$\alpha_1^*, \ldots, \alpha_n^* = \underset{\alpha_1, \ldots, \alpha_n}{\arg\max} -\frac{1}{2}\sum_{i=1}^{n}\sum_{j=1}^{n}\alpha_i\alpha_j y_i y_j \mathbf{x}_i \cdot \mathbf{x}_j + \sum_{i=1}^{n}\alpha_i$$

$$\text{subject to}\quad \alpha_i \geq 0,\quad 1 \leq i \leq n,\quad \sum_{i=1}^{n}\alpha_i y_i = 0$$

サポートベクトルマシンに対する最適化問題の双対形式は，2 つの重要な点を示唆している．1 つめは，マージンを最大化するような決定境界の探索は，サポートベクトルの探索と同等であるという点である．サポートベクトルは，ラグランジュ乗数が正である (0 でない) ような訓練事例であり，$\mathbf{w} = \sum_{i=1}^{n}\alpha_i y_i \mathbf{x}_i$ であることから，決定境界を完全に規定することがわかる．2 つめは，最適化問題が訓練インスタンスの組に対する内積，つまりグラム行列の成分で完全に表される点である．これは 7.5 節でみるように，サポートベクトルマシンを非線形な決定境界の学習に拡張する上で重要な性質である．

次の例では，問題をより具体的にするために計算の詳細を表している．

例 7.5 2 つのマージン最大化分類器とそのサポートベクトル

図 7.8 の各データ点とラベルを，以下のように表す．

$$\mathbf{X} = \begin{pmatrix} 1 & 2 \\ -1 & 2 \\ -1 & -2 \end{pmatrix}, \quad \mathbf{y} = \begin{pmatrix} -1 \\ -1 \\ +1 \end{pmatrix}, \quad \mathbf{X}' = \begin{pmatrix} -1 & -2 \\ 1 & -2 \\ -1 & -2 \end{pmatrix}$$

行列 $\mathbf{X}'$ は，$\mathbf{X}$ の各行にクラスラベルを乗じたものである．すなわち，$\mathbf{X}'$ の各行は $y_i \mathbf{x}_i$ である．グラム行列は次のようになる．

$$\mathbf{X}\mathbf{X}^{\mathrm{T}} = \begin{pmatrix} 5 & 3 & -5 \\ 3 & 5 & -3 \\ -5 & -3 & 5 \end{pmatrix}, \quad \mathbf{X}'\mathbf{X}'^{\mathrm{T}} = \begin{pmatrix} 5 & 3 & 5 \\ 3 & 5 & 3 \\ 5 & 3 & 5 \end{pmatrix}$$

したがって，双対最適化問題は

$$\begin{aligned}
&\underset{\alpha_1,\alpha_2,\alpha_3}{\arg\max} -\frac{1}{2}(5\alpha_1^2 + 3\alpha_1\alpha_2 + 5\alpha_1\alpha_3 + 3\alpha_2\alpha_1 + 5\alpha_2^2 + 3\alpha_2\alpha_3 + 5\alpha_3\alpha_1 \\
&\qquad + 3\alpha_3\alpha_2 + 5\alpha_3^2) + \alpha_1 + \alpha_2 + \alpha_3 \\
&= \underset{\alpha_1,\alpha_2,\alpha_3}{\arg\max} -\frac{1}{2}(5\alpha_1^2 + 6\alpha_1\alpha_2 + 10\alpha_1\alpha_3 + 5\alpha_2^2 + 6\alpha_2\alpha_3 + 5\alpha_3^2) + \alpha_1 + \alpha_2 + \alpha_3
\end{aligned}$$

を制約 $\alpha_1 \geq 0, \alpha_2 \geq 0, \alpha_3 \geq 0$ と $-\alpha_1 - \alpha_2 + \alpha_3 = 0$ のもとで解くという問題になる．実際には，これは二次最適化問題の専用ソルバーによって解かれることになるが，ここではどのように解かれるかを手計算で示してみよう．

まず，等式制約を用いて，1つの変数を消去することができる．例えば，α_3 の消去により，目的関数は次のようになる．

$$\begin{aligned}
&\underset{\alpha_1,\alpha_2,\alpha_3}{\arg\max} -\frac{1}{2}\left(5\alpha_1^2 + 6\alpha_1\alpha_2 + 10\alpha_1(\alpha_1+\alpha_2) + 5\alpha_2^2 + 6\alpha_2(\alpha_1+\alpha_2) + 5(\alpha_1+\alpha_2)^2\right) \\
&\qquad + 2\alpha_1 + 2\alpha_2 \\
&= \underset{\alpha_1,\alpha_2,\alpha_3}{\arg\max} -\frac{1}{2}(20\alpha_1^2 + 32\alpha_1\alpha_2 + 16\alpha_2^2) + 2\alpha_1 + 2\alpha_2
\end{aligned}$$

偏導関数が 0 となる方程式を立てることにより，$-20\alpha_1 - 16\alpha_2 + 2 = 0$ と $-16\alpha_1 - 16\alpha_2 + 2 = 0$ を得る（目的関数が二次関数であることから，これらの方程式は必ず線形関数になることに注意しよう）．したがって，解 $\alpha_1 = 0, \alpha_2 = \alpha_3 = 1/8$ を得る．これより，$\mathbf{w} = 1/8(\mathbf{x}_3 - \mathbf{x}_2) = \begin{pmatrix} 0 \\ -1/2 \end{pmatrix}$ となり，マージンは $1/\|\mathbf{w}\| = 2$ となる．最後に，t は任意のサポートベクトルに対して得ることができる．例えば，$\mathbf{x}_2$ について，$y_2(\mathbf{w} \cdot \mathbf{x}_2 - t) = 1$ であるから，$t = 0$ となる．マージン最大化分類器は図 7.8 (左) に示されている．$\mathbf{x}_1$ はマージンの上にあるが，取り除いたところで決定境界に影響は与えないので，サポートベクトルではないことに注意しよう．

いま，正例を1つ座標 $(3, 1)$ に加えるとする．このとき，データ行列は以下のようになる．

$$\mathbf{X}' = \begin{pmatrix} -1 & -2 \\ 1 & -2 \\ -1 & -2 \\ 3 & 1 \end{pmatrix}, \quad \mathbf{X}'\mathbf{X}'^\mathrm{T} = \begin{pmatrix} 5 & 3 & 5 & -5 \\ 3 & 5 & 3 & 1 \\ 5 & 3 & 5 & -5 \\ -5 & 1 & -5 & 10 \end{pmatrix}$$

先ほどと同様の計算から，マージンが1に減ることと，決定境界が $\mathbf{w} = \begin{pmatrix} 3/5 \\ -4/5 \end{pmatrix}$ と回転することが確認できる (図 7.8 右)．ラグランジュ乗数は $\alpha_1 = 1/2$, $\alpha_2 = 0$, $\alpha_3 = 1/10$, $\alpha_4 = 2/5$ となる．したがって，当初のデータにおいても事例を1つ増やしたデータにおいても，$\mathbf{x}_3$ のみがサポートベクトルとなる．

背景 7.3　数学的最適化法の基本概念と用語

最適化問題とは，可能な値の集合から最適な値などを探索する問題の総称である．例 7.1 は，非常に簡単な，制約のない最適化問題である．これは，残差の平方和 $f(a,b) = \sum_{i=1}^{n}(w_i - (a+bh_i))^2$ を最小にする a と b の値を探索するという問題であり，次のように書くことができる．

$$a^*, b^* = \underset{a,b}{\arg\min} f(a,b)$$

f を目的関数 (objective function) という．目的関数は，線形関数や二次関数であったり，より複雑な形もありうる．f の最小値は，a と b についての偏導関数が 0 になるような a と b を求めることで得られる．これらの偏導関数からなるベクトルを勾配 (gradient) と呼び，∇f と書く．したがって，制約のない最適化問題は，$\nabla f(a,b) = \mathbf{0}$ となるような a と b の探索問題という形で，より簡単に定義できる．上の f の場合，目的関数は凸 (convex) であり，一意な大域的最小値が存在することを意味する．しかし，目的関数が凸でない場合は，解の一意性は必ずしも保証されない．

制約付き最適化問題 (constrained optimisation) は，制約を与えたもとでの最適化問題である．例えば，制約付き最適化問題は次のように表される．

$$a^*, b^* = \underset{a,b}{\arg\min} f(a,b) \quad \text{subject to} \quad g(a,b) = c$$

制約によって示される関係が線形ならば (例えば，$a - b = 0$)，一方の変数を他方の変数で表し，制約のない最適化問題を解けばよい．しかし，制約が線形でない場合にはこれは不可能なことがある．ラグランジュ乗数は，一般の g を扱うための非常に強力な方法である．次のように定義されるラグランジュ関数の，λ がラ

グランジュ乗数である．

$$\Lambda(a,b,\lambda) = f(a,b) - \lambda(g(a,b) - c)$$

この関数 Λ について，制約のない最適化問題 $\nabla\Lambda(a,b,\lambda) = \mathbf{0}$ を解けばよい．$\nabla_{a,b}\Lambda(a,b,\lambda) = \nabla f(a,b) - \lambda \nabla g(a,b)$, $\nabla_\lambda \Lambda(a,b,\lambda) = g(a,b) - c$ であるから，これは次の要求を簡潔に表している．(i) f と g の勾配は同じ方向を示すベクトルである，(ii) 制約を満たしている．複数の等式制約や不等式制約には，それぞれの制約に個別のラグランジュ乗数を与えればよい．

ラグランジュ関数から，ラグランジュ乗数の最適値を探索する双対最適化問題 (dual optimisation problem) を得ることができる．一般に，双対問題の解は主問題 (primal problem) の解の下限であり，カルーシュ–クーン–タッカー条件 (Karush–Kuhn–Tucker condition; KKT) として知られる一連の条件のもとでは2つの解は一致する．多くの場合，サポートベクトルマシンによって与えられる二次最適化問題は，その双対形式で与えられる問題を解くことになる．

7.3.2 ソフトマージン SVM

データが線形分離可能でない場合，制約 $y_i(\mathbf{w}\cdot\mathbf{x}_i - t) \geq 1$[*3)]がすべて同時に成り立つことはない．しかし，このような場合にも解を与える，非常にエレガントな方法がある．それは，スラック変数 (slack variable) ξ_i を各事例に導入することである．スラック変数は，いくつかの事例がマージンの内側または誤分類されてしまう領域に入ることを許容する．このような事例を，マージンエラーと呼ぶ．制約を $y_i(\mathbf{w}\cdot\mathbf{x}_i - t) \geq 1 - \xi_i$ に変更し，すべてのスラック変数の和を目的関数に加え，次のようなソフトマージン最適化問題を構成する．

$$\mathbf{w}^*, t^*, \xi_i^* = \underset{\mathbf{w},t,\xi_i}{\arg\min} \frac{1}{2}||\mathbf{w}||^2 + C\sum_{i=1}^{n} \xi_i$$

$$\text{subject to} \quad y_i(\mathbf{w}\cdot\mathbf{x}_i - t) \geq 1 - \xi_i, \quad \xi_i \geq 0, \quad 1 \leq i \leq n \quad (7.11)$$

C は解析者が決めるパラメータで，スラック変数の最小化とマージン最大化のバランスを調整する．C が大きいとき，マージンエラーは大きな罰則となる．一方，C が小さいときは，より多くの(誤分類も含むかもしれない)マージンエラーを許容する．多くのマージンエラーを許容する場合，サポートベクトルは少なくなる．このように，C は SVM のある程度の「複雑さ」を調節することから，複雑性パラメータ (complexity parameter) と呼ばれることがある．ソフトマージン最適化は，最小二乗回帰の文脈で

[*3)] [訳注：原著では $\mathbf{w}\cdot\mathbf{x}_i - t \geq 1$ となっているが，制約は $y_i(\mathbf{w}\cdot\mathbf{x}_i - t) \geq 1$ のため誤りと思われる．以降にも同様の記述が見られたが，訳出時に適宜修正した．]

7.3 サポートベクトルマシン

議論した正則化法と似た形式になっていることがわかる.

最適化問題 (7.11) のラグランジュ関数は次のようになる.

$$\Lambda(\mathbf{w}, t, \xi_i, \alpha_i, \beta_i) = \frac{1}{2}||\mathbf{w}||^2 + C\sum_{i=1}^{n}\xi_i - \sum_{i=1}^{n}\alpha_i(y_i(\mathbf{w}\cdot\mathbf{x}_i - t) - (1 - \xi_i)) - \sum_{i=1}^{n}\beta_i\xi_i$$

$$= \frac{1}{2}\mathbf{w}\cdot\mathbf{w} - \mathbf{w}\cdot\left(\sum_{i=1}^{n}\alpha_i y_i \mathbf{x}_i\right) + t\left(\sum_{i=1}^{n}\alpha_i y_i\right)$$

$$+ \sum_{i=1}^{n}\alpha_i + \sum_{i=1}^{n}(C - \alpha_i - \beta_i)\xi_i$$

$$= \Lambda(\mathbf{w}, t, \alpha_i) + \sum_{i=1}^{n}(C - \alpha_i - \beta_i)\xi_i$$

最適解に対して,各 ξ_i についての偏導関数は 0 となることから,すべての i に対して $C - \alpha_i - \beta_i = 0$ となる.したがって,追加された項 $\sum_{i=1}^{n}(C - \alpha_i - \beta_i)\xi_i$ は双対問題には現れない.さらに,α_i と β_i の両者が正値であることから,α_i は C より大きくなりえないことがわかり,C は双対問題における α_i の上限として機能する.

$$\alpha_1^*, \ldots, \alpha_n^* = \underset{\alpha_1, \ldots, \alpha_n}{\arg\max} -\frac{1}{2}\sum_{i=1}^{n}\sum_{j=1}^{n}\alpha_i\alpha_j y_i y_j \mathbf{x}_i\cdot\mathbf{x}_j + \sum_{i=1}^{n}\alpha_i$$

$$\text{subject to} \quad 0 \leq \alpha_i \leq C, \quad \sum_{i=1}^{n}\alpha_i y_i = 0 \tag{7.12}$$

これは驚くべき,美しい結果である.(7.11) 式の最適化問題は,スラック変数を加えるという方法から導かれた.スラック変数を正値に制約し,目的関数に組み込んだことによって,スラック変数はマージンの内側に落ちた例のみに対する逸脱を測る罰則項として機能する.さらに,主問題における罰則項が ξ_i の線形関数であることから,β_i は双対問題に現れないことがわかる.スラック変数は,実質的に図 2.6 のヒンジ損失 (hinge loss) を導入していると見なすことができる.これは,マージン z について $z > 1$ であれば罰則はなく,$z = 1 - \xi \leq 1$ であれば罰則 $\xi = 1 - z$ を与えるということから理解できる.

α_i の上限 C の重要性は何だろうか? $C - \alpha_i - \beta_i = 0$ がすべての i について成立しているので,$\alpha_i = C$ であれば $\beta_i = 0$ である.β_i は制約 $\xi_i \geq 0$ のラグランジュ乗数であるから,$\beta_i = 0$ は制約の下限に達していない.すなわち,$\xi_i > 0$ を意味する.同様に,$\alpha_j = 0$ は $\mathbf{x}_j$ がサポートベクトルでないことを意味し,すなわち $y_j(\mathbf{w}\cdot\mathbf{x}_j - t) > 1$ となる.言い換えると,ソフトマージン最適化問題の双対形式における解は,以下の場合に分かれる.

- $\alpha_i = 0$:マージンの上または外側に位置する.
- $0 < \alpha_i < C$:マージン上のサポートベクトルである.
- $\alpha_i = C$:マージンの上または内側に位置する.

$\mathbf{w} = \sum_{i=1}^{n} \alpha_i y_i \mathbf{x}_i$ であることに注意すると，2番めと3番めの場合に該当する事例は，決定境界に寄与することがわかる．

例 7.6　ソフトマージン

例 7.5 では，正例 $\mathbf{x}_4 = (3,1)$ を最初の 3 事例に追加し，マージンの値が 2 から 1 へと大幅に減った．ここでは，十分に小さな C のもとで，マージンの大きいソフトマージン分類器が学習されることを示そう．

図 7.8 (右) における分類器に対するラグランジュ乗数は，$\alpha_1 = 1/2$，$\alpha_2 = 0$，$\alpha_3 = 1/10$，$\alpha_4 = 2/5$ であった．このなかで α_1 が最大であり，$C > \alpha_1 = 1/2$ であるかぎり，マージンエラーは許容されない．$C = 1/2$ に対しては $\alpha_1 = C$ となり，したがって $C < 1/2$ の場合には $\mathbf{x}_1$ はマージンエラーとなり，最適な分類器はソフトマージン分類器である．C の値が減少するにつれ，決定境界とその上側のマージンは上昇する．その一方で，下側のマージンは同じままである．

$C = 5/16$ のとき，$\mathbf{w} = \begin{pmatrix} 3/8 \\ -1/2 \end{pmatrix}$，$t = 3/8$ となり，上方のマージンは $\mathbf{x}_2$ に達し，マージンは 1.6 に増える (図 7.9 左)．さらに，$\xi_1 = 6/8$，$\alpha_1 = C = 5/16$，$\alpha_2 = 0$，$\alpha_3 = 1/16$，$\alpha_4 = 1/4$ を得る．

C の値をさらに減少させると，決定境界は時計回りに回転し始め，$\mathbf{x}_4$ もマージンエラーとなり $\mathbf{x}_2$ と $\mathbf{x}_3$ のみがサポートベクトルとなる．$C = 1/10$ となるまで決定境界は回転し，$\mathbf{w} = \begin{pmatrix} 1/5 \\ -1/2 \end{pmatrix}$，$t = 1/5$ となり，マージンは 1.86 とさらに増加する．さらに，$\xi_1 = 4/10$，$\xi_4 = 7/10$ となりすべての α_i は C に等しくなる (図 7.9 右)．

C をさらに減少させても決定境界はこれ以上変化しないが，重みベクトルのノルムは減少し，すべての点がマージンエラーとなる．

例 7.6 は重要なことを示している．それは，十分に小さい C に対し，すべての事例の係数 α_i が同じ値 C となり，$\mathbf{w} = C\sum_{i=1}^{n} y_i \mathbf{x}_i = C(Pos \cdot \boldsymbol{\mu}^{\oplus} - Neg \cdot \boldsymbol{\mu}^{\ominus})$ となることである．ここで，$\boldsymbol{\mu}^{\oplus}$ と $\boldsymbol{\mu}^{\ominus}$ はそれぞれ正例と負例の平均である．言い換えると，**複雑性が最小のソフトマージン分類器は，各クラスのクラス平均によって記述できる**ということである．これは，基本線形分類器と非常に似た形である．中程度の値の C に対して，決定境界は，サポートベクトルと各クラスのマージンエラーの平均によって張られる．

要約すると，サポートベクトルマシンは最も近い訓練データ事例 (サポートベクトル) からの距離を最大化するような，一意な決定境界を構成する線形分類器である．複雑性パラメータ C は，破られるマージン制約の数と厳しさを調整する．SVM の学習は大規模な二次最適化問題を解くことに相当し，この最適化は通常，専用の数値的ソルバーに委ねるのが最善である．

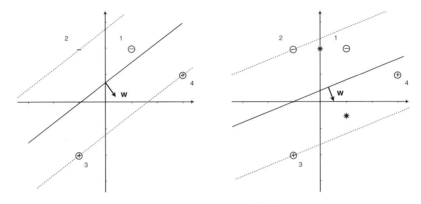

図 7.9 (左) $C = 5/16$ で学習したソフトマージン分類器．$\mathbf{x}_2$ がサポートベクトルになりそうである．(右) $C = 1/10$ で学習したソフトマージン分類器．すべての事例が，等しく重みベクトルに影響を与えている．アスタリスクで示した点は各クラスの平均であり，この決定境界は基本線形分類器で学習したものと平行になる．

7.4 確率の推定

これまでにみてきたように，線形分類器は事例を分類するためのスコア $\hat{s}(\mathbf{x}_i) = \mathbf{w} \cdot \mathbf{x}_i - t$ を算出する．線形分類器の幾何学的な性質から，このスコアに基づいて決定境界からの (符号付き) 距離を得ることができる．これを理解するために，$\mathbf{x}_i$ の $\mathbf{w}$ への射影の長さが $||\mathbf{x}_i||\cos\theta$ であることに注意しよう．ここで，θ は $\mathbf{x}_i$ と $\mathbf{w}$ のなす角度である．$\mathbf{w} \cdot \mathbf{x}_i = ||\mathbf{w}||||\mathbf{x}_i||\cos\theta$ であることより，射影の長さは $(\mathbf{w} \cdot \mathbf{x}_i)/||\mathbf{w}||$ と書くことができる．これは次のような符号付き距離を与える．

$$d(\mathbf{x}_i) = \frac{\hat{s}(\mathbf{x}_i)}{||\mathbf{w}||} = \frac{\mathbf{w} \cdot \mathbf{x}_i - t}{||\mathbf{w}||} = \mathbf{w}' \cdot \mathbf{x}_i - t'$$

ここで，$\mathbf{w}' = \mathbf{w}/||\mathbf{w}||$，$t' = t/||\mathbf{w}||$ である．この量の符号は，その事例が決定境界のどちら側に存在するかを示す．決定境界 ($\mathbf{w}$ が示す方向) の「正」側にあれば距離は正であり，負側にあれば負になる (図 7.10)．

線形分類器により得られるスコアの幾何学的解釈は，スコアを確率に変換できる可能性を示唆する．この変換は，2.3 節で述べたキャリブレーション (較正; calibration) である．$\bar{d}^{\oplus}$ を，正例の決定境界からの距離の平均としよう．すなわち，$\boldsymbol{\mu}^{\oplus}$ を正例の平均，$\mathbf{w}$ を長さ 1 (厳密にはこの仮定は必要なく，後で尺度変換されることがわかるだろう) として，$\bar{d}^{\oplus} = \mathbf{w} \cdot \boldsymbol{\mu}^{\oplus} - t$ である．正例の，決定境界からの距離が，これらの平均を中心に正規分布に従っていると期待するのは不合理ではないだろう[*4]．すなわち，これらの

[*4] このことは，例えば，十分に多くの事例があれば中心極限定理 (central limit theorem) によって正

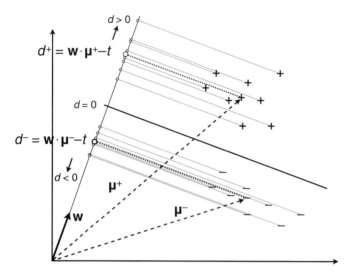

図 7.10 線形分類器は，**w**(ここでは単位ベクトルと仮定)によって与えられた方向への射影と考えることができる．**w**·**x**−t は射影された直線上の，決定境界からの符号付き距離を与える．各クラスの平均 $\boldsymbol{\mu}^{\oplus}$ と $\boldsymbol{\mu}^{\ominus}$ に対応する距離は，$d^{\oplus}$ と $d^{\ominus}$ である．

距離をヒストグラムで描いたとき，慣れ親しんだ釣鐘型の曲線が現れると期待されるだろう．この仮定の下では，d の確率密度関数は $P(d|\oplus) = \frac{1}{\sqrt{2\pi}\sigma}\exp\left(-\frac{(d-\bar{d}^{\oplus})^2}{2\sigma^2}\right)$ になる (正規分布については，背景 9.1 を参照せよ)．同様に，負例の距離も $\bar{d}^{\ominus} = \mathbf{w}\cdot\boldsymbol{\mu}^{\ominus} - t$ を中心に正規分布に従うことが期待される ($\bar{d}^{\ominus} < 0 < \bar{d}^{\oplus}$)．また，2 つの正規分布は同じ分散 σ^2 をもつと仮定しよう．

距離 $d(\mathbf{x})$ をもつ点 $\mathbf{x}$ が観測されたとしよう．この点 $\mathbf{x}$ について，$d(\mathbf{x}) > 0$ であれば正，$d(\mathbf{x}) < 0$ であれば負であると分類するが，この予測に確率 $\hat{p}(\mathbf{x}) = P(\oplus|d(\mathbf{x}))$ を用いたい．ベイズの定理を用いると，次を得る．

$$P(\oplus|d(\mathbf{x})) = \frac{P(d(\mathbf{x})|\oplus)P(\oplus)}{P(d(\mathbf{x})|\oplus)P(\oplus) + P(d(\mathbf{x})|\ominus)P(\ominus)} = \frac{LR}{LR+1/clr}$$

ここで，LR は正規分布から得られる尤度比であり，clr はクラス比 (class ratio) である．簡単のため，以下では $clr = 1$ と仮定する．さらに，$\sigma^2 = 1$，$\bar{d}^{\oplus} = -\bar{d}^{\ominus} = 1/2$ も仮定しよう (これらはすぐに緩めることになるが)．このとき，

$$LR = \frac{P(d(\mathbf{x})|\oplus)}{P(d(\mathbf{x})|\ominus)} = \frac{\exp(-(d(\mathbf{x})-1/2)^2/2)}{\exp(-(d(\mathbf{x})+1/2)^2/2)}$$

当化しうる．中心極限定理は，同一の分布に独立に従う確率変数の数が多いとき，その和が近似的に正規分布に従うという定理である．[訳注：この記述は中心極限定理の説明としては正しいが，$d(\mathbf{x})$ が正規分布に従うことの正当化の手段としては誤りだと思われる．このことが一般に正当化されるのは，各クラスの特徴量が多変量正規分布に従う場合である．]

$$= \exp(-(d(\mathbf{x}) - 1/2)^2/2 + (d(\mathbf{x}) + 1/2)^2/2) = \exp(d(\mathbf{x}))$$

となり，次を得る．

$$P(\oplus|d(\mathbf{x})) = \frac{\exp(d(\mathbf{x}))}{\exp(d(\mathbf{x})) + 1} = \frac{\exp(\mathbf{w} \cdot \mathbf{x} - t)}{\exp(\mathbf{w} \cdot \mathbf{x} - t) + 1}$$

このように，線形分類器から得られた距離スコア d から確率を推定するためには，d を写像 $d \mapsto \frac{\exp(d)}{\exp(d)+1}$ によって変換すればよい (または，同等の写像 $d \mapsto \frac{1}{1+\exp(-d)}$). この S 字型関数ないしシグモイド関数 (sigmoid function) は，ロジスティック関数 (logistic function) と呼ばれ，さまざまな領域で応用されている (図 7.11).

$\bar{d}^{\oplus} = -\bar{d}^{\ominus}$ は仮定するが，σ^2 については何も仮定しない場合を考えよう．このとき，$\gamma = (\bar{d}^{\oplus} - \bar{d}^{\ominus})/\sigma^2$ として

$$LR = \exp\left(\frac{-(d(\mathbf{x}) - \bar{d}^{\oplus})^2 + (d(\mathbf{x}) - \bar{d}^{\ominus})^2}{2\sigma^2}\right)$$
$$= \exp\left(\frac{2\bar{d}^{\oplus}d(\mathbf{x}) - (\bar{d}^{\oplus})^2 - 2\bar{d}^{\ominus}d(\mathbf{x}) + (\bar{d}^{\ominus})^2}{2\sigma^2}\right) = \exp(\gamma d(\mathbf{x}))$$

となる．γ は，各クラスの平均の距離が分散の 1 単位分になるように，重みベクトル

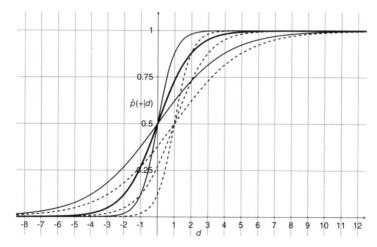

図 7.11 ロジスティック関数は，線形決定境界からの距離を正の事後確率の推定値に写像するための有用な関数である．太い線は，標準ロジスティック関数 $\hat{p}(d) = \frac{1}{1+\exp(-d)}$ を示す．この関数は 2 クラスの割合が等しく，両クラスの平均が決定境界から等距離にあり，かつそれらの距離が分散の 1 単位分である場合の推定確率として用いることができる．より急峻な実線となだらかな実線は，それぞれ群の平均が分散の 2 単位分離れた場合と，1/2 単位分離れた場合を示している．3 つの破線は，これらの線が $d_0 = 1$ となった場合 (正例が，決定境界から平均的に離れた場合) の変化を示したものである．

を調整する尺度パラメータである.言い換えると,γ を考慮することで,$\mathbf{w}$ が単位ベクトルであるという仮定を外すことができる.

また,$\bar{d}^{\oplus}$ と $\bar{d}^{\ominus}$ が決定境界に対して対称であるという仮定も外すと,最も一般的な形

$$LR = \frac{P(d(\mathbf{x})|\oplus)}{P(d(\mathbf{x})|\ominus)} = \exp(\gamma(d(\mathbf{x}) - d_0)) \tag{7.13}$$

$$\gamma = \frac{\bar{d}^{\oplus} - \bar{d}^{\ominus}}{\sigma^2} = \frac{\mathbf{w} \cdot (\boldsymbol{\mu}^{\oplus} - \boldsymbol{\mu}^{\ominus})}{\sigma^2}, \quad d_0 = \frac{\bar{d}^{\oplus} + \bar{d}^{\ominus}}{2} = \frac{\mathbf{w} \cdot (\boldsymbol{\mu}^{\oplus} + \boldsymbol{\mu}^{\ominus})}{2} - t$$

を得る.d_0 は,決定境界が $\mathbf{w} \cdot \mathbf{x} = t$ から,2 クラスの平均の等分点 $\mathbf{x} = (\boldsymbol{\mu}^{\oplus} + \boldsymbol{\mu}^{\ominus})/2$ に移動したことを表す.以上より,ロジスティック写像は $d \mapsto \frac{1}{1+\exp(-\gamma(d-d_0))}$ となる.γ と d_0 の影響は図 7.11 に示される.

例 7.7 線形分類器に対するロジスティックキャリブレーション

ロジスティックキャリブレーションは,基本線形分類器 $\mathbf{w} = \boldsymbol{\mu}^{\oplus} - \boldsymbol{\mu}^{\ominus}$ に対してはとくに簡単な形で書くことができる.

$$\bar{d}^{\oplus} - \bar{d}^{\ominus} = \frac{\mathbf{w} \cdot (\boldsymbol{\mu}^{\oplus} - \boldsymbol{\mu}^{\ominus})}{||\mathbf{w}||} = \frac{||\boldsymbol{\mu}^{\oplus} - \boldsymbol{\mu}^{\ominus}||^2}{||\boldsymbol{\mu}^{\oplus} - \boldsymbol{\mu}^{\ominus}||} = ||\boldsymbol{\mu}^{\oplus} - \boldsymbol{\mu}^{\ominus}||$$

より,$\gamma = ||\boldsymbol{\mu}^{\oplus} - \boldsymbol{\mu}^{\ominus}||/\sigma^2$ である.さらに,$(\boldsymbol{\mu}^{\oplus} + \boldsymbol{\mu}^{\ominus})/2$ が決定境界上の点であることから,$d_0 = 0$ である.したがって,この場合ロジスティックキャリブレーションは位置を動かさず,2 クラスの分離の度合いに従ってロジスティック関数の傾き具合を調整するだけでよい.図 7.12 は,共分散行列が等しい 2 つの正規分布から抽出されたデータに対するロジスティックキャリブレーションを示す.

要約すると,線形分類器から確率の推定値を得るには,まず平均距離 $\bar{d}^{\oplus}$ と $\bar{d}^{\ominus}$ と分散 σ^2 を計算し,これらから位置パラメータ d_0 と尺度パラメータ γ を求めればよい.このとき,尤度比は $LR = \exp(\gamma(d(\mathbf{x}) - d_0)) = \exp(\gamma(\mathbf{w} \cdot \mathbf{x} - t - d_0))$ となる.尤度比の対数が $\mathbf{x}$ の線形関数となることから,このようなモデルを対数線形モデル (log-linear model) と呼ぶ.また,$\mathbf{w}' = \gamma \mathbf{w}$,$t' = \gamma(t + d_0)$ とおくと,$\gamma(\mathbf{w} \cdot \mathbf{x} - t - d_0) = \mathbf{w}' \cdot \mathbf{x} - t'$ と書けることに注意しよう.これは,ロジスティックキャリブレーションは決定境界の位置は変えられるが,方向は変えられないことを意味する.しかし,よりデータに対する尤度を大きくする,異なる方向の重みベクトルが存在するかもしれない.ロジスティックモデルの尤度を最大化することによって線形分類器を探索する方法を,ロジスティック回帰 (logistic regression) といい,これは 9.3 節で扱う.

ロジスティックキャリブレーションとは別の方法として,2.3 節で議論した単調キャリブレーション法を用いることもできる.図 7.13 (左) は,図 7.12 のデータに対する基本線形分類器の ROC 曲線と,その凸包である.図 7.13 (右) のように,凸包の各面に対応する水平域をもつ,区分的に線形なキャリブレーション関数を構成することができる.この方法は,ロジスティック関数による方法とは対照的にノンパラメトリックな

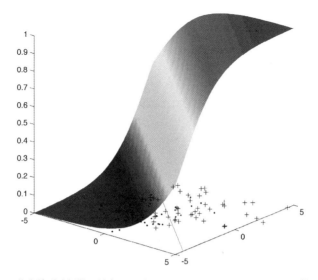

図 7.12 基本線形分類器に対するロジスティックキャリブレーションで得られたシグモイド状の推定確率曲面.このデータは,ロジスティックキャリブレーションの仮定を満たす.

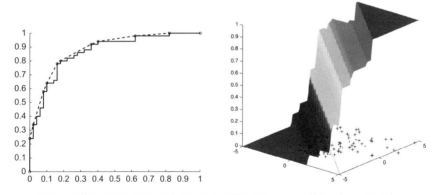

図 7.13 (左) 図 7.12 のデータとモデルから得られた ROC 曲線と凸包.(右) 凸包はノンパラメトリックなキャリブレーション法として利用できる.凸包の各面は,確率面の水平域に対応する.

方法であり,データに対して何の仮定も要請しない.ノンパラメトリックモデルにおいて過適合を防ぐには,パラメトリックモデルの場合よりも大きなデータが必要になる.興味深いのは,水平域上でのグレード付けは行われないことである.これは,グループ分けモデルの凸包と非常に似ている.言い換えると,凸包によるキャリブレーションは,グループ分けモデルとグレード付けモデルの折衷と見なすことができる.

7.5 カーネル法を用いた非線形分類器

本章では,分類と回帰のための線形モデルを扱ってきた.回帰のための最小二乗法から出発し,これが2クラス分類にも利用できることを理解した.結果として,これが特徴量間の相関を行列 $(\mathbf{X}^T\mathbf{X})^{-1}$ によって考慮した基本線形分類器の拡張版となり,2クラスの比率に影響を受けやすいことを理解した.次に,線形分離可能なデータに対するパーセプトロンアルゴリズムを扱った.さらに,線形分離可能でないデータに対しても,マージン最大化によって一意な決定境界を得ることができるサポートベクトルマシンを学んだ.本節では,これらの方法が非線形な決定境界の学習に応用できることを示す.主となるアイデアは非常に素直で (すでに例 1.9 で用いている),データの非線形性を,線形分類器が利用可能な形に変換するのである.

> **例 7.8 2次曲線の決定境界の学習**
>
> 図 7.14 (左) のデータは線形分離可能でなく,両クラスは明らかに円状に分布している.図 7.14 (右) は,同じデータの各特徴量を平方したものを示す.変換された特徴空間では,データは線形分離可能になり,パーセプトロンでクラスの分離ができる.得られた決定境界は,もとの空間上では円に近い形となる.同様に得られた基本線形分類器による決定境界は,もとの空間上では楕円形となる.
>
> 一般に,特徴空間上の点を入力空間上に戻す写像は自明でない.例えばこの例では,平方写像では,特徴空間上の各クラスの平均は入力空間上の4点に対応する.

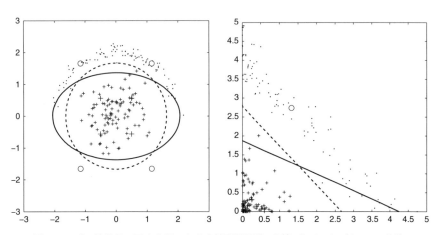

図 7.14 (左) 特徴量の平方を用いた基本線形分類器 (実線) とパーセプトロン (破線) による決定境界.(右) 変換された特徴空間上でのデータと決定境界.

7.5 カーネル法を用いた非線形分類器

慣習的に，変換された空間を特徴空間 (feature space) と呼び，もとの空間を入力空間 (input space) と呼ぶ．したがって，この方法は訓練データを特徴空間に変換し，その空間上でモデルを学習しているようにみえる．この場合，新しいデータを分類するためには，それも特徴空間に変換し，モデルに当てはめることが必要になる．しかし驚くべきことに，多くの場合，必要な操作はすべて入力空間で実行できるため，特徴空間を陽に構成する必要がない．

例えば，パーセプトロンの双対形式を考えよう (アルゴリズム 7.2)．このアルゴリズムは，単純な数え上げアルゴリズムである．必要な操作は，$y_i \sum_{j=1}^{|D|} \alpha_j y_j \mathbf{x}_i \cdot \mathbf{x}_j$ を評価し，各 $\mathbf{x}_i$ が正しく分類されているかを確認することだけである．この計算で鍵となるのは，内積 $\mathbf{x}_i \cdot \mathbf{x}_j$ である．簡単のために $\mathbf{x}_i = (x_i, y_i)$ と $\mathbf{x}_j = (x_j, y_j)$ と仮定すると，内積は $\mathbf{x}_i \cdot \mathbf{x}_j = x_i x_j + y_i y_j$ と表すことができる．平方変換に対応する特徴空間では，各インスタンスは (x_i^2, y_i^2) と (x_j^2, y_j^2) となり，内積は

$$(x_i^2, y_i^2) \cdot (x_j^2, y_j^2) = x_i^2 x_j^2 + y_i^2 y_j^2$$

となる．これは，

$$(\mathbf{x}_i \cdot \mathbf{x}_j)^2 = (x_i x_j + y_i y_j)^2 = (x_i x_j)^2 + (y_i y_j)^2 + 2 x_i x_j y_i y_j$$

に近いが，第 3 項目の交差積があるため，両者は一致しない．この項を考慮するため，特徴ベクトルに $\sqrt{2}xy$ を加え，拡張する．これは，次のような特徴空間を与えることになる．

$$\phi(\mathbf{x}_i) = (x_i^2, y_i^2, \sqrt{2} x_i y_i), \quad \phi(\mathbf{x}_j) = (x_j^2, y_j^2, \sqrt{2} x_j y_j),$$
$$\phi(\mathbf{x}_i) \cdot \phi(\mathbf{x}_j) = x_i^2 x_j^2 + y_i^2 y_j^2 + 2 x_i x_j y_i y_j = (\mathbf{x}_i \cdot \mathbf{x}_j)^2$$

ここで $\kappa(\mathbf{x}_i, \mathbf{x}_j) = (\mathbf{x}_i \cdot \mathbf{x}_j)^2$ と定義し，双対パーセプトロンアルゴリズムにおいて $\mathbf{x}_i \cdot \mathbf{x}_j$ を $\kappa(\mathbf{x}_i, \mathbf{x}_j)$ に置き換えれば，カーネルパーセプトロン (アルゴリズム 7.4) が得られる．これは，例 7.8 のような非線形な決定境界を学習することができる．

カーネルの導入は，多くの可能性を切り拓く．$\kappa(\mathbf{x}_i, \mathbf{x}_j) = (\mathbf{x}_i \cdot \mathbf{x}_j)^p$ は，任意の次数 p の多項式カーネルを定義する．この変換は，d 次元の入力空間を，高次元の特徴空間に埋め込む．特徴空間における新しい特徴量は，(重複を含む) p 個の項の積からなる．$\kappa(\mathbf{x}_i, \mathbf{x}_j) = (\mathbf{x}_i \cdot \mathbf{x}_j + 1)^p$ のように定数を含めれば，低次元のすべての項も得ることができる．例えば，2 次元入力空間において $p=2$ とすれば，特徴空間は

$$\phi(\mathbf{x}) = \left(x^2, y^2, \sqrt{2}xy, \sqrt{2}x, \sqrt{2}y, 1\right)$$

となり，線形の項が得られる．

しかし，多項式カーネルに限定することはない．よく用いられるカーネルに，次のように定義されるガウシアン・カーネル (Gaussian kernel) がある．

$$\kappa(\mathbf{x}_i, \mathbf{x}_j) = \exp\left(\frac{-||\mathbf{x}_i - \mathbf{x}_j||^2}{\sigma^2}\right) \tag{7.14}$$

アルゴリズム 7.4 KernelPerceptron(D, κ)：カーネル関数を用いたパーセプトロン学習アルゴリズム

Input: 同次座標系においてラベル付けされた訓練データ集合 D, カーネル関数 κ .
Output: 係数 α_i (非線形な決定境界を構成).
1: $\alpha_i \leftarrow 0 \ (1 \leq i \leq |D|)$;
2: *converged* $\leftarrow$ false;
3: **while** *converged* = false **do**
4:    *converged* $\leftarrow$ true;
5:    **for** $i = 1$ to $|D|$ **do**
6:       **if** $y_i \sum_{j=1}^{|D|} \alpha_j y_j \ \kappa(\mathbf{x}_i, \mathbf{x}_j) \leq 0$ **then**
7:          $\alpha_i \leftarrow \alpha_i + 1$;
8:          *converged* $\leftarrow$ false;
9:       **end**
10:   **end**
11: **end**

ここで，σ はバンド幅 (bandwidth) と呼ばれるパラメータである．ガウシアン・カーネルをよりよく理解するために，多くの標準的性質を備えたカーネルのもつ「半正定値性」$\kappa(\mathbf{x},\mathbf{x}) = \phi(\mathbf{x}) \cdot \phi(\mathbf{x}) = ||\phi(\mathbf{x})||^2$ [*5]に注意しよう．ガウシアン・カーネルの場合，$\kappa(\mathbf{x},\mathbf{x}) = 1$ であり，すべての点 $\phi(\mathbf{x})$ が特徴空間の原点を中心とする超球上にあることを意味する (無限次元なので，幾何学的な考え方はあまり参考にならないが)．より有益な考え方は，ガウシアン・カーネルはインスタンス空間における各サポートベクトル上に，多変量正規分布の密度 (の定数倍) を当てはめていると見なすことである (多変量正規分布については，背景 9.1 を参照せよ)．したがって，決定境界はそれらの多変量正規分布の密度曲面に対して定義される．

カーネル法は，サポートベクトルマシンとの組み合わせで最もよく知られている．ソフトマージン最適化問題 ((7.12) 式) は内積で定義されていたことに注意すると，「カーネルトリック」という方法が適用できる．

$$\alpha_1^*, \ldots, \alpha_n^* = \underset{\alpha_1, \ldots, \alpha_n}{\arg\max} -\frac{1}{2} \sum_{i=1}^{n} \sum_{j=1}^{n} \alpha_i \alpha_j y_i y_j \ \kappa(\mathbf{x}_i, \mathbf{x}_j) + \sum_{i=1}^{n} \alpha_i$$

$$\text{subject to} \quad 0 \leq \alpha_i \leq C, \quad \sum_{i=1}^{n} \alpha_i y_i = 0$$

1つ注意しておきたいのは，非線形カーネルで学習された決定境界は，入力空間における重みベクトルとして単純に表せないことである．ゆえに，新しい事例 $\mathbf{x}$ を分類するためには $y_i \sum_{j=1}^{n} \alpha_j y_j \kappa(\mathbf{x}, \mathbf{x}_j)$ を評価する必要がある．この計算には，すべての訓

[*5] [訳注：$\kappa(\mathbf{x},\mathbf{x}) = ||\phi(\mathbf{x})||^2$ がすべての $\mathbf{x}$ について非負である，ということ．(半) 正定値カーネルの定義は「カーネル法入門：正定値カーネルによるデータ解析」(福水健次，朝倉書店，2010) を参照されたい．]

練データ集合の事例または少なくとも非ゼロの α_j についての計算が含まれるため，計算量は $O(n)$ である．サポートベクトルマシンにカーネル法がよく使われる理由は，$\alpha_j = 0$ となる事例が多くなり，計算量が軽減されるからである．ここでは数値データについてのみ議論したが，カーネルは木・グラフ・論理形式などの離散構造に対しても定義することができる．そのため，非数値データに対する幾何モデルを構築するための足掛かりになることは強調に値する．

7.6 線形モデル：まとめと参考文献

前の3つの章で論理モデルを考えた後，本章では線形モデルについて丁寧に扱ってきた．論理モデルは本質的に非数値的であり，ゆえに数値的特徴量は複数の区間に変換することで取り扱った．線形モデルは論理モデルとはまったく正反対で，数値データを直接扱うことができる．ただし，非数値データに対しては，事前に処理が必要である[*6]．幾何学的にみると，線形モデルは直線または平面を用いたモデルである．これは，1つの特徴量の一定量の増減は，値そのものや他の特徴量とは関係なく等しい影響をもつことを意味する．このようなモデルは，単純であり訓練データの変動に影響を受けにくいが，結果として過少適合に陥る場合もある．

♣ 7.1節では，回帰問題を解くために開発された最小二乗法について扱った．この，予測値と実際の値の残差二乗和を最小化することに名前の由来する古典的な方法は，非常に多くの数学や工学の入門書に書かれている(そして，これが私の記憶している，父の持つテキサスインスツルメンツ社のプログラマブル計算機 TI-58 で実行したプログラム例の1つであった)．最初に単回帰問題を考え，一般解として $\hat{\mathbf{w}} = (\mathbf{X}^T\mathbf{X})^{-1}\mathbf{X}^T\mathbf{y}$ を導いた．$(\mathbf{X}^T\mathbf{X})^{-1}$ は特徴量を無相関化，中心化，正規化する変換である．次に，線形回帰の正則化法について議論した．リッジ回帰は Hoerl and Kennard (1970) により提案され，疎(スパース)な解を自然に導く lasso は Tibshirani (1996) により提案された．また，2つのクラスを $+1$ と -1 とラベル付けすることによって，最小二乗法が二値分類に応用できることを学んだ．このときの解は $\hat{\mathbf{w}} = (\mathbf{X}^T\mathbf{X})^{-1}(Pos\, \boldsymbol{\mu}^\oplus - Neg\, \boldsymbol{\mu}^\ominus)$ となる．これは，特徴量間の相関やクラス比を考慮に入れた，基本線形分類器の一般化であるが，計算量がかなり増大してしまう(インスタンス数の2乗，特徴量数の3乗)．

♣ 7.2節では，もう1つの古典的な線形モデルであるパーセプトロンを扱った．最適解がつねに得られる最小二乗法とは異なり，パーセプトロンは学習する事例の順序に結果が依存するような，ヒューリスティックなアルゴリズムである．パーセプトロンは Rosenblatt (1958) により提案され，線形分離可能な場合の解の収

[*6] 非数値データを線形モデルに利用するための事前処理については，第10章で議論する．

束は Novikoff (1962) により証明された. Novikoff はまた, パーセプトロンが収束する前の, 誤分類の数の上限を与えた. Minsky and Papert (1969) は, パーセプトロンのさらなる性質を証明したが, 線形分類器の限界も示した. その限界は, 長い時間にわたる多くの研究者の貢献により発展した, 多層パーセプトロンとその逆伝播 (back-propagation) アルゴリズムにより克服された (Rumelhart et al., 1986). この節では, パーセプトロンの双対形式についても学び, 線形分類器が特徴量に対する重みではなく, インスタンスに対する重みを学習する方法とみなせることも理解した. パーセプトロンにおいては, 重みは訓練中に事例が誤分類された回数であった.

♣ 7.3 節の主眼は, サポートベクトルマシンを用いたマージン最大化による分類法であった. この方法は Boser et al. (1992) により提案された. 双対形式を用いて, マージン上の訓練インスタンスであるサポートベクトルに対してのみ 0 でない重みが与えられる. ソフトマージンを用いた (線形分離可能でない場合への) 一般化は, Cortes and Vapnik (1995) により提案された. これはマージンエラーを許容するが, それらの和を複雑性パラメータ C により重み付けた上で, 正則化項として目的関数に加えるという方法である. このとき, マージン内のすべてのインスタンスに対して, 重み C が与えられる. C を十分小さくすることによってサポートベクトルマシンは各クラスの平均によって記述でき, 基本線形分類器に非常に近い形となる. SVM の一般的な入門書としては, Cristianini and Shawe-Taylor (2000) がある. SVM を解く方法としては, Platt (1998) の開発した逐次最小最適化アルゴリズムがよく用いられる. これはラグランジュ乗数の組を選択し, 最適化を陽に行う逐次的アルゴリズムである.

♣ 7.4 節では, 決定境界からの符号付き距離をクラス確率に変換することにより, 線形分類器を確率の推定量として利用する 2 つの手法について扱った. 1 つの方法は, ロジスティック関数を用いるものである. これはよく知られた方法であり, 距離を直接ロジスティック関数に当てはめるか, データから位置パラメータと尺度パラメータを求めて利用する. ロジスティック関数による確率推定は, 単純な方法として紹介されることも多い. しかし, 各クラスの決定境界からの符号付き距離が同じ分散をもつ正規分布に従うと仮定した場合に, この方法は理論的に正当化されることを理解した (等分散の仮定は, 変換の単調性を保持するために必要である). ノンパラメトリックな別の方法としては, ROC 曲線の凸包を利用してキャリブレートされた確率の推定量を得るものがある. 第 2 章のまとめですでに述べたが, これは単調回帰 (Best and Chakravarti, 1990) に端を発する方法であり, Zadrozny and Elkan (2002) によって機械学習の分野に導入された. Fawcett and Niculescu-Mizil (2007), Flach and Matsubara (2007) は, 単調回帰と ROC 曲線の凸包によるキャリブレーションが同等であることを示した.

♣ 最後に, 7.5 節ではカーネル法によって非線形モデルを学習する方法について概

7.6 線形モデル：まとめと参考文献

説した．いわゆる「カーネルトリック」は内積で記述されるすべてのアルゴリズム (本章で議論したほとんどの方法が，これに当てはまる) について応用可能である．この方法の美しさは，高次元の特徴空間の構造を陽に記述することなしに分類を実行できる点にある．例の1つとして，カーネル関数を用いたパーセプトロンアルゴリズムを与えた．次章で，カーネル関数を用いた別の例を学ぶ．Shawe-Taylor and Cristianini (2004) は，機械学習におけるカーネル関数の利用法に関する内容が豊富に含まれた，素晴らしい参考書である．また Gärtner (2009) は，構造化された非数値データに対するカーネル法の応用について議論している．

Chapter 8

距離ベースのモデル

　学習の形態の多くは，訓練データと，将来観測される未知のデータとの類似性を利用することで，訓練データを未知のデータへ一般化させることに基づいている．決定木のようなグループ分けモデルにおいては，このような類似性はインスタンス空間の同値関係または分割という形式をとる．例えば，2つのインスタンスがこの分割の同じセグメントに含まれた場合，これらは類似していることになる．本章では，より細かい区別をもつ類似性を利用した学習法について考える．この類似性の測り方にはさまざまな方法があり，8.1節ではこれらのなかで最も重要な方法をいくつか挙げる．8.2節では，距離ベースの機械学習における，鍵となる2つの概念である近隣 (neighbour) と見本点 (exemplar) について議論する．8.3節では，最も有名と思われる距離ベースの学習法である最近隣分類について考える．そして8.4節では K-平均クラスタリングとその派生について，8.5節ではデンドログラムを用いた階層的クラスタリングについて述べる．最後に8.6節で，これらの手法の多くが，前章で紹介したカーネルを用いてどのように拡張されるかを議論する．

8.1 さまざまな「道」

　距離の測り方には多くの方法がある，というと奇妙に聞こえるかもしれない．これは単位 (キロメートルやマイル，海里など) のことを指しているわけではない．単位の変換は単調な変換であって，本質的には距離測度は変化しない．例として，旅の手段を考えるとわかりやすい．ブリストルからアムステルダムへ旅行する場合，列車よりも飛行機のほうが経路の制約が少ないため移動距離は少なくなる．このことを，チェスを用いてもう少し掘り下げてみよう．

　チェスでは駒の動きが制限されるというルールがあり，その制限は駒によって異なる．例えば，キングやクイーンは縦，横，斜めの3方向を動くことができる一方で，ビショップは斜め方向，ルークは縦と横方向，ポーンは前方しか進むことができない．また，キングやポーンは一度に1マスしか移動できないのに対して，クイーン，ルーク，ビショップは一方向に何マスでも移動できる．さらに，ナイトは特殊なパターン

(斜めに1マス，さらに横または縦に1マス)で移動する．

これらの駒は同じ盤上を動いているが，まったく異なる距離のとり方をしている．例えば，現在のマスから1マス後ろに下がりたい場合，キング，クイーン，ルークは1回の移動で済むのに対して，ナイトは3回の移動が必要になる．ビショップ，ポーンに至っては到達すらできない．これは現実世界の距離のとり方によく似ている．列車や車はビショップのように線路や道路のみを走ることができるが，それ以外の場所には到達できない．山岳地帯では車，列車，徒歩の場合は大きく迂回しなければならないが，飛行機では簡単に越えることができる．ある地下鉄駅から，距離は近いが別の路線の地下鉄駅へ移動するには，数回の乗換が必要になる．これは，ナイトが隣のマスへ移動するのに2, 3回の移動が必要であることと似ている．また，徒歩だと自在に動くことができるが，移動速度は遅くなってしまう．このことはキングの移動と似ている．

図8.1にキングとルークの移動可能なマスを図示した．いずれの駒も盤上のすべてのマスを動くことができるが，ルークのほうがより早く移動できる．実際，ルークは盤上に他の駒がなければたかだか2回で任意のマスへ移動できる．すなわち，現在のマスの直線上であれば1回，それ以外のマスは2回である．一方でキングは，特定のマスについては3回以上の移動が必要になる(ルークよりも早く到達できるマスもあるが)．移動可能範囲は，1回移動するごとに正方形状に広がっていく．図8.1 (右)は，実際のチェスには存在しない駒で，キングとルークが1回で移動できる共通の範囲に制限したものである．ここではこの架空の駒をKRookと呼ぶことにする．KRookはキングのように一度に1マスしか進めず，しかもルークのように縦，横方向にしか進めない．結果として，等距離線(同じ回数で到達可能な距離を線でつなげたもの)はひし形になる．

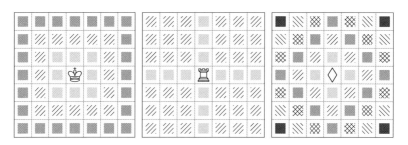

図 **8.1** (左)チェス盤上でのキング視点の距離．薄い網かけ，斜線，濃い網かけはそれぞれ 1, 2, 3 回の移動で到達可能な距離を表している．等距離線は正方形になる．(中)ルークは1回の移動で水平，垂直いずれかの1方向をどこへでも移動でき，2回の行動で盤上の任意のマスへ移動可能である．(右)架空の駒である KRook はキングとルークの制約を組み合わせたもので，水平または垂直方向に1マスしか移動できない．等距離線はひし形になる．

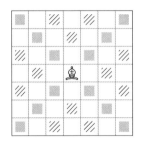 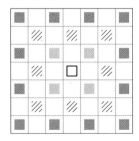

図 8.2 (左) ビショップの移動範囲．網かけのマスは 1 回，斜線のマスは 2 回で到達可能な位置を表し，それ以外は到達できない．(右) 架空の駒である Bing は，キングとビショップの制約を組み合わせたもので，対角線方向に 1 回につき 1 マスだけ移動できる．等距離線は穴の空いた正方形となる．

図 8.2 (左) はビショップの移動を可視化したものである．ビショップは，移動可能なマスについてはすべて 2 回以内で移動できるという点でルークと似ているが，それ以外のマスへは移動できない．今度は，ビショップの移動制限とキングの移動制限を組み合わせた架空の駒を作り，これを Bing とする (図 8.2 右)．ビショップと Bing の移動範囲の関係は，ルークと KRook のそれと比べて 45° 回転した形になる．

ここまでの話が距離ベースの機械学習にどう関連しているのか，と読者は疑問に思うかもしれない．実は，チェスのマスは機械学習における離散カテゴリ変数によく似ている (マスは順序付けされているため，正確には第 10 章で述べる「順序特徴量」に対応する)．さらに，チェス盤を無限に多くの微小なマスをもつ盤と考えれば，連続的な特徴量に変換することもできる．この場合マスは点に置き換わり，距離はマスの数ではなく何らかの尺度で表される．各駒の等距離線の形状を考えると，その多くは離散的なものから連続的なものへ変換できることがわかる．例えばキングの場合，現在の位置からどれだけ離れても等距離線の形状はつねに正方形となる．また，KRook の場合はキングの等距離線が 45° 回転した形をしている．これらは次の一般概念の特別な場合である．

定義 8.1 ミンコフスキー距離 $\mathscr{X} = \mathbb{R}^d$ のとき，$p(>0)$ 次のミンコフスキー距離 (Minkowski distance) は次で定義される．

$$\mathrm{Dis}_p(\mathbf{x}, \mathbf{y}) = \left(\sum_{j=1}^{d} |x_j - y_j|^p\right)^{1/p} = \|\mathbf{x} - \mathbf{y}\|_p$$

ここで，$\|\mathbf{z}\|_p = \left(\sum_{j=1}^{d} |z_j|^p\right)^{1/p}$ はベクトル $\mathbf{z}$ の p-ノルム (p-norm; または L_p ノルム) と呼ばれる．本書では p-ノルムを Dis_p と記述する．

2-ノルム (2-norm) はおなじみのユークリッド距離 (Euclidean distance)

$$\text{Dis}_2(\mathbf{x},\mathbf{y}) = \sqrt{\sum_{j=1}^{d}(x_j-y_j)^2} = \sqrt{(\mathbf{x}-\mathbf{y})^{\mathrm{T}}(\mathbf{x}-\mathbf{y})}$$

つまり 2 点間の直線距離を表している．一方，$p=0,1$ の場合はチェスの例との関連が強い．まず，1-ノルム (1-norm) はマンハッタン距離 (Manhattan distance) または都市ブロック距離 (cityblock distance) と呼ばれる．

$$\text{Dis}_1(\mathbf{x},\mathbf{y}) = \sum_{j=1}^{d}|x_j-y_j|.$$

これは，格子状の道路を通るマンハッタンのタクシーのように，座標軸に平行な経路のみを移動できる場合に用いられる．チェスの例に置き換えると，これは KRook の移動パターンに対応する．また，次数 p が大きくなるにつれて，距離は各座標のなかで最大のものに近づく．このことから，$\text{Dis}_\infty(\mathbf{x},\mathbf{y}) = \max_j |x_j-y_j|$ と推測できる．これは，チェスで縦，横だけでなく斜めにも 1 マスのみ移動できるキングの移動距離に対応している．この距離はチェビシェフ距離 (Chebyshev distance) とも呼ばれる．図 8.3 (左) は，いくつかの次数におけるミンコフスキー距離の意味で，原点からの等距離点を結んだものである．この図から，ユークリッド距離は唯一の回転不変なミンコフスキー距離であることがわかる．逆にいえば，$p \neq 2$ の場合は座標軸に特別な意味が出てくる．ミンコフスキー距離は原点のとり方によらないため平行移動に関しては不変だが，拡大，縮小に関しては不変ではない．

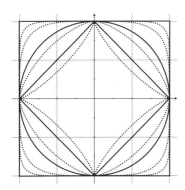 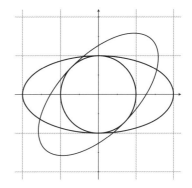

図 **8.3** (左) 原点からの p 次のミンコフスキー距離が 1 となる点の集合．(内側から) $p=0.8$，$p=1$ (マンハッタン距離，正方形を 45° 回転させた形)，$p=1.5$，$p=2$ (ユークリッド距離，円形)，$p=4$，$p=8$，$p=\infty$ (チェビシェフ距離，正方形)．座標軸上ではこれらすべての距離は一致しており，それ以外の点では p が大きくなるにつれて原点から離れていることに注意したい．一方で，回転不変な距離メトリックはユークリッド距離のみとなる．(右) 回転した楕円 $\mathbf{x}^{\mathrm{T}}\mathbf{R}^{\mathrm{T}}\mathbf{S}^2\mathbf{R}\mathbf{x} = 1/4$，長軸が水平方向の楕円 $\mathbf{x}^{\mathrm{T}}\mathbf{S}^2\mathbf{x} = 1/4$，円 $\mathbf{x}^{\mathrm{T}}\mathbf{x} = 1/4$ の曲線 (**R** および **S** は例 8.1 のものを用いた)．

読者は他の文献で 0-ノルム (L_0 ノルム) に関する記述を目にしたことがあるかもしれない．これはベクトル内の 0 でない要素の数を数えたものである．つまり，対応する距離は，2 つのベクトル **x** と **y** の間で変化があった要素の数になる．これは厳密にはミンコフスキー距離ではないが，次のように定義できる．

$$\mathrm{Dis}_0(\mathbf{x},\mathbf{y}) = \sum_{j=1}^{d}(x_j - y_j)^0 = \sum_{j=1}^{d} I[x_j \neq y_j]^{*1)}$$

ここで，便宜上 $x=0$ のとき $x^0 = 0$, それ以外のとき $x^0 = 1$ としている．これは，チェスでいうところのルークの距離に対応している．もし，移動したいマスが縦，横ともに異なる場合は 2 回の移動が必要になり，いずれか一方が同じ場合は 1 回の移動で済む．**x** と **y** が二進数で表された符号の場合，この距離はハミング距離 (Hamming distance) と呼ばれている．あるいは，ハミング距離は **x** の要素を反転して **y** へ変換する際に必要となるビット数を表したものと考えることもできる．**x** と **y** が二進数の符号以外で異なる長さをもつ場合，この距離は編集距離 (edit distance) またはレーベンシュタイン距離 (Levenshtein distance) の概念に一般化される．

これらの数式は距離の概念として意味を成しているのだろうか．この疑問に答えるために，適切な距離尺度がもつべき性質 (非負性や対称性) を挙げてみよう．一般的に決められたこの性質は，いわゆるメトリック (metric) を定義している．

定義 8.2　距離メトリック　インスタンス空間 $\mathscr{X}$ に対して，距離メトリック (distance metric) は次の 4 つの条件を満たす関数 $\mathrm{Dis}: \mathscr{X} \times \mathscr{X} \to \mathbb{R}$ である．任意の $x, y, z \in \mathscr{X}$ に対して，
1) 自身との距離は 0：$\mathrm{Dis}(x,x) = 0$
2) 他の点との距離は正である：$x \neq y$ ならば $\mathrm{Dis}(x,y) > 0$
3) 対称である：$\mathrm{Dis}(x,y) = \mathrm{Dis}(y,x)$
4) 迂回により距離が短縮されることはない：$\mathrm{Dis}(x,z) \leq \mathrm{Dis}(x,y) + \mathrm{Dis}(y,z)$

2 つめの条件が等号付きに緩和された場合，つまり，$x \neq y$ でも $\mathrm{Dis}(x,y)$ が 0 となる可能性がある場合，この関数 Dis は擬距離 (pseudo-metric) と呼ばれる．

最後の条件は三角不等式 (triangle inequality)，または距離と和の相互関係を表しているため劣加法性とも呼ばれる．図 8.4 は高次のミンコフスキー距離の例を示している．三角不等式は，原点から点 C への距離は原点から点 A への距離 ($\mathrm{Dis}(O,A)$) と点 A から点 C への距離 ($\mathrm{Dis}(A,C)$) の和を超えることはないことを示している．点 B と点 C はどの距離測度を用いても点 A から等距離なので，$\mathrm{Dis}(O,A) + \mathrm{Dis}(A,C)$ は原点から点 B への距離に等しい．いま，原点中心で点 B を通る円を描いたとき，三角不等式は，点 C は必ずこの円内に含まれることを意味している．ユークリッド距離の場

---

*1) [訳注：原著では右辺を $\sum_{j=1}^{d} I[x_j = y_j]$ としているが，この等号は不等号の誤り．]

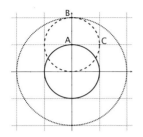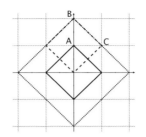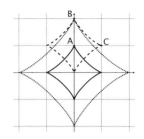

図 **8.4** (左) 実線の円は，原点からのユークリッド距離 ($p = 2$ 次のミンコフスキー距離) が点 A と等しい点をつないだ曲線である．破線の円は，点 B と点 C の点 A からの距離が等しいことを示している．点線の円は，点 C が点 B よりも原点に近いことを表しており，三角不等式に合致している．(中) 一方マンハッタン距離 ($p = 1$) の場合，点 B と点 C は原点から，あるいは点 A からの距離が等しくなる．(右) そして $p < 1$ の場合 (ここでは $p = 0.8$ とした)，点 C は点 B よりも原点から離れていることになる．点 A からの距離はいずれも等しいため，原点から点 C へ直接向かうよりも，点 A を経由したほうが早く到達できる．しかしこれは三角不等式に反している．

合，原点中心の円と点 A 中心の円が交わる点は点 B のみであるため，点 B 以外の点では三角不等式は狭義の不等式となる．

図 8.4 中央はマンハッタン距離 ($p = 1$) に対して同様の図示をしたものである．この場合，点 B と点 C は原点から等距離にあり，点 A を経由して点 C へ行くルートは迂回路ではなく最短ルートの 1 つになる．ところが，p をさらに小さくした場合，C は赤の枠内を外れ，原点からみて点 B よりも遠くなる．一方で，この場合でも原点から点 A，点 A から点 C への距離の和は原点から点 B への距離に等しい．この時点で直感が崩れてしまう．$p < 1$ のミンコフスキー距離は三角不等式に反するため，距離の定義を満たさない．

座標軸によって速度が異なるなどの場合には，それに応じて異なる縮尺を用いるとよい．例えば，水平方向のほうが垂直方向よりも移動が簡単な場合が考えられる．この場合，一定時間で到達することのできる点の集合を円形にするよりも，長径方向に速く移動できる楕円形としたほうが現実的である．長径が座標軸以外，例えば高速道路の方向や風向きの方向になるよう楕円を回転させることもできる．このことを数式を用いて表現すると，半径 r の超球 ($d \geq 2$ 次元の円) が $\mathbf{x}^T\mathbf{x} = r^2$ と表されるのに対して，超楕円は $\mathbf{x}^T\mathbf{M}\mathbf{x} = r^2$ と表される．ここで $\mathbf{M}$ は回転・収縮を表す行列である．

例 8.1 楕円距離

次の行列を考える．

$$\mathbf{R} = \begin{pmatrix} 1/\sqrt{2} & 1/\sqrt{2} \\ -1/\sqrt{2} & 1/\sqrt{2} \end{pmatrix}, \quad \mathbf{S} = \begin{pmatrix} 1/2 & 0 \\ 0 & 1 \end{pmatrix}, \quad \mathbf{M} = \begin{pmatrix} 5/8 & -3/8 \\ -3/8 & 5/8 \end{pmatrix}$$

行列 $\mathbf{R}$ は時計回りで $45°$ の回転行列，対角行列 $\mathbf{S}$ は x 軸方向に関して $1/2$ 倍するスケーリング行列である．方程式

$$(\mathbf{SRx})^T(\mathbf{SRx}) = \mathbf{x}^T\mathbf{R}^T\mathbf{S}^T\mathbf{SRx} = \mathbf{x}^T\mathbf{R}^T\mathbf{S}^2\mathbf{Rx} = \mathbf{x}^T\mathbf{Mx} = 1/4$$

は，時計回りに $45°$ 回転させ，x 軸方向に関して $1/2$ 倍した形状は半径 $1/2$ の円であることを示している．すなわち，これは図 8.3 (右) のように $45°$ の方向に伸びた楕円を表している．楕円方程式は $(5/8)x^2 + (5/8)y^2 - (3/4)xy = 1/2$ となる．

通常，楕円の形状を表す行列 $\mathbf{M}$ は，データから共分散行列の逆行列 $\mathbf{M} = \mathbf{\Sigma}^{-1}$ で推定される．これを用いることで，マハラノビス距離 (Mahalanobis distance)

$$\mathrm{Dis}_M(\mathbf{x}, \mathbf{y}|\mathbf{\Sigma}) = \sqrt{(\mathbf{x}-\mathbf{y})^T \mathbf{\Sigma}^{-1} (\mathbf{x}-\mathbf{y})} \tag{8.1}$$

が得られる．このように共分散行列を用いることで，7.1 節で述べたように形状を無相関化および正規化することができる．また，共分散行列として単位行列を考えると，$\mathrm{Dis}_2(\mathbf{x}, \mathbf{y}) = \mathrm{Dis}_M(\mathbf{x}, \mathbf{y}|\mathbf{I})$ であることから，ユークリッド距離はマハラノビス距離の一種であることがわかる．

8.2 近隣と見本点

前節では，インスタンス空間における距離の測り方の基本について説明した．本節では，距離ベースのモデルの鍵となる考え方について紹介する．その鍵とは次の 2 つである．1 つは，プロトタイプとなるインスタンスである見本点 (exemplar) に基づいてモデルを構築すること，もう 1 つは最も近い見本点または近隣 (neighbour) に基づいて決定ルールを定義することである．これらの概念は，馴染みのある基本線形分類器を思い出すとわかりやすい．この分類器では，2 つのクラスの平均 $\boldsymbol{\mu}^{\oplus}$ と $\boldsymbol{\mu}^{\ominus}$ を見本点，すなわち分類器の構築に必要な，訓練データを要約した情報として用いている．ベクトル集合の平均は，ベクトルのユークリッド距離の二乗和を最小にするという性質をもっている．

定理 8.1 算術平均のユークリッド距離二乗最小化 ユークリッド空間内のデータ集合 D の算術平均 $\boldsymbol{\mu}$ は，データとのユークリッド距離の二乗和を最小にする唯一の点である．

証明 $\arg\min_{\mathbf{y}} \sum_{\mathbf{x} \in D} \|\mathbf{x}-\mathbf{y}\|^2 = \boldsymbol{\mu}$ を示す．ただし $\|\cdot\|$ は 2-ノルムを表す．左辺の最小値を求めるために，勾配 (y_i に関する偏微分からなるベクトル) が 0 になるものを求

める.

$$\nabla_{\mathbf{y}} \sum_{\mathbf{x} \in D} \|\mathbf{x} - \mathbf{y}\|^2 = -2 \sum_{\mathbf{x} \in D} (\mathbf{x} - \mathbf{y}) = -2 \sum_{\mathbf{x} \in D} \mathbf{x} + 2|D|\mathbf{y} = \mathbf{0}$$

これより $\mathbf{y} = \frac{1}{|D|} \sum_{\mathbf{x} \in D} \mathbf{x} = \boldsymbol{\mu}$ を得る. (証明終)

所与の点集合とのユークリッド距離の二乗和を最小化することは,ユークリッド距離の 2 乗を平均したものの最小化と同義であることに注意されたい.では,2 乗を取り除くとどうなるだろうか.ユークリッド距離そのものの和を最小にする点を見本点としたほうが自然ではないだろうか.これにより得られる点は幾何中央値 (geometric median) と呼ばれている.なぜなら,一変量のデータであれば,この点はさまざまな数値のなかで「真ん中の値」になるためである.しかし,多変量データの場合は幾何中央値を陽に求めることができず,逐次近似で求めるしかない.このように,計算上好都合であることが,距離ベース法においてユークリッド距離の二乗が用いられる主な理由である.

場合によっては,見本点はデータ点の 1 つでなければならないと制限することもある.この場合は,見本点がデータ点とは別でもよい重心 (centroid) と区別して,メドイド (medoid) と呼ぶことにする.メドイドは,各データに対して他のデータとの距離の

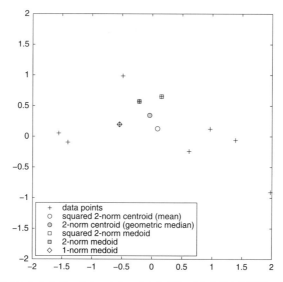

図 **8.5** 10 点からなるデータセットと,これに対してさまざまな距離メトリックを用いて得られた重心 (丸),メドイド (正方形・ひし形,データ点に一致している) を表している.平均値は,幾何中央値に比べて右下にある外れ値に大きく引っ張られていることがわかる.これにより対応するメドイドも変化している.

総和を計算し、そのなかから最小のものを選ぶことで得られる。この計算には、距離の測り方によらず n 個のデータでは $O(n^2)$ 回の演算が必要であるため、計算量の観点ではメドイドを用いることは推奨されない。図 8.5 は 10 個のデータ点からなるデータセットとその見本点を示したもので、見本点の決め方の違いがどれも違った結果をもたらしていることがわかる。とくに、平均二乗 2-ノルムは外れ値の影響を大きく受けている。

見本点を決定すると、基本線形分類器は 2 つの見本点を分割する垂直二等分線となる決定境界を構築する。一方、決定境界を直接用いずにインスタンスを分類する距離ベース法としては、次の方法が挙げられる。いま、データ $\mathbf{x}$ が $\boldsymbol{\mu}^{\oplus}$ のほうに近ければ $\mathbf{x}$ を正として分類し、逆であれば負と分類する。言い換えると、インスタンスを最近隣 (nearest) の見本点のクラスに分類する。この「近さ」の尺度をユークリッド距離で測ると、簡単な幾何学よりこの方法は決定境界とまったく同じ結果を得る (図 8.6 左)。

したがって、基本線形分類器は距離の観点からみると、各クラスのなかでユークリッド距離の **2 乗**を最小にする見本点を構築し、最近隣見本点決定ルールを適用することであるといえる。この観点の変更によって、新たな可能性が生まれる。例えば、決定ルールにマンハッタン距離を用いた場合に決定境界がどのような形になるかを調べると (図 8.6 右)、複数の線分を結んだもの (2 次元の場合は水平、垂直、±45° 回転した直線など) から構成される。このことは次のように考えるとわかりやすい。いま x, y

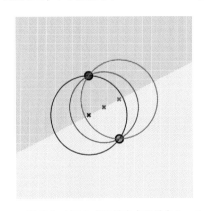
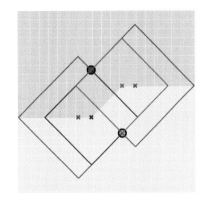

図 8.6 (左) 2 点の見本点に対する、ユークリッド距離を用いた最近隣見本点決定ルールは、見本点を結ぶ線分が垂直二等分線となるような線形の決定境界となる。× 印は決定境界上の点を、これらを中心とする円は 2 つの見本点がこれらの点から等距離の位置にあることを示している。決定境界を左下から右上へ移動するにつれ、この円ははじめは収縮し、見本点間の中点を超えると拡大していく。(右) マンハッタン距離を適用すると、左の図の円に対応するものがひし形になる。決定境界上を左から右に移動するにつれ、水平な境界上ではひし形は収縮し、45° 方向の境界上では一定の大きさになる。そして右側の水平な境界ではひし形は再び拡大する。

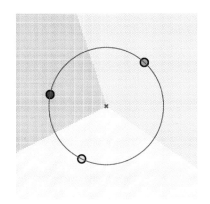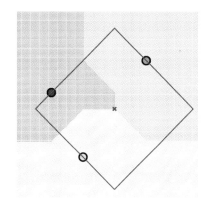

図 8.7 (左) 3 点の見本点に対する，2-ノルムの最近隣見本点決定ルールによる決定領域．(右) マンハッタン距離の場合，決定領域は非凸になる．

座標が共に互いに異なる 2 点の見本点が与えられたとすると，この 2 点を頂点とした矩形が構成される (ここではとくに，図のように長方形を仮定する)．そして仮に，いまあなたがその長方形の中心にいると考えよう．このとき，あなたは 2 つの見本点から等距離の位置にいることになる (この点は 2-ノルムの決定境界の一部でもある)．次に，あなたが水平方向に移動すると，見本点の一方に近づきもう一方からは離れることになる．これを相殺するために，垂直方向にも移動しよう．その結果，長方形内では見本点から等距離であり続けるように 45° の方向を動く．あなたが長方形の外周に到達した後は，両方の見本点から離れる形で水平方向に移動する．したがって，この先はずっと決定境界は水平方向に構成されていく．

　距離ベースの観点から考えることのメリットはこれだけではない．最近隣見本点決定ルールは，3 つ以上の見本点に対しても同様に適用できる．つまり，多クラスの線形分類も可能になる[*2)]．図 8.7 (左) に，3 つの見本点に対する最近隣見本点決定ルールを適用した結果を示す．各決定領域は 2 本の線分によって区切られている．予想通り，2-ノルムによる決定境界のほうが 1-ノルムによる境界よりも自然にみえる．数学的には，2-ノルムの決定境界は凸 (convex) であるという．すなわち，1 つの領域内の任意の 2 点間を結んだ線分は，その領域からはみ出ることがない．これは 1-ノルムの決定境界では成り立たない (図 8.7 (右) より明らかである)．

　以後，本節では距離としてユークリッド距離を仮定する．見本点の数が増加すると，領域のいくつかは閉凸の「細胞」のような形になる．これはボロノイ分割 (Voronoi tessellation) と呼ばれる．クラスの数はたいてい見本点の数よりも少ないため，決定ルールを構築する際は 2 つ以上の最近隣見本点が用いられることが多い．これにより，決定領域がさらに増えることになる．

[*2)] これはしばしばロシオ分類器 (Rocchio classifier) と呼ばれている．

例 8.2 2つの近隣は1つの近隣よりも多くを知っている

図 8.8 (左) は 5 つの見本点に対してボロノイ分割を行った結果である．各線分は 2 つの見本点の垂直二等分線を表している．これらは $\binom{5}{2} = 10$ 組の見本点に対して引かれているが，そのうち 2 組は互いが離れすぎているため，今回の例では 8 本の線分のみが得られている．

今度は，2 番めに近い見本点までを考慮に入れると，各ボロノイ・セルはさらに分割される．例えば，中央にある見本点は 4 つの近隣をもつため，中央のセルはさらに 4 つの小領域に分割される (図 8.8 中)．新たに追加された線分の一部は，中央の点が取り除かれた場合のボロノイ分割と考えることができる．中央以外の見本点については直近の近隣が 3 つなので，これらのセルはさらに 3 つの小領域に分割される．結果として，16 の「2-近隣見本点」決定領域が得られ，それらは最近隣および 2 番めに近い見本点の組み合わせによって構成される．

図 8.8 (右) は，2-近隣見本点決定領域を領域ごとに塗りつぶしたものである．ここでは各見本点の組に対して同じ重みを課しているため，同じ陰影をもつ隣接した (もとのボロノイ分割による境界をまたいだ) 領域があり，したがって全部で 8 種類の陰影が生じている．このことは，後述する最近隣分類の改良に関連することになる．

距離ベースのモデルの構成要素を以下にまとめる．

- ♣ ユークリッド，マンハッタン，ミンコフスキー，マハラノビスなどのさまざまな距離メトリック．
- ♣ 見本点：決められた距離メトリックにより定まる，データ集合の中心である重心や，データ集合のなかでの最も中心に位置するデータ点であるメドイド．
- ♣ 距離ベースの決定ルールで，k 番めに近い見本点までを用いるもの．

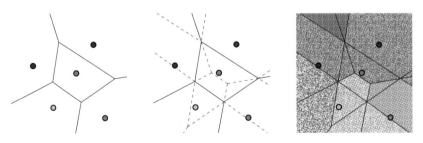

図 8.8 (左) 5 点の見本点に対するボロノイ分割．(中) 2 番めまでの最近隣見本点を考慮に入れると，各ボロノイ・セルの再分割が行われる．(右) 陰影はどの見本点がどのセルに寄与しているかを示している．[口絵 7 参照]

次節では，これらの要素が教師あり学習・教師なし学習のアルゴリズムを構築する上でさまざまな形で絡み合ってくる．

8.3 最近隣分類

前節では，基本線形分類器が 3 クラス以上，つまり多クラスに一般化された場合において，各クラスで見本点を学習し，新たなデータを分類するために最近隣見本点による決定ルールを用いる方法について説明した．実は，頻繁に用いられる距離ベースの分類器の多くは，訓練インスタンスのうちいずれかをそのまま見本点として扱っており，結果として分類器の「訓練」では訓練データを記憶するだけでよい．このきわめて単純な分類器は最近隣分類器 (nearest-neighbour classifier) と呼ばれる．この決定領域は，ボロノイ境界のなかから選ばれた区分線形な決定境界をもつボロノイ分割のセルから構成される (隣り合うセルは同じクラスにラベル付けされる可能性があるため)．

最近隣分類器はどのような性質をもつだろうか．まず，1 つのインスタンスが複数のクラスに属しているような状況がなければ，訓練データを完全に分類することができることに注意しよう．訓練データをすべて記憶しているため，これは当然の結果である．さらに，正しい見本点を選択できれば，任意の決定境界を表現できる上，そうでないとしても，少なくとも区分線形関数による近似が可能となる．このことから，最近隣分類器はバイアスが小さくなる一方で，分散が大きくなるという性質をもつことがわかる．すなわち，決定境界を張る見本点のいずれかが変化すれば，それに強く依存して境界も変化する．これは，訓練データが限定的であったり，大きなノイズをもっていたり，母集団を代表したものでない場合には過適合が起こるリスクが高いことを示唆している．

アルゴリズムの視点で考えると，最近隣分類器の訓練は非常に高速で，見本点が n 個の場合その計算量は $O(n)$ である．欠点は，1 つのデータを分類する場合でも同じ $O(n)$ 回の計算が必要ということである．これは，データがどの見本点に近いかを，すべての見本点に対して調べる必要があるためである．訓練時により複雑なデータ構造で見本点を設定するという手間をかければ，分類時間を削減することも可能であるが，特徴量が多い場合は適切に機能しない傾向がある．

加えて，高次元のインスタンス空間は次元の呪い (curse of dimensionality) と呼ばれる理由で問題になることが多い．高次元空間では，データが極度に疎 (スパース) になる傾向が強い．つまり，すべての点に対して互いの距離が非常に大きくなり，結果としてデータ間の距離という情報の価値が下がってしまう．しかし，次元の呪いに直面するか否かは，単に特徴量の数だけが原因ではない．インスタンス空間の有効な次元が，特徴量の数よりもはるかに小さくなる現象にはいくつかの理由がある．例えば，特徴量のうちいくつかは実際には分類には関連がなく，むしろ距離の計算において関連のある特徴量の信号をかき消している可能性もある．この場合，距離ベースのモデ

ルを構築する前に，第 10 章で述べる特徴量選択を行い次元を削減するのがよい．また別の方法として，データはインスタンス空間ではなく低次元の多様体 (manifold) 上にあると考える (例えば，球の表面は 3 次元の球に巻きついた 2 次元の多様体と見なすことができる)．この考え方を用いることで，同じく 10 章で述べる主成分分析のような別の次元削減も可能となる．いずれにせよ，データの変動が大きい場合，最近隣分類を適用する前にデータ間の距離のヒストグラムをみておくのが得策であろう．

最近隣法は，実数値目的変数に対する回帰分析にも容易に適用できる．実は最近隣法では目的変数の型は問題とならず，テキスト文書，画像，映像の出力に用いることができる．また，別の目的変数の代わりに見本点自身を出力することもでき，この場合は最近隣取り出し (nearest-neighbour retrieval) と呼ばれる．この場合，当然ながら，目的変数 (または見本点) を見本点のデータベースから出力することしかできないが，これらを統合する方法があれば，k-近傍 (k-最近隣; k-nearest neighbour) 法を用いてこの制限を外すこともできる．その最もシンプルな方法では，k-近傍法は，分類対象のインスタンスに近いほうから k (≥ 1) 番めまでの見本点を選び，どのクラスが最もふさわしいかを予測する．クラスの要素数を正規化したものを各クラスの確率分布として扱うことで，確率の推定量を求めることもできる．

図 8.9 に，5 クラスからなる 20 個の見本点のデータセットに対して $k = 3, 5, 7$ で k-近傍法を適用した結果を示した．この図では，各テスト点に対して，一様にサンプリングされた近隣により定まるクラスを割り当てた結果を視覚的に表している．例えば $k = 3$-最近隣において，近隣 3 点のうち 2 点が赤で残りの 1 点が橙であるような領域は，同じ割合で混ざった色で塗りつぶされている．$k = 3$ の場合，分類領域はほとんどの場所で境界がはっきりしているが，$k = 5$ や $k = 7$ ではそれが徐々に不鮮明になっている．この結果は，例 8.2 で紹介した，k を徐々に増加させると決定領域数も増加するという結果と比べると奇妙にみえるかもしれない．実は，この増加は確率ベクトルが互いに近づくことで相殺されている．極端な例を 1 つ挙げてみよう．いま，k が見本点の数 n と等しいとする．このとき，すべてのテストインスタンスは同じ数の近隣をもち，事前分布と同じ確率ベクトルをもつことになる．また，$k = n - 1$ とした場合

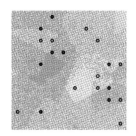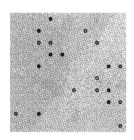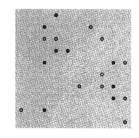

図 8.9 (左) 3-最近隣分類器による決定境界．陰影は 5 つのクラスへの分類についての予測確率分布を表す．(中) 5-最近隣．(右) 7-最近隣．[口絵 8 参照]

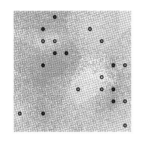 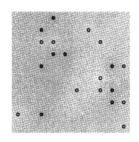 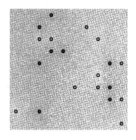

図 8.10 (左) 図 8.9 のデータに対して，距離加重を行った 3-最近隣分類器による決定境界．(中) 5-最近隣．(右) 7-最近隣．[口絵 9 参照]

は，いずれかのクラスの要素数を 1 つ減らすことができるが，これには c 通りの方法があり，$k = 1$ の場合と同様の数になる．

上記をまとめると，予測の観点からみると，k-最近隣は k の増加に伴いはじめは精度が向上するが，その後再び悪化する．また，k の増加に伴いバイアスは増加し，分散は減少する．では，与えられたデータに対して，k としてどの値が適切かという疑問が生じるが，これに対する簡単な答えは存在しない．しかし，インスタンスに対して距離加重 (distance weighting) を行うことでこの疑問をある程度解決できる．つまり，見本点が分類対象のインスタンスに近いほど，より大きな重みを課す．図 8.10 は，各インスタンスへの重みとして見本点との距離の逆数を用いて k-最近隣を計算した結果である．分類モデルとしてボロノイ境界によるグループ化の組み合わせを適用し，さらに距離加重を行っているため，分類境界がぼやけていることがわかる．加えて，重みは距離が離れるにつれて急激に減少するため，k の増加による影響は加重なしの場合に比べてはるかに小さい．実際，距離加重では単に $k = n$ とおくこともでき，その場合でも異なるインスタンス空間で異なる予測が行われる．k-最近隣モデルは距離加重によってより柔軟性の高いものになる．逆に距離加重がなければ (加えて k が小さければ)，局所モデルの集合体のようなものになる．

k-近傍法を回帰モデルに適用した場合，k-最近隣による予測値を集約する最も単純な方法は平均値をとることだが，これに距離加重を適用することもできる．このように，記憶された見本点ではない値を予測することで，モデルの予測能力をさらに向上させることができるだろう．より一般的に，k-平均は複数の目的変数値に対して適切な「集計法」をもつどんな学習問題に対しても適用できる．

8.4 距離ベースクラスタリング

距離ベースの手法を用いた教師なし学習は，クラスタリングと関連していることが多い．本節では，距離ベースのクラスタリング法についていくつか紹介する．本節で述べるクラスタリング法はすべて見本点に基づいたもので，予測のための手法である．

つまり，この手法は未知のインスタンスに対してもそのまま適用可能である (予測クラスタリングと記述クラスタリングの違いについては 3.3 節参照)．次節では，見本点を用いない記述クラスタリング法について紹介する．

予測のための距離ベースのクラスタリング法では，距離ベースの分類器と同様の構成要素，すなわち距離メトリックや，見本点および距離ベースの決定ルールを構築する方法が用いられる．目的変数が明示的に与えられていない場合は，距離メトリックに関してコンパクトなクラスターを見つけられるよう，間接的に訓練データの目的変数を与える．そのためには，最適化の基準であるクラスターのコンパクト性とは何かを考える必要がある．そこで，7.2 節で登場した散乱行列を考える．

> **定義 8.3　散乱**　データ行列 $\mathbf{X}$ が与えられたとき，散乱行列 (scatter matrix) は次で定義される．
> $$\mathbf{S} = (\mathbf{X} - \mathbf{1}\boldsymbol{\mu})^\mathrm{T}(\mathbf{X} - \mathbf{1}\boldsymbol{\mu}) = \sum_{i=1}^{n}(\mathbf{X}_{i\cdot} - \boldsymbol{\mu})^\mathrm{T}(\mathbf{X}_{i\cdot} - \boldsymbol{\mu})$$
> ここで，$\boldsymbol{\mu}$ は $\mathbf{X}$ の各列の平均からなる行ベクトルである．$\mathbf{X}$ の散乱 (scatter) は $\mathrm{Scat}(\mathbf{X}) = \sum_{i=1}^{n} \|\mathbf{X}_{i\cdot} - \boldsymbol{\mu}\|^2$ で与えられる．これは散乱行列のトレース (正方行列の対角成分の和) に等しい．

いま，D が K 個の排反な部分集合 $D_1 \uplus \cdots \uplus D_K = D$ に分解されているとし，各 D_j の平均を $\boldsymbol{\mu}_j$ とおく．また，$\mathbf{S}, \mathbf{S}_j$ をそれぞれ D, D_j の散乱行列とおく．これらの散乱行列は次の性質を満たす．

$$\mathbf{S} = \sum_{j=1}^{K} \mathbf{S}_j + \mathbf{B} \tag{8.2}$$

ここで，$\mathbf{B}$ は D の各点を対応する平均 $\boldsymbol{\mu}_j$ で置き換えたものに対する散乱行列である．$\mathbf{S}_j$ はクラスター内散乱行列 (within-cluster scatter matrix) と呼ばれ，第 j クラスターのコンパクト性を表している．また，$\mathbf{B}$ はクラスター間散乱行列 (between-cluster scatter matrix) と呼ばれ，クラスターの重心の広がり具合を表したものである．これらの行列のトレースも，行列と同様に次のように分解される．

$$\mathrm{Scat}(D) = \sum_{j=1}^{K} \mathrm{Scat}(D_j) + \sum_{j=1}^{K} |D_j| \|\boldsymbol{\mu}_j - \boldsymbol{\mu}\|^2 \tag{8.3}$$

このことから，すべてのクラスターに対する全散乱の最小化は，重心の (重み付き) 散乱の最大化に等しいことがわかる．K-平均問題 (K-means problem) は，全クラスター内散乱を最小にする分割を探索する問題である．

> **例 8.3　データ分割による散らばりの削減**
> 次の 5 点を考える．

8.4 距離ベースクラスタリング

$$(0,3), (3,3), (3,0), (-2,-4), (-4,-2)$$

これらのデータの中心は $(0,0)$ である．このとき，散乱行列は

$$\mathbf{S} = \begin{pmatrix} 0 & 3 & 3 & -2 & -4 \\ 3 & 3 & 0 & -4 & -2 \end{pmatrix} \begin{pmatrix} 0 & 3 \\ 3 & 3 \\ 3 & 0 \\ -2 & -4 \\ -4 & -2 \end{pmatrix} = \begin{pmatrix} 38 & 25 \\ 25 & 38 \end{pmatrix}$$

となり，トレースは $\mathrm{Scat}(D) = 76$ である．いま，はじめの2点を1つのクラスター，残りの3点をもう1つのクラスターと考えると，クラスター平均はそれぞれ $\boldsymbol{\mu}_1 = (1.5, 3)$, $\boldsymbol{\mu}_2 = (-1, -2)$，クラスター内散乱行列はそれぞれ

$$\mathbf{S}_1 = \begin{pmatrix} 0-1.5 & 3-1.5 \\ 3-3 & 3-3 \end{pmatrix} \begin{pmatrix} 0-1.5 & 3-3 \\ 3-1.5 & 3-3 \end{pmatrix}$$

$$= \begin{pmatrix} 4.5 & 0 \\ 0 & 0 \end{pmatrix}$$

$$\mathbf{S}_2 = \begin{pmatrix} 3-(-1) & -2-(-1) & -4-(-1) \\ 0-(-2) & -4-(-2) & -2-(-2) \end{pmatrix} \begin{pmatrix} 3-(-1) & 0-(-2) \\ -2-(-1) & -4-(-2) \\ -4-(-1) & -2-(-2) \end{pmatrix}$$

$$= \begin{pmatrix} 26 & 10 \\ 10 & 8 \end{pmatrix}$$

となり，さらに $\mathrm{Scat}(D_1) = 4.5$, $\mathrm{Scat}(D_2) = 34$ となる．$\boldsymbol{\mu}_1$ を2つコピーし，$\boldsymbol{\mu}_2$ を3つコピーしたデータは，定義よりもとのデータと同じ中心をもつ．この例では $(0,0)$ になる．これらのクラスター間散乱行列 $\mathbf{B}$ は

$$\mathbf{B} = \begin{pmatrix} 1.5 & 1.5 & -1 & -1 & -1 \\ 3 & 3 & -2 & -2 & -2 \end{pmatrix} \begin{pmatrix} 1.5 & 3 \\ 1.5 & 3 \\ -1 & -2 \\ -1 & -2 \\ -1 & -2 \end{pmatrix} = \begin{pmatrix} 7.5 & 15 \\ 15 & 30 \end{pmatrix}$$

となり，トレースは 37.5 となる．

次に，はじめの3点を1つのクラスター，残りの2点をもう1つのクラスターと見なすと，クラスター平均はそれぞれ $\boldsymbol{\mu}'_1 = (2,2)$, $\boldsymbol{\mu}'_2 = (-3,-3)$ で，クラスター内散乱行列は

$$\mathbf{S}'_1 = \begin{pmatrix} 0-2 & 3-2 & 3-2 \\ 3-2 & 3-2 & 0-2 \end{pmatrix} \begin{pmatrix} 0-2 & 3-2 \\ 3-2 & 3-2 \\ 3-2 & 0-2 \end{pmatrix}$$

$$= \begin{pmatrix} 6 & -3 \\ -3 & 6 \end{pmatrix}$$

$$\mathbf{S}'_2 = \begin{pmatrix} -2-(-3) & -4-(-3) \\ -4-(-3) & -2-(-3) \end{pmatrix} \begin{pmatrix} -2-(-3) & -4-(-3) \\ -4-(-3) & -2-(-3) \end{pmatrix}$$

$$= \begin{pmatrix} 2 & -2 \\ -2 & 2 \end{pmatrix}$$

で，トレースは $\mathrm{Scat}(D'_1) = 12$，$\mathrm{Scat}(D'_2) = 4$ となる．また，クラスター間散乱行列は

$$\mathbf{B}' = \begin{pmatrix} 2 & 2 & 2 & -3 & -3 \\ 2 & 2 & 2 & -3 & -3 \end{pmatrix} \begin{pmatrix} 2 & 2 \\ 2 & 2 \\ 2 & 2 \\ -3 & -3 \\ -3 & -3 \end{pmatrix} = \begin{pmatrix} 30 & 30 \\ 30 & 30 \end{pmatrix}$$

で，トレースは 60 である．2 つのクラスタリング結果を比べると，重心が離れていることから 2 つめのほうがより際立ったクラスタリングが行われていることがわかる．

8.4.1　K-平均アルゴリズム

K-平均問題は NP 完全問題である．すなわち，大域的最小値を得るための有効な解が存在しない．したがって，ヒューリスティックなアルゴリズムに頼る必要がある．よく知られているアルゴリズムは K-平均アルゴリズム (またはロイドのアルゴリズム) と呼ばれている．アルゴリズムの概要をアルゴリズム 8.1 に示す．このアルゴリズムは，最近隣重心決定ルールを用いたデータの分割と，その分割からの重心の再計算の繰り返しによって得られる．図 8.11 は，3 つのクラスターからなるデータに対して K-平均アルゴリズムを適用した結果である．また，例 8.4 ではさまざまな機械学習法の性質を表現したデータに対するクラスタリング結果を示している．

例 8.4　MLM データのクラスタリング

表 1.4 の MLM データセットを再び参照されたい (図 1.7 にある 2 次元の近似もみておくとよい)．このデータに対して $K = 3$ として K-平均法を適用すると，{Associations, Trees, Rules}，{GMM, naive Bayes}，そしてそれ以外のデータか

らなる大きなクラスターに分割される．一方で $K=4$ とした場合，先ほどの大きなクラスターがさらに {kNN, Linear Classifier, Linear Regression} と {Kmeans, Logistic Regression, SVM} に分割される．同時に GMM は後者のクラスターに再配置され，naive Bayes は独立したクラスターになる．

アルゴリズム 8.1 KMeans(D, K)：ユークリッド距離 Dis_2 を用いた K-平均クラスタリング

Input: データ $D \subseteq \mathbb{R}^d$，クラスター数 $K \subseteq \mathbb{N}$．
Output: K 個のクラスター平均 $\boldsymbol{\mu}_1, \ldots, \boldsymbol{\mu}_K \in \mathbb{R}^d$．
1: K 個のベクトル $\boldsymbol{\mu}_1, \ldots, \boldsymbol{\mu}_K \in \mathbb{R}^d$ をランダムに初期化;
2: **repeat**
3:     各 $\mathbf{x} \in D$ に $\arg\min_j \text{Dis}_2(\mathbf{x}, \boldsymbol{\mu}_j)$ を割り当てる;
4:     **for** $j = 1$ to K **do**
5:         $D_j \leftarrow \{\mathbf{x} \in D |\ 第\ j\ クラスターに割り当てられる\ \mathbf{x}\}$;
6:         $\boldsymbol{\mu}_j = \frac{1}{|D_j|} \sum_{\mathbf{x} \in D_j} \mathbf{x}$;
7:     **end**
8: **until** $\boldsymbol{\mu}_1, \ldots, \boldsymbol{\mu}_K$ に変化がなくなるまで;
9: **return** $\boldsymbol{\mu}_1, \ldots, \boldsymbol{\mu}_K$;

K-平均法の一度の反復計算において，クラスター内散乱が増加することはないことを示すことができる．したがって，このアルゴリズムがこれ以上改善の余地がない停留点 (stationary point) に到達可能であることがわかる．ただし，単純なデータセットに対してさえ，複数の停留点が存在する可能性があることに注意されたい．

例 8.5 停留点とクラスタリング

自然数の集合 $\{8, 44, 50, 58, 84\}$ を 2 つのクラスターに分割することを考える．2-平均法では，次の 4 パターンの分割が考えられる：$\{8\}, \{44, 50, 58, 84\}$；$\{8, 44\}, \{50, 58, 84\}$；$\{8, 44, 50\}, \{58, 84\}$；$\{8, 44, 50, 58\}, \{84\}$．これらそれぞれが，適当な初期値のもとで 2-平均における停留点に到達していることを容易に確認することができる．このなかでは，クラスター内散乱が最小であるという点で，1 つめのクラスタリングが最適である．

一般的に，K-平均法は有限回の反復で停留点に収束するが，収束点が大域的な最小点であるか，そうでないならばどれほど離れているか，といった保証はできない．図 8.12 は，重心の初期値によっては最適解に到達しない例を示している．実際には，アルゴリズムを何度か繰り返し，クラスター内散乱が最小になる点を選択してみるとよい．

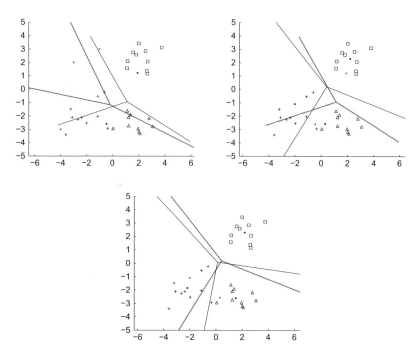

図 8.11 (左上) 正規混合データに対して 3-平均を適用した 1 回めの反復. 薄い線は, ランダムに得られた重心の初期値から構成されたボロノイ境界を表す. 黒線は再計算された平均による境界を表す. (右上) 1 回めの分割 (薄い線) を起点とした 2 回めの反復の結果. (下) 3 回めの反復. この時点で安定したクラスタリング結果が得られている.

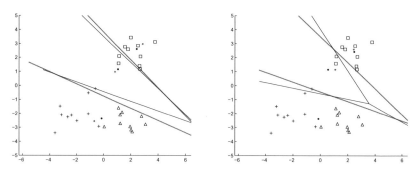

図 8.12 (左) 図 8.11 と同じデータについて, 異なる重心の初期値に対して 3-平均を適用した 1 回めの反復. (右) 3-平均は準最適なクラスタリングに収束している.

8.4.2 メドイド周辺のクラスタリング

K-平均アルゴリズムは，さまざまな距離メトリックに対して容易に適用できる．その場合，最小化すべき目的関数が異なることに注意されたい．アルゴリズム 8.2 に，K-メドイド (K-medoid) のアルゴリズムを示した．これは，見本点がデータ点であるよう制限を加えたアルゴリズムである．しかし，クラスターのメドイドを計算する場合は，すべてのデータ点の組み合わせについて調べる必要があるため (平均を計算する場合は，データ点に対して一度の走査で十分だった)，大規模データに対しては計算するべきではない．その代わりとして，アルゴリズム 8.3 にメドイド周辺分割 (partitioning

---

アルゴリズム 8.2 KMedoid(D, K, Dis)：任意の距離メトリック Dis を用いた K-メドイドクラスタリング

Input: データ $D \subseteq \mathscr{X}$，クラスター数 $K \subseteq \mathbb{N}$，距離メトリック Dis $: \mathscr{X} \times \mathscr{X} \to \mathbb{R}$.
Output: $\mathscr{X}$ のクラスタリングを予測する K 個のメドイド $\boldsymbol{\mu}_1, \ldots, \boldsymbol{\mu}_K \in D$.
1: K 個のベクトル $\boldsymbol{\mu}_1, \ldots, \boldsymbol{\mu}_K \in \mathbb{R}^d$ をランダムに選ぶ;
2: **repeat**
3:   各 $\mathbf{x} \in D$ に $\arg\min_j \mathrm{Dis}(\mathbf{x}, \boldsymbol{\mu}_j)$ を割り当てる;
4:   **for** $j = 1$ to k **do**
5:     $D_j \leftarrow \{\mathbf{x} \in D|$ 第 j クラスターに属する $\mathbf{x}\}$;
6:     $\boldsymbol{\mu}_j = \arg\min_{\mathbf{x} \in D_j} \sum_{\mathbf{x}' \in D_j} \mathrm{Dis}(\mathbf{x}, \mathbf{x}')$;
7:   **end**
8: **until** $\boldsymbol{\mu}_1, \ldots, \boldsymbol{\mu}_K$ に変化がなくなるまで;
9: **return** $\boldsymbol{\mu}_1, \ldots, \boldsymbol{\mu}_K$;

アルゴリズム 8.3 PAM(D, K, Dis)：任意の距離メトリック Dis を用いたメドイド周辺分割クラスタリング

Input: データ $D \subseteq \mathscr{X}$，クラスター数 $K \subseteq \mathbb{N}$，距離メトリック Dis $: \mathscr{X} \times \mathscr{X} \to \mathbb{R}$.
Output: $\mathscr{X}$ の予測クラスタリングのための K 個のメドイド $\boldsymbol{\mu}_1, \ldots, \boldsymbol{\mu}_K \in D$.
1: K 個のデータ $\boldsymbol{\mu}_1, \ldots, \boldsymbol{\mu}_K \in \mathbb{R}^d$ をランダムに選ぶ;
2: **repeat**
3:   各 $\mathbf{x} \in D$ に $\arg\min_j \mathrm{Dis}(\mathbf{x}, \boldsymbol{\mu}_j)$ を割り当てる;
4:   **for** $j = 1$ to k **do**
5:     $D_j \leftarrow \{\mathbf{x} \in D|$ 第 j クラスターに属する $\mathbf{x}\}$;
6:   **end**
7:   $Q \leftarrow \sum_j \sum_{\mathbf{x} \in D_j} \mathrm{Dis}(\mathbf{x}, \boldsymbol{\mu}_j)$;
8:   **for** メドイド $\mathbf{m}$ とメドイドでない点 $\mathbf{o}$ に対して **do**
9:     $\mathbf{m}$ を $\mathbf{o}$ に入れ替えることによる Q の改善量を計算;
10: **end**
11: 最も改善するペアを選択し，入れ替える;
12: **until** 改善がなくなるまで;
13: **return** $\boldsymbol{\mu}_1, \ldots, \boldsymbol{\mu}_K$;

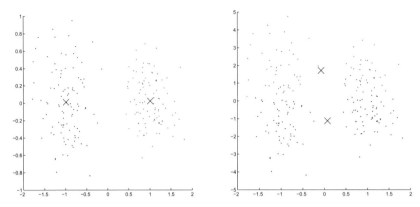

図 8.13 (左) このデータでは，2-平均により正しいクラスターを得ることができる．(右) y 座標のスケールを変換すると，意図したものよりもクラスター内散乱が大きくなってしまう．[口絵 10 参照]

around medoids; PAM) アルゴリズムを示した．PAM は，メドイドを他のデータ点と入れ替えることで，局所的にクラスタリングを改良しようとしたものである．クラスタリング Q の良さは，データとそれに最も近いメドイドとの距離の総和を計算することで評価できる．ただし，メドイドとメドイドでないデータの組み合わせは $k(n-k)$ 通りで，Q を評価するためにはこれを $n-k$ 個のデータ点について繰り返し計算しなければならず，反復の計算コストはデータ点の数の 2 乗のオーダーになる．大規模データに対して適用する場合は，まず PAM を小サンプルに対して実行し，Q は全データセットに対して評価するというプロセスを，異なるサンプルに対して繰り返し適用する．

　本節で紹介しているクラスタリング法は，クラスターを見本点のみを用いて表しているため，精度に限界がある．これらの方法はクラスターの形を無視しており，しばしば直観に反した結果をもたらしてしまう．図 8.13 にある 2 つのデータセットは，y 軸についてスケールを変換した以外は同じものであるにも関わらず，K-平均法は異なるクラスタリング結果を与えていることがわかる．これは K-平均法自体の欠点というわけではない．図 8.13 (右) では，2 つの重心は意図した解からは遠く離れてしまっているが，これは (8.3) 式の意味では良い解を与えている．この場合，実際の問題はクラスターの重心だけでなく「形状」を推定することが望ましく，散乱行列のトレースとは別の指標が必要になる．これについては次の 8.4.3 項で説明する．

8.4.3 シルエット

　では，図 8.13 (右) のクラスタリングにおける質の悪さをどう評価すればよいだろうか．興味深い方法の 1 つに，シルエットを用いる方法がある．いま，任意のデータ点 $\mathbf{x}_i$ に対して，$d(\mathbf{x}_i, D_j)$ を，データ $\mathbf{x}_i$ とクラスター D_j に属するデータとの距離の平均，

8.5 階層的クラスタリング

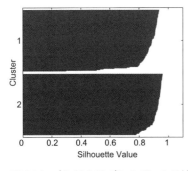 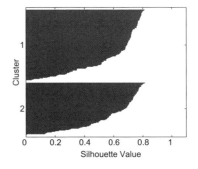

図 **8.14** (左) 図 8.13 (左) のデータに対する，ユークリッド距離の 2 乗を用いたクラスタリングのシルエット．ほぼすべての点で高い $s(\mathbf{x})$ の値が得られていることがわかる．この結果は，同じクラスター内のデータが，隣のクラスター内のデータよりも，平均的に互いが非常に近いことを示している．(右) 一方で，図 8.13 (右) のデータに対するクラスタリングのシルエットはクラスタリングの説得力に欠けていることを意味している．

$j(i)$ を $\mathbf{x}_i$ が属するクラスターのインデックスとする．また，$a(\mathbf{x}_i) = d(\mathbf{x}_i, D_{j(i)})$ を，$\mathbf{x}_i$ とそれが属するクラスター $D_{j(i)}$ 内のデータとの距離の平均，$b(\mathbf{x}_i) = \min_{k \neq j(i)} d(\mathbf{x}_i, D_k)$ を，$\mathbf{x}_i$ とそれが属するクラスターに隣接するクラスター内の点との距離の平均とする．$a(\mathbf{x}_i)$ が $b(\mathbf{x}_i)$ よりも小さくなることが望ましいが，この保証はできない．そこで，差 $b(\mathbf{x}_i) - a(\mathbf{x}_i)$ を，$\mathbf{x}_i$ がどれだけよくクラスタリングできたかを示す指標とし，これをさらに $b(\mathbf{x}_i)$ で割ることで 1 以下の値に調整する．

しかし，$a(\mathbf{x}_i) > b(\mathbf{x}_i)$，すなわち $b(\mathbf{x}_i) - a(\mathbf{x}_i)$ が負になることが十分想定される．つまり，隣接するクラスターの要素が，$\mathbf{x}_i$ が属するクラスターの要素よりも $\mathbf{x}_i$ に平均として近いという場合である．この場合は，規格化した値にするために $a(\mathbf{x}_i)$ で割る．以上をまとめて，次の値を定義する．

$$s(\mathbf{x}_i) = \frac{b(\mathbf{x}_i) - a(\mathbf{x}_i)}{\max(a(\mathbf{x}_i), b(\mathbf{x}_i))} \tag{8.4}$$

シルエット (silhouette) は，クラスターによってグループ化された各インスタンスに対して $s(\mathbf{x})$ を降べきに並べ替えてプロットしたものである．例として，図 8.13 のクラスタリングに対するシルエットを図 8.14 に示した．この例ではシルエットを作成するにあたりユークリッドの二乗距離を用いたが，どの距離メトリックでも適用できる．図 8.14 より，1 つめのクラスタリングのほうが 2 つめのそれよりもはるかに良いことがわかる．このような視覚的表現だけでなく，クラスターごと，あるいは全データのシルエットの平均値を計算することもできる．

8.5 階層的クラスタリング

前節で述べたクラスタリング法では，予測クラスタリング (観測データだけでなく

インスタンス空間全体の分割)を示すために見本点を用いた．本節では，木を用いてクラスタリングを表す方法を紹介する．本書の5.3節で，クラスタリング木について紹介した．この木は，決定木のようにインスタンス空間を分割するために特徴量を用いており，距離に基づくものではなかった．ここでは，純粋に距離測度の観点から定義されたデンドログラムと呼ばれる木について考える．デンドログラムは，特徴量を(距離測度を計算する基盤として)間接的に用いているだけであるため，インスタンス空間全体ではなく与えられたデータのみを分割する．したがって，デンドログラムは予測クラスタリングではなく記述クラスタリングである．

例 8.6　MLM データに対する階層的クラスタリング

例8.4の続きとして，MLMデータに対する階層的クラスタリングの結果を図8.15に示す．この木から，上層の3種類の論理手法が顕著にクラスターを構築していることがわかる．もしも3個のクラスターが必要であれば，論理手法クラスター，2個めのクラスター {GMM, naive Bayes}，そしてその他という形に分割すればよい．一方で4個のクラスターが必要な場合は，クラスター数3の階層において最もクラスター内の距離が離れている GMM と naive Bayes をさらに2個に分ければよい．なお，この結果は4-平均法による結果に比べてわずかに異なることに注意したい．5個のクラスターが欲しい場合は，{Linear Regression, Linear Classifier} のクラスターを新たに構築すればよい．このように，階層的クラスタリングはクラスターの数をあらかじめ固定しておく必要がないという利点がある．

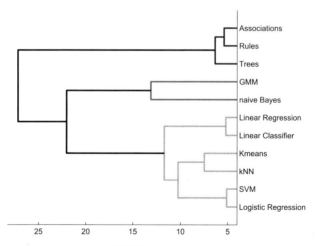

図 8.15　表1.4のデータに対する階層的クラスタリングによって得られたデンドログラム (見やすさのため左から右へ木を描画している).

8.5 階層的クラスタリング

デンドログラムの厳密な定義は次で与えられる．

定義 8.4　デンドログラム　データセット D が与えられたとき，デンドログラム (dendrogram) は D の要素を葉とする二値の木である．木の内部ノードは，そこを根とする部分木の葉からなる部分集合を表す．ノードのレベルは，そのノードから生えた枝によって構成される 2 つのクラスター間の距離を表している．葉はレベル 0 である．

この定義が実際に機能するためには，2 つのクラスター間の近さを測る必要がある．ここで読者は，「単に 2 つのクラスターの平均間の距離を計算すればよいのではないか」と思うかもしれないが，この方法では本節最後で議論するようにしばしば問題が起こる．また，見本点としてクラスターの平均をとるということはユークリッド距離を仮定することになるが，先に述べた他の距離メトリックを用いたい場合もある．そこで，連結関数と呼ばれるものを導入する．これは，2 点間の距離を 2 クラスター間の距離へ変換する一般的な方法である．

定義 8.5　連結関数　距離メトリック $\mathrm{Dis}: \mathscr{X} \times \mathscr{X} \to \mathbb{R}$ が与えられたとき，連結関数 (linkage function) $L: 2^{\mathscr{X}} \times 2^{\mathscr{X}} \to \mathbb{R}$ はインスタンス空間の任意の部分集合間の距離を測る．

最も一般的な連結関数の一例を挙げる．
- 単連結：2 つのクラスター間の距離を，各クラスターの要素間の距離のなかで最小のものとして定義
- 完全連結：2 つのクラスター間の距離を，各クラスターの要素間の距離のなかで最大のものとして定義
- 平均連結：2 つのクラスター間の距離を，各クラスターの要素間の距離の平均として定義
- 重心連結：2 つのクラスター間の距離を，各クラスターの要素の平均間の距離として定義

これらの連結関数を数学的に表すと，それぞれ次のように定義される．

$$L_{\text{single}}(A,B) = \min_{x \in A, y \in B} \mathrm{Dis}(x,y)$$

$$L_{\text{complete}}(A,B) = \max_{x \in A, y \in B} \mathrm{Dis}(x,y)$$

$$L_{\text{average}}(A,B) = \frac{\sum_{x \in A, y \in B} \mathrm{Dis}(x,y)}{|A| \cdot |B|}$$

$$L_{\text{centroid}}(A,B) = \mathrm{Dis}\left(\frac{\sum_{x \in A} x}{|A|}, \frac{\sum_{y \in B} y}{|B|}\right)$$

これらの連結関数は，各クラスターの要素が 1 点のみの場合はすべて $L(\{x\},\{y\}) =$

アルゴリズム 8.4　HAC(D,K)：階層的凝集クラスタリング

Input: データ $D \subseteq \mathscr{X}$，連結関数 $L: 2^{\mathscr{X}} \times 2^{\mathscr{X}} \to \mathbb{R}$ (距離メトリックの意味で定義).
Output: D の記述的クラスタリング結果を示すデンドログラム.
1: クラスターを各データ点 (1 点) として初期化;
2: すべてのクラスターに対してレベル 0 の葉を作成;
3: **repeat**
4: 　　連結 l が最小になるクラスターの組 X,Y を探索し，統合する;
5: 　　レベル l で X,Y の親を作成;
6: **until** すべてのデータが 1 つのクラスターになるまで;
7: **return** 2 値の木と連結レベル;

$\mathrm{Dis}(x,y)$ となり一致するが，クラスターの要素数が増加するとこれらは異なる値を与える．例えば $\mathrm{Dis}(x,y) < \mathrm{Dis}(x,z)$ のとき，クラスター $\{x\}$，$\{y,z\}$ 間の連結は次の 4 種類の場合ですべて異なる．

$$L_{\mathrm{single}}(\{x\}, \{y,z\}) = \mathrm{Dis}(x,y)$$
$$L_{\mathrm{complete}}(\{x\}, \{y,z\}) = \mathrm{Dis}(x,z)$$
$$L_{\mathrm{average}}(\{x\}, \{y,z\}) = (\mathrm{Dis}(x,y) + \mathrm{Dis}(x,z))/2$$
$$L_{\mathrm{centroid}}(\{x\}, \{y,z\}) = \mathrm{Dis}(x, (y+z)/2)$$

デンドログラムを構築する一般的なアルゴリズムをアルゴリズム 8.4 に示す．これは，木がデータ点から上層に向けて構築される，ボトムアップあるいは凝集 (agglomerative) アルゴリズムである．このアルゴリズムは，各反復において互いの距離が最も近いクラスターを統合することにより，データの新しい分割を構築する．HAC アルゴリズムは，異なる連結関数を用いれば一般的には異なる結果を得る．なかでも単連結は最も直感的であろう．なぜなら，単連結はデータ点の間ひとつひとつに対して徐々に長いリンクを追加していくことで，グラフを効率的に構築するためである．そして最終的には，すべてのデータ点の組の間にパスが作られる (このことから「連結」という名前がつけられている)．この過程で統合された成分はその反復において得られたクラスターとなり，最も新しく得られたクラスターの連結は最も新しく得られたリンクの長さに対応する．単連結を用いた階層的クラスタリングは，すべてのデータ点間の距離を計算し整列するため，n 個のデータに対して $O(n^2)$ の計算量が必要であり，他の連結関数の場合では少なくとも $O(n^2 \log n)$ の計算量が必要となる．なお，アルゴリズム 8.4 に示した，最適化されていないアルゴリズムの計算量は $O(n^3)$ である．

例 8.7　連結度の問題

2 行 4 列で格子状に配置された 8 点のデータを考える (図 8.16)．タイ (同順位) は各点のわずかな変動によって簡単に崩れてしまうものとする．各連結関数は同

じ順序で同じクラスターを構成するが，連結度がそれぞれで大きく異なる．完全連結では，D は他のクラスターから遠く離れた印象を与えるが，D を少しでも右にずらせば，C よりも前に E と統合される．重心連結を用いると，E は A, B と同じ連結度をもつことになる．これはつまり，A と B は最初に見つかるものの，実際は異なるクラスターとして認識できないことを意味している．実際，この例では明確な意味のあるクラスターが存在しないことが示され，単連結による結果が望ましい．

単連結および完全連結は，どちらもデータ点の特定の組からクラスター間の距離を定義しているため，クラスターの形状を考慮していない．この点で，平均連結と重心連結のほうに利点がある．しかし，重心連結は図 8.17 のように直感的でないデンドログラムを構成することがある．この図の場合，$L(\{1\},\{2\}) < L(\{1\},\{3\}), L(\{1\},\{2\}) < L(\{2\},\{3\})$ にも関わらず $L(\{1\},\{2\}) > L(\{1,2\},\{3\})$ という状況が起きている．はじめの 2 つの不等式より，1 と 2 が最初にクラスターとして統合される一方で，最後の不等式より，デンドログラムにおけるクラスター $\{1,2,3\}$ の階層はクラスター $\{1,2\}$ の階層よりも下に位置してしまう．重心連結では単調性 (monotonicity)，すなわち任意のクラスター A, B, C に対して $L(A,B) < L(A,C), \ L(A,B) < L(B,C)$ ならば $L(A,B) < L(A \cup B, C)$ という性質が破綻している．他の 3 種類の連結関数は単調性を有している (なお，この例は平均連結と重心連結が一致しない理由も示している)．

デンドログラムを構成する上でもう 1 つ注意しておくべきことは，階層的クラスタリングは決定論的で，つねにクラスタリングを構成するということである．20 個の一様に分布したデータを示した図 8.18 を考えてみよう．このデータではクラスター構造を探すのに苦労しそうである．それでも，完全連結とユークリッド距離を用いたデンドログラムでは 3 ないし 4 個のクラスターを認識できる．しかしよくみてみると，木の底部での連結度のレベルは互いに非常に近いことがわかる．また，完全連結 (クラスター間の要素のなかで距離が最大のものを利用) を用いているために，上端近くの連結度のレベルが高い位置にある．さらに，図 8.18 (下) に表示したシルエットは，クラスター構造が強固なものではないことを示している．ここでは，第 5 章で述べた木ベースのモデルと同様に，クラスタリングにおける一種の過適合について紹介した．さらに，やはりこの他の木ベースのモデルと同様に，データ点のわずかな変動がデンドログラムの大きな変化につながるという点で，デンドログラムは大きな分散をもつ．

結論として，階層的クラスタリング法は，事前にクラスター数を固定する必要がないという明確な利点がある．しかし，この利点はかなりの計算コストを要する上，距離測度だけでなく連結関数も選択する必要がある．

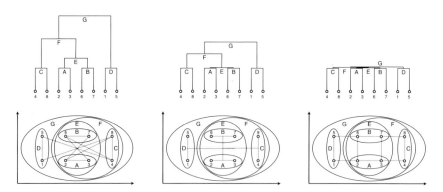

図 8.16 (左) 完全連結は，各クラスターの要素間の距離のなかで最大となるデータ間の距離をクラスター間距離として定義する (図ではデータ点間を直線で結んでいる). 得られたクラスターは，入れ子分割 (下) またはデンドログラム (上) で表される. デンドログラムにおけるクラスター間の横のつながりの強さは，連結直線 (縦線) の長さに対応している. この例では，タイは格子のわずかな変動によって崩れると仮定している. (中) 重心連結は，クラスター間距離を要素の距離の平均で定義する. E は A, B と同じ連結度であるため，A, B のクラスターは消滅している. (右) 単連結は，クラスター間距離を各要素間の距離の最小値で定義している. デンドログラムはもはや形を成しておらず，このデータからは意味のあるクラスタリング結果は得られないことを意味している. [口絵 11 参照]

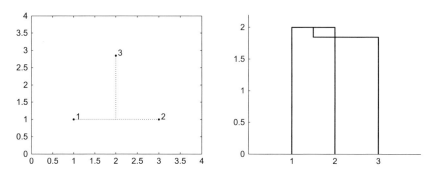

図 8.17 (左) データ点 1 と 2 は，データ点 3 よりも互いに近い位置にある. ところが，点 1 と 2 の重心と点 3 との距離は，もとの点と点 3 との距離よりも小さくなる. (右) その結果，クラスター {1,2} に点 3 を加えることで連結度 (距離) が減少し，単調でないデンドログラムが構成される.

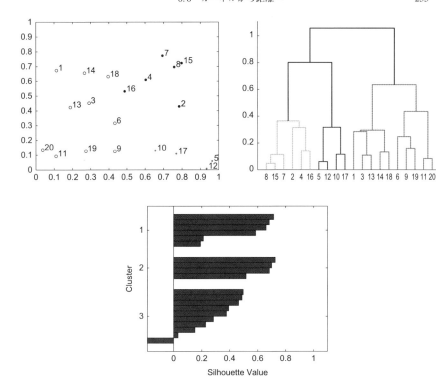

図 8.18 (左上) 一様乱数によって生成された 20 のデータ点. (右上) 完全連結を用いて構成されたデンドログラム. デンドログラムが提示した 3 つのクラスターは, データからは視覚的に見てとれないため疑わしい. (下) 各クラスターのシルエット値が急激に減少していることから, クラスターの明確な構造がないことがわかる. 18 番の点に至ってはシルエット値が負になっている. これは, ほかの白色の点の集合よりも黒色の点の集合のほうが平均としてこの点に近いためである.

8.6 カーネルから距離へ

7.5 節では, カーネルが線形モデルを拡張するためにどのように用いられているかについて述べた. カーネルは, ある特徴空間における特徴ベクトル $\phi(\mathbf{x})$ の構造を知ることなく, これらの内積からなる関数 $\kappa(\mathbf{x}_i, \mathbf{x}_j) = \phi(\mathbf{x}_i) \cdot \phi(\mathbf{x}_j)$ で表されたことを思い出してほしい. データ点の内積により定義される学習法はすべて, このような「カーネル化」を適用することができる. ユークリッド距離と内積の密接な関係により, 「カーネルトリック」を多くの距離ベース学習法に適用することができる.

鍵となるのは，ユークリッド距離が次のように内積で表せるという点である．

$$\mathrm{Dis}_2(\mathbf{x},\mathbf{y}) = \|\mathbf{x}-\mathbf{y}\|_2 = \sqrt{(\mathbf{x}-\mathbf{y})\cdot(\mathbf{x}-\mathbf{y})} = \sqrt{\mathbf{x}\cdot\mathbf{x} - 2\mathbf{x}\cdot\mathbf{y} + \mathbf{y}\cdot\mathbf{y}}$$

この式は，内積 $\mathbf{x}\cdot\mathbf{y}$ が増加するにつれて $\mathbf{x}$ と $\mathbf{y}$ の距離が減少することを示している．つまり，内積は一種の類似度を表しているといえる．しかし，この値は原点の位置に依存しているため，平行移動に関して不変ではない．残る $\mathbf{x}\cdot\mathbf{x}, \mathbf{y}\cdot\mathbf{y}$ の 2 項によって，この距離は平行移動に関して不変になる．この内積をカーネル関数 κ で置き換えることで，次のカーネル距離を構築できる．

$$\mathrm{Dis}_\kappa(\mathbf{x},\mathbf{y}) = \sqrt{\kappa(\mathbf{x},\mathbf{x}) - 2\kappa(\mathbf{x},\mathbf{y}) + \kappa(\mathbf{y},\mathbf{y})} \tag{8.5}$$

これより，κ が半正定値カーネルであれば，Dis_κ は擬距離 (定義 8.2 参照) を定義することがわかる[*3]．

例として，アルゴリズム 8.5 にカーネル化距離を用いた K-平均アルゴリズム (アルゴリズム 8.1) を示した．このアルゴリズムは，インスタンス空間では非線形な距離が，陰的な特徴空間ではユークリッド距離に対応していることを用いてクラスタリングしている．ところが，この方法には 1 つ問題がある．定理 8.1 は非線形な距離には対応していないため，クラスター平均をインスタンス空間上で計算できない．このため，アルゴリズム 8.5 はクラスタリングを見本点の集合ではなく分割として扱っている．結果として，各データ点 $\mathbf{x}$ を最も近いクラスターに割り当てる (step 3) 計算コストは，すべてのデータ点と $\mathbf{x}$ との距離の和を計算するために 2 乗のオーダーになる．一方で，このステップは K-平均アルゴリズムでは $|D|$ に関して線形の計算量である．

内積を距離に置き換える方法は他にもある．いま，θ を 2 つのベクトル $\mathbf{x}$ と $\mathbf{y}$ のな

アルゴリズム 8.5 Kernel-KMeans(D,K)：カーネル距離 Dis_κ を用いた K-平均クラスタリング

Input: データ $D \subseteq \mathcal{X}$，クラスター数 $K \subseteq \mathbb{N}$．
Output: K 個の分割 $D_1 \uplus \ldots \uplus D_K = D$．
1: K 個のクラスター $D_1,\ldots,D_K$ をランダムに初期化;
2: **repeat**
3:     各 $\mathbf{x}\in D$ に $\arg\min_j \frac{1}{|D_j|} \sum_{\mathbf{y}\in D_j} \mathrm{Dis}_\kappa(\mathbf{x},\mathbf{y})$ を割り当てる;
4:     **for** $j=1$ **to** K **do**
5:         $D_j \leftarrow \{\mathbf{x}\in D|\ 第\ j\ クラスターに属する\ \mathbf{x}\}$;
6:     **end**
7: **until** $D_1,\ldots,D_K$ に変化がなくなるまで;
8: **return** $D_1,\ldots,D_K$;

[*3] 特徴写像 ϕ が単射である場合に限り，Dis_κ はメトリックになる．そうでなければ，ある $\mathbf{x}\neq\mathbf{y}$ に対して $\phi(\mathbf{x})=\phi(\mathbf{y})$ となることから，$\kappa(\mathbf{x},\mathbf{x})-2\kappa(\mathbf{x},\mathbf{y})+\kappa(\mathbf{y},\mathbf{y}) = \phi(\mathbf{x})\cdot\phi(\mathbf{x})-2\phi(\mathbf{x})\cdot\phi(\mathbf{y})+\phi(\mathbf{y})\cdot\phi(\mathbf{y}) = 0$ となる．

す角とすると，内積は $\|\mathbf{x}\| \cdot \|\mathbf{y}\| \cos\theta$ で表される．このとき，コサイン類似度 (cosine similarity) を次で定義する．

$$\cos\theta = \frac{\mathbf{x} \cdot \mathbf{y}}{\|\mathbf{x}\| \cdot \|\mathbf{y}\|} = \frac{\mathbf{x} \cdot \mathbf{y}}{\sqrt{(\mathbf{x} \cdot \mathbf{x})(\mathbf{y} \cdot \mathbf{y})}} \tag{8.6}$$

コサイン類似度は，ベクトル $\mathbf{x}, \mathbf{y}$ の長さに依存していないという点でユークリッド距離とは異なる．一方で，コサイン類似度は平行移動に関して不変ではないが，原点に特別な役割が与えられている．すなわち，コサイン類似度を原点を中心とした単位球への射影とみなし，球面上での距離を測ることと考えればよい．コサイン類似度は，$1-\cos\theta$ を考えることで距離メトリックとして用いることができる．さらに，コサイン類似度は内積に基づいて定義されているため，ユークリッド距離と同様に容易にカーネル法を適用できる．

8.7　距離ベースのモデル：まとめと参考文献

距離ベースのモデルは，強い幾何学的直感が備わった，線形モデルに続く第二のモデルのグループである．距離ベースのモデルに関する文献は非常に多く，種類も豊富にあるため，本章では直感的知識を伝えることに専念した．

♣ 8.1 節では，最も頻繁に用いられる距離メトリックであるミンコフスキー距離，p-ノルム（$p=2$ のときユークリッド距離，$p=1$ のときマンハッタン距離に対応する），異なるビットや文字の数を数えるハミング距離，そして特徴量を無相関化および正規化したマハラノビス距離について説明した (Mahalanobis, 1936). 定義 8.2 に挙げた距離メトリックに必要な条件を満たしさえすれば，これら以外の距離を考えることもできる．

♣ 8.2 節は，近隣や見本点についての鍵となる概念について紹介した．見本点は，距離メトリックそれぞれに応じた重心や，最も中心に近いデータ点であるメドイドのいずれかである．最もよく用いられる重心は算術平均値で，それ以外の点との距離の二乗和が最小となる点である．別の重心を定義することも可能であるが，計算が困難となる．例えば，幾何中央値はユークリッド距離を最小にする点であるが，その解を陽に表すことはできない．メドイドの計算コストは，距離メトリックによらず 2 乗のオーダーである．続いて最近隣決定ルールについて述べ，とくに 2-ノルムと 1-ノルムの最近隣決定境界の違いについて触れた．さらに，これらが 2-最近隣決定ルールに切り替わることでどのように改良されるかについても述べた．

♣ 8.3 節では，訓練データを見本点として用いる最近隣モデルについて述べた．これは分類に非常によく用いられるモデルで，Fix and Hodges (1951) に由来している．この方法は単純でありながら，十分な訓練データがあれば誤分類率は最

適な誤分類率の 2 倍を超えないことが示されている (Cover and Hart, 1967). 1-最近隣分類器は,バイアスは小さいが高い分散をもつ.これに関しては,近隣として含める数を増やすことで分散を減らすことができるが,逆にバイアスが増加してしまう.最近隣決定ルールは実数値目的変数や,より一般的に,複数の目的変数の集合からなるどんな問題に対しても適用できる.

♣ 8.4 節では,算術平均またはメドイドを用いた距離ベースクラスタリングに対するさまざまなアルゴリズムを紹介した.K-平均アルゴリズムは,1957 年に提案されしばしばロイドのアルゴリズム (Lloyd, 1982) としても知られる K-平均問題を解く,単純でヒューリスティックなアプローチである.このアルゴリズムは初期設定に依存し,誤った停留点に収束しやすい.また,K-メドイドおよびメドイド周辺分割アルゴリズム (後者は Kaufman and Rousseeuw, 1990 を参照) についても触れた.これらはメドイドを用いるため計算コストが高い.シルエット (Rousseeuw, 1987) は,あるデータ点が,クラスター内の他のデータ点との平均的な距離が,隣接するクラスター内のそれらと比べて近いかを調べる便利な手法である.これらのクラスタリング法の詳細については Jain et al. (1999) で述べられている.

♣ 上述のクラスタリング法はインスタンス空間を分割する,つまり予測のためのものだった一方で,8.5 節で述べた階層的クラスタリングは,与えられたデータに対してのみ適用される記述的方法である.クラスタリング結果はデンドログラムの形で表されるため,デンドログラムをみればクラスターの数を事前に決めておく必要がないという点が,この方法の注目すべき利点である.しかし,この方法は計算コストが高く,大規模データへの適用は難しい.さらに,どの連結関数を選ぶのがよいかについての明確な答えも存在しない.

♣ 最後に 8.6 節で,距離がどのように「カーネル化」されるかについて簡単に述べ,その一例としてカーネル K-平均を紹介した.非ユークリッド距離メトリックを用いることで,各反復においてクラスターを再計算するコストは 2 次の複雑さをもつ.

Chapter 9

確 率 モ デ ル

　本書で考える機械学習モデルの3番めの,そして最後の族は確率モデルである.我々はすでに与えられたインスタンスのクラスに関してモデルの期待値を表現するために,確率がいかに役立つかをみてきた.例えば,確率推定木 (probability estimation tree, 5.2節) は木のそれぞれの葉にクラスの確率分布を割り当て,特定の葉へとフィルタリングされた個々のインスタンスには特定のクラス分布がラベル付けされる.同様に,キャリブレートされた線形モデルは決定境界からの距離をクラス確率へ変換する (7.4節).これらは識別的確率モデル (discriminative probabilistic model) と呼ばれるモデルの例である.こうしたモデルは,事後確率分布 (posterior probability distribution) $P(Y|X)$ をモデル化することで得られる.ここに Y は目的変数,X は特徴量 (feature) である.すなわち,これらは X が与えられたときに Y の確率分布 (probability distribution) を返す.

　もう1つの主要な確率モデルは生成モデル (generative model) と呼ばれる.このモデルは目的変数 Y と特徴ベクトル (feature vector) X の同時確率分布 (joint probability distribution) $P(X,Y)$ をモデル化するというものである.一度この同時分布が得られれば,同じ変数を含んでいるどのような条件付き分布あるいは周辺分布でも導くことができる.とくに,$P(X) = \sum_y P(Y=y, X)$ であるから,事後分布は,

$$P(Y|X) = \frac{P(X,Y)}{\sum_y P(Y=y, X)}$$

と得られる.あるいは,生成モデルは尤度関数 (likelihood function) $P(X|Y)$ によって表すこともできる.なぜなら $P(Y,X) = P(X|Y)P(Y)$ であり,目的とする分布または事前分布 (prior distribution; 通常は単純に 'prior' と省略する) は容易に仮定ないし推定できるからである.ラベル付けされた新しいデータを得るには同時分布からサンプリングすればよいので,このようなモデルは '生成的' と呼ばれている.あるいは,そのクラスのサンプリングに $P(Y)$ を,そのクラスのインスタンスのサンプリングに $P(X|Y)$ を使うことができる.これはすでに p.28 のスパムメールの例で説明したとおりである.これに対して,確率推定木や線形分類器などの識別的モデルは $P(X)$ ではなく $P(Y|X)$ をモデル化するので,データを生成するのではなく,データのラベル付けに用いられる.

　生成モデルは識別的モデルにできるあらゆることを行えるので,生成モデルのほう

が良いと思うかもしれないが，それらには多くの欠点がある．まず第一に，同時分布を保持しておくには，特徴量の数に対して指数オーダーの次元の空間を必要とするという点が挙げられる．このため特徴量間の独立性といったような仮定の単純化が必要となり，そうした仮定が特定の領域において有効でない場合には間違った結果を導くことになるかもしれない．生成モデルに対する最も一般的な批判は，$P(X)$ のモデリングの精度が，実際には $P(Y|X)$ のモデリングの精度を犠牲にすることで実現している点にある．しかしこの論点は未だ完全には理解されておらず，$P(X)$ の知見がその領域に歓迎すべき理解を付け加えるような状況も確かにある．例えばあるインスタンスについて，$P(X)$ に基づき起こりそうもないとわかれば，誤分類の心配は減らすことができる．

確率的な見方の最も魅力的な特徴の1つは，それが学習を，不確実性を減少させるプロセスとして捉える視点を与えてくれることにある．例えば，一様なクラス事前分布であれば，分類すべきインスタンスについて何もわかっていない段階では，どのクラスに割り当てるかについての不確実性は最大となる．もし，インスタンスを観測した後の事後分布の一様性が低減していれば，どれかのクラスを選ぶことで不確実さを減らすことができる．新しい情報を得るたびに毎回この過程，すなわち，前の段階で得られた事後分布を次の段階の事前分布とすることを繰り返すことができる．原則として，この過程は，我々が直面するいかなる未知の量に対しても使うことができる．

> **例 9.1 スパムか否か？**
> 　適切な事前分布を使うことができるように，任意のメールがスパムメール (spam) である確率 θ を推定したいとしよう．自然に思い付くこととして n 個のメールを調べ，そのうちスパムが d 個であったとすれば，θ の推定量として $\hat{\theta} = d/n$ が得られる．これを説明するのに複雑な統計は必要ない．これは θ の一番もっともらしい推定値 (p.27 で説明した言葉でいえば事後確率最大化 (MAP) 推定値) であるが，だからといって，θ が他の値をとることを完全に除外することにはならない．我々はこれを，新しい情報が得られるたびに毎回更新した θ の確率分布によってモデル化する．これは図 9.1 に，少しずつスパムメールのほうへ歪んでいくような分布として描かれている．

パラメータ θ の事後分布を明示的にモデリングすることは，通常「ベイズ的な」視点と関連する多くの利点がある．

- ♣ 事後分布のばらつきを定量化することによって，推定に関して残っている不確実性を正確に特徴づけることができる．
- ♣ MAP 推定値のような要約統計量よりも多くの情報を含む事後分布からのサンプリングによって，パラメータの生成モデルを得られる．つまりこの生成モデル

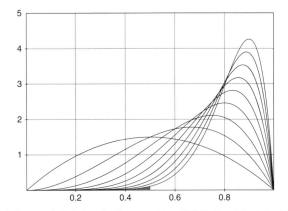

図 9.1 電子メールを検査するたびに，スパムの事前確率 θ に関する不確実性を減らすことができる．2 つのメールを調べ，その 1 つがスパムであったとしよう．このとき，可能な θ の値は 1/2 まわりの対称な分布によって特徴づけられる．このあと 10 番めまでスパムを観測した場合には，この分布は狭くなり，毎回右側に少しずつシフトしていく．予想されるとおり，n 個のメールにおける分布は，$\theta_{\text{MAP}} = \frac{n-1}{n}$ のときに最大となる (例えば $n = 5$ に対しては $\theta_{\text{MAP}} = 0.8$)．しかしながら，このような非対称の分布には，平均や最大値などの単一の代表値では伝えることができない情報が含まれている．

では，$\theta = \theta_{\text{MAP}}$ をもつ単一の電子メールを使うのでなく，事後分布からサンプリングされた θ をもつ多数の電子メールを含めることができる．

- ♣ 「電子メールがハムに偏っている」ような状態の事後分布を定量化できる (図 9.1 中の小さな影がかかっている部分は，1 つのハムと 9 つのスパムを観察した後，この確率は約 0.6% と非常に小さいことを示している)．
- ♣ このような分布のいずれかを事前信念 (prior belief) の符号化として使用することができる．例えば，もしスパムとハムの割合が一般的に 50:50 であると考えている場合には，事前分布[*1)]として，$n = 2$ の分布を用いることができる (図 9.1 で最も低く左右対称である分布)．

ここで重要な点は，確率は相対頻度の推定値として解釈する必要はなく，より一般的な意味での (おそらく主観的な) 信念の度合いを含めることができるということである．そのため，ほとんど何に対しても確率分布を当てはめることができる．それは特徴量や目的変数だけでなく，モデルのパラメータやモデルそのものにさえもである．

[*1)] 統計学者は事後分布と同じ数学的表現をもつ事前分布を共役分布と呼んでいる．この例では二項分布と共役なベータ分布を使っている．共役分布は数式を単純化できるだけでなく，より直観的な解釈を可能とする．この例では，我々はすでに 2 通のメールを調べた (そのうち 1 通はスパムメールであった) ということにして考えている．これは非常に有用なアイデアであって，実はラプラス補正 (2.3 節) という形ですでに使っている．

例えば，先ほどの例のなかでは，分布 $P(\theta|D)$ を考えていた．ここに，D はデータ (つまり，調べたメールのクラス) を表している．

確率モデルにつながる重要なコンセプトはベイズ最適性 (Bayes-optimality) である．もし，ある分類器がインスタンス x に対してつねに $\arg\max_y P^*(Y = y|X = x)$ を割り当てる場合，この分類器はベイズ最適となる．ここに，P^* は真の事後分布を表している．実際の状況で真の分布を知ることはまずできないとしても，これを具体的に示すいくつかの方法がある．例えば，真の分布を我々自身が選んだ上で，人工的に生成したデータを用いた実験を行うことができる．これにより，モデルの性能がベイズ最適にどの程度近いかを実験的に評価することができる．また，確率的学習手法の導出は通常，真の分布に関してある仮定をおく．これらの仮定が満たされることにより，モデルがベイズ最適であることを理論的に証明することができる．例えばこの章では，基本線形分類器 (basic linear classifier) がベイズ最適であるような条件について後述する．したがってこの性質は，確率モデルの性能を測定するための尺度として理解するのがよい．

これまでの章で説明した多くのモデルでは，クラス確率を推定することができ，したがって，識別的確率モデルであるので，単一モデルの選択 (モデル選択 (model selection) と呼ばれることが多い) は必ずしもベイズ最適にはならないことを指摘しておこう．たとえ，選択されたモデルが真の分布の下で最高の性能を発揮するモデルであったとしても，である．これを説明するために，m^* は，十分な量のデータから学んだ最も良い確率推定の木であるとする．m^* を使って，インスタンス x に対する $\arg\max_y P(Y = y|M = m^*, X = x)$ を予測する．ここに，M は m^* が選ばれるモデルクラスを範囲とする確率変数である．しかし，これらの予測は，

$$
\begin{aligned}
P(Y|X = x) &= \sum_{m \in M} P(Y, M = m|X = x) &&(M \text{ についての周辺化}) \\
&= \sum_{m \in M} P(Y|M = m, X = x) P(M = m|X = x) &&(\text{チェーンルール}) \\
&= \sum_{m \in M} P(Y|M = m, X = x) P(M = m) &&(M \text{ と } X \text{ の独立性})
\end{aligned}
$$

であるから，必ずしもベイズ最適とはならない．ここで，$P(M)$ は，訓練データを観測した後のモデル上の事後分布と解釈することができる (ゆえに MAP モデルは $m^* = \arg\max_m P(M = m)$ となる)．最後の式は，その事後確率で重み付けし，すべてのモデルの予測を平均化することを意味している．明らかに，もし m^* 以外のすべてのモデルに対して $P(M)$ がゼロであれば，つまり，もし我々が他の残ったモデルを除外できるだけの十分な訓練データをもっているなら，この分布は，$P(Y|M = m^*, X = x)$ にのみ等しくなる．しかしそれは明らかに非現実的である[*2]．

[*2] 2 つの分布が等しいことを要求はしないが，それらは Y について同じ最大値をとることを要求することに注意する．これも，一般的に成り立つわけではないことを示すのは難しくない．

この章の内容は以下のとおりである．9.1 節では，特徴量が正規分布している場合に生じる，幾何学的な視点と確率的な視点との有用なつながりをいくつか説明する．これはすでに触れたように基本線形分類器がベイズ最適であるような条件について述べることになる．9.2 節ではカテゴリカルな特徴量の例を考え，よく知られているナイーブベイズ分類器へと導く．9.3 節は確率論の観点から線形分類器を再び説明する．これは事例の事後確率を最適化することを目的とした新たな訓練アルゴリズムになる．9.4 節は隠れ変数の取り扱い方法を議論する．最後に 9.5 節では，情報理論的な概念を用いた確率的解釈を与える圧縮ベースの学習の方法をみる．

9.1 正規分布とその幾何学的解釈

ここではユークリッド空間上で定義される確率分布を考えることによって，幾何学的なモデルと確率的なモデルのつながりを説明する．そのような分布で最も一般的なものは正規分布 (normal distribution) であり，それはまたガウス分布 (Gaussian) とも呼ばれる．背景 9.1 では 1 変量および多変量正規分布に関する最も重要な事実を振り返る．まず 1 変量 2 クラスのケースについて考える．$x \in \mathbb{R}$ の値が混合モデル (mixture model)，すなわちそれぞれのクラスが固有の確率分布 (混合モデルの要素; component) をもつモデルに従うとする．ここではガウス型混合モデルを仮定する．すなわち，混合する要素は両方ともガウス分布であるとする．このようにしてそれぞれのクラスの確率分布として

$$P(x|\oplus) = \frac{1}{\sqrt{2\pi}\sigma^{\oplus}} \exp\left(-\frac{1}{2}\left(\frac{x-\mu^{\oplus}}{\sigma^{\oplus}}\right)^2\right), \quad P(x|\ominus) = \frac{1}{\sqrt{2\pi}\sigma^{\ominus}} \exp\left(-\frac{1}{2}\left(\frac{x-\mu^{\ominus}}{\sigma^{\ominus}}\right)^2\right)$$

を得る．ここに $\mu^{\oplus}$ と $\sigma^{\oplus}$ は正クラスの平均および標準偏差であり，$\mu^{\ominus}$ と $\sigma^{\ominus}$ は負クラスの平均および標準偏差である．これは以下の尤度比を与える．

$$\mathrm{LR}(x) = \frac{P(x|\oplus)}{P(x|\ominus)} = \frac{\sigma^{\ominus}}{\sigma^{\oplus}} \exp\left(-\frac{1}{2}\left(\left(\frac{x-\mu^{\oplus}}{\sigma^{\oplus}}\right)^2 - \left(\frac{x-\mu^{\ominus}}{\sigma^{\ominus}}\right)^2\right)\right) \tag{9.1}$$

背景 9.1 正規分布

1 変量正規分布 (もしくはガウス分布) は以下の確率密度関数をもっている．

$$P(x|\mu, \sigma) = \frac{1}{\sqrt{2\pi}\sigma} \exp\left(-\frac{(x-\mu)^2}{2\sigma^2}\right) = \frac{1}{E} \exp\left(-\frac{1}{2}\left(\frac{x-\mu}{\sigma}\right)^2\right)$$

$$= \frac{1}{E} \exp\left(-\frac{z^2}{2}\right), \quad E = \sqrt{2\pi}\sigma$$

この分布には 2 つのパラメータがある．μ は平均もしくは期待値であり，同時に中央値 (密度関数の下の領域をちょうど半分にする点)，モード (密度関数が最大

となる点) でもある．σ は鐘状曲線の幅を決める標準偏差である．

$z = (x-\mu)/\sigma$ は x に伴う z スコア (z-score) である．これは x と平均間の標準偏差の個数を測っている (z 自体は平均 0，標準偏差 1 である)．それは $P(x|\mu,\sigma) = \frac{1}{\sigma}P(z|0,1)$ を導く．ここに $P(z|0,1)$ は標準正規分布を意味する．言い換えれば，どのような正規分布も標準正規分布 (standard normal distribution) から x 軸を因子 σ，y 軸を因子 $1/\sigma$ によって (曲線下の面積は 1 を保つように) スケール変換し，原点を μ だけ平行移動することによって得られる．

d 次元ベクトル $\mathbf{x} = (x_1,\ldots x_d)^{\mathrm{T}} \in \mathbb{R}^d$ における多変量正規分布 (multivariate normal distribution) は，

$$P(\mathbf{x}|\boldsymbol{\mu},\boldsymbol{\Sigma}) = \frac{1}{E_d}\exp\left(-\frac{1}{2}(\mathbf{x}-\boldsymbol{\mu})^{\mathrm{T}}\boldsymbol{\Sigma}^{-1}(\mathbf{x}-\boldsymbol{\mu})\right), \quad E_d = (2\pi)^{d/2}\sqrt{|\boldsymbol{\Sigma}|} \qquad (9.2)$$

であり，そのパラメータは平均ベクトル $\boldsymbol{\mu} = (\mu_1,\ldots,\mu_d)^{\mathrm{T}}$ と $d \times d$ 共分散行列 $\boldsymbol{\Sigma}$ (背景 7.2 を参照せよ) である．$\boldsymbol{\Sigma}^{-1}$ はその共分散行列の逆行列であり，$|\boldsymbol{\Sigma}|$ は行列式を表す．$\mathbf{x}$ の要素としては，相関をもつかもしれない d 個の特徴量と考えることができる．

もし，$d=1$ なら，$\boldsymbol{\Sigma} = \sigma^2 = |\boldsymbol{\Sigma}|$ と $\boldsymbol{\Sigma}^{-1} = 1/\sigma^2$ となり，特殊な場合として，1 変量ガウス分布を与える．$d=2$ については，$\boldsymbol{\Sigma} = \begin{pmatrix} \sigma_1^2 & \sigma_{12} \\ \sigma_{12} & \sigma_2^2 \end{pmatrix}$, $|\boldsymbol{\Sigma}| = \sigma_1^2\sigma_2^2 - (\sigma_{12})^2$, $\boldsymbol{\Sigma}^{-1} = \frac{1}{|\boldsymbol{\Sigma}|}\begin{pmatrix} \sigma_2^2 & -\sigma_{12} \\ -\sigma_{12} & \sigma_1^2 \end{pmatrix}$ となる．z スコアを使うことにより，2 変量正規分布の以下の表記を導ける．

$$P(x_1,x_2|\mu_1,\mu_2,\sigma_1,\sigma_2,\rho) = \frac{1}{E_2}\exp\left(-\frac{1}{2(1-\rho^2)}(z_1^2+z_2^2-2\rho z_1 z_2)\right),$$

$$E_2 = 2\pi\sigma_1\sigma_2\sqrt{1-\rho^2} \qquad (9.3)$$

ここに，$z_i = (x_i-\mu_i)/\sigma_i$ ($i=1,2$) であり，$\rho = \sigma_{12}/\sigma_1\sigma_2$ は 2 つの特徴量間の相関係数 (correlation coefficient) である．

多変量標準正規分布 (multivariate standard normal distribution) は $\boldsymbol{\mu} = \mathbf{0}$ (成分がすべて 0 の d 次元ベクトル) と $\boldsymbol{\Sigma} = \mathbf{I}$ ($d \times d$ の単位行列) をもつので，$P(\mathbf{x}|\mathbf{0},\mathbf{I}) = \frac{1}{(2\pi)^{d/2}}\exp\left(-\frac{1}{2}\mathbf{x}\cdot\mathbf{x}\right)$ となる．

最初に両方の要素が同じ標準偏差をもつ，つまり $\sigma^\oplus = \sigma^\ominus = \sigma$ の場合を考えよう．このとき，(9.1) 式の指数部分は

$$-\frac{1}{2\sigma^2}\left((x-\mu^\oplus)^2 - (x-\mu^\ominus)^2\right) = -\frac{1}{2\sigma^2}\left(x^2 - 2\mu^\oplus x + {\mu^\oplus}^2 - (x^2 - 2\mu^\ominus x + {\mu^\ominus}^2)\right)$$

9.1 正規分布とその幾何学的解釈　　265

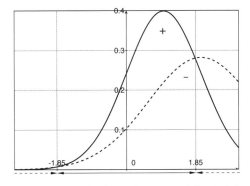

図 9.2 もし，正例が平均と標準偏差 1 をもつガウス分布から生じ，負例が平均と標準偏差 2 をもつガウス分布から生じたとすると，2 つの分布は $x = \pm 1.85$ で交わる．これは正例の最大尤度領域が閉区間 $[-1.85, 1.85]$ であることを意味し，したがって負例の領域は不連続となる．

$$= -\frac{1}{2\sigma^2}\left(2(\mu^{\oplus} - \mu^{\ominus})x + (\mu^{\oplus 2} - \mu^{\ominus 2})\right)$$
$$= \frac{\mu^{\oplus} - \mu^{\ominus}}{\sigma^2}\left(x - \frac{\mu^{\oplus} + \mu^{\ominus}}{2}\right)$$

のように変形できるので，尤度比は，$\text{LR}(x) = \exp(\gamma(x - \mu))$ と書ける．ここで，$\gamma = (\mu^{\oplus} - \mu^{\ominus})/\sigma^2$ は分散に比例した平均間の差であり，$\mu = (\mu^{\oplus} + \mu^{\ominus})/2$ は 2 つのクラス平均の間の中点を表している．それにより，最尤決定閾値 ($\text{LR}(x) = 1$ となるような x の値) として，$x_{\text{ML}} = \mu$ が得られる．

もし，$\sigma^{\oplus} \neq \sigma^{\ominus}$ ならば，(9.1) 式中の x^2 の項が消えないため，2 つの決定境界を導き，どちらかのクラスは決定領域が不連続となる．

例 9.2　異なる分散をもつ 1 変量混合モデル
$\mu^{\oplus} = 1$, $\mu^{\ominus} = 2$, $\sigma^{\ominus} = 2\sigma^{\oplus} = 2$ としよう．このとき，$\text{LR}(x) = 2\exp(-[(x-1)^2 - (x-2)^2/4]/2) = 2\exp(3x^2/8)$ となる．これにより，最尤決定境界として $x = \pm\sqrt{(8/3)\ln 2} = \pm 1.85$ が得られる．図 9.2 を見てもわかるようにこれらの点は 2 つのガウス分布が交わっている箇所に位置する．逆にもし，$\sigma^{\ominus} = \sigma^{\oplus}$ ならば，1 つの最尤決定境界として $x = 1.5$ が得られる．

不連続な決定領域はまた，次元が大きい空間上でも現れる．以下で $m = 2$ における例を説明する．

例 9.3　2 変量混合ガウス分布
(9.3) 式を利用することにより，2 変量の場合の最尤決定境界について陽な表現

が得られる．この例では $\mu_1^\oplus = \mu_2^\oplus = 1$ と $\mu_1^\ominus = \mu_2^\ominus = -1$ を仮定する．
(i) もし，すべての分散が 1 で両方の相関が 0 であれば，最尤決定境界は $(x_1-1)^2 + (x_2-1)^2 - (x_1+1)^2 - (x_2+1)^2 = -2x_1 - 2x_2 - 2x_1 - 2x_2 = 0$，つまり，$x_1 + x_2 = 0$ で与えられる (図 9.3 左上)．
(ii) もし，$\sigma_1^\oplus = \sigma_1^\ominus = 1, \sigma_2^\oplus = \sigma_2^\ominus = \sqrt{2}, \rho^\oplus = \rho^\ominus = \sqrt{2}/2$ であれば，最尤決定境界は，$(x_1-1)^2 + (x_2-1)^2/2 - \sqrt{2}(x_1-1)(x_2-1)/\sqrt{2} - (x_1+1)^2 - (x_2+1)^2/2 + \sqrt{2}(x_1+1)(x_2+1)/\sqrt{2} = -2x_1 = 0$ となる (図 9.3 右上)．
(iii) もし，すべての分散が 1 で $\rho^\oplus = -\rho^\ominus = \rho$ なら，最尤決定境界は $(x_1-1)^2 + (x_2-1)^2 - 2\rho(x_1-1)(x_2-1) - (x_1+1)^2 - (x_2+1)^2 - 2\rho(x_1+1)(x_2+1) = -4x_1 - 4x_2 - 4\rho x_1 x_2 - 4\rho = 0$，つまり，$x_1 + x_2 + \rho x_1 x_2 + \rho = 0$ であり，これは双曲線を表している．図 9.3 (下) はこの $\rho = 0.7$ の場合を描いたものである．ここで，インスタンス空間の左下部分は訓練データがなく，また，正の平均よりも負の平均に近いにも関わらず，正の決定領域となることに注意する．

図 9.3 の円や楕円は共分散行列の視覚的な要約を与えていることに注意する．正クラスの形状を x 軸上に投影することによって，区間 $[\mu_1^\oplus - \sigma_1^\oplus, \mu_1^\oplus + \sigma_1^\oplus]$ (つまり，平均まわりに 1 標準偏差分) を得る．同様にして，負クラスについては y 軸上で区間が得られる．これは 3 つの場合に区別することができる．(i) x と y の標準偏差が互いに等しく，相関係数が 0 となる場合．このときの形状は円となる．(ii) 標準偏差は異なり，相関係数が 0 となる場合．このときの形状は最大の標準偏差をもつ軸と平行な楕円となる．(iii) 相関係数が 0 でない場合．このときは楕円の向きが相関係数の符号を与え，その幅は相関係数の値の大きさに応じて変化する[*3]．数学的には，これらの形状は，平均から 1 標準偏差であるような点を得るために $\frac{1}{E_d}\exp(-\frac{1}{2}f(\mathbf{x}))$ のなかの $f(\mathbf{x})$ について $f(\mathbf{x}) = 1$ とおいて $\mathbf{x}$ について解くことで定義される．2 変量の場合は，これは z スコアを展開することによって，x_1 と x_2 に対する楕円方程式に変換することができ，$(z_1^2 + z_2^2 - 2\rho z_1 z_2) = 1 - \rho^2$ が得られる．$\rho = 0$ のとき，これは原点を中心とした円となり，また，$\rho \to 1$ とすると，直線 $z_2 = z_1$ に近づく (共分散行列が特異になるため，$\rho = 1$ とはできない) ことに注意する．

一般的な多変量の場合，$\boldsymbol{\Sigma}^{-1}$ は特定の性質を満たすので，条件 $(\mathbf{x}-\boldsymbol{\mu})^T \boldsymbol{\Sigma}^{-1}(\mathbf{x}-\boldsymbol{\mu}) = 1$ は超楕円面を定義する[*4]．標準正規分布に対しては，1 標準偏差分の輪郭部分は $\mathbf{x} \cdot \mathbf{x} = 1$ により定義された超球 (d 次元の円) になる．この幾何学的な直感の有用な部分は，超

[*3] よく起こる間違いとしては，楕円の回転角度が相関係数に依存していると捉えることである．実際には回転角度は周辺標準偏差の相対的な大きさのみによって決まる．

[*4] とくに，もし $\mathbf{A}$ が正定値対称なら，$\mathbf{x}^T \mathbf{A} \mathbf{x}$ は超楕円と定義される．正定値対称という性質は $\mathbf{A}$ が非特異な共分散行列の逆行列となるときに満たされる

9.1 正規分布とその幾何学的解釈

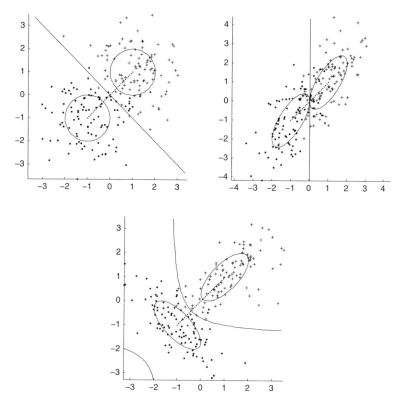

図 9.3 (左上) もし特徴量が無相関かつ等分散であれば，最尤分類は基本線形分類器になり，決定境界は各クラスの平均を結んだ点線と直交する．(右上) クラスごとの共分散行列が同一であるかぎり，ベイズ最適な決定境界は線形となる．もし，回転やスケーリングすることによって特徴量を無相関にしたならば，再び基本線形分類器を得る．(下) 異なる共分散行列は双曲線の決定境界を導く．これは決定領域の一方が不連続であることを意味している．

球がスケーリングと回転によって任意の超楕円に変えることができるのと同様に，すべての多変量ガウス分布はスケーリングと回転 (望むような共分散行列を得るために) と平行移動 (望むような平均を得るために) によって標準ガウス分布から得られるということである．逆にいえば，すでに背景 1.2 で示唆したように，平行移動，回転，スケーリングによって任意の多変量ガウス分布を標準正規分布に変換できる．これは特徴量の無相関化と正規化を結果として導くことになる．

(9.2) 式から尤度比の一般形が

$$\mathrm{LR}(\mathbf{x}) = \sqrt{\frac{|\mathbf{\Sigma}^{\ominus}|}{|\mathbf{\Sigma}^{\oplus}|}} \exp\left(-\frac{1}{2}[(\mathbf{x}-\boldsymbol{\mu}^{\oplus})^{\mathrm{T}}(\mathbf{\Sigma}^{\oplus})^{-1}(\mathbf{x}-\boldsymbol{\mu}^{\oplus}) - (\mathbf{x}-\boldsymbol{\mu}^{\ominus})^{\mathrm{T}}(\mathbf{\Sigma}^{\ominus})^{-1}(\mathbf{x}-\boldsymbol{\mu}^{\ominus})]\right)$$

として導かれる．ここに，$\boldsymbol{\mu}^{\oplus}$ と $\boldsymbol{\mu}^{\ominus}$ は各クラスの平均であり，$\boldsymbol{\Sigma}^{\oplus}$ と $\boldsymbol{\Sigma}^{\ominus}$ は各クラスの共分散行列である．わかりやすいように $\boldsymbol{\Sigma}^{\oplus} = \boldsymbol{\Sigma}^{\ominus} = \mathbf{I}$ と仮定する (つまり，各クラスにおいて特徴量は無相関で分散が 1 である)．それより，先ほどの尤度比は

$$\text{LR}(\mathbf{x}) = \exp\left(-\frac{1}{2}[(\mathbf{x}-\boldsymbol{\mu}^{\oplus})^{\text{T}}(\mathbf{x}-\boldsymbol{\mu}^{\oplus}) - (\mathbf{x}-\boldsymbol{\mu}^{\ominus})^{\text{T}}(\mathbf{x}-\boldsymbol{\mu}^{\ominus})]\right)$$
$$= \exp\left(-\frac{1}{2}[||\mathbf{x}-\boldsymbol{\mu}^{\oplus}||^2 - ||\mathbf{x}-\boldsymbol{\mu}^{\ominus}||^2]\right)$$

となる．これより，$\boldsymbol{\mu}^{\oplus}$ と $\boldsymbol{\mu}^{\ominus}$ から等距離にあるどのような $\mathbf{x}$ に対しても $\text{LR}(\mathbf{x}) = 1$ となる．しかし，これは最尤決定境界がクラス平均から等距離な直線であることを意味し，これは古くから使われている基本線形分類器であることに気づく．言い換えれば，**無相関でかつ分散 1 のガウス特徴量に対して，基本線形分類器はベイズ最適である**ことを意味している．これは，確率的な視点がどのように特定のモデルを正当化するかを示す良い例である．

より一般に，各クラスの共分散行列が等しいかぎりにおいては，最尤決定境界は線形で，中間で $\boldsymbol{\mu}^{\oplus} - \boldsymbol{\mu}^{\ominus}$ と交差する (ただし特徴量間の相関があると直角にはならない)．このことは，最初に特徴量を無相関化かつ正規化したときのみ，基本線形分類器がベイズ最適であることを意味している．各クラスの共分散が異なる場合には，決定境界は双曲線になる．したがって，図 9.3 における 3 つの場合は多変量に一般化される．

これまで，正規分布が確率的な視点と幾何学的な視点をつなげる方法のいくつかの例をみてきた．多変量正規分布は本質的に距離を確率に変換する．これは，マハラノビス距離の定義 ((8.1) 式) を方程式 (9.2) に代入したときに明らかになる．

$$P(\mathbf{x}|\boldsymbol{\mu},\boldsymbol{\Sigma}) = \frac{1}{E_d}\exp\left(-\frac{1}{2}(\text{Dis}_M(\mathbf{x},\boldsymbol{\mu}|\boldsymbol{\Sigma}))^2\right) \tag{9.4}$$

同様に考えれば，標準正規分布はユークリッド距離を確率に変換している．

$$P(\mathbf{x}|\mathbf{0},\mathbf{I}) = \frac{1}{(2\pi)^{d/2}}\exp\left(-\frac{1}{2}(\text{Dis}_2(\mathbf{x},\mathbf{0}))^2\right)$$

逆に，ガウス尤度の負の対数を二乗距離と解釈することができる．

$$-\ln P(\mathbf{x}|\boldsymbol{\mu},\boldsymbol{\Sigma}) = \ln E_d + \frac{1}{2}(\text{Dis}_M(\mathbf{x},\boldsymbol{\mu}|\boldsymbol{\Sigma}))^2$$

直感的には，対数は乗法的な確率スケールを加法的スケールに変換している (ガウス分布の場合それは二乗距離に相当する)．加法的スケールはしばしば数学的に扱いやすくなるので，対数尤度は統計では一般的な概念である．

正規分布のパラメータ推定問題を考えるときには，幾何学的視点と確率的な視点のつながりを示す別の例がみられる．例えば，データ点 X の集合から所与の共分散行列 $\boldsymbol{\Sigma}$ をもつ多変量ガウス分布の平均 $\boldsymbol{\mu}$ を推定したいとする．最尤推定 (maximum likelihood estimation) の原理は，X の同時尤度を最大化する $\boldsymbol{\mu}$ の値を見つけることである．X の要素が独立に得られているとすれば，同時尤度は個々のデータ点 X の積に分解でき，

9.1 正規分布とその幾何学的解釈

最尤推定値は次のようにして得られる.

$$\begin{aligned}
\hat{\boldsymbol{\mu}} &= \arg\max_{\boldsymbol{\mu}} \prod_{\mathbf{x} \in X} P(\mathbf{x}|\boldsymbol{\mu}, \boldsymbol{\Sigma}) \\
&= \arg\max_{\boldsymbol{\mu}} \prod_{\mathbf{x} \in X} \frac{1}{E_d} \exp\left(-\frac{1}{2}(\text{Dis}_M(\mathbf{x}, \boldsymbol{\mu}|\boldsymbol{\Sigma}))^2\right) \quad ((9.4)\text{ 式より}) \\
&= \arg\min_{\boldsymbol{\mu}} \prod_{\mathbf{x} \in X} \left(\ln E_d + \frac{1}{2}(\text{Dis}_M(\mathbf{x}, \boldsymbol{\mu}|\boldsymbol{\Sigma}))^2\right) \quad (\text{負の対数をとることにより}) \\
&= \arg\min_{\boldsymbol{\mu}} \prod_{\mathbf{x} \in X} (\text{Dis}_M(\mathbf{x}, \boldsymbol{\mu}|\boldsymbol{\Sigma}))^2 \quad (\text{定数部分以外を考える})
\end{aligned}$$

このようにして得られた多変量分布の平均の最尤推定値はすべての X で総平方マハラノビス距離を最小化する点である. 単位共分散行列 $\boldsymbol{\Sigma} = \mathbf{I}$ に対しては, 我々はマハラノビス距離をユークリッド距離に置き換えることができ, また, 定理 8.1 によって, 総平方ユークリッド距離を最小化する点は算術平均 $\frac{1}{|X|}\sum_{\mathbf{x} \in X} \mathbf{x}$ であることがわかっている.

同じ問題に対する幾何学的視点と確率的視点を強くつなぐやり方を示す最後の例として, 線形回帰問題に対する最小二乗解 (7.1 節) を最尤推定値として導出する方法を紹介する. 記法については例 7.1 で議論した 1 変量の場合を参照されたい. 最初に訓練データ (x_i, y_i)[*5)]は真の関数値 $(x_i, f(x_i))$ にノイズを含んだ測定であると仮定する. すなわち, $y_i = f(x_i) + \varepsilon_i$ であり, ε_i は独立で同一に分布する誤差である (y_i の記法は少し変わっており, ここでは真の関数値ではないことに注意せよ). $f(x_i)$ の最尤推定値 $\hat{y}_i$ を導きたいとしよう. 我々は (例えば分散 σ^2 をもつガウス分布など) 特定のノイズ分布を仮定することでこれを導くことができる. 仮定より, 各 y_i は平均 $a + bx_i$ と分散 σ^2 の正規分布に従う. すなわち,

$$P(y_i|a, b, \sigma^2) = \frac{1}{\sqrt{2\pi\sigma^2}} \exp\left(-\frac{(y_i - (a + bx_i))^2}{2\sigma^2}\right)$$

となる. ノイズ項 ε_i は独立であり, y_i も同様であるから, すべての i に関する同時確率は単に n 個のガウス分布の積になる.

$$\begin{aligned}
P(y_1, \ldots, y_n|a, b, \sigma^2) &= \prod_{i=1}^{n} \frac{1}{\sqrt{2\pi\sigma^2}} \exp\left(-\frac{(y_i - (a + bx_i))^2}{2\sigma^2}\right) \\
&= \left(\frac{1}{\sqrt{2\pi\sigma^2}}\right)^n \exp\left(-\frac{\sum_{i=1}^{n}(y_i - (a + bx_i))^2}{2\sigma^2}\right)
\end{aligned}$$

代数操作を容易にするため, この負の対数をとる.

$$-\ln P(y_1, \ldots, y_n|a, b, \sigma^2) = \frac{n}{2}\ln 2\pi + \frac{n}{2}\ln \sigma^2 + \frac{\sum_{i=1}^{n}(y_i - (a + bx_i))^2}{2\sigma^2}$$

負の対数尤度を最大化するために, a, b, σ^2 について偏微分して 0 とおくと次の 3 つの式を得る.

[*5)] [訳注: 原著では (h_i, y_i) となっているが, これは誤り.]

$$\sum_{i=1}^{n} y_i - (a+bx_i) = 0$$

$$\sum_{i=1}^{n} (y_i - (a+bx_i))x_i = 0$$

$$\frac{n}{2} \cdot \frac{1}{\sigma^2} - \frac{\sum_{i=1}^{n}(y_i - (a+bx_i))^2}{2(\sigma^2)^2} = 0$$

最初の 2 つの式は本質的に例 7.1 で導いたものと同じで，それぞれの最尤推定値は $\hat{a} = \bar{y} - \hat{b}\bar{x}$, $\hat{b} = \sigma_{xy}/\sigma_{xx}$ として与えられる．3 つめの式からは残差平方和が $n\sigma^2$ に等しいということがわかり，ノイズの分散 σ^2 の最尤推定値は $(\sum_{i=1}^{n}(y_i - (a+bx_i))^2)/n$ として与えられる．

確率的視点により原理的な考え方に基づいて (通常の) 最小二乗回帰を導けるということが確かめられる．他方で，完全な扱いには x にもノイズを必要とするだろうが (全最小二乗法)，これは数学的な扱いを複雑にし，必ずしも解が一意に定まるとは限らない．これは，機械学習問題の適切な確率的な扱いが，理論的な基礎と実行可能な解を得るための実用主義の間のバランスを達成することを示している．

9.2　カテゴリカルデータの確率モデル

休暇での長いドライブ時間の暇をつぶすために，私は姉妹と通過する車に関するゲームをすることが多い．例えば，特定の色であったり，国であったり，ナンバープレートの文字であったりする車を互いに探させあったりする．「この車は青い?」などのような 2 択の質問は統計学者の間ではベルヌーイ試行 (Bernoulli trial) と呼ばれている．これは個々の独立な試行が固定された成功確率をもっている二値確率変数としてモデル化される．我々は例 9.1 で電子メールがハムであるような事象をモデル化するのにベルヌーイ分布を使った．そのような確率変数上に，他の確率分布を構築することができる．例えば，次の n 台のうち何台の車が青かを予想したい (これは二項分布 (binomial distribution) によって決定される)，といったように．または最初にオランダ製の車に出会うまでに何台くらいの車を見る必要があるかを推定する (この数は幾何分布 (geometric distribution) に従う) というタスクも考えられる．背景 9.2 は主たる定義に関する記憶を呼び起こすのに役立つだろう．

カテゴリカル変数 (categorical variable) もしくはカテゴリカル特徴量 (離散変数や名目変数とも呼ばれる) は機械学習において至るところで現れる．おそらくベルヌーイ分布の最もありふれた形式は，ある単語が文書に含まれるか否かのモデル化である．すなわち，我々の語彙における i 番めの単語に対して，ベルヌーイ分布によって決まる確率変数 X_i をとるということである．各要素がビットからなるベクトル $\mathbf{X} = (X_1, \ldots, X_k)$ の同時分布は多変量ベルヌーイ分布 (multivariate Bernoulli distribution) と呼ばれている．2 つ以上の結果をもつ変数もしばしばみられる．例えば，電子メール内のすべて

の単語の位置は，語彙のサイズを k とすると，k 個の結果をもつカテゴリカル変数に対応している．多項分布 (multinomial distribution) はカウントベクトル (count vector) として表せる．これは単語の出現回数が文書の分類に影響を与えるようなテキスト文書の別のモデリング方法を構成する．

これらの文書モデルは共に一般的に使われているモデルである．これらは異なるものでありながらも，共に単語の出現の独立性を仮定している．こうした仮定はナイーブベイズの仮定 (naive Bayes assumption) として知られる．多項文書モデルにおいては，出現位置の異なる単語は同じカテゴリカル分布から独立にとられたものとする多項分布を使用すること自体により，独立であることを仮定する．多変量ベルヌーイモデルにおいては，ビットベクトルの各ビットが統計的に独立であることを仮定する．これにより，特定のビットベクトル $(x_1,\ldots,x_k)$ の同時確率を各要素の確率 $P(X_i = x_i)$ の積で計算できるようになる．実際には，このような単語の独立性の仮定は多くの場合において正しくない．例えばもし，メールのなかに単語 'Viagra' が含まれているとわかっていれば，単語 'pill' も含まれていることはほぼ確実といってよい．いずれにしても，ナイーブベイズの仮定はほぼ確実に良くない確率推定につながるものの，それはランキングの性能にはめったに害を与えない．これは，注意を払って分類の閾値を選びさえすれば，たいていは良い分類性能が得られることを意味する．

背景 9.2　カテゴリカルデータに対する確率分布

ベルヌーイ分布 (Bernoulli distribution: スイスの 17 世紀の数学者ヤコブ・ベルヌーイにちなんで名づけられた) は，「成功 (もしくは 1)」と「失敗 (もしくは 0)」のような 2 つの結果をとりうるブール型ないし二値型の事象に関係している．ベルヌーイ分布は成功確率を与える単一のパラメータ θ をもつ．よって，$P(X=1) = \theta, P(X=0) = 1 - \theta$ となる．ベルヌーイ分布は期待値 $\mathbb{E}[X] = \theta$ と分散 $\mathbb{E}[(X - \mathbb{E}[X])^2] = \theta(1-\theta)$ をもつ．

二項分布 (binomial distribution) は同じパラメータ θ をもつベルヌーイ試行を n 回行い，成功数 S を数えるときに現れる．それは

$$P(S=s) = \binom{n}{s}\theta^s(1-\theta)^{n-s}, \quad s \in \{0,\ldots,n\}$$

で表現される．この分布は期待値 $\mathbb{E}[S] = n\theta$ と分散 $\mathbb{E}[(S-\mathbb{E}[S])^2] = n\theta(1-\theta)$ をもつ．

カテゴリカル分布 (categorical distribution) はベルヌーイ分布を $k \geq 2$ 個の結果をもつ形に一般化したものである．分布のパラメータは $\sum_{i=1}^{k} \theta_i = 1$ となるような k 次元ベクトル $\theta = (\theta_1,\ldots,\theta_k)$ である．

最後に，多項分布 (multinomial distribution) は独立で同一の分布 (i.i.d.) に従う n

回のカテゴリカル試行の結果を表したものである．すなわち，$\mathbf{X} = (X_1,\ldots,X_k)$ はそれぞれ整数を要素にもつ k 次元ベクトルであり，

$$P(\mathbf{X} = (x_1,\ldots,x_k)) = n!\frac{\theta_1^{x_1}}{x_1!}\cdots\frac{\theta_k^{x_k}}{x_k!}$$

である．ただし，$\sum_{i=1}^{k} x_i = n$ である．ここで，$n=1$ とすることによって，カテゴリカル分布の別の表現 $P(\mathbf{X} = (x_1,\ldots,x_k)) = \theta_1^{x_1}\cdots\theta_k^{x_k}$ が得られることに注意されたい (x_i のうちただ 1 つが 1 で他はすべて 0 になる)．さらに，$k=2$ とすることにより，ベルヌーイ分布の別の表現，$x \in \{0,1\}$ に対して $P(X=x) = \theta^x(1-\theta)^{1-x}$ が得られる．また，もし $\mathbf{X}$ が多項分布に従うなら，それぞれの要素 X_i はパラメータ θ_i をもつ二項分布に従うということにも注意しておくと役に立つだろう．

我々はこれらの分布のパラメータを，単純に数えることにより推定することができる．$abaccbaabc$ を単語の列だとしよう．いま，個々の単語が a であるか否かに興味があるとする．また，このデータは 10 個の i.i.d. なベルヌーイ試行から得られたものとすると，a の出現率の推定量として，$\hat{\theta}_a = 4/10 = 0.4$ が得られる．この同じパラメータは同じ単語列における単語 a の出現回数の二項分布を生成する．また，我々はカテゴリカル分布 (単語の出現率) と多項分布 (単語のカウント数) のパラメータを，$\hat{\theta} = (0.4, 0.3, 0.3)$ と推定することができる．

これらの分布に疑似カウントを含めることで平滑化することは，ほとんどの場合に良いアイデアになる．我々の語彙に単語 d が含まれているが，まだそれは観測されていないとしよう．すると，最尤推定値は $\hat{\theta}_d = 0$ である．ここで我々の観測に各単語を仮想的に発生させて追加することで，これを滑らかに (smooth) することができる．これにより，$\hat{\theta}' = (5/14, 4/14, 4/14, 1/14)$ を得る．二項分布の場合，これはラプラス補正 (Laplace correction) と呼ばれている．

9.2.1 分類に対するナイーブベイズモデル

いま，得られたデータ X をモデル化するために考えうる分布の 1 つを選択しているとしよう．分類においては，さらに分布がクラスに依存することを仮定する．つまり，$P(X|Y = \text{spam})$ と $P(X|Y = \text{ham})$ は異なる分布だと仮定する．これら 2 つの分布の違いが大きいほど，分類に関して特徴量 X はより役に立つ．このようにして特定のメール x に対して，$P(X = x|Y = \text{spam})$ と $P(X = x|Y = \text{ham})$ の両方を計算し，いくつかの考えうる決定ルールのうちの 1 つを適用する．

- 最尤法 (ML)：$\arg\max_{y} P(X = x|Y = y)$ を予測．
- 事後確率最大化 (MAP)：$\arg\max_{y} P(X = x|Y = y)P(Y = y)$ を予測．

9.2 カテゴリカルデータの確率モデル

- リキャリブレート尤度：$\arg\max_y w_y P(X=x|Y=y)$ を予測．

最初の 2 つの決定ルールについては，ML 分類は一様なクラスの分布をもつ MAP 分類と同値であるという関係性がある．3 つめの決定ルールは，分布の代わりにデータから学習した重みの集合を使うことで最初の 2 つのルールを一般化している．これにより，後でみるように尤度における推定誤差を補正することが可能となる．

例 9.4　ナイーブベイズモデルを使った予測

3 つの単語 a, b, c を含む語彙があるとする．このとき電子メールに対して多変量ベルヌーイモデルを使う．ただし，パラメータは，

$$\theta^{\oplus} = (0.5, 0.67, 0.33), \quad \theta^{\ominus} = (0.67, 0.33, 0.33)$$

である．これは例えば，単語 b はハムよりもスパムにおいておよそ 2 倍も現れることを意味している．

分類すべきメールは a と b を含んでいるが c は含まず，よってビットベクトル $\mathbf{x} = (1,1,0)$ で表せるとしよう．尤度は，

$$P(\mathbf{x}|\oplus) = 0.5 \cdot 0.67 \cdot (1-0.33) = 0.222$$
$$P(\mathbf{x}|\ominus) = 0.67 \cdot 0.33 \cdot (1-0.33) = 0.148$$

で与えられる．このことから，ML 分類では $\mathbf{x}$ はスパムであることがわかる．2 クラスのケースでは，尤度比やオッズを使うと便利なことが多い．尤度比は $\frac{P(\mathbf{x}|\oplus)}{P(\mathbf{x}|\ominus)} = \frac{0.5}{0.67} \cdot \frac{0.67}{0.33} \cdot \frac{1-0.33}{1-0.33} = 3/2 > 1$ で求められる．これはもし事前オッズが 2/3 以上ならば $\mathbf{x}$ の MAP 分類もまたスパムであり，2/3 以下ならばハムであることを意味する．例えばスパム 33%とハム 67%をもつ事前オッズは $\frac{P(\oplus)}{P(\ominus)} = \frac{0.33}{0.67} = 1/2$ であり，結果として，事後オッズは $\frac{P(\oplus|\mathbf{x})}{P(\ominus|\mathbf{x})} = \frac{P(\mathbf{x}|\oplus)}{P(\mathbf{x}|\ominus)} \cdot \frac{P(\oplus)}{P(\ominus)} = 3/2 \cdot 1/2 = 3/4 < 1$ となる．この場合，$\mathbf{x}$ に対する尤度比は，事前オッズから離れた決定を下すには十分でないことがわかる．

代わりに，多項モデルを適用することもできる．多項モデルのパラメータは語彙中の単語の分布を決める．例えば，

$$\theta^{\oplus} = (0.3, 0.5, 0.2), \quad \theta^{\ominus} = (0.6, 0.2, 0.2)$$

である．分類したいメールは単語 a が 3 回，b が 1 回，c が 0 回発生したとする．すると，カウントベクトル $\mathbf{x} = (3,1,0)$ により表される．単語の出現総数は $n=4$．よって，尤度は

$$P(\mathbf{x}|\oplus) = 4! \frac{0.3^3}{3!} \frac{0.5^1}{1!} \frac{0.2^0}{0!} = 0.054, \quad P(\mathbf{x}|\ominus) = 4! \frac{0.6^3}{3!} \frac{0.2^1}{1!} \frac{0.2^0}{0!} = 0.1728$$

として得られる．そのときの尤度比は，$\left(\frac{0.3}{0.6}\right)^3 \left(\frac{0.5}{0.2}\right)^1 \left(\frac{0.2}{0.2}\right)^0 = 5/16$ である．ゆえに，

xのML分類はハムであり，多変量ベルヌーイモデルを用いたときと逆の結果になっている．これは主として，単語aが3回出現したということがハムと判断する強い証拠として働いたことによる．

多変量ベルヌーイモデルに対する尤度比が，分類すべきビットベクトルにおいて$x_i = 1$であれば$\theta_i^{\oplus}/\theta_i^{\ominus}$の積で表され，$x_i = 0$であれば$(1 - \theta_i^{\oplus})/(1 - \theta_i^{\ominus})$であることに注意する．多項モデルに対しては，因子は$(\theta_i^{\oplus}/\theta_i^{\ominus})^{x_i}$となる．このことによる1つの帰結は，多変量ベルヌーイモデルでは出現しなかった単語が違いを生み出しうるのに対し，多項モデルでは出現する単語のみを考慮に入れるということだ．先の例では，含まれていない単語bに対応する尤度比の因子は$(1 - 0.67)/(1 - 0.33) = 1/2$である．2つのモデルのもう1つの主たる違いは，単語が複数発生した場合の扱いにおいて，多項モデルでは指数的な重みx_iを介することで，これを重複した特徴量のように扱うことである．これは尤度比の対数$\sum_i x_i (\ln \theta_i^{\oplus} - \ln \theta_i^{\ominus})$をとってみると明確になる．この表現は，重み$x_i$を伴う$\ln \theta_i^{\oplus}, \ln \theta_i^{\ominus}$について線形となる．このことからでは，ナイーブベイズ分類器が第7章で議論した意味で線形であるとはいえない($\ln \theta$と対応する特徴値の間の線形関係を示すことができないかぎり)ことに注意しよう．しかし，ある特定の変換を特徴量に適用することによって得られた特定の空間(ログ・オッズ空間)においては，ナイーブベイズモデルが線形であるということができる．我々はこの点を10.2節で特徴量キャリブレーション(feature calibration)を扱う際にまた議論する．

ナイーブベイズモデルの同時尤度比が個々の単語の尤度比の積として分解できるという事実は，ナイーブベイズ仮定の直接の結果である．言い換えれば，学習タスクは1変量のタスク，つまり，語彙中の各単語に対するタスクに分解するということである．我々はすでに7.1節で多変量線形回帰を議論したときにもこのような分解を目にした．そこでは，特徴量の相関を無視することがいかに害を及ぼしうるかという例をみた．ナイーブベイズ分類器に対して同じような例が思い付くだろうか？ 語彙中で特定の単語が2回発生した場合を考えてみる．この場合，尤度比の積において同じ因子が2回発生しており，その単語に他の単語の2倍の重みを効果的に与える．これは極端な例だが，このような二重カウントは実際には大きな効果をもっている．先に挙げた例では，もしスパムメールに単語'Viagra'が含まれているなら，それにはまた単語'pill'も含まれていることが予期され，したがって2つの単語を同時にみることは，必ずしも最初の単語だけをみることに比べてスパムの証拠をより多く与えてくれるとはいえず，2つの単語に対する尤度比が最初の単語の尤度比よりもずっと大きくなるというわけでもない．しかしながら，1よりも大きい2つの尤度比の積はさらに大きな尤度比になる．結果として，ナイーブベイズ分類器の確率推定はしばしば0もしくは1に過剰に寄ることになる．

これは，もしこのような確率推定ではなく，分類だけに興味があるならたいしたこ

ととは思わないかもしれない.しかし,ナイーブベイズによって作られるようなキャリブレートされていない確率推定値を用いることによる見落とされがちな帰結は,**ML** および **MAP** 決定ルールが共に不適切になってしまうことである.モデルの仮定が満たされていることを示す証拠がないかぎり,リキャリブレート (再調整) 尤度決定ルール (recalibrated likelihood decision rule) を作ることが賢明である.そのルールでは,尤度における推定誤差を修正するために,そのクラスにおける重みベクトルを学習することが要請される.とくに,$\arg\max_y w_y P(X=x|Y=y)$ がテスト集合において可能な損失 (例えば誤分類される事例の総数) を最小とするような w_i を見つけたい.2クラスに対しては 2.2.2 項で「ランカーを分類器に変更する方法」を考えたときと同じ手順で解決できる.これを示すために,2クラスに対するリキャリブレート尤度決定ルールは

- ♣ もし,$w^{\oplus}P(X=x|Y=\oplus) > w^{\ominus}P(X=x|Y=\ominus)$ なら正,そうでなければ負.これは次と同値.
- ♣ もし,$P(X=x|Y=\oplus)/P(X=x|Y=\ominus) > w^{\ominus}/w^{\oplus}$ なら正,そうでなければ負.

のように書き直せることに注意しよう.重みを定数倍しても決定には影響を与えないので,これは2クラスの場合には自由度がちょうど1となることを示している.言い換えれば,我々が関心があるのは尤度比の最も良い閾値 $t = w^{\ominus}/w^{\oplus}$ を見つけることである.それは本質的に ROC 曲線上の最も良い動作点を見つけることと同じ問題であ

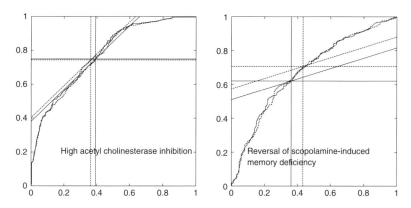

図 9.4 (左) 2つのナイーブベイズ分類器によって作られた ROC 曲線 (実線: 多変量ベルヌーイモデル; 点線: 多項モデル).両方のモデルは共に同様のランキング性能をもち,ほぼ同じ (多かれ少なかれ最適な) MAP 決定閾値となっている.(右) 同じ領域からとった別のデータでは,多項モデルの MAP 閾値がわずかに良くなっており,いくぶん確率推定がよくキャリブレートされたことを示唆している.しかし,正答率のアイソメトリックの傾きは1つの負例ごとに約4つの正例があることを示しているので,実際には最適な決定ルールはいつも正に予測することになる.

る．この解は最も正答率の高いアイソメトリック上の点によって与えられる．図 9.4 は 2 つの実データでこのことを説明している．右の図では最適な点は右上隅にあるのに対し，左の図からは MAP 決定閾値は多かれ少なかれ最適となることが見てとれる．

2 つ以上のクラスに対しては，全体としての最適な重みベクトルを見つけることは計算が困難である．これは我々が発見的方法に頼る必要があることを意味している．3.1 節では 3 つのクラスに対してそのような方法を示した．そのアイデアはクラスの何らかの順序を利用し，1 つずつ重みを決めていくことである．つまり，直前の $i-1$ 個のクラスから i 番めのクラスを最適に分離するために 2 クラスの手順を使う．

9.2.2 ナイーブベイズモデルの訓練

確率モデルの訓練は通常，モデルで使用される分布のパラメータを推定することを含む．ベルヌーイ分布のパラメータは n 回の試行における成功数 d を数え，$\hat{\theta} = d/n$ を求めることで推定される．言い換えれば，それぞれのクラスにおいてメール中に問題の単語がどのくらい含まれているかを数えればよいことになる．こうした相対頻度推定は通常，疑似カウント (pseudo-count: いくつかの固定された分布に応じた仮想的試行の結果を表す) を含むことで平滑化される．ベルヌーイ分布の場合，最も一般的な平滑化操作はラプラス補正であり，これは結果の 1 つが成功，もう一方が失敗となるような 2 つの仮想的試行を含める．したがって，相対頻度推定は $(d+1)/(n+2)$ に変更される．ベイズ的な観点からは，これは一様事前分布 (成功と失敗が同様に確からしいとする初期信念の表現) を採用するということである．もし適切な場合には，我々はより多くの仮想的試行を含めることで，事前分布の影響を強めることができる．これは事前分布から推定値を遠ざけるためにはより多くのデータが必要になることを意味している．カテゴリカル分布に対しては，平滑化は k カテゴリのそれぞれに 1 つずつ疑似カウントを追加し，平滑化した推定値 $(d+1)/(n+k)$ を導く．M 推定値は疑似カウントの総数 m とそれらのカテゴリでの分布の両方をパラメータとすることによって，これをさらに一般化する．i 番めのカテゴリに対する推定値は $(d+p_i m)/(n+m)$ と定義される．ここに，p_i はカテゴリ上の分布である (つまり，$\sum_{i=1}^{k} p_i = 1$). 平滑化した相対頻度推定値は (よってこれらの推定値の積も) $\hat{\theta} = 0$ や $\hat{\theta} = 1$ といった極端な値になることはないことに注意しよう．

例 9.5 ナイーブベイズモデルの訓練

ここで，先の例におけるパラメータベクトルがどのようにして得られるかを示す．5 つの単語 a, b, c, d, e から成る次の電子メールを考えよう．

$$e_1 : b\,d\,e\,b\,b\,d \qquad e_5 : a\,b\,a\,b\,a\,b\,a\,e\,d$$
$$e_2 : b\,c\,e\,b\,b\,d\,d\,e\,c\,c \qquad e_6 : a\,c\,a\,c\,a\,c\,a\,e\,d$$

$e_3 : adadeaee$ $e_7 : eaedaea$
$e_4 : badbedab$ $e_8 : deded$

左側のメールはスパム，右側はハムだとわかっているとしよう．これをベイズ分類器を訓練するための小さな訓練データとして用いる．最初に d と e は，いわゆるストップワード (stop word) と決めよう．それらは，各クラスの情報を伝えるにはあまりにも多く両方のクラスに登場するためである．残りの単語 a, b, c が我々の語彙を構成する．

多項モデルに対しては，我々はそれぞれのメールを表 9.1 に示すようなカウントベクトルとして表現する．多項モデルのパラメータの推定値を得るために，それぞれのクラスについてカウントベクトルを足し上げていく．それにより，スパムに対して $(5, 9, 3)$，ハムに対して $(11, 3, 3)$ が得られる．これら確率推定値を平滑化するために，それぞれの単語に対し1ずつ疑似カウントを追加すると，両クラスの単語出現総数はそれぞれ 20 になる．よって，推定されるパラメータベクトルはスパムに対して $\hat{\theta}^{\oplus} = (6/20, 10/20, 4/20) = (0.3, 0.5, 0.2)$，ハムに対して $\hat{\theta}^{\ominus} = (12/20, 4/20, 4/20) = (0.6, 0.2, 0.2)$ となる．

多変量ベルヌーイモデルにおいては，メールは表 9.1 (右) のようなビットベクトルによって表現される．各クラスのビットベクトルを足すと，スパムに対して $(2, 3, 1)$，ハムに対して $(3, 1, 1)$ となる．各々の計は，特定の単語を含む確率の推定値を得るために，クラス内の文書数で割られる．ここでは確率の平滑化は 2 つの疑文書を追加することを意味する．そのうちの 1 つはすべての単語を含み，もう 1 つはどの単語も含まない．これによりパラメータベクトルの推定値としてスパムに対して $\hat{\theta}^{\oplus} = (3/6, 4/6, 2/6) = (0.5, 0.67, 0.33)$，ハムに対して $\hat{\theta}^{\ominus} = (4/6, 2/6, 2/6) = (0.67, 0.33, 0.33)$ となる．

ナイーブベイズ分類器には他にも多くの種類がある．実際，ナイーブベイズ分類器

電子メール	#a	#b	#c	クラス	電子メール	a?	b?	c?	クラス
e_1	0	3	0	+	e_1	0	1	0	+
e_2	0	3	3	+	e_2	0	1	1	+
e_3	3	0	0	+	e_3	1	0	0	+
e_4	2	3	0	+	e_4	1	1	0	+
e_5	4	3	0	−	e_5	1	1	0	−
e_6	4	0	3	−	e_6	1	0	1	−
e_7	3	0	0	−	e_7	1	0	0	−
e_8	0	0	0	−	e_8	0	0	0	−

表 9.1 (左) カウントベクトルで表した小さな電子メールデータ．(右) ビットベクトルで表した同じデータ．

として通常理解されているものは多項モデルでも多変量ベルヌーイモデルでもなく，むしろ多変量カテゴリカルモデルを用いている．これは特徴量がカテゴリカルであることを意味し，クラス c の事例が i 番めの特徴量で l 番めの値をとる確率は $\theta_{il}^{(c)}$ で与えられる．ただし，$\sum_{l=1}^{k_i} \theta_{il}^{(c)} = 1$ であり，k_i は i 番めの特徴量の値の数である．これらのパラメータは，多変量ベルヌーイのときのように，訓練データの平滑化した相対頻度によって推定できる．特徴ベクトルの同時確率は個々の特徴量の確率の積となり，これによりすべての特徴量のペアおよびすべてのクラスに対して $P(F_i, F_j|C) = P(F_i|C)P(F_j|C)$ となる．

ところで，条件付き独立性 (conditional independence) と条件なし独立性 (unconditional independence) はまったく異なるものであり，互いにもう一方を含意しないことに注意しよう．条件付き独立性が条件なし独立性を意味するものではないことを示すため，スパムで出現する可能性が非常に高く，しかし独立である (すなわちスパムメールに両方が生じる確率は周辺確率の積である) ような2つの単語を想像してみよう．さらにそれらはハムではほとんど現れそうにない (しかしやはり独立である) とする．いま，私があなたに未分類の電子メールがその単語のうちの1つを含んでいると伝えたとしよう．あなたはおそらくそれをスパムだと推測し，さらに進んでもう1つの単語も含まれていると予想するだろう．これはそれらの単語が条件なし独立ではないことを示している．条件なし独立性が条件付き独立性を意味するものではないことを示すため，2つの異なる独立な単語を考える．もしこの2つのうち少なくとも一方が含まれていればスパムであり，そうでなければハムであるとすると，スパムメールのなかで2つの単語は従属的である (なぜなら，もしスパムメールに一方の単語が含まれていないことがわかれば，もう一方の単語が必ず含まれていなくてはならないからである).

特徴量のいくつかが実数値である場合には，ナイーブベイズモデルは別の拡張が必要となる．その1つの選択としては前処理段階で実数値の特徴量を離散化することであるが，これは第10章で説明する．他の選択としては，前の節で議論したように，特徴値が各クラスにおいて正規分布すると仮定することである．この議論では，ナイーブベイズの仮定は，各クラス内の共分散行列を対角行列とする仮定に要約でき，それゆえ各特徴量が独立に処理できることは注目に値する．3つめの実用的な選択としては，ノンパラメトリック密度推定により各特徴量のクラス条件付き尤度をモデル化することである．これら3つの選択による結果を図9.5に示す．

まとめると，ナイーブベイズモデルはテキストデータ，カテゴリカルデータ，カテゴリカルと実数値の混合データを扱う際によく使われるモデルである．確率モデルとしての主な欠点 (すなわち不十分にキャリブレートされた確率推定値) は，一般に良好なランキング性能により埋め合わされる．ナイーブベイズは，実はさほどベイズ流というわけではないという矛盾をもっている．第一に，良くない確率推定値は，ベイズの法則をまったく使わずに，再度重み付けした尤度を使う必要があることをみた．第二に，本格的なベイズ流アプローチでは特定のパラメータに集中するのではなく，完

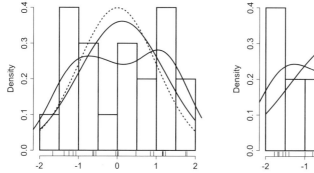

図 9.5 (左) 平均 0，分散 1 の正規分布 (点線) からの 20 点のサンプルの 3 つの密度推定の例．ヒストグラムは等間隔の固定された数の区間を用いた単純なノンパラメトリックな方法である．カーネル密度推定 (M 字状の曲線) は滑らかな密度関数を得るために補間を用いた．鐘状の曲線 (実線) は真の分布を正規分布と仮定したときに，平均および分散を推定することによって得られる．(右) 20 点は閉区間 $[-2, 2]$ から一様に抽出されており，ノンパラメトリックな方法は一般的により有効である．

全な事後分布を用いるものだが，ナイーブベイズモデルの訓練においてはパラメータの最尤推定を用いた．個人的には，ナイーブベイズの本質は同時尤度を周辺尤度に分解することだと考えている．この分解は図 1.3 のスコットランドのタータンチェック柄によって視覚化され，これが私がナイーブベイズを「スコットランド分類器」と呼びたい理由である．

9.3 条件付き尤度の最適化による識別学習

この章では最初に生成的確率モデルと識別的確率モデルの区別をした．前節のナイーブベイズモデルは生成的であり，訓練の後，データを生成するのに使える．この節では，最も一般的に使われる識別的モデルであるロジスティック回帰 (logistic regression)[6] をみる．ロジスティック回帰を理解する最も簡単な方法は，7.4 節で説明した方法でロジスティックにキャリブレートされた確率推定値をもつ線形分類器と捉えることだ．ただし 1 つ重要な違いがあって，キャリブレーションは後処理段階ではなく，訓練アルゴリズムに組み込まれた一部分である．生成モデルにおいて決定境界は各クラスの分布をモデル化する際の副産物であるが，ロジスティック回帰は決定境界を直接モデル化する．例えば，クラスが重複している場合に，ロジスティック回帰は各クラスの「形状」に関係なく最も重複している領域に決定境界を見つける傾向がある．これは生

---

[6] 確率推定量が未知の関数を近似するとしても，訓練ラベルは真の関数値でなくクラスを表すので，ここでは用語「回帰」は多少誤った表現であることに注意する．

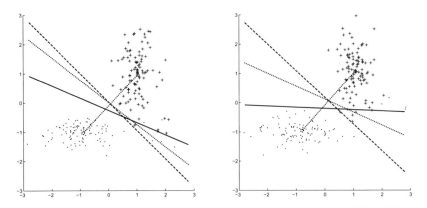

図 9.6 (左) 基本線形分類器 (破線) と最小二乗分類器 (点線) はクラスの形状に敏感なため，このデータセットにおいてはクラスが重なる場所に注目するロジスティック回帰 (実線) が性能が優れていることがわかる．(右) この少しだけ異なる点の集合では，ロジスティック回帰は他の 2 つの手法に劣っている．これは，大部分が正となる領域から大部分が負となる領域への変わり目を追うことに注目しすぎたためである．

成的な分類器で学習したものとは著しく異なる決定境界を導く (図 9.6)．

(7.13) 式は尤度比を $d(\mathbf{x}) = \mathbf{w} \cdot \mathbf{x} - t$ として $\exp(\gamma(d(\mathbf{x}) - d_0))$ と表現する．識別学習においてはすべてのパラメータを一度に学習するので，γ, d_0 を $\mathbf{w}, t$ に取り入れることができる．ゆえにロジスティック回帰モデルは簡潔に

$$\hat{p}(\mathbf{x}) = \frac{\exp(\mathbf{w} \cdot \mathbf{x} - t)}{\exp(\mathbf{w} \cdot \mathbf{x} - t) + 1} = \frac{1}{1 + \exp(-(\mathbf{w} \cdot \mathbf{x} - t))}$$

で与えられる．クラスラベルを正例に $y = 1$，負例に $y = 0$ であると仮定すると，これはそれぞれの訓練事例に対してベルヌーイ分布を定義する．

$$P(y_i|\mathbf{x}_i) = \hat{p}(\mathbf{x}_i)^{y_i}(1 - \hat{p}(\mathbf{x}_i))^{1-y_i}$$

これらベルヌーイ分布のパラメータは $\mathbf{w}$ と t を通じてつながることが重要であり，結果として，各訓練インスタンスに対してでなく，各特徴量の次元に対して 1 つのパラメータがあるということになる．

尤度関数は

$$\mathrm{CL}(\mathbf{w},t) = \prod_i P(y_i|\mathbf{x}_i) = \prod_i \hat{p}(\mathbf{x}_i)^{y_i}(1 - \hat{p}(\mathbf{x}_i))^{1-y_i}$$

である．これは，生成的モデルにおける $P(\mathbf{x}_i)$ でなく条件付き確率 $P(y_i|\mathbf{x}_i)$ を与えることを強調するために，条件付き尤度 (conditional likelihood) と呼ばれる．積の使用には $\mathbf{x}$ が与えられたとき y の値が独立であるという仮定が必要であることに注意されたい．しかしそれは $\mathbf{x}$ が各クラス内で独立であるというナイーブベイズ仮定ほどには強い仮定を必要とはしない．いつものように，尤度関数は対数をとることによって処理

9.3 条件付き尤度の最適化による識別学習

が容易になる．

$$\text{LCL}(\mathbf{w},t) = \sum_i y_i \ln \hat{p}(\mathbf{x}_i) + (1-y_i)\ln(1-\hat{p}(\mathbf{x}_i))$$
$$= \sum_{\mathbf{x}^\oplus \in Tr^\oplus} \ln \hat{p}(\mathbf{x}^\oplus) + \sum_{\mathbf{x}^\ominus \in Tr^\ominus} \ln(1-\hat{p}(\mathbf{x}^\ominus))$$

これらのパラメータに対して対数条件付き尤度を最大化したいが，それはすべての偏微分が0になることを意味している．

$$\nabla_{\mathbf{w}} \text{LCL}(\mathbf{w},t) = \mathbf{0}$$
$$\frac{\partial}{\partial t} \text{LCL}(\mathbf{w},t) = 0$$

これらの式は解析的な解を得ることはできないが，ロジスティック回帰の理解を深めるために使うことができる．t に着目し，最初にいくつかの代数的操作を行う必要がある．

$$\ln \hat{p}(\mathbf{x}) = \ln \frac{\exp(\mathbf{w}\cdot\mathbf{x}-t)}{\exp(\mathbf{w}\cdot\mathbf{x}-t)+1}$$
$$= \mathbf{w}\cdot\mathbf{x}-t-\ln(\exp(\mathbf{w}\cdot\mathbf{x}-t)+1)$$
$$\frac{\partial}{\partial t} \ln \hat{p}(\mathbf{x}) = -1 - \frac{\partial}{\partial t} \ln(\exp(\mathbf{w}\cdot\mathbf{x}-t)+1)$$
$$= -1 - \frac{1}{\exp(\mathbf{w}\cdot\mathbf{x}-t)+1} \exp(\mathbf{w}\cdot\mathbf{x}-t)\cdot(-1)$$
$$= \hat{p}(\mathbf{x})-1$$

同様に負例に対しても

$$\ln(1-\hat{p}(\mathbf{x})) = \ln \frac{1}{\exp(\mathbf{w}\cdot\mathbf{x}-t)+1}$$
$$= -\ln(\exp(\mathbf{w}\cdot\mathbf{x}-t)+1)$$
$$\frac{\partial}{\partial t} \ln(1-\hat{p}(\mathbf{x})) = \frac{\partial}{\partial t} -\ln(\exp(\mathbf{w}\cdot\mathbf{x}-t)+1)$$
$$= \frac{-1}{\exp(\mathbf{w}\cdot\mathbf{x}-t)+1} \exp(\mathbf{w}\cdot\mathbf{x}-t)\cdot(-1)$$
$$= \hat{p}(\mathbf{x})$$

これにより，t に関する LCL の偏微分は単純な形になる．

$$\frac{\partial}{\partial t} \text{LCL}(\mathbf{w},t) = \sum_{\mathbf{x}^\oplus \in Tr^\oplus} (\hat{p}(\mathbf{x})-1) + \sum_{\mathbf{x}^\ominus \in Tr^\ominus} \hat{p}(\mathbf{x})$$
$$= \sum_{\mathbf{x}_i \in Tr} (\hat{p}(\mathbf{x}_i)-y_i)$$

最適解に関してこの偏微分は0になる．これが意味することは，平均すれば予測確率

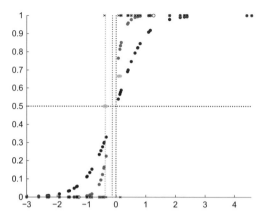

図 **9.7** ロジスティック回帰 (赤) と，ロジスティックキャリブレーション (青)，単調キャリブレーション (緑) により得られた確率推定との比較．後の 2 つは基本線形分類器を用いている (推定されたクラス平均を円で表している)．対応する 3 つの決定境界は垂直な点線で表している．[口絵 12 参照]

は正例の比率 pos に等しくなるべきであるということである．それはキャリブレートした分類器にとって明らかに望ましい大域的な性質なので，満足のいく結果ということになる．確率推定木のようなグループ分けモデルは，予測確率をセグメントでの経験確率に等しくなるように決めるため，構造的にこの性質をもつことに注意しよう．

同じような導出は j 番めの重み w_j に関する対数条件付き尤度の偏微分につながる．ここで注意すべきは，$\frac{\partial}{\partial t}(\mathbf{w}\cdot\mathbf{x}-t) = -1$ であるのに対して，我々は $\frac{\partial}{\partial w_j}(\mathbf{w}\cdot\mathbf{x}-t) = \frac{\partial}{\partial w_j}(\sum_j w_j x_j - t) = x_j$，つまり j 番めのインスタンスの特徴値をもつことである．よって，

$$\frac{\partial}{\partial w_j}\mathrm{LCL}(\mathbf{w},t) = \sum_{\mathbf{x}_i \in Tr}(y_i - \hat{p}(\mathbf{x}_i))x_{ij} \tag{9.5}$$

となる．この偏微分を 0 とおくことは，別の，特徴量ごとのキャリブレーションの性質を表現する．例えば，もし j 番めの特徴量がたいていは 0 となるような疎なブール特徴量であるなら，このキャリブレーションの性質は，$x_{ij} = 1$ であるインスタンス $\mathbf{x}_i$ のみを含む．それらのインスタンスは，平均すれば正例の比率と等しい予測確率をもつべきである．

例 9.6　1 変量ロジスティック回帰

　図 9.7 における各クラス 20 個の点をもつデータを考える．両クラス共に正規分布からのデータであるが，このサンプルの範囲ではクラスの重複はクラス平均から予想したものよりも小さくなっている．ロジスティック回帰はこの利点を利用することができるため，もっぱらクラス平均と分散から定式化されたロジスティッ

> クキャリブレーションを行った基本線形分類器 (例 7.7 で説明した) よりも，急勾配の S 字カーブを与える．また，ROC 曲線の凸包から得られた確率推定も示した (図 7.13)．このキャリブレート手順はノンパラメトリックであり，したがってより限られたクラス重複でも検出できる．
>
> 　統計的な観点からは，ロジスティック回帰はロジスティックなキャリブレーションを行った分類器の平均二乗誤差 (0.057) よりも良い値 (0.040) をもっている．単調キャリブレーションは最も小さな誤差 (0.021) となるが，過適合のリスクを軽減するための確率の平滑化を適用していない点に注意する必要がある．予測確率の和は，ロジスティックなキャリブレーションを行った分類器では 18.7 で，他の 2 つに関しては 20 となった．20 というのはつまり事例の数に等しく，フルキャリブレーションの必要条件である．最後に，ロジスティックなキャリブレーションを行った分類器では $\sum_{\mathbf{x}_i \in Tr}(y_i - \hat{p}(\mathbf{x}_i))x_i$ は 2.6，ROC キャリブレーションを行った分類器では 4.7，(9.5) 式から予想されるようにロジスティック回帰では 0 となる．

ロジスティック回帰モデルを訓練するために，

$$\mathbf{w}^*, t^* = \arg\max_{\mathbf{w},t} \mathrm{CL}(\mathbf{w},t) = \arg\max_{\mathbf{w},t} \mathrm{LCL}(\mathbf{w},t)$$

が必要となる．これは凸最適化問題であること (つまり唯一の最大値が存在すること) が示される．いくつかの最適化手法が適用できる．1 つの単純なアプローチはパーセプトロンのアルゴリズムからの着想で，次に挙げる更新ルールを使って事例に反復処理を行うものである．

$$\mathbf{w} = \mathbf{w} + \eta(y_i - \hat{p}_i)\mathbf{x}_i$$

ここに，η は学習率である．(9.5) 式の偏微分との関係に注意されたい．基本的には，最も急な勾配の方向を近似するために 1 つの事例を使う．

9.4　隠れ変数をもつ確率モデル

いま，4 クラス A, B, C, D をもつ分類問題を扱っているとしよう．もし，十分な大きさと代表性を備えたサイズ n の訓練データをもっているなら，これまでも行ってきたように，クラスの事前分布を推定するために，標本 $n_A, \ldots, n_D$ における相対頻度 $\hat{p}_A = n_A/n, \ldots, \hat{p}_D = n_D/n$ を使うことができる[*7)]．逆にもし事前分布がわかっていて，n 個のインスタンスの確率標本における最も可能性の高いクラス分布を知りたいなら，期待値 $\mathbb{E}[n_A] = p_A \cdot n, \ldots, \mathbb{E}[n_D] = p_D \cdot n$ を計算するために事前分布を使うだろう．それ

[*7)] もちろん，その標本の大きさが十分大きいかどうかを判断できなければ，例えばラプラス補正 (2.3 節) などでこれらの相対頻度推定を平滑化したほうがよい．

ゆえ，一方が完全にわかればもう一方を推定もしくは推測することができる．しかしときには，両方に関して多少知っているというケースもある．例えば，完全な事前分布はわからないが $p_A = 1/2$ であって C の起こりやすさは B の 2 倍であると知っているかもしれない．そして，先週みた標本では $A \cup B$ と $C \cup D$ 間で均等に分けられ，C と D は同じくらいの大きさだったことを知っていて，しかし A と B のそれぞれのサイズは思い出せないとしよう．どうするべきだろうか?

事前分布に関してわかっていることを定式化すれば，$p_A = 1/2$; $p_B = \beta$ は未知; p_C は p_B の 2 倍であるから $p_C = 2\beta$; さらに，確率はすべて足したら 1 にならなくてはならないので $p_D = 1/2 - 3\beta$，となる．さらに，s, c, d は既知として，$n_A + n_B = a + b = s$，$n_C = c, n_D = d$ とする．ここで，a, b, β を推定したい．しかし，これは鶏が先か，卵か先かという問題である．もし，β がわかっているなら，事前分布に関してすべてわかっていることになり，a, b に対する期待値を推定するのにそれを使うことができる．

$$\frac{\mathbb{E}[a]}{\mathbb{E}[b]} = \frac{1/2}{\beta}, \quad \mathbb{E}[a] + \mathbb{E}[b] = s$$

となり，これより，

$$\mathbb{E}[a] = \frac{1}{1+2\beta}s, \quad \mathbb{E}[b] = \frac{2\beta}{1+2\beta}s \tag{9.6}$$

が導ける．ゆえに例えば，もし $s = 20, \beta = 1/10$ ならば，$\mathbb{E}[a] = 16\frac{2}{3}, \mathbb{E}[b] = 3\frac{1}{3}$ となる．

逆に a, b がわかっているなら，a, b, c, d に対する多項分布を使うことで，最尤推定により β を推定できる．

$$P(a,b,c,d|\beta) = K(1/2)^a \beta^b (2\beta)^c (1/2 - 3\beta)^d$$
$$\ln P(a,b,c,d|\beta) = \ln K + a\ln(1/2) + b\ln\beta + c\ln(2\beta) + d\ln(1/2 - 3\beta)$$

ここに，K は尤度を最大化する β の値に影響を与えない組み合わせ定数である．β に関して偏微分をすることで，

$$\frac{\partial}{\partial \beta}\ln P(a,b,c,d|\beta) = \frac{b}{\beta} + \frac{2c}{2\beta} - \frac{3d}{1/2 - 3\beta}$$

が与えられる．尤度方程式を β に対して解くことで最終的に，

$$\hat{\beta} = \frac{b+c}{6(b+c+d)} \tag{9.7}$$

が得られる．ゆえに例えば，もし，$b = 5, c = d = 10$ なら，$\hat{\beta} = 1/10$ となる．

この鶏が先か，卵が先かの問題の解決法は，次の 2 つの手順を繰り返すことである．(i) 仮定もしくは事前に推定したパラメータ β の値から，欠落した頻度 a, b の期待値を計算する．(ii) 欠落した頻度 a, b の仮定値もしくは期待値からパラメータ β の最尤推定値を計算する．これら 2 つの手順は停留的な値の組 (stationary configuration) に達するまで繰り返される．したがってもし，$a = 15, b = 5, c = d = 10$ から始まったのなら，$\hat{\beta} = 1/10$ を得る．(9.6) 式にこの β の値を代入することで，$\mathbb{E}[a] = 16\frac{2}{3}$ と $\mathbb{E}[b] = 3\frac{1}{3}$

が得られる．これらの値を (9.7) 式に再度代入することで $\hat{\beta} = 2/21$ となり，それにより今度は，$\mathbb{E}[a] = 16.8$ と $\mathbb{E}[b] = 3.2$ が得られ，これを繰り返すことになる．停留的な値の組 $\beta = 0.0948, a = 16.813, b = 3.187$ まで 10 回未満の繰り返しで到達する．この単純なケースでは，初期値に関係なく大域的な最適化になっている．これは本質的には，b と β の関係が単調 (monotonic) であるためである ((9.6) 式によれば，$\mathbb{E}[b]$ は β と共に増加し，(9.7) 式によれば，$\hat{\beta}$ は b と共に増加する)．しかしながら，これは一般にはいえない．この点はまた後ほど振り返る．

9.4.1 期待値最大化

我々が議論してきた問題は欠測データを含む問題の例で，それは完全データ Y を観測変数 X と隠れ変数 (hidden variable; または潜在変数 (latent variable)) Z に分ける．この例において，観測変数は c, d, s であり，潜在変数は a, b である．また，モデルパラメータ θ も存在する (この例では β)[*8]．θ の t 回めの推定値を θ^t と書くこととする．2 つの関連する量がある．

- ♣ 観測変数と現在のパラメータ推定値を所与としたときの潜在変数の期待値 $\mathbb{E}[Z|X, \theta^t]$ (よって (9.6) 式において a, b の期待値は s, β に依存している)．
- ♣ 尤度 $P(X|\theta)$．これは最大化された θ の値を見つけるために使われる．

尤度関数では $Y = X \cup Z$ の値を必要とする．X に対しては明らかに観測値を使うが，Z に関しては前の段階で計算した期待値を使う必要がある．これは，本当にやりたいことは $P(X \cup \mathbb{E}[Z|X, \theta^t]|\theta)$ の最大化，あるいは同じことだが，その関数の対数の最大化であるということを意味する．いま，尤度関数の対数は Y に関して線形であると仮定しよう．この仮定は上の例にも有効であることに注意しよう．どのような線形関数 f に対しても，$f(\mathbb{E}[Z]) = \mathbb{E}[f(Z)]$ であり，このようにして目的関数において期待値を外側にもってくることができる．

$$\ln P(X \cup \mathbb{E}[Z|X, \theta^t] | \theta) = \mathbb{E}[\ln P(X \cup Z | \theta | X, \theta^t)] = \mathbb{E}[\ln P(Y|\theta)|X, \theta^t] \quad (9.8)$$

最後の表記は通常 $Q(\theta|\theta^t)$ と書かれ，これは本質的には現在の値から次の θ の値を計算する方法を教えてくれている．

$$\theta^{t+1} = \arg\max_{\theta} Q(\theta|\theta^t) = \arg\max_{\theta} \mathbb{E}[\ln P(Y|\theta)|X, \theta^t] \quad (9.9)$$

これはあの有名な期待値最大化 (expectation-maximisation; EM) アルゴリズムの一般形であり，このアルゴリズムは潜在変数や欠測値をもつ確率的モデリングに対して効果的なアプローチになる．上の例と同じようにして，パラメータの現在の推定値のもと

[*8] モデルパラメータもある意味で '潜在' であるが，パラメータの値を観測することが期待できない (例えばクラス平均など) という点で潜在変数とは異なる．それに対して，潜在変数は原理的には観測できるが，目下のケースではたまたま観測できなかったということである．

での潜在変数に期待値を割り当て，この期待値からパラメータを再推定し，それが停留的な値の組に達するまで続けることになる．何かしらの方法で潜在変数もしくはパラメータのいずれかの初期値を与えることで反復を始めることができる．このアルゴリズムは K-平均アルゴリズム (アルゴリズム 8.1) によく似ている．これもまた，現在のクラスター平均にデータ点を割り当て，新しい割り当てから再度クラスター平均を推定することを繰り返す．後にみるように，この類似は偶然ではない．K-平均アルゴリズムと同様，EM は確率モデルの広いクラスに対してつねに停留的な値の組に収束することが示される．しかし，EM は初期値しだいでは，局所最適に陥ることがある．

9.4.2 ガウス型混合モデル

EM の一般的な応用は，データからガウス型混合モデル (Gaussian mixture model) のパラメータを推定することである．そのようなモデルにおいては，データ点はそれぞれ個別の平均 $\boldsymbol{\mu}_j$ と共分散行列 $\boldsymbol{\Sigma}_j$ をもつ K 個の正規分布から生成され，それぞれの正規分布から生じる点の割合は事前分布 $\tau = (\tau_1, \ldots, \tau_K)$ によって決まる．もし，標本内のそれぞれのデータ点がどのガウス分布から生じたかがラベル付けされているなら，これは簡単な分類問題になる．それはクラス j に属するデータ点からそれぞれのガウス分布の $\boldsymbol{\mu}_j, \boldsymbol{\Sigma}_j$ を別々に推定することによって，簡単に解くことができる．しかし，いま我々はもっと難しい予測クラスタリングの問題を考えている．そこでは各クラスのラベルは潜在的であり，観測した特徴値から再構築する必要がある．

これをモデル化するための便利な方法は，各データ点 $\mathbf{x}_i$ に対して，その点が j 番めのガウス分布からきたときは 1，それ以外のときは 0 と定める z_{ij} を成分としたブール変数ベクトル $\mathbf{z}_i = (z_{i1}, \ldots, z_{iK})$ を用意することである．この表記を使うことにより，我々はガウス型混合モデルに対する一般的な表現を得るのに，多変量正規分布の表現 ((9.2) 式) を適用することができる．

$$P(\mathbf{x}_i, \mathbf{z}_i | \theta) = \sum_{i=1}^{K} z_{ij} \tau_j \frac{1}{(2\pi)^{d/2} \sqrt{|\boldsymbol{\Sigma}_j|}} \exp\left(-\frac{1}{2}(\mathbf{x}_i - \boldsymbol{\mu}_j)^{\mathrm{T}} \boldsymbol{\Sigma}_j^{-1} (\mathbf{x}_i - \boldsymbol{\mu}_j)\right) \quad (9.10)$$

ここに，θ はすべてのパラメータ $\tau, \boldsymbol{\mu}_1, \ldots, \boldsymbol{\mu}_K, \boldsymbol{\Sigma}_1, \ldots, \boldsymbol{\Sigma}_K$ を集めたものである．生成的モデルとしての解釈は次のようになる．最初に事前分布 τ を使うことでランダムにガウス分布を選択し，指示変数 z_{ij} を使うことで対応するガウス分布を呼び出す．

EM を適用するために Q 関数を構成する．

$Q(\theta | \theta^t)$
$= \mathbb{E}[\ln P(\mathbf{X} \cup \mathbf{Z} | \theta) | \mathbf{X}, \theta^t]$
$= \mathbb{E}\left[\ln \prod_{i=1}^{n} P(\mathbf{x}_i \cup \mathbf{z}_i | \theta) \middle| \mathbf{X}, \theta^t\right]$

9.4 隠れ変数をもつ確率モデル

$$
\begin{aligned}
&= \mathbb{E}\left[\sum_{i=1}^{n} \ln P(\mathbf{x}_i \cup \mathbf{z}_i|\theta) \Bigg| \mathbf{X}, \theta^t\right] \\
&= \mathbb{E}\left[\sum_{i=1}^{n} \ln \sum_{i=1}^{K} z_{ij}\tau_j \frac{1}{(2\pi)^{d/2}\sqrt{|\boldsymbol{\Sigma}_j|}} \exp\left(-\frac{1}{2}(\mathbf{x}_i - \boldsymbol{\mu}_j)^\mathrm{T} \boldsymbol{\Sigma}_j^{-1}(\mathbf{x}_i - \boldsymbol{\mu}_j)\right) \Bigg| \mathbf{X}, \theta^t\right] \\
&= \mathbb{E}\left[\sum_{i=1}^{n} \sum_{i=1}^{K} z_{ij} \ln \left(\tau_j \frac{1}{(2\pi)^{d/2}\sqrt{|\boldsymbol{\Sigma}_j|}} \exp\left(-\frac{1}{2}(\mathbf{x}_i - \boldsymbol{\mu}_j)^\mathrm{T} \boldsymbol{\Sigma}_j^{-1}(\mathbf{x}_i - \boldsymbol{\mu}_j)\right)\right) \Bigg| \mathbf{X}, \theta^t\right] (*) \\
&= \mathbb{E}\left[\sum_{i=1}^{n} \sum_{i=1}^{K} z_{ij} \left(\ln \tau_j - \frac{d}{2}\ln(2\pi) - \frac{1}{2}\ln|\boldsymbol{\Sigma}_j| - \frac{1}{2}(\mathbf{x}_i - \boldsymbol{\mu}_j)^\mathrm{T} \boldsymbol{\Sigma}_j^{-1}(\mathbf{x}_i - \boldsymbol{\mu}_j)\right) \Bigg| \mathbf{X}, \theta^t\right] \\
&= \sum_{i=1}^{n} \sum_{i=1}^{K} \mathbb{E}[z_{ij}|\mathbf{X}, \theta^t] \left(\ln \tau_j - \frac{d}{2}\ln(2\pi) - \frac{1}{2}\ln|\boldsymbol{\Sigma}_j| - \frac{1}{2}(\mathbf{x}_i - \boldsymbol{\mu}_j)^\mathrm{T} \boldsymbol{\Sigma}_j^{-1}(\mathbf{x}_i - \boldsymbol{\mu}_j)\right)
\end{aligned}
$$
(9.11)

$(*)$ のステップが可能なのは，与えられた i に対しただ 1 つの z_{ij} が 1 となるためで，指示変数は対数の外へ出すことが可能となる．最後の行は望んでいた形の Q 関数である．一方に観測可能なデータ $\mathbf{X}$ と事前に推定されたパラメータ θ^t により条件付けられた潜在変数の期待値をもち，もう一方には最大化により θ^{t+1} を見つけられるような，θ の表現をもっている．

このように EM アルゴリズムの期待値ステップ (E) は，指示変数の期待値 $\mathbb{E}[z_{ij}|\mathbf{X}, \theta^t]$ の計算である．ブール変数の期待値は，すべての i に対して，$\sum_{j=1}^{K} z_{ij} = 1$ であるもとで $[0,1]$ の全区間上の値をとることに注意する．要するに，K-平均法のハードなクラスターの割り当てがソフトな割り当てに変更されている．これはガウス型混合モデルが K-平均法を一般化する方法の 1 つである．いま，$K = 2$ とし，両方のクラスターは同じサイズかつ同じ共分散だと予想しているとする．もし，与えられたデータ点 $\mathbf{x}_i$ が 2 つのクラスター平均 (もしくは現在のこれらの推定値) から等距離にあるとすると，明らかに $\mathbb{E}[z_{i1}|\mathbf{X}, \theta^t] = \mathbb{E}[z_{i2}|\mathbf{X}, \theta^t] = 1/2$ となる．一般の場合においては，これらの期待値はそれぞれのガウス分布によりその点に対して割り当てられた確率質量 (probability mass) に比例して分かれている．

$$\mathbb{E}[z_{ij}|\mathbf{X}, \theta^t] = \frac{\tau_j^t f(\mathbf{x}_i|\boldsymbol{\mu}_j^t, \boldsymbol{\Sigma}_j^t)}{\sum_{k=1}^{K} \tau_k^t f(\mathbf{x}_i|\boldsymbol{\mu}_k^t, \boldsymbol{\Sigma}_k^t)} \tag{9.12}$$

ここに，$f(\mathbf{x}|\boldsymbol{\mu}, \boldsymbol{\Sigma})$ は多変量ガウス分布の密度関数を表している．

最大化ステップ (M) では，我々は (9.11) 式のパラメータを最適化している．τ_j を含む項とそれ以外のパラメータを含む項との間に相互作用がないことに注意して，事前分布 τ を個別に最適化することができる．

$$\tau^{t+1} = \arg \max_{\tau} \sum_{i=1}^{n} \sum_{j=1}^{K} \mathbb{E}[z_{ij}|\mathbf{X}, \theta^t] \ln \tau_j$$

$$= \arg\max_{\tau} \sum_{j=1}^{K} E_j \ln \tau_j \quad \left(\sum_{j=1}^{K} \tau_j = 1 \text{ より} \right)$$

ここで，$\sum_{i=1}^{n} \mathbb{E}[z_{ij}|\mathbf{X}, \theta^t]$ を E_j と書いた．これは j 番めのクラスターへの (部分的な) 所属の和であり，$\sum_{j=1}^{K} E_j = n$ であることに注意したい．簡単のため $K = 2$ を仮定すると，$\tau_2 = 1 - \tau_1$ であり

$$\tau_1^{t+1} = \arg\max_{\tau_1} E_1 \ln \tau_1 + E_2 \ln(1 - \tau_1)$$

を τ_1 について微分して 0 とおき，τ_1 について解くと，$\tau_1^{t+1} = E_1/(E_1 + E_2) = E_1/n$ が簡単に示され，これにより，$\tau_2^{t+1} = E_2/n$ となる．一般の K クラスターの場合には，同様に，

$$\tau_j^{t+1} = \frac{E_j}{\sum_{k=1}^{K} E_k} = \frac{1}{n} \sum_{i=1}^{n} \mathbb{E}[z_{ij}|\mathbf{x}, \theta^t] \tag{9.13}$$

が得られる．

平均と共分散行列はそれぞれのクラスターについて別々に最適化できる．

$$\boldsymbol{\mu}_j^{t+1}, \boldsymbol{\Sigma}_j^{t+1} = \arg\max_{\boldsymbol{\mu}_j, \boldsymbol{\Sigma}_j} \sum_{i=1}^{n} \mathbb{E}[z_{ij}|\mathbf{X}, \theta^t] \left(-\frac{1}{2} \ln |\boldsymbol{\Sigma}_j| - \frac{1}{2} (\mathbf{x}_i - \boldsymbol{\mu}_j)^{\mathrm{T}} \boldsymbol{\Sigma}_j^{-1} (\mathbf{x}_i - \boldsymbol{\mu}_j) \right)$$
$$= \arg\min_{\boldsymbol{\mu}_j, \boldsymbol{\Sigma}_j} \sum_{i=1}^{n} \mathbb{E}[z_{ij}|\mathbf{X}, \theta^t] \left(\frac{1}{2} \ln |\boldsymbol{\Sigma}_j| + \frac{1}{2} (\mathbf{x}_i - \boldsymbol{\mu}_j)^{\mathrm{T}} \boldsymbol{\Sigma}_j^{-1} (\mathbf{x}_i - \boldsymbol{\mu}_j) \right)$$

括弧内の項は期待値の関数が各インスタンスの重みとしてついた二乗距離であることに注意されたい．これはユークリッド二乗距離の総和を最小にする点を見つける問題 (定理 8.1) の一般化になる．その問題は算術平均をとることで解決されたが，ここでは単純にすべての点の加重平均をとる．

$$\boldsymbol{\mu}_j^{t+1} = \frac{1}{E_j} \sum_{i=1}^{n} \mathbb{E}[z_{ij}|\mathbf{X}, \theta^t] \mathbf{x}_i = \frac{\sum_{i=1}^{n} \mathbb{E}[z_{ij}\mathbf{X}, \theta^t] \mathbf{x}_i}{\sum_{i=1}^{n} \mathbb{E}[z_{ij}\mathbf{X}, \theta^t]} \tag{9.14}$$

同様に共分散行列は，新しく推定された平均を考慮して，それぞれのデータ点から得られた共分散行列の加重平均として計算される．

$$\boldsymbol{\Sigma}_j^{t+1} = \frac{1}{E_j} \sum_{i=1}^{n} \mathbb{E}[z_{ij}|\mathbf{X}, \theta^t] (\mathbf{x}_i - \boldsymbol{\mu}_j^{t+1})(\mathbf{x}_i - \boldsymbol{\mu}_j^{t+1})^{\mathrm{T}}$$
$$= \frac{\sum_{i=1}^{n} \mathbb{E}[z_{ij}|\mathbf{X}, \theta^t] (\mathbf{x}_i - \boldsymbol{\mu}_j^{t+1})(\mathbf{x}_i - \boldsymbol{\mu}_j^{t+1})^{\mathrm{T}}}{\sum_{i=1}^{n} \mathbb{E}[z_{ij}|\mathbf{X}, \theta^t]} \tag{9.15}$$

これより，(9.12)～(9.15) 式は，ラベル付けされていないサンプルからのガウス型混合モデルの学習に対する EM 解を構成する．ここではそれを，異なるクラスターサイズ，異なる共分散行列を明示的にモデリングする，最も一般的な形で与えた．後者は異なる形状のクラスターでも用いることができるという点で重要であり，すべてのクラスターが同じ球状の形を有するとする K-平均法とは違う点である．その結果，クラ

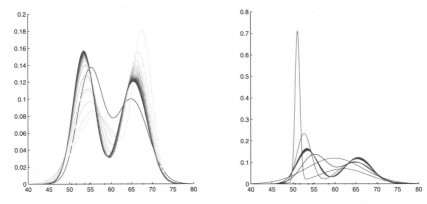

図 9.8 (左) 青の線は真のガウス型混合モデルを示しており，そこから x 軸上に 10 点をサンプリングしている．点の色はそれぞれの点が左と右どちらのガウス分布から来たのかを表している．他の線は適当な初期値から停留的な値の組への EM の収束を示している．(右) この図は同じ点の集合に対する 4 つの停留的な値の組を示している．EM アルゴリズムは 20 回繰り返した．線の太さはその状態への収束に時間がかかることを示している．[口絵 13 参照]

スター間の境界は，K-平均によって学習されたクラスタリングのようには直線的にはならない．図 9.8 は単純な 1 変量データセットにおける EM の収束および複数の停留的な値の組を表している．

まとめると，EM アルゴリズムは欠測値を含むデータを規範化されたやり方で扱う際に高い汎用性をもち，かつとても有効な方法であるといえる．ガウス型混合モデルに対して詳しくみてきたように，核となっているのはパラメトリックな尤度関数 $P(X \cup Z|\theta)$ の表現であって，そこから Q 関数によって更新された方程式が導かれる．複数の停留的な値の組があるので (最も単純な場合を除いて)，注意しなければならない．したがって，K-平均と同様に，最適化は異なる初期値を使って複数回実行する必要がある．

9.5 圧縮ベースのモデル

確率的アプローチと密接に関連しながら，まったく別物でもある，機械学習への 1 つのアプローチを簡単に紹介してこの章を終える．再び事後分布最大化を考えよう．

$$y_{\text{MAP}} = \arg\max_y P(X=x|Y=y)P(Y=y)$$

負の対数をとることで，これを同等の最小化に変換することができる．

$$y_{\text{MAP}} = \arg\min_y -\log P(X=x|Y=y) - \log P(Y=y) \qquad (9.16)$$

これは，$0 < p < p' < 1$ であるどのような 2 つの確率に対しても $\infty > -\log p > -\log p' > 0$

であることから従う．もしある事象が起こる確率が p なら，p の負の対数はその事象が実際に発生したというメッセージがもたらす情報量 (information content) を定量化することになる．これは直観にかなっていて，その事象が予想される度合いが小さいほど，その事象に関するアナウンスが含む情報は多くなる．情報の単位は対数の底に依存するが，慣例的には対数の底は 2 とおかれ，その場合情報はビット単位で測定される．例えば，もしあなたが公正なコイン投げを 1 回行い，表が出たと私に告げたならば，それは $-\log_2 1/2 = 1$ ビットの情報を含んでいる．もしあなたが公正なサイコロを一度振り，6 が出たと私に告げたならば，あなたのメッセージの情報量は $-\log_2 1/6 = 2.6$ ビットとなる．(9.16) 式は，特定の事前分布と尤度が与えられたもとで，インスタンス x に対して，MAP 決定ルールが最も驚きの少ない，もしくは最も期待されるクラスを選択することを示している．$IC(X|Y) = -\log_2 P(X|Y), IC(Y) = -\log_2 P(Y)$ と書く．

例 9.7　情報ベースの分類

表 9.2 は関連する情報量を含めて表 1.3 の左の表を再掲している．もし Y が一様分布なら，$IC(Y = \mathsf{spam}) = 1$ ビット，$IC(Y = \mathsf{ham}) = 1$ ビットである．それは次を導く．

$$\arg\min_y (IC(\mathsf{Viagra} = 1|Y = y) + IC(Y = y)) = \mathsf{spam}$$

$$\arg\min_y (IC(\mathsf{Viagra} = 0|Y = y) + IC(Y = y)) = \mathsf{ham}$$

もしハムがスパムの 4 倍起こりそうであるなら，$IC(Y = \mathsf{spam}) = 2.32$ ビット，$IC(Y = \mathsf{ham}) = 0.32$ ビットであり，$\arg\min_y (IC(\mathsf{Viagra} = 1|Y = y) + IC(Y = y)) = \mathsf{ham}$ となる．

明らかに，k 個の結果の一様分布に対しては，それぞれの結果は同じ情報量 $-\log_2 1/k = \log_2 k$ を含んでいる．一様分布でない場合は，これらの情報量は異なり，それゆえに平均情報量あるいはエントロピー (entropy) $\sum_{i=1}^{k} -p_i \log_2 p_i$ を計算することは理にかなっている．我々はすでに 5.1 節の「不純度の尺度」の項でエントロピーをみた．

ここまでのところ，確率と情報量の間に一対一の関係があること以外には，実際には新しいことは何も説明していない．これら圧縮ベースの学習 (compression-based learning) は 1948 年にクロード・シャノンによって示された情報理論から得られた基本的な結果である．シャノンの結果は大雑把にいうと，エントロピーをしのぐ水準で

Y	$P(\mathsf{Viagra} = 1|Y)$	$IC(\mathsf{Viagra} = 1|Y)$	$P(\mathsf{Viagra} = 0|Y)$	$IC(\mathsf{Viagra} = 1|Y)$
spam	0.40	**1.32 ビット**	0.60	**0.74 ビット**
ham	0.12	**3.06 ビット**	0.88	**0.18 ビット**

表 9.2　周辺尤度の例

情報を伝達することは不可能であること，しかしながら賢い二値符号を設計すれば任意に最適水準に近づけることができること，である．よく知られた符号には，シャノン–ファノン符号やハフマン符号があり，それらは経験確率から符号を作るために単純な木構造を用いている点でみるべき価値がある．算術符号化のような，より効果的な符号は，複数のメッセージを単一の符号語に結合している．

最適に近い符号が利用できると仮定すると，これまでと逆に，確率の代わりに情報量 (より一般的な呼び方では '記述長') を使うことができる．最小記述長 (minimum description length: MDL) 原理の 1 つの単純な形は，次のように実行される．

定義 9.1　最小記述長原理　$L(m)$ をモデル m の記述のビット単位の長さ，$L(D|m)$ をモデル m が与えられたときのデータ D の記述のビット単位の長さとする．最小記述長原理によれば，望ましいモデルとは，モデルが与えられたときのモデルおよびデータの記述長を最小にするものである．

$$m_{\text{MDL}} = \arg\min_{m \in M}(L(m) + L(D|m)) \tag{9.17}$$

予測学習の文脈では，'モデルが与えられたときのデータの記述' とは，目標とするラベルを推測するために，モデルやデータの特徴値に加えて必要となる何らかの情報を指す．もしモデルが 100% 正確ならそれ以上の情報を必要としないので，この項は本質的にはモデルがどの程度間違っているかを定量化している．例えば，一様な 2 クラスの状況では，モデルによって誤って分類されたすべてのデータ点に対して 1 ビットが必要となる．$L(m)$ の項はモデルの複雑さを定量化している．例えば，もしデータに多項式を当てはめているなら，多項式の根だけでなく次数もある解像度に達するまで符号化する必要がある．このように，MDL 学習ではモデルの精度と複雑さがトレードオフの関係にある．複雑さの項は，7.1 節のリッジ回帰の正則化項や，7.3 節のソフトマージン SVM のスラック変数項と同様にして，過適合を避けることに寄与する．

モデルの複雑さ $L(m)$ を決めるためにどんな符号化を使うかはそれほど簡単ではなく，ある程度主観による．これはモデルの事前分布を定義する必要があるベイズ的な視点に似ている．MDL の視点は符号によってモデルの事前分布を定義する具体的な方法を与えている．

9.6　確率モデル：まとめと参考文献

この章では，特徴量と目的変数が確率変数としてモデル化できるという考えに基づく機械学習モデルについてあつかい，それらの変数の確実性のレベルを明示的に表現した．そのようなモデルは通常，X から Y が予測できる条件付き分布 $P(Y|X)$ になるという点で予測的である．生成モデルは同時分布 $P(X,Y)$ を (しばしば尤度 $P(X|Y)$ と

事前分布 $P(Y)$ を通して) 推定し,そこから事後分布 $P(Y|X)$ を得る.これは条件付きモデルが $P(X)$ を学習することなく直接に事後分布 $P(Y|X)$ を学習するのと対照的である.機械学習におけるベイズ的なアプローチは,単に最大値を導出するのでなく,可能であればどこでも事後分布全体に着目する点で特徴づけられる.

♣ 9.1 節において,正規もしくはガウス分布が,ガウス尤度の負の対数が平方距離と解釈できることを本質的な理由として,多くの有用な幾何学的な直感を支持することをみた.直線の決定境界は各クラスの同じ共分散行列から得られる.それはつまり,線形分類器,線形回帰,K-平均クラスタリングを含め,線形境界が得られるモデルについては,それら固有の仮定を明確にする確率的な視点からの解釈が可能であることを意味する.無相関かつ分散 1 のガウス特徴量に対しては基本線形分類器がベイズ最適であること,また,最小二乗回帰は目的変数がガウスノイズによって汚染された線形関数に対し最適であることは,その2 つの例である.

♣ 9.2 節ではナイーブベイズ分類器の異なるバージョンをみてきた.ここでは特徴量が各クラス内で独立であるという単純化された仮定を設けた.Lewis (1998) は概要と歴史を与えている.このモデルは,確率推定としては良くないとしても,しばしば良いランカーとなるので,情報検索や文書分類で広く使われている.ふつうナイーブベイズと理解されているモデルは特徴量をカテゴリ変数もしくはベルヌーイ確率変数として扱うが,多項モデルを採用する別形式は文書内の単語の出現回数をよりよくモデル化する傾向がある (McCallum and Nigam, 1998).実数値の特徴量は,それらが各クラス内で正規分布しているとしてモデリングするか,ノンパラメトリック密度推定を行うことによって考慮に入れることができる.John and Langley (1995) は,ノンパラメトリック密度推定のほうがより良い経験的な結果を与えることを示唆している.Webb et al. (2005) はナイーブベイズによる強い独立性の仮定を弱める方法を議論している.M 推定による確率平滑化は Cestnik (1990) によって提案された.

♣ おそらく逆説的ではあるが,ナイーブベイズ分類器について何か特別に 'ベイズ流' の部分があるとは思えない.同時確率 $P(X,Y)$ を通じて事後分布 $P(Y|X)$ を推定するという生成的確率モデルではあるが,実際には非現実的な独立性の仮定に依拠しているため,事後分布のキャリブレートはきわめて貧弱である.ナイーブベイズがしばしばうまくいく理由は,事後分布の質よりもむしろ $\arg\max_Y P(Y|X)$ の質のためである (Domingos and Pazzani, 1997).さらに,Y の最大化を決定するのにベイズの法則を使うことさえも避けることが可能である.というのも,それはただキャリブレートしていない尤度をキャリブレートしていない事後分布に変換するのに役立つだけだからである.ゆえに前に何度か議論したように,私としては,ROC 解析によってキャリブレートする必要がある決定閾値をもつ未

9.6 確率モデル：まとめと参考文献

知のスケール上のスコアとして，ナイーブベイズ尤度を使うことを勧めたい．

♣ 9.3 節では広く使われるロジスティック回帰モデルをみた．基本的なアイデアは線形決定境界をロジスティックキャリブレーションに結び付けること，ただし条件付き尤度を最適化するという識別的なやり方でこれを訓練することである．そのため，点の集合体としてクラスをモデル化してそこから決定境界を導出するよりもむしろ，ロジスティック回帰はクラスの重複した領域に着目する．これは一般化線形モデルという広いクラスの一例である (Nelder and Wedderburn, 1972). Jebara (2004) は生成モデルと比較しながら識別的学習の利点を議論している．識別的学習は条件付き確率場の形で連続したデータに適用することができる (Lafferty et al., 2001).

♣ 9.4 節は観測できない変数を含む学習モデルの一般的な方法として EM アルゴリズムを紹介した．EM の一般的な形はそれまでのさまざまな方法をもとにして Dempster et al. (1977) によって提案された．それをいかにガウス型混合モデルに適用して，クラスターの形状と大きさを推定できるように K-平均予測クラスタリングを一般化するかをみてきた．しかしながら，これはモデルのパラメータ数を増加させ，それゆえ最適でない停留的な値の組に収束してしまうリスクが増大する．Little and Rubin (1987) は欠測値を扱う標準的な文献である．

♣ 最後に，9.5 節では圧縮としての学習に関連するいくつかの考え方を簡単に議論した．確率的モデリングとのつながりは，いずれもデータのランダムでない側面をモデル化し，活用しようとする点である．単純な設定では，負の対数をとることでベイズの法則から最小記述長の原理が得られ，モデルの記述長ならびにモデルが与えられたときのデータの記述長が最小となるものが望ましいと述べた．1 つめの項はモデルの複雑さを定量化しており，2 つめの項はその正確さを定量化している (モデルの誤差のみ明確に符号化する必要があるため)．MDL 原理の利点は，事前分布と比べて符号化スキームの定義がより具体的かつ容易であることが多いという点にある．しかし，どのような符号化でもよいわけではなく (他の確率的な手法と同様)，これらのスキームはモデル化される領域のなかで正当化する必要がある．この分野の先駆的な仕事は，Solomonoff (1964a, b), Wallace and Boulton (1968), Rissanen (1978) などによってなされている．よく書かれた入門書としては Grünwald (2007) がある．

Chapter 10

特　徴　量

　これまで，特徴量 (feature) については '機械学習の立役者' として触れてきた．このあたりで，より詳細に検討してみよう．特徴量は属性 (attribute) とも呼ばれ，インスタンス空間 $\mathscr{X}$ から特徴領域 $\mathscr{F}_i$ への写像 $f_i : \mathscr{X} \to \mathscr{F}_i$ として定義される．特徴量はその領域によって区別できる．よくある特徴領域は実数や整数の集合だが，色やブール値などの離散集合のこともある．また，許容される操作の幅により特徴量を区別することもできる．例えば，ある集団の平均年齢は計算できるが，平均血液型は計算できない．したがって，平均を求めることはある特徴量には許容されるが他の特徴量には許容されない操作である．10.1 節ではさまざまな種類の特徴量について詳しく調べる．

　多くのデータ集合は，あらかじめ定義された特徴量からなるが，それらの特徴量は多くの方法で操作できる．例えば，再尺度化や離散化により特徴量の領域を変更したり，大きめの集合から最良の特徴量を選んでその特徴量のみを考えたり，もしくは 2 つ以上の特徴量を結び付けて新たな特徴量を構成したりすることが可能である．実際のところ，モデル自体が現状の課題を解決する新たな特徴量を組み立てるための 1 つの手法なのである．特徴量の変換は 10.2 節で紹介し，10.3 節では特徴量の構築や選択について取り上げる．

10.1　特徴量の種類

　2 つの特徴量を考えてみよう．1 つは人々の年齢を，もう 1 つは彼らの家の番地を表すとする．いずれの特徴量も整数への射影であるが，これらの特徴量の扱い方はまったく異なる．ある集団の平均年齢を求めることには意味があるが，平均番地はおそらくまったく有用でない．言い換えれば，特徴量の領域だけでなく，許容される操作の幅も肝心だといえる．これは，特徴量の値が意味のある尺度 (scale) で表現されているかにも依存している．見た目とは異なり，番地は実数ではなく序数 (ordinal) である．10 番地の近所が 8 番地と 12 番地だと決めることには使えるが，8 番地と 10 番地の間の距離が 10 番地と 12 番地の間の距離と同じだと仮定することはできない．番地には線形尺度がないため，加算や減算に意味はなく，平均化のような操作を排除するので

ある.

10.1.1 特徴量の計算

特徴量の計算可能な幅 (しばしば情報集約や統計量と呼ばれる) についてもう少し詳しくみていこう. 3つの主要なカテゴリーは, 中心傾向の統計量 (statistic of central tendency), ばらつきの統計量 (statistic of dispersion), 形状統計量 (shape statistic) である. これらはそれぞれ, 未知の母集団の理論的特性か, または与えられた標本の具体的特性のどちらかであると解釈できる. ここでは標本の統計量に着目する.

まずは中心傾向の統計量に関して, 最も重要な統計量は,

- ♣ 平均 (mean) もしくは平均値
- ♣ インスタンスを特徴値の昇順に並べた中央の値である中央値 (median)
- ♣ 最多数を占める値であるモード (mode)

である.

これらの統計量で, モードはどんな特徴量の領域であっても計算可能である. 例えば, ある集団における最も多い血液型は O+ だということが可能である. 中央値を計算するためには, 特徴値に順序が必要である. よって, 住所の集合では番地の中央値[*1)]とモードの両方が計算可能である. 平均を計算するためには, 特徴量が何らかの尺度で表されていることが必要である. たいていの場合, 使いやすい算術平均が計算できる線形尺度であるが, 背景 10.1 では他の尺度の平均について議論している. 中央値はモードと平均の間にあることが多いとよくいわれるが, この'規則'には多くの例外がある. 有名な統計学者カール・ピアソンは, より明解でおおまかな (それゆえより多くの例外を生む) やり方を提案した. 中央値は平均からモードまでの3分の1のところに落ち着きやすい, というのがそれだ.

背景 10.1 尺度と平均

同じ距離 d を異なる日に泳ぐ人が, ある日は a 秒かかり翌日は b 秒かかったとしよう. 平均的には $c = (a+b)/2$ 秒かかり, 平均速度は $d/c = 2d/(a+b)$ である. ここで, この平均速度が, $(d/a + d/b)/2$ で与えられる速度どうしの算術平均によって計算'されなかった'ことに注意しよう. 固定された距離の平均速度を計算するために, ここでは調和平均 (harmonic mean) と呼ばれる通常と異なる平均を使っている. 2つの数 x と y が与えられたとき (水泳の例では両日の速度, d/a

---

[*1)] 標本が偶数個のインスタンスを含むならば, 中央には2つの値がある. もし特徴量に尺度があるならば, それら2つの値の平均をとって中央値とするのが通例である. 尺度がない, または標本中に実在する値の選択が重要であるならば, 中央値の下限と上限として両方の値を選ぶのでもよいし, またはランダムに選択してもよい.

と d/b）．調和平均 h は

$$h(x,y) = \frac{2}{1/x + 1/y} = \frac{2xy}{x+y}$$

で定義される．$1/h(x,y) = (1/x + 1/y)/2$ なので，単位 u の尺度の調和平均を計算することは，単位 $1/u$ の逆数尺度 (reciprocal scale) の算術平均を計算することと対応しているのである．先の例では，固定された距離の速度は時間尺度の逆数尺度で表されており，平均時間には算術平均を使っていることから，平均速度には調和平均を使うのである (固定された '時間' 間隔における速度の平均を求めるのであれば，距離と同じ尺度で表されるため，算術平均を使うであろう)．

機械学習で調和平均が使われている良い例は，分類器の適合率や再現率の平均を求めるときに現れる．適合率は正の予測値が実際に正しい比率 ($prec = TP/(TP+FP)$) であり，再現率は正例のうち正しく予測された事例の比率 ($rec = TP/(TP+FN)$) であることを思い出そう．まずはクラス全体の失敗の数の平均を計算しよう．これは算術平均 $Fm = (FP+FN)/2$ である．そして，

$$\frac{TP}{TP+Fm} = \frac{TP}{TP+(FP+FN)/2} = \frac{2TP}{(TP+FP)+(TP+FN)}$$
$$= \frac{2}{1/prec + 1/rec}$$

を得ることができる．最後の項が適合率と再現率の調和平均になっていることがわかる．適合率と再現率の両方の分子は一定なので，分母の算術平均をとることは比率の調和平均をとることと対応している．適合率と再現率の調和平均は情報検索においてよく使われ，F 値 (F-measure) と呼ばれている．

他の尺度に対しては，さらに他の平均が存在する．音楽では，ある音から 1 オクターブ高い音へ行くことは，周波数を 2 倍にすることに対応している．それゆえ，周波数 f と $4f$ は 2 オクターブ離れることになり，周波数 $2f$ をそれらの平均とすることは筋が通っているのである．これは，$g(x,y) = \sqrt{xy}$ で定義される幾何平均 (geometric mean) で計算できる．$\log\sqrt{xy} = (\log xy)/2 = (\log x + \log y)/2$ なので，幾何平均は対数尺度の算術平均に対応しているのである．これらすべての平均は，2 つの値の平均は中間の値となること，2 つ以上の値へ拡張することが容易な点で共通している．

特徴量に関する計算の第 2 の種類は，ばらつきもしくは '広がり' の統計量である．よく知られているばらつきの統計量は分散 (variance) すなわち (算術) 平均からの平均二乗偏差と，その平方根である標準偏差 (standard deviation) の 2 つである．分散と標準偏差は本質的には同じものを測っているが，後者の利点は特徴量自体の尺度と同じ尺度で表現されているという点である．例えば，ある集団のキログラム体重の分散は

kg^2 (キログラムの 2 乗) で測られるが，標準偏差では kg で測られる．平均と中央値の間の絶対誤差は決して標準偏差より大きくならない．これは，平均から標準偏差の k 倍以上離れている値がたかだか $1/k^2$ であるという，チェビシェフの不等式 (Chebyshev's inequality) の結論である．

より単純なばらつきの統計量は最大値と最小値の差で，範囲 (range) と呼ばれる．範囲と一緒に使われる中心傾向の自然な統計量として中域点 (midrange point) があり，これは 2 つの極値の平均である．これらの定義は線形尺度を仮定しているが，適切な変換を用いれば他の尺度にも適用することが可能である．例えば，周波数のように特徴量が対数尺度で表されている場合，最大周波数と最小周波数の比をとることで範囲を，2 つの極値の調和平均をとることで中域点を得る．

これ以外のばらつきの統計量には百分位数 (percentile) がある．p 番めの百分位数はその値より下側にインスタンスの p%が含まれている値である．もし 100 個のインスタンスがあれば，80 番めの百分位数は昇順の値のリストの 81 番めのインスタンスの値である[*2]．百分位数は，p が 25 の倍数の場合は四分位数 (quartile) と呼ばれ，10 の倍数の場合は十分位数 (decile) と呼ばれるものでもある．50 番めの百分位数，5 番めの十分位数，および 2 番めの四分位数は，すべて中央値と同じである．百分位数，十分位数および四分位数は分位点 (quantile) の特殊な場合である．分位点を一度得ると，散らばりは異なる分位点の値間の差で測ることが可能である．例えば，四分位範囲 (interquartile range) は 3 番めと 1 番めの四分位数 (つまり 75 番めの百分位数と 25 番めの百分位数) の間の差である．

例 10.1 百分位数プロット

さまざまな国からなるインスタンス空間上のモデルについて学んでいるとし，特徴量の 1 つとして 1 人当たりの国内総生産 (GDP) について考察しているとしよう．図 10.1 はこの特徴量のいわゆる百分位数プロット (percentile plot) である．p 番めの百分位数を得るために，$y = p$ の直線と曲線 (点線) が交差する点の x 軸上の対応する百分位数を読み取る．図で示されているのは 25 番め，50 番めおよび 75 番めの百分位数である．また，(生のデータから計算された) 平均値も示している．図からわかるように，平均値は中央値よりもかなり高い．この主な理由は，わずかな数の国が非常に高い 1 人当たり GDP を示しているためである．言い換えれば，平均値は中央値よりも外れ値 (outlier) に敏感であり，これがこの例のように歪んだ分布においてしばしば平均値よりも中央値が好まれる理由である．

百分位数プロットをあべこべに書いたように思われるかもしれない．もしかすると，

[*2] 中央値と同様に，非整数の順位にまつわる問題があり，その場合は異なる方法で扱われる．しかしながら，標本サイズがとても小さい場合を除いて重大な違いは生じない．

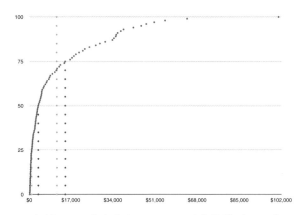

図 **10.1** 231 か国の 1 人当たり GDP の百分位数プロット (データは 'www.wolframalpha.com' の 'GDP per capita' のクエリを用いて得られる). 垂直の点線は左から右にそれぞれ以下を示している線である: 第 1 四分位数 ($900); 中央値 ($3600); 平均 ($11284); 第 3 四分位数 ($14750). 標準偏差は$16189 である一方, 四分位範囲は$13850 である.

x 軸上に p を, y 軸上に百分位数をとるほうが納得しやすいであろうか？ このやり方でプロットを描く利点の 1 つは, y 軸を確率と解釈することで, プロットを累積確率分布 (cumulative probability distribution) として, すなわち確率変数 X に対して, x を用いて $P(X \leq x)$ のプロットとして読むことが可能であるという点である. 例えば, 1 人当たり GDP の平均 $\mu = \$11284$ に対し, プロットは $P(X \leq \mu)$ が近似的に 0.70 であることを示している. 言い換えれば, ランダムに国を選んだ場合, 1 人当たり GDP が平均よりも小さくなる確率は約 0.70 である.

1 人当たり GDP は実数値の特徴量なので, モードについての議論は必ずしも意味をもたない. というのも, もし十分正確にその特徴量を測定したならば, すべての国が異なる値をもつはずだからである. この問題は, ある一定の間隔やビン (bin) に入る特徴値の数を数える手法であるヒストグラム (histogram) を用いて対処することが可能である.

例 10.2　ヒストグラム
図 10.2 に, 例 10.1 のデータのヒストグラムを示す. 最も左のビンがモードであり, 1 人当たり GDP が$2000 以下である 3 分の 1 以上の国々を含む. これは極端に右に歪んだ (right-skewed: つまり右に長い裾をもつ) 分布を表現し, 平均値が中央値よりもかなり大きな値をとる結果になる.

分布の歪みや '尖り' は, 歪度や尖度のような形状統計量により測ることが可能であ

10.1 特徴量の種類

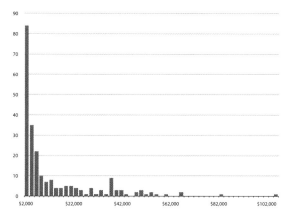

図 10.2 ビンの幅を\$2000 としたときの図 10.1 のデータのヒストグラム

る．その中心的なアイデアは，標本の 3 次や 4 次の中心モーメント (central moment) を計算することである．一般に，サンプル $\{x_1,\ldots,x_n\}$ の k 次中心モーメントは，μ を標本平均として，$m_k = \frac{1}{n}\sum_{i=1}^{n}(x_i - \mu)^k$ で定義される．明らかに，最初のモーメントは平均からの平均偏差であり (これは，偏差の正と負が相殺され，常に 0 である)，2 番めの中心モーメントは平均からの偏差の 2 乗の平均であり，分散の名で知られるものである．3 番めの中心モーメント m_3 は正にも負にもなる値である．このとき歪度 (skewness) は，σ を標本の標準偏差として，m_3/σ^3 で定義される．歪度が正の場合は分布が右に歪んでいることを意味し，すなわち左の裾よりも右の裾が長いことを意味する．負の歪度はその反対で，分布が左に歪んでいることを示す．尖度 (kurtosis) は m_4/σ^4 で定義される．正規分布の尖度は 3 であることが示せるので，興味ある統計量として過剰尖度 (excess kurtosis) $m_4/\sigma^4 - 3$ がよく使われる．簡単にいえば，正の過剰尖度は分布が正規分布よりも鋭く尖っていることを意味する．

例 10.3 歪度と尖度

1 人当たり GDP の例では，歪度は 2.12，過剰尖度は 2.53 である．これは，分布がひどく右に歪み，さらに正規分布よりも鋭く尖っていることを裏づけているものである．

10.1.2 カテゴリカル特徴量，順序特徴量，量的特徴量

これらのさまざまな統計量により，特徴量を大きく 3 つの種類に区分できる．すなわち，意味のある数値的尺度をもつもの，尺度はないが順序付けられているもの，そしてその両方ともがないものの 3 つである．最初の種類の特徴量を量的特徴量 (quantitative feature) と呼ぶ．これはたいてい実数への (別の一般的用法では '連続な') 写像を含む．

種類	順序	尺度	傾向	ばらつき	形状
カテゴリカル	×	×	モード	n/a	n/a
順序	√	×	中央値	分位点	n/a
量的	√	√	平均	範囲,四分位範囲,分散,標準偏差	歪度,尖度

表 10.1 特徴量の種類,特性と容認される統計量.各々の種類は表の上の行から統計量を引き継ぐ.例えば,モードは任意の特徴量の種類に対し計算できる中心傾向の統計量である.

年齢のように特徴量が実数の部分集合への写像である場合でも,平均や標準偏差のようなさまざまな統計量はやはり実数全体の尺度を要求する.

順序付けられているが尺度がない特徴量は,順序特徴量 (ordinal feature) と呼ばれる.順序特徴量の領域は,文字や文字列の集合のような全体的に順序付けられる集合である.注意する点としては,特徴量の領域が整数の集合であったとしても,家の番地の例で行ったように,尺度を使わない順序的なやり方で対処すべきことである.他の一般的な例は,1番,2番,3番などといった,順位順序の表現による特徴量である.順序特徴量は,中心傾向の統計量としてモードや中央値を,散らばりの統計量として分位点を許容する.

順序付けも尺度もない特徴量は,カテゴリカル特徴量 (categorical feature; または '名目' 特徴量) と呼ばれる.これらは,モードを除いていかなる統計的な要約も許されていない特徴量である.カテゴリカル特徴量の亜種として,真偽値の true および false への写像であるブール特徴量 (Boolean feature) がある.これらを表 10.1 に要約した.

モデルは,これら種類の異なる特徴量を別々のやり方で扱う.決定木のような木モデルを考えてみよう.カテゴリカル特徴量の分割では特徴値と同じ数の子ノードができるだろう.一方で,順序特徴量や量的特徴量では,ある特徴値が v_0 以下となるすべてのインスタンスが 1 つの子ノードになり,残りのインスタンスがもう 1 つの子ノードになるように v_0 を選ぶことで,二値分割となる.これは,木モデルは量的特徴量の尺度に対して敏感でないことを意味する.例えば,温度特徴量がセ氏尺度で測られていようともカ氏尺度で測られていようとも,学習木に対しては影響しない.線形尺度から対数尺度への変換であっても影響はない.単に分割閾が v_0 の代わりに $\log v_0$ になるだけである.一般に木モデルは,特徴量の尺度の単調 (monotonic) 変換 (特徴値の相対的順序に影響しないような変換) には敏感でない.実際,**木モデルは量的特徴量の尺度を無視して順序として扱う**.ルールモデルにも同じことがあてはまる.

次に,ナイーブベイズ分類器について考えよう.このモデルは,先にみたように,クラス Y が与えられたときの各特徴量 X に対して尤度関数 $P(X|Y)$ を推定することで動くモデルである.k 変量のカテゴリカル特徴量や順序特徴量に対しては,これは $P(X = v_1|Y),\ldots,P(X = v_k|Y)$ を推定することになる.実際には,順序特徴量は順序を無視することでカテゴリカル特徴量として扱われるのである.量的特徴量については,

有限個のビンに離散化されて結果的にカテゴリカル特徴量に変換される場合を除いて，まったく扱うことができない．その代わり，$P(X|Y)$ に例えば正規分布のようなパラメータ形式を仮定することができる．この話題については，この章の後半で特徴量のキャリブレーションについて議論する際に再び取り上げる．

ナイーブベイズが実際にはカテゴリカル特徴量のみを扱えるのに対し，多くの幾何モデルはその逆である．つまり，それらは量的特徴量のみを扱えるのである．線形モデルがちょうど良い例だろう．線形性という概念そのものが，特徴量がデカルト座標のように振る舞うようなユークリッドインスタンス空間を仮定し，それゆえ量的であることを必要とする．k-近傍法や K-平均法のような距離ベースのモデルは，それらの距離メトリックがユークリッド距離ならば量的特徴量を要求するが，同じ値に距離 0 を，異なる値に 1 を設定することで，カテゴリカル特徴量を取り込むのに距離メトリックを適用することが可能である (8.10 節で定義したようなハミング距離 (Hamming distance))．同様に，順序特徴量に対しては 2 つの特徴値の間にある値の数を数えることが可能である (もし整数により順序特徴量が記号化されているならば，単に値どうしの差をとればよい)．これは，距離ベースの手法は適切な距離メトリックを用いることで，すべての種類の特徴量に適応させられることを意味している．同様の手法は，サポートベクトルマシンや他のカーネルベースの手法をカテゴリカル特徴量や順序特徴量へ拡張するために用いることができる．

10.1.3 構造化された特徴量

インスタンスが特徴値のベクトルであることは，ふつう暗黙に仮定される．言い換えれば，インスタンス空間は d 個の特徴領域のデカルト積である：$\mathscr{X} = \mathscr{F}_1 \times \cdots \times \mathscr{F}_d$．これは，特徴値から知ることのできる情報を除き，インスタンスに関して利用できる他の情報がないことを意味している．インスタンスとその特徴値のベクトルを同一視することは，コンピュータ科学者が抽象化 (abstraction) と呼ぶやり方で，不要な情報を取り除いた結果ということになる．電子メールを語句の頻度のベクトルによって表現する手法は，抽象化の 1 つの例である．

しかしながらときどき，このような抽象化を避け，インスタンスに関して，特徴値の有限ベクトルにより捕捉できるものよりも多くの情報を保持することが必要となる．例えば，電子メールは長い文字列として，もしくは語句と句読点の列として，もしくは HTML マークアップを含んだ木としてなどの形で表現することができる．そのような構造化されたインスタンス空間においてはたらく特徴量は構造化された特徴量 (structured feature) と呼ばれる．

例 10.4 構造化された特徴量
電子メールが語句の連なりとして表現されているとしよう．通常の語句出現頻

度の特徴量のほかに，以下を含む多くの特徴量を定義することができる．

- ♣ 電子メールに '機械学習' というフレーズ (もしくは他の連続する単語の集合) があるか．
- ♣ 英語以外の言語で少なくとも 8 つの連続する単語が電子メールに含まれているか．
- ♣ 電子メールが '世界を崩したいなら泣いた雫を生かせ' (Degas, are we not drawn onward, we freer few, drawn onward to new eras aged?) のような回文か．

さらに，単体の電子メールの特性だけでなく，ある電子メールが他の電子メールで引用されているかどうかや，2 通の電子メールが共通する 1 つ以上の句をもつかどうかといった関係を表現することが可能である．

構造化された特徴量は，SQL のようなデータベース言語や Prolog のような宣言型プログラミング言語におけるクエリ (query) と大して違わない．実際，

```
fish(X):-bodyPart(X,Y)
fish(X):-bodyPart(X,pairOf(Z))
```

のような Prolog 節を学ぶ際に 6.4 節で構造化された特徴量の例をすでにみた．最初の節は不特定のボディパートの存在を確かめる 1 つの構造化された特徴量をボディ内にもち，2 つめの節は不特定のボディパートのペアの存在を確かめる別の構造化された特徴量をボディ内にもつ．構造化された特徴量の際立った特性は，インスタンス自身以外のオブジェクトを参照する局所変数 (local variable) を含むことである．Prolog のような論理言語において，局所変数を (我々がそうしたように) 存在記号として解釈するのは自然である．しかしながら，局所変数について別の形の統合を行うことも同様に可能である．例えば，インスタンスがもつボディパート (もしくはボディパートのペア) の数を数えることが可能である．

構造化された特徴量は，モデルの学習に先んじて，または学習と同時に構築される特徴量である．最初のシナリオは，特徴量が一階述語論理 (first-order logic) から局所変数を除いた命題論理への変換と見なせるので，よく命題化 (propositionalisation) と呼ばれるものである．命題化アプローチの主な難点は，潜在的特徴量の数の組み合わせの爆発をどのように扱うかである．特徴量が相互に論理上の関連をもちうることに注意されたい．例えば，前述の 2 つめの節は最初の節でカバーされるインスタンスの部分集合をカバーしている．構造化された特徴量の構築がモデル構築と統合されるならば，帰納的な論理プログラムでやるように論理上の関連を利用することが可能である．

10.2 特徴量変換

特徴量変換 (feature transformation) は，情報の削除や変形，付加により特徴量の有用性を改良することが目的である．それがもたらす詳細さの程度によって特徴量の種類を順序付けることが可能であった．量的特徴量は順序特徴量よりも詳しく，カテゴリカル特徴量，ブール特徴量の順に続く．最も知られている特徴量変換は，あるタイプの特徴量をリストの下位にある別のタイプの特徴量へ変える変換である．しかし，量的特徴量の尺度を変える変換や，順序特徴量やカテゴリカル特徴量，ブール特徴量に尺度 (もしくは順序) を付加するという変換もある．以下で用いる用語を表 10.2 にまとめておく．

最も単純な特徴量変換は，選択の余地を残さないほど明確な結果をもたらすという意味で，完全に演繹的なものである．二値化 (binarisation) はカテゴリカル特徴量を，カテゴリカル特徴量の各値を用いたブール特徴量の集合へ変換する．これはカテゴリカル特徴量の値が互いに排他的なため情報を損失するが，モデルが 2 つ以上の特徴値を扱うことができない場合にときどき必要とされる変換である．非順序化 (unordering) は，その名のとおり特徴値の順序を取り除くことにより，順序特徴量をカテゴリカル特徴量へ変換する手法である．これは，多くの学習モデルが順序特徴量を直接扱うことができないため，よく必要とされる手法である．後に調べる興味深い代替手段としては，キャリブレーションを用いて特徴量に尺度を加えるというやり方もある．

この節では以下で情報を付加する特徴量変換を考える．そこで最も重要なものは離散化とキャリブレーションである．

10.2.1 閾値化と離散化

閾値化 (thresholding) は量的特徴量もしくは順序特徴量に対し，それを分割する特徴値を見つけることによってブール特徴量へ変換する手法である．このことは，決定木において量的特徴量による分岐を行う手法として第 5 章で簡単に触れておいた．具体

↓へ / → から	量的	順序	カテゴリカル	ブール
量的	正規化	キャリブレーション	キャリブレーション	キャリブレーション
順序	離散化	順序化	順序化	順序化
カテゴリー	離散化	非順序化	グループ化	
ブール	閾値化	閾値化	二値化	

表 10.2 可能な特徴量変換の概要．正規化とキャリブレーションは量的特徴量の尺度を適合させたり，尺度を付加したりする変換である．順序化は特徴値の順序を尺度を参照することなく付加したり適合させたりする変換である．他の操作は不要な詳細を除くと，演繹的な手法 (閾値化，離散化) か新しい情報を導入する手法 (非順序化，二値化) のどちらかである．

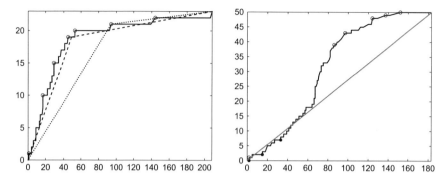

図 10.3 (左) ユーロの 23 か国を正クラスとして，1 人当たり GDP の小さい順に国をランキングすることで得られるカバレッジ曲線．破線は，ユーロの 19 か国と非ユーロの 49 か国を選び平均を閾値とした分割．点線はユーロの 21 か国と非ユーロの 94 か国を選び中央値を閾値とした分割．白い点はカバレッジ曲線の凸包上にあり，クラスラベルを考慮に入れたとき潜在的に最適な分割になることを示している．(右) 同じ特徴量を，アメリカ諸国 50 か国を正クラスとして得られるカバレッジ曲線．白い点は閾値より上に比較的多くの正例を含んだ潜在的に最適な閾値を示し，一方で黒の点は閾値より下に比較的多くの正例を含んだ潜在的に最適な閾値を示している．

には，$f: \mathcal{X} \to \mathbb{R}$ を量的特徴量とし，$t \in \mathbb{R}$ を閾値とすると，$f_t: \mathcal{X} \to \{\text{true}, \text{false}\}$ は $f(x) \geq t$ ならば $f_t(x) = \text{true}$, $f(x) < t$ ならば $f_t(x) = \text{false}$ と定義することでブール特徴量となる．この閾値は教師なしもしくは教師ありのやり方で選択することができる．

例 10.5 教師なし閾値化と教師あり閾値化

図 10.1 で図示した 1 人当たり GDP 特徴量について再び考察しよう．この特徴量がモデル内でどのように使われるかを考慮しない場合，平均や中央値のような中心傾向の統計量が最も理にかなった閾値である．これは教師なし閾値化 (unsupervised thresholding) と呼ばれる手法である．

　教師あり (supervised) 学習の設定ではそれ以上のことが可能である．例えば 1 人当たり GDP を，決定木において，ある国がユーロを公式通貨 (またはその 1 つ) に用いる 23 か国に属する国であるかどうか予測するための特徴量として利用するとしよう．特徴量をランカーとして扱うと，カバレッジ曲線を描くことができる (図 10.3 左)．この特徴量に対して平均は，負が連続する部分の真ん中で分割しており，最も非明確な閾値である．より良い分割は，負の連続の最初もしくはその後の正の連続の最後で得られるような，平均分割の両端の赤い点で示されているものである．より一般的に，カバレッジ曲線の凸包上のすべての点は閾値の候補を表している．どの点を選ぶかは，正例と負例のどちらを選び出すことを重視

するかの情報による．この例ではたまたま，中央値を用いた閾値は凸包上であったが，このことは一般に保証されるわけではない．例えば教師なし閾値化手法ではその定義上，目的から独立に閾値を選択する．

図10.3 (右) は違う目的で同じ特徴量を表したもので，ある国が南北アメリカ大陸に属するかどうかをみている．曲線の一部が対角線の下方にあるのがわかる．これは，全体のデータと比較すると，ランキングの初期のセグメントはアメリカ諸国を含む割合が低いことを示している．これは潜在的に便利な閾値が下側の凸包 (lower convex hull) でも発見できることを意味している．

要約すると，教師なし閾値化は一般的にデータに関する何らかの統計量の計算を伴う．一方，教師あり閾値化では特徴値のデータを並べ替えたり，情報獲得量のような特定の目的関数を最適化するためにこの順序付けを走査することが要求される．非最適分割点は上側や下側の凸包を構成することで取り除きうるが，実際には並べ替えたインスタンスを単純に徹底的に捜索するのと比べて計算的に有効であるとは考えにくい．

閾値化を複数の閾値へ一般化すれば，最もよく使われる非演繹的な特徴量変換の1つへ行き着く．離散化 (discretisation) は量的特徴量を順序特徴量へ変換する手法である．順序の各値はビン (bin) と呼ばれ，もとの量的特徴量の区間に対応する．ここで再び，教師あり手法と教師なし手法による区別ができる．教師なし離散化 (unsupervised discretisation) 手法は，典型的には事前にビンの数を決めることを要求する．多くの場合にある程度うまくいく単純な手法は，各ビンがほぼ同数のインスタンスを含むようにビンを選ぶ手法である．これは同頻度離散化 (equal-frequency discretisation) と呼ばれる手法である．2つのビンを選んだとすると，この手法は中央値による閾値化に対応する手法である．より一般的に，ビンの境界は分位点である．例えば，10個のビンでは同頻度離散化のビンの境界線は十分位数である．別の教師なし離散化手法は，同一幅離散化 (equal-width discretisation) であり，これはビンの境界の間隔が同じ幅になるように選ぶ手法である．間隔幅は，特徴量が上限値と下限値をもつならば特徴量の範囲をビンの数で分割することで確立できる．あるいは，平均の上と下に標準偏差の整数個分の幅をとりビンの境界とすることもできる．興味深い代替手段は特徴量離散化を単変量クラスタリング問題として扱うことである．例えば，K 個のビンを作るには，初期の K ビンの中心を一様に抽出し，K-平均化を収束するまで実行していく．第8章で議論した他のどのクラスター手法であっても代わりに使うことができる．例えば K-メドイド，メドイド周辺分割，階層的凝集クラスタリングなどである．

教師あり離散化 (supervised discretisation) 手法に話を切り替えよう．そこでは一方にトップダウン (top–down) あるいは分割型 (divisive) 離散化手法があり，もう一方にボトムアップ (bottom–up) あるいは凝集型 (agglomerative) 離散化手法がある．分割型手法は順次ビンを分割することで機能する手法であり，凝集型手法は初期値として各

アルゴリズム 10.1　RecPart(S, f, Q)：再帰的分割による教師あり離散化

Input: 特徴値 $f(x)$ によりランク付けされたラベル付きインスタンスの集合 S, スコア関数 Q.
Output: 閾値列 $t_1, \ldots, t_{k-1}$.
1: **if** 停止基準が適用される **then return** $\emptyset$;
2: Q を最適化する閾値 t を用いて, S を S_l と S_r へ分割;
3: $T_l = \text{RecPart}(S_l, f, Q)$;
4: $T_r = \text{RecPart}(S_r, f, Q)$;
5: **return** $T_l \cup \{t\} \cup T_r$;

インスタンスを自身のビンに割り当ててそれを連続的に統合することで進行する手法である．どちらの場合でも，さらなる分割や統合に価値があるかどうかを決めるとき，停止基準 (stopping criterion) が重要な役割を果たす．それぞれの戦略の例を与えよう．閾値化の自然な一般化はトップダウン型の再帰的分割 (recursive partitioning) アルゴリズム (アルゴリズム 10.1) に行き着く．この離散化アルゴリズムはあるスコア関数 Q によって最適な閾値を発見し，再帰的に左と右のビンに分割することで進行するアルゴリズムである．よく使われるスコア関数の 1 つは情報獲得量である．

例 10.6　情報獲得量を用いた再帰的分割

以下の特徴値を考える．便宜上，昇順で並べ替えている．

事例	値	クラス
e_1	−5.0	⊖
e_2	−3.1	⊕
e_3	−2.7	⊖
e_4	0.0	⊖
e_5	7.0	⊖
e_6	7.1	⊕
e_7	8.5	⊕
e_8	9.0	⊖
e_9	9.0	⊕
e_{10}	13.7	⊖
e_{11}	15.1	⊖
e_{12}	20.1	⊖

この特徴量は次のランキングを生じさせる：⊖⊕⊖⊖⊖⊕[⊖⊕]⊖⊖⊖．ここで角括弧はインスタンス e_8 と e_9 のタイを表す記号である．対応するカバレッジ曲線を描いたのが図 10.4 である．ひとつひとつの可能な分割を通じた情報獲得量のアイソメトリックを追跡することにより，最適な分割が ⊖⊕⊖⊖⊖⊕[⊖⊕]|⊖⊖⊖ であることがわかる．この手順をもう一度行うと，離散化 ⊖⊕⊖⊖⊖|⊕[⊖⊕]|⊖⊖

10.2 特徴量変換　307

を得る.

　経験確率がランキングに関わらず同じであるときに，再帰的分割アルゴリズムを止めることができるのは明らかであり，このとき，純粋なビンあるいはその特殊な場合として等しい特徴値をもつビンが得られる．この停止基準により，アルゴリズムはランキングのすべての直線セグメントを識別するであろう．実は，たとえスコア関数を変えたとしてもこれが真であることを示すのは難しくない (分割点を得る順序は異なるかもしれないが，最後の結果は同じになる)．実際上は，より積極的な停止基準がよく使われており，最終結果がスコア関数に依存する．例えば，図 10.4 では分割 ⊖|[⊕⊖] ⊕⊕⊖⊖⊕⊕ が 2 番めに高い情報獲得量であり，別のスコア関数を用いれば選ばれたかもしれない

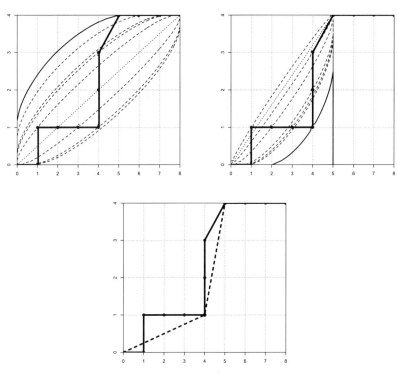

図 10.4　(左上) 離散化された特徴量により，4 つの正例と 8 つの負例のランキングを描写したカバレッジ曲線 (太線)．ほかの曲線は，可能性のある分割点を通る情報獲得量のアイソメトリック曲線．実線のアイソメトリック曲線は情報獲得量に基づいた最適な分割 [4+, 5−] [0+, 3−] を示している．(右上) 再帰的分割は [4+, 5−] のセグメントを [1+, 4−] [3+, 1−] と分割する．(下) ここで止めた場合，破線は離散化した (しかしまだ順序付きの) 特徴量を表している．

アルゴリズム 10.2 AggloMerge(S, f, Q)：凝集型結合を用いた教師あり離散化

Input: 特徴値 $f(x)$ によりランク付けされたラベル付きインスタンスの集合 S, スコア関数 Q.
Output: 閾値列.
1: 同じスコアをもつデータ点を初期のビンとする;
2: 連続した純粋なビンを結合する;   //最適化を伴ってもよい
3: **repeat**
4:     Q を隣接したビンの組で評価する;
5:     最適な Q の組を結合する (停止基準を適用する場合を除く);
6: **until** さらなる結合ができなくなるまで;
7: **return** ビン間の閾値;

が，ここでは結局選ばれずじまいであることがわかる．最も一般的な停止基準の1つとしては，与えられたビンをさらに分割すべきかを決めるのに最小記述長の議論を適用するものもある．

例 10.6 のデータセットはおそらく小さすぎて，そのために停止基準がすぐに作動し，再帰的分割がただ1つのビン以上に進むことができないことは注意しなくてはならない．より一般的には，この種の離散化は，かなり保守的な傾向をもつ．例えば，図 10.3 (左) のユーロデータでは，再帰的分割により 20 のユーロ諸国と 53 の非ユーロ諸国 (平均と中央値による分割の間の赤い点) を選ぶことで 2 つのビンを構築している．図 10.3 (右) のアメリカ諸国のデータでは，右から 3 つめの白い点に対応して再度 2 つのビンを得ている．

ボトムアップ凝集型結合 (agglomerative merging) はアルゴリズム 10.2 で与えられる．ここでも，アルゴリズムはスコア関数や停止基準に対してさまざまな選択肢をもつ．一般的な選択は，両方ともに χ^2 統計量 (χ^2-statistic) を用いることである．

例 10.7 χ^2 を用いた凝集型結合

例 10.6 の話を続けよう．アルゴリズム 10.2 はビンを ⊖|⊕|⊖⊖⊖|⊕⊕|[⊖⊕]|⊖⊖ と初期化する．最後の 2 つのビンに対する χ^2 統計量の計算を例示しよう．次の分割表を作る．

	左のビン	右のビン	
⊕	**1**	**0**	1
⊖	*1*	3	4
	2	3	5

χ^2 統計量の根底にあるものは，観測された頻度と行と列の周辺から得られる期待頻度の比較である．例えば，表では上の行が全数の 20% を含み，左の列が全数の 40% を含むことが周辺度数からわかる．行と列が統計的に独立であれば，左上のセルは全数の 8% (または 5 インスタンス中の 0.4) と期待されるであろう．他

のセルの期待される頻度は，時計回りに，0.6，2.4，1.6 である．観測された頻度が期待頻度に近ければ，その分割はクラス分布に何も関係がないようであるから，これら 2 つのビンは統合の候補となることが示唆される．

χ^2 統計量は，観測された頻度と期待頻度の差の 2 乗の和で，各項は期待頻度で正規化されている．

$$\chi^2 = \frac{(1-0.4)^2}{0.4} + \frac{(0-0.6)^2}{0.6} + \frac{(3-2.4)^2}{2.4} + \frac{(1-1.6)^2}{1.6} = 1.88$$

他の連続したビンの組を左から右にみていくと，χ^2 値は 2, 4, 5, 1.33 である (2 つの純粋なビンに対する χ^2 値の簡単な計算手法があるのだが，読者の発見に委ねる)．これは 4 番めと 5 番めのビンをまず統合すべきことを示している．つまり ⊖|⊕|⊖⊖⊖|⊕⊕[⊖⊕]|⊖⊖⊖ である．そして，χ^2 値を計算し直すと (実際には新しく統合されたビンを含んでいるものだけ再計算が必要である)，2, 4, 3.94, 3.94 である．ここで最初の 2 つを統合すると，得られる分割は ⊖⊕|⊖⊖⊖|⊕⊕[⊖⊕]|⊖⊖⊖ である．これにより最初の χ^2 値は 1.88 に変わる．そこで再び最初の 2 つのビンを統合すると，⊖⊕⊖⊖⊖|⊕⊕[⊖⊕]|⊖⊖ に到達する (これは例 10.6 と同じ 3 つのビンである)．

凝集型離散化においては，停止基準は通常スコア関数の単純な閾値となって現れる．χ^2 統計量の場合，閾値は χ^2 分布と関連する p 値から与えられる．それは，2 つの変量が実際に独立なときに閾値よりも上側の χ^2 値を観測する確率である．2 つのクラス (自由度 1) で 0.10 の p 値に対する χ^2 閾値は 2.71 であり，上の例では 3 つのビンで止めることを意味している．より低い 0.05 の p 値に対する χ^2 値は 3.84 であり，これは最終的にすべてのビンを統合することを意味している．

トップダウンとボトムアップのいずれの教師あり離散化も，前にみてきたアルゴリズムとの類似性がある点に注意しよう．再帰的分割は決定木の訓練アルゴリズム (アルゴリズム 5.1) における分割統治 (divide-and-conquer) の性質を共有し，連続したビンの統合による凝集型離散化は階層的凝集クラスタリング (アルゴリズム 8.4) と関連がある．また，上の例は主に二値分類問題であったが，ほとんどの手法は複雑化することなく 2 つ以上のクラスを扱うことができるということにも言及しておく価値があろう．

10.2.2 正規化とキャリブレーション

閾値化と離散化は量的特徴量から尺度を除外する特徴量変換である．ここで，順序特徴量やカテゴリカル特徴量に量的特徴量の尺度を適用したり尺度を付加することに注意を向けよう．これが教師なしの方法で行われたならば，それは通常は正規化と呼ばれる手法である．一方で，キャリブレーションは (通常は二値の) クラスラベルを取り入れた教師ありアプローチのことである．特徴量の正規化 (標準化; feature normalisation)

は異なる尺度で測定された異なる量的特徴量の効果を打ち消すためによく必要とされる手法である．特徴量が近似的に正規分布であれば，平均で中心化し標準偏差で割ることで z スコア (背景 9.1) へ変換することができる．場合によっては，7.1 節でみたように，代わりに分散で割ることが数学的にはより都合がよいこともある．正規性の仮定をおきたくない場合，中央値を中心として四分位範囲で割ることも可能である．

特徴量の正規化は，$[0,1]$ 区間の尺度での特徴量の表現という意味で狭義に理解されることもある．これはさまざまなやり方で達成可能である．特徴量の最大値 h と最小値 l がわかっているならば，単純に線形尺度変換 $f \mapsto (f-l)/(h-l)$ を適用すればよい．ときには h または l の値を推測して，$[l,h]$ の外側のすべての値を打ち切らなければならないことがある．例えば，特徴量が年齢を測るとき，$l=0$ と $h=100$ として，$f > h$ となるすべての f を 1 と丸めるであろう．特徴量に対して特定の分布を仮定できるならば，ほぼすべての特徴値が特定の幅にあるような変換を考えうるであろう．例えば，正規分布の確率の 99% 以上は，σ を標準偏差として，平均 $\pm 3\sigma$ の範囲にあり，線形尺度変換 $f \mapsto (f-\mu)/6\sigma + 1/2$ は実質的に切り捨ての必要性をなくすであろう．

特徴量キャリブレーション (feature calibration) は，任意の特徴量に対してクラスの情報をもたらすような意味のある尺度を付加する教師あり特徴量変換として理解される手法である．これはさまざまな重要な利点がある．例えば，線形分類器のように尺度を要求するモデルにおいてカテゴリカル特徴量や順序特徴量を扱うことができるようになる．また，学習アルゴリズムにおいて特徴量をカテゴリーとして扱うか，順序として扱うか，量的なものとして扱うかを選択することもできる．以下では二値分類の状況を仮定し，自然な選択として，キャリブレートされた特徴量の尺度には特徴値で条件付けした正クラスの事後確率を用いる．後にみるように，このような確率をもとにした (ナイーブベイズのような) モデルは，一度特徴量がキャリブレートされればどんな追加的な訓練も必要としないというさらなる利点をもつ．特徴量キャリブレーションの問題は結局次のように提示される．特徴量 $F : \mathscr{X} \to \mathscr{F}$ が与えられたとき，x のもとの特徴量の値を $v = F(x)$ として，$F^c(x)$ が確率 $F^c(x) = P(\oplus|v)$ を推定するようにキャリブレートされた特徴量 $F^c : \mathscr{X} \to [0,1]$ を構築する手法である．

カテゴリカル特徴量においては，これは単に訓練データから相対頻度を収集することを意味する．

例 10.8 カテゴリカル特徴量のキャリブレーション

ある人が肥満かどうか，喫煙しているかどうかなどを含むカテゴリカル特徴量からその人が糖尿病かどうかを予測したいとしよう．肥満者の 18 人中 1 人が糖尿病であり，非肥満者では 55 人中 1 人であることを示すいくつかの統計が知られている (データは www.wolframalpha.com のクエリ 'diabetes' から得られる)．対象者 x が肥満であることを $F(x) = 1$，y が非肥満であることを $F(y) = 0$ とすると，

キャリブレートされた特徴値は $F^{\mathrm{c}}(x) = 1/18 = 0.055$ と $F^{\mathrm{c}}(y) = 1/55 = 0.018$ である.

実際，クラスの事前分布を強調しすぎることを避けるために，非一様なクラス分布への埋め合わせはしたほうがよい．これは決定ルールにおいて考慮するのがよい．これは次のようにして達成される．肥満者 n 人のうちの m 人が糖尿病であるならば，これは事後オッズ $m/(n-m)$，または尤度比 $m/(c(n-m))$ に対応している (ここで c は糖尿病である事前オッズ，事後オッズは尤度比に事前オッズを掛けたものである). 尤度比を使うということは，一様クラス分布を仮定することと同じである．尤度比を確率へ変換することは，

$$F^{\mathrm{c}}(x) = \frac{\frac{m}{c(n-m)}}{\frac{m}{c(n-m)}+1} = \frac{m}{m+c(n-m)}$$

を与える．いまの例では，糖尿病である事前オッズが $c = 1/48$ ならば，$F^{\mathrm{c}}(x) = 1/(1+17/48) = 48/(48+17) = 0.74$ である．この確率が $1/2$ を超える度合いが肥満者が平均よりも糖尿病になりやすい度合いを定量化している．非肥満者においてこの確率は $1/(1+54/48) = 48/(48+54) = 0.47$ であるので，平均よりもわずかに糖尿病になりにくい．m に 1 を加え n に 2 を加えるというラプラス補正によりこれらの確率推定値を平滑化することは，つねに良いアイデアであることも覚えておくとよい．これによりカテゴリカル特徴量のキャリブレーションの最終的な表現が次のように得られる．

$$F^{\mathrm{c}}(x) = \frac{m+1}{m+1+c(n-m+1)}$$

順序特徴量と量的特徴量は，離散化して，カテゴリカル特徴量としてキャリブレートすることができる．本節の残りは，特徴量の順序を維持したキャリブレーション手法をみていく．例えば，体重を糖尿病の指標として使いたいとしよう．キャリブレートされた体重の特徴量は，体重に対し非減少な確率を，個々の体重に付与する．これは 7.4 節で論じた分類器スコアのキャリブレーションに関係がある．キャリブレートされた確率は分類器の予測するランキングを考慮に入れていた．実際，量的特徴量は単変量スコアの分類器としてそのまま扱うことができるため，分類器キャリブレーションの 2 つのアプローチ (ロジスティック関数を用いる方法と ROC 凸包を作る方法) は特徴量のキャリブレーションへ直接適用することができる．

ロジスティックキャリブレーション (logistic calibration) の主なポイントを簡潔に繰り返しておこう．ただし少しだけ記号を変更する．クラス平均が $\mu^{\oplus}$ と $\mu^{\ominus}$ で分散が σ^2 の量的特徴量を $F: \mathscr{X} \to \mathbb{R}$ と表す．特徴量は各クラス内では同じ分散の正規分布に従っていると仮定すると，特徴値 v の尤度比は次式で表せる．

$$LR(v) = \frac{P(v|\oplus)}{P(v|\ominus)} = \exp\left(\frac{-(v-\mu^{\oplus})^2+(v-\mu^{\ominus})^2}{2\sigma^2}\right)$$

$$= \exp\left(\frac{\mu^{\oplus} - \mu^{\ominus}}{\sigma} \frac{v - (\mu^{\oplus} + \mu^{\ominus})/2}{\sigma}\right) = \exp(d'z)$$

ここで $d' = (\mu^{\oplus} - \mu^{\ominus})/\sigma$ は平均間の距離の標準偏差比 (信号検出理論では d プライム (d-prime) として知られている), $z = (v - \mu)/\sigma$ は v と関連づけされた z スコア (ここで同じクラス分布を模すために平均を $\mu = (\mu^{\oplus} + \mu^{\ominus})/2$ としたことに注意) である. ここでも, 非一様クラス分布の効果を打ち消すために尤度比を直接用いると, キャリブレートされた特徴値を次のように得る.

$$F^{c}(x) = \frac{LR(F(x))}{1 + LR(F(x))} = \frac{\exp(d'z(x))}{1 + \exp(d'z(x))}$$

第 7 章 (図 7.11 参照) で議論したロジスティック関数を思い出すであろう.

本質的には, 特徴量のロジスティックキャリブレーションは以下の手順で行われる.
1) クラス平均 $\mu^{\oplus}$ と $\mu^{\ominus}$ と標準偏差 σ を推定する.
2) 特徴量平均として $\mu = (\mu^{\oplus} + \mu^{\ominus})/2$ を用いて, $F(x)$ を z スコア $z(x)$ へ変換する.
3) z スコアの縮尺を, $d' = (\mu^{\oplus} - \mu^{\ominus})/\sigma$ を用いて $F^{d}(x) = d'z(x)$ に変更する.
4) キャリブレートした確率 $F^{c}(x) = \frac{\exp(F^{d}(x))}{1+\exp(F^{d}(x))}$ を得るために, シグモイド変換を $F^{d}(x)$ へ適応する.

$F^{d}(x)$ を直接用いるほうが, もとの特徴量の尺度と線形関係にある尺度で表されることから, 好ましいこともある. また, 正規分布の仮定は尺度が加法的であることを要求していることを示唆している. 例えば, 距離ベースのモデルではユークリッド距離を計算するために加法的特徴量を仮定する. これに対し, F^{c} の尺度は乗法的である. この 2 つは次のように相互に定義可能である点に注意しよう: $F^{d}(x) = \ln \frac{F^{c}(x)}{1 - F^{c}(x)} = \ln F^{c}(x) - \ln(1 - F^{c}(x))$. F^{d} で張られる特徴空間をログ・オッズ空間 (log-odds space) と呼ぼう ($\exp(F^{d}(x)) = LR(x)$ であり事前に一様クラスを仮定すれば尤度比はオッズと等しいため). キャリブレートした特徴量 F^{c} は確率空間 (probability space) に収まる.

例 10.9 2 つの特徴量のロジスティックキャリブレーション

図 10.5 は特徴量のロジスティックキャリブレーションの図示である. 共分散行列が単位行列で平均が $(2, 2)$ と $(4, 4)$ の 2 変量正規分布データからサンプリングした 50 点の 2 つの集合を発生させたものである. それからクラス平均を通る 2 つの平行な決定境界と共に基本線形分類器を構築した. キャリブレートされた空間におけるこれら 3 つの線は, 特徴量キャリブレーションの理解の手助けになるであろう.

右上の図は, ログ・オッズ空間へ変換されたデータであり, 明らかに軸の線形尺度変換がなされている. 基本線形分類器は原点を通る $F_1^{d}(x) + F_2^{d}(x) = 0$ の直線となっている. 言い換えれば, 特徴量のキャリブレーションはこの単純な分類器からさらなる訓練の必要性を取り除いたものである. つまり, 決定境界をデータにフィットさせる代わりに, 固定された決定境界にデータをフィットさせたので

ある (とてもわずかなごまかしをここで行っていることを付言しておこう．キャリブレーションのプロセス内で $\sigma = 1$ を固定したが，データから各特徴量の標準偏差が推定できれば決定境界はおそらくわずかに異なる傾きになるであろう).

下は確率空間へ変換されたデータであり，他の2つの特徴空間とは明らかに非線形関係があることがわかる．基本線形分類器はこの空間でもまだ線形であるが，実際は2つより多い特徴量に対してはすでに正しくはない．これを示すために，$F_1^c(x) + F_2^c(x) = 1$ が，

$$\frac{\exp\left(F_1^d(x)\right)}{1+\exp\left(F_1^d(x)\right)} + \frac{\exp\left(F_2^d(x)\right)}{1+\exp\left(F_2^d(x)\right)} = 1$$

と書き換えられることに注意しよう．これは $\exp\left(F_1^d(x)\right)\exp\left(F_2^d(x)\right) = 1$ と単純化され，その結果 $F_1^d(x) + F_2^d(x) = 0$ となる．しかしながら，3番めの特徴量を加えると，交差項のすべては消えず，非線形境界を得る．

ログ・オッズ表現には別の観点からの重要性がある．ログ・オッズ空間の任意の線形決定境界は $\sum_i w_i F_i^d(x) = t$ で表される．自然対数をとることで，

$$\exp\left(\sum_i w_i F_i^d(x)\right) = \prod_i \exp\left(w_i F_i^d(x)\right) = \prod_i \left(\exp\left(F_i^d(x)\right)\right)^{w_i}$$
$$= \prod_i LR_i(x)^{w_i} = \exp(t) = t'$$

と書き換えられる．これは，やはり個々の特徴量に対する尤度比の積として決定境界が定義され，9.2節で議論したナイーブベイズモデルとのつながりをあらわにする表現である．基本ナイーブベイズモデルは，すべての i に対して $w_i = 1$ とし $t' = 1$ とする．それはつまりログ・オッズ空間において特徴量キャリブレーションを用い，固定した線形決定境界へデータをフィットさせることは，ナイーブベイズモデルを訓練することだと理解できることを意味している．決定境界の傾きを変えることは特徴量の1以外の重みを導入することと対応し，これは多項ナイーブベイズモデルにおいて特徴量の重みが生じる過程と似ている．

キャリブレートされた特徴量の分布をもう少しだけ調べてみることは有益だろう (専門的な詳細は省略する)．キャリブレート前の特徴量の分布が2つの離れた正規分布の隆起であったとすると，キャリブレートされた分布はどのようにみえるであろうか？キャリブレートされたデータ点は決定境界から引き離されることをすでにみてきたので，キャリブレートされた分布の頂点はそれらの極値に近づくと予想するかもしれない．どれだけ近づくかは d' にのみ依存する．図10.6はさまざまな値の d' に対するキャリブレートされた分布を示している．

話題を単調キャリブレーション (isotonic calibration) に移そう．これは，順序は必要だが尺度は無視し，順序統計量と量的特徴量の両方に適用できる手法である．本質

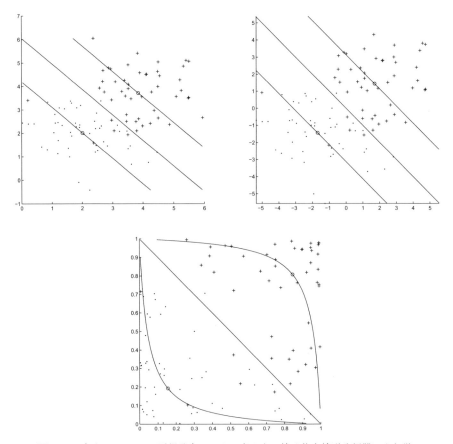

図 10.5 (左上) 2 クラスの正規分布データ．真ん中の線は基本線形分類器により学習された決定境界，他の 2 本はそれぞれのクラス平均を通る平行線である．(右上) ログ・オッズ空間に対するロジスティックキャリブレーションは線形変換である．単位標準偏差を仮定することで，基本線形分類器は固定された直線 $F_1^d(x) + F_2^d(x) = 0$ となる．(下) 確率空間に対するロジスティックキャリブレーションは決定境界からデータを遠ざけるような非線形変換である．

的には特徴量を単変量のランカーとして用い，区分定数 (piecewise constant) キャリブレーション写像を得るために ROC 曲線や凸包を構築する．ROC 曲線があり，曲線の i 番めのセグメントが n_i 個の訓練事例を含み，そのうち m_i 個が正例であると仮定しよう．対応する ROC セグメントは傾き $l_i = m_i/(c(n_i - m_i))$ をもつ (c は事前オッズ)．まず ROC 曲線が凸，つまり $i < j$ は $l_i \geq l_j$ を意味すると仮定する．この場合，キャリブレートされた特徴値を得るためにカテゴリカル特徴量に対する場合と同じ次の公式を

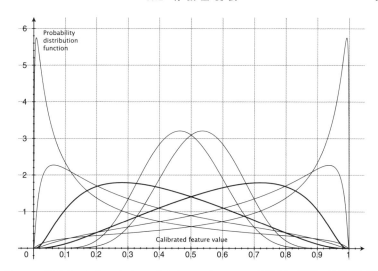

図 10.6 異なる d' (キャリブレートされていないクラス平均間の距離の特徴量標準偏差比) に対するロジスティックにキャリブレートされた特徴量のクラスごとの分布. 太い 2 本の曲線は特徴量の正 (左に歪) と負 (右に歪) のクラスの分布を表し, それぞれの平均は標準偏差 1 つぶん離れている ($d' = 1$). 他の曲線は $d' \in \{0.5, 1.4, 1.8\}$ である.

使うことが可能である.

$$v_i^c = \frac{m_i + 1}{m_i + 1 + c(n_i - m_i + 1)} \tag{10.1}$$

前述のとおり, これはラプラス補正を通じた確率的平滑化と非一様クラス分布に対する補償を共に達成している形である. ROC 曲線が非凸ならば, $l_i < l_j$ となる $i < j$ が存在する. もとの特徴量の順序を保持したいと仮定すると, まず ROC 曲線の凸包の作成を行う. この効果は, 凹面の一部である ROC 曲線の隣接セグメントを凹面がなくなるまで結合することである. セグメントを再計算し, (10.1) 式のようなキャリブレートされた特徴値を割り当てるのである.

例 10.10 特徴量の単調キャリブレーション
　糖尿病の分類問題に関する体重特徴量のサンプル値を次の表に与える. 図 10.7 は特徴量の ROC 曲線および凸包と, 単調キャリブレーションにより得られるキャリブレーション写像を表している.

体重	糖尿病?	キャリブレート済み体重	体重	糖尿病?	キャリブレート済み体重
130	⊕	0.83	81	⊖	0.43
127	⊕	0.83	80	⊕	0.43
111	⊕	0.83	79	⊖	0.43
106	⊕	0.83	77	⊕	0.43
103	⊖	0.60	73	⊖	0.40
96	⊕	0.60	68	⊖	0.40
90	⊕	0.60	67	⊕	0.40
86	⊖	0.50	64	⊖	0.20
85	⊕	0.50	61	⊖	0.20
82	⊖	0.43	56	⊖	0.20

例えば，80 kg の体重は 0.43 へキャリブレートされている．これはその体重インターバルにおいて 7 人のうち 3 人が糖尿病であることを意味している (ラプラス補正後)．

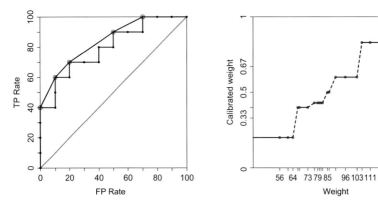

図 **10.7** (左) キャリブレートされていない特徴量の ROC 曲線と凸包．キャリブレートされた特徴値は ROC 凸包の各セグメントの正例の割合から得られるものである．(右) 対応する区分定数キャリブレーション写像．x 軸のキャリブレートされていない特徴値を y 軸のキャリブレートされた特徴値へ写像する．

例 10.11 は 2 変量での例示である．明らかにわかるように，量的特徴量に対しては，結局その過程は特徴値の教師あり離散化に等しい．それはつまり，多くの点がキャリブレートされた空間では同じ点へ写像されることを意味する．これは可逆性のあるロジスティックキャリブレーションと異なる．

例 10.11　2つの特徴量の単調キャリブレーション

図 10.8 は例 10.9 と同じデータの，ログ・オッズ空間と確率空間の双方における単調キャリブレーションの結果を表している．単調キャリブレーションの離散的な性質のため，ログ・オッズ空間への変換でさえもはや線形ではない．基本線形分類器は軸に平行な直線セグメントの連なりとなる．これは逆方向についても同じことがいえる．ログ・オッズ空間または確率空間における線形決定境界を考えると，これはオリジナルの特徴空間の点線に従う決定境界に写像される．実質的には，特徴量の単調キャリブレーションは線形グレード付けモデルをグループ分けモデルへ変えているのである．

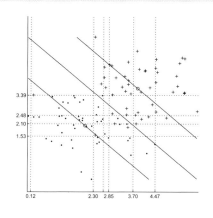

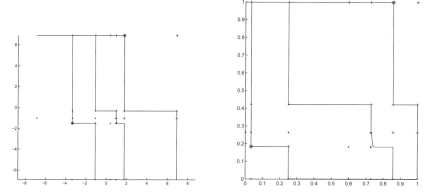

図 10.8　(上) 図 10.5 のデータ．グリッド線は特徴量の単調キャリブレーションにより得られる離散化を示す．(左下) ログ・オッズ空間での単調キャリブレート済みデータ．(右下) 確率空間での単調キャリブレート済みデータ．

まとめると，特徴量の単調キャリブレーションは以下のステップを実行する．
1) 特徴値の訓練インスタンスをソートし ROC 曲線を作る．ROC 曲線が AUC$\geq 1/2$ となるようにソート順位を選ぶ．
2) この曲線の凸包を作り，凸包の各セグメントでの正例の数 m_i と総インスタンス数 n_i を数える．
3) 凸包のセグメント別に特徴量を離散化し，キャリブレートされた特徴値 $v_i^c = \frac{m_i+1}{m_i+1+c(n_i-m_i+1)}$ を各セグメントに結び付ける．
4) 加法的尺度が必要ならば，$v_i^d = \ln \frac{v_i^c}{1-v_i^c} = \ln v_i^c - \ln(1-v_i^c)$ を使う．

10.2.3 不完全特徴量

特徴量変換に関する議論の最後に，いくつかのインスタンスの特徴量の値がわかっていないときにどうすればよいかを手短に考えておこう．このような状況には例 1.2 で直面している．そこでは，ある語彙の 1 つを含んでいるかどうかわからない状況でいかに電子メールを分類するかを議論した．確率モデルは，以下のように特徴量のすべての可能な値に対する重み付き平均をとることで，これをより直接的に扱う．

$$P(Y|X) = \sum_z P(Y, Z=z|X) = \sum_z P(Y|X, Z=z) P(Z=z)$$

ここで Y は通常通り目的変数 (target variable)，X は分類すべきインスタンスから観測される特徴量を表し，他方 Z は分類時点では観測できない特徴量である．少なくとも生成モデルに対しては，分布 $P(Z)$ は訓練したモデルから得られる．もしモデルが識別的モデルであるならば $P(Z)$ を別に推定することが必要である．

訓練時に欠けていた特徴量は扱いが難しい．まず第一に，特徴値が欠けているという事実自体が目的変数と関連している可能性がある．例えば，患者に対して行う医学的検査の範囲は，病歴に依存しそうである．このような特徴量は，指定された '欠測' 値としてもつことが最良であろう．例えば木モデルはそれに従って分岐することができる．しかしながら，これは例えば線形モデルに対しては上手く機能しない．このような場合，欠損している値を '埋め込む' ことで特徴量を完全にすることができる．この手法はデータの補完 (imputation) として知られる．例えば分類問題では，特徴量の観測値を使ってクラスごとの平均，中央値もしくはモードを計算することができ，これを欠測値に代入して補完することができる．もう少し洗練されたやり方は，個々の不完全な特徴量に対して予測モデルを立てて特徴量の相互関係を考慮に入れ，このモデルを欠測値の '予測' に用いる手法である．EM アルゴリズム (9.4 節) を思い起こしてもよい．この概略は，すべての特徴量に多変量モデルを仮定し，観測値をモデルのパラメータの最尤推定のために用い，観測されなかった特徴値の期待値を求め，それを反復する手法である．

10.3 特徴量の構築と選択

特徴量変換について述べた前節によって，機械学習においては，データで与えられたもとの特徴量を操作するための多くの余地があることが明らかになった．これをさらに一歩進めて，いくつかのもととなる特徴量から新たな特徴量を構築することを考えよう．その単純な例は 9.2 節で議論したナイーブベイズ分類器の改良のために使うことができる．文章分類への応用において，語彙のなかのすべての単語の特徴量を，単語の順番だけでなく隣接関係も無視して得ていたことを思い出そう．これは '彼らは機械学習について書き記す (They write about machine learning.)' という文と '彼らは機械についての書き方を学んでいる (They are learning to write about a machine.)' という文が，前者は機械学習に関してであるが後者はそうではないにも関わらず，実質上は区別できないことを意味している．それゆえ，複数の単語からなる句 (phrase; フレーズ) を辞書に含め，それらを 1 つの特徴量として扱うことが必要なときもあるだろう．情報検索に関する文献では，複数語からなる句は n-グラム (n-gram: ユニグラム，バイグラム，トライグラムなど) と呼ばれる．

このアイデアをさらに一歩進めることで，2 つのブール特徴量もしくはカテゴリカル特徴量からデカルト積を形成することで新たな特徴量を構築することができる．例えば，Circle, Triangle, Square の値からなる 1 つの特徴量である Shape と，Red, Green, Blue の値からなる別の特徴量 Color があるとすると，それらのデカルト積は (Circle, Red), (Circle, Green), (Circle, Blue), (Triangle, Red) などの値をもつ特徴量 (Shape, Color) となるであろう．これによる効果は訓練するモデルしだいである．ナイーブベイズ分類器に対してデカルト積の特徴量を構築することは，もととなる 2 つの特徴量をもはや独立としては扱わないことを意味し，したがってこれはナイーブベイズモデルのもつ強いバイアスを減らす効果がある．木モデルでは事情が異なる．木モデルは特徴値の可能なすべてのペアを先に区別できる．一方で，新しく導入したデカルト積の特徴量は高い情報獲得量をもたらし，学習したモデルに影響を及ぼすことが生じうる．

特徴量の結合にはほかにも多くのやり方がある．例えば，量的特徴量の算術的結合や多項式結合がある (例 1.9 と 7.5 節でのカーネルの使用においてこの例をみた)．1 つの魅力的な可能性は，まず概念学習やサブグループの発見を適用し，それらの概念やサブグループを新しいブール特徴量として利用することである．例えばイルカの領域では Length = [3,5] ∧ Gills = no のようなサブグループをまず学習し，これらをブール特徴量として後の木モデルに用いることができた．このやり方は，否定の使用を通じ木モデルの表現力を拡大することに注意しよう．例えば (Length = [3,5] ∧ Gills = no) = false は，特徴木では直接表現できない選言 Length ≠ [3,5] ∨ Gills = yes と同等である．

一度新しい特徴量を構築したら，学習の前にそのうちの適切な部分集合を選択する

ことは多くの場合良い考えである．考慮すべき特徴量の候補が少ないと学習の速度が上がるだけでなく，過適合を防ぐのに役立つであろう．特徴量選択の主な手法は2つある．フィルター (filter) は特定の計量法で特徴量のスコアを決め，最高スコアの特徴量を選択するアプローチである．これまでにみてきた計量法の多くが特徴量のスコアリングに利用できる．少し例を挙げると情報獲得量，χ^2 統計量，相関係数などがこれに当たる．興味深いバリエーションは，削減 (Relief) 特徴量選択法で与えられる．これは，ランダムなインスタンス x を標本抽出し，最近隣のミス m (反対のクラスのインスタンス) と同様に最近隣のヒット h (同じクラスのインスタンス) を見つけることを繰り返す手法である．i 番めの特徴量のスコアは，$\mathrm{Dis}(x_i, h_i)^2$ により低下し，$\mathrm{Dis}(x_i, m_i)^2$ により増加する．ここで Dis は距離測度 (例えば量的特徴量におけるユークリッド距離やカテゴリカル特徴量におけるハミング距離) である．直感的には，最近隣のヒットへ近づけるように動く一方で，最近隣のミスから離れるように動くことを望んでいる形である．

　単純なフィルターアプローチの欠点の1つは，特徴量間の冗長さを考慮に入れていないことである．議論のため，データ集合のなかのある有望な特徴量を複製したとする．するとどちらも同等に高いスコアを得て，選択されるであろう．ところが2番めの特徴量は1番めの特徴量がもたらす情報に何の価値も付け加えないのである．第二に，特徴量のフィルターは，単に周辺分布のみに基づくため，特徴量間の依存関係を見抜けない．例えば，次のような2つのブール特徴量を考えよう．正例の半分は両方の特徴量について true の値をもち，残りの半分はどちらにも false の値をもつとする．負例はすべてこの逆の値をもつ (やはり2つの可能性に半々で分布する)．この特徴量は，結合して用いれば完全分類器であるにも関わらず，各特徴量を分離してみたときの情報獲得量はゼロであるので，特徴量フィルターによって選択されそうにない．特徴量フィルターは，決定木において考えうる '根' 特徴量を抽出するには良いが，木をさらに下っていくのに有益な特徴量の選択については必ずしも良くないといえるかもしれない．

　他の特徴量との関連において有益な特徴量を見抜くために，特徴量の集合を評価することが必要となる．これはラッパー (wrapper) アプローチの名で知られている手法である．このアイデアは通常は，候補となる特徴量集合を用いたモデルの訓練や評価を伴う探索手続きの一部として，特徴量選択を '含めてしまう (wrapped)' というものである．前進的選択 (forward selection) 法は空集合から始まり，モデルの効力が改善される間，特徴量を1つずつ集合に加えていく手法である．後退的選択 (backward elimination) 法は特徴量集合全体から始まり，特徴を1つずつ取り除いていくことで効力が改善されることを目指す手法である．特徴量の部分集合の数は指数的であるため，すべての可能な部分集合を探索することは通常実行可能ではない．また，多くの手法は選択を再考することのない '貪欲な' 探索アルゴリズムを適用している．

10.3.1 行列変換と分解

量的特徴量を仮定した場合，特徴量の構築や選択は幾何学的観点から考えることもできる．この目的を達成するために，行に n 個のデータ点，列に d 個の特徴量をもつ行列 $\mathbf{X}$ によりデータを表現し，行列演算を用いて新たな n 行 r 列の新しい行列 $\mathbf{W}$ へ変換することを考える．問題を簡単にするために，$\mathbf{X}$ はゼロ中心化 (zero-centred) され，ある $d \times r$ 変換行列 $\mathbf{T}$ を用いて $\mathbf{W} = \mathbf{X}\mathbf{T}$ となることを仮定する．例えば，特徴量の拡大縮小は $\mathbf{T}$ が $d \times d$ 対角行列であることに対応している．これは $\mathbf{T}$ のある列を削除することによって特徴量選択と結び付けることが可能である．回転は $\mathbf{T}$ が直交である，つまり $\mathbf{T}\mathbf{T}^\mathrm{T} = \mathbf{I}$ であることで達成される．このような変換のいくつかを組み合わせることももちろん可能である (背景 1.2 も参照せよ)．

最も知られている代数的特徴量構成法の 1 つは，主成分分析 (principal component analysis; PCA) である．主成分は，与えられた特徴量の線形結合で構築される新しい特徴量である．第 1 主成分はデータの最大分散方向で与えられ，第 2 主成分は第 1 主成分と直交する最大分散方向で与えられ，といった具合である．PCA はさまざまな方法で表現される．ここでは，特異値分解 (singular value decomposition; SVD) を用いて導出する．任意の $n \times d$ 行列は特別な性質をもつ 3 つの行列の積を用いて次のようにただ 1 通りに書ける．

$$\mathbf{X} = \mathbf{U}\mathbf{\Sigma}\mathbf{V}^\mathrm{T} \tag{10.2}$$

ここで，$\mathbf{U}$ は $n \times r$ 行列，$\mathbf{\Sigma}$ は $r \times r$ 行列であり $\mathbf{V}$ は $d \times r$ 行列である (当分は $r = d < n$ を仮定する)．さらに，$\mathbf{U}$ や $\mathbf{V}$ は直交 (つまり回転) であり，$\mathbf{\Sigma}$ は対角 (つまり拡大縮小) である．$\mathbf{U}$ と $\mathbf{V}$ の列はそれぞれ左特異ベクトルと右特異ベクトルであり，$\mathbf{\Sigma}$ の対角成分は特異値に対応している成分である．左上から右下へ特異値が減るように $\mathbf{U}$ と $\mathbf{V}$ の列を並べ替えるのが慣例である．

$n \times r$ 行列 $\mathbf{W} = \mathbf{U}\mathbf{\Sigma}$ を考える．$\mathbf{V}$ の直交性より $\mathbf{X}\mathbf{V} = \mathbf{U}\mathbf{\Sigma}\mathbf{V}^\mathrm{T}\mathbf{V} = \mathbf{U}\mathbf{\Sigma} = \mathbf{W}$ であることに注意しよう．言い換えれば $\mathbf{W}$ は変換 $\mathbf{V}$ を用いて $\mathbf{X}$ から構築できる．これは主成分により $\mathbf{X}$ を再構成しているのである．新たに作られた特徴量は $\mathbf{U}\mathbf{\Sigma}$ にみられる．最初の行が第 1 主成分であり，2 番めの行は第 2 主成分であり，以下同様である．これらの主成分は $\mathbf{X}$ の最大分散の方向，2 番めに大きい分散の方向のように幾何的解釈をもつのである．データがゼロ中心化されているとすると，これらの方向は回転や拡大の組み合わせにより引き出される．これは，PCA が行っていることとまったく同じである．

SVD を用いて散乱行列を次の標準形に書き換えることもできる．

$$\mathbf{S} = \mathbf{X}^\mathrm{T}\mathbf{X} = (\mathbf{U}\mathbf{\Sigma}\mathbf{V}^\mathrm{T})^\mathrm{T}(\mathbf{U}\mathbf{\Sigma}\mathbf{V}^\mathrm{T}) = (\mathbf{V}\mathbf{\Sigma}\mathbf{U}^\mathrm{T})(\mathbf{U}\mathbf{\Sigma}\mathbf{V}^\mathrm{T}) = \mathbf{V}\mathbf{\Sigma}^2\mathbf{V}^\mathrm{T}$$

これは行列 $\mathbf{S}$ の固有値分解 (eigendecomposition) として知られる．$\mathbf{V}$ の列は $\mathbf{S}$ の固有ベクトルであり，対角行列 $\mathbf{\Sigma}^2$ の対角成分は固有値である．データ行列 $\mathbf{X}$ の右特異ベクトルは散乱行列 $\mathbf{S} = \mathbf{X}^\mathrm{T}\mathbf{X}$ の固有ベクトルであり，$\mathbf{X}$ の特異値は $\mathbf{S}$ の固有値の平方根である．同様に，グラム行列に対する同様の表現として $\mathbf{G} = \mathbf{X}\mathbf{X}^\mathrm{T} = \mathbf{U}\mathbf{\Sigma}^2\mathbf{U}^\mathrm{T}$ が得られ

る．グラム行列の固有ベクトルは $\mathbf{X}$ の左特異ベクトルであることがわかる．これは主成分分析を実行するためには，全部の特異値分解をするより，散乱行列もしくはグラム行列の固有値分解の実行で十分であることを示している．

1.1 節で SVD に似たものをみた．次の行列の積を考えたのであった．

$$\begin{pmatrix} 1 & 0 & 1 & 0 \\ 0 & 2 & 2 & 2 \\ 0 & 0 & 0 & 1 \\ 1 & 2 & 3 & 2 \\ 1 & 0 & 1 & 1 \\ 0 & 2 & 2 & 3 \end{pmatrix} = \begin{pmatrix} 1 & 0 & 0 \\ 0 & 1 & 0 \\ 0 & 0 & 1 \\ 1 & 1 & 0 \\ 1 & 0 & 1 \\ 0 & 1 & 1 \end{pmatrix} \times \begin{pmatrix} 1 & 0 & 0 \\ 0 & 2 & 0 \\ 0 & 0 & 1 \end{pmatrix} \times \begin{pmatrix} 1 & 0 & 1 & 0 \\ 0 & 1 & 1 & 1 \\ 0 & 0 & 0 & 1 \end{pmatrix}$$

左辺の行列は (列が) 鑑賞者の映画の好みを表している．右辺は映画をジャンルへ分解しており，最初の行列は鑑賞者のジャンルに対する評価を定量化するもの，最後の行列は映画とジャンルを関連づけているもの，中央の行列は好みを決定する際の各ジャンルの重みを示すものである．これは実際には SVD により計算された分割ではない．なぜなら積において左や右の行列が直交ではないからである．しかしながら，この分解がデータを上手く捉えていると主張することはできる．鑑賞者とジャンル，映画とジャンルの行列がブール値でかつ疎であるからだ (SVD ではそうはならない)．整数やブール値の制約を加えることは分割問題が非凸 (局所最適が複数) となり，より計算が困難になるという欠点がある．追加制約付き行列分解は非常に活発に研究が進められている領域である．

これらの行列分解法は，次元削減によく用いられる手法である．$n \times d$ 行列のランク (rank) は d である ($d < n$ であることと他の列の線形結合となる列がないことを仮定する)．上の分解は $r = d$ であるのでフルランクであり，その結果データ行列は正確に再構築される．行列の低ランクでの近似は，もとになる行列を十分よく近似しながら可能なかぎり小さい r を選択する分解である．再構築誤差は，$\mathbf{X}$ の要素と $\mathbf{U\Sigma V}^\mathrm{T}$ の対応する要素の差の二乗和で計られるのがふつうである．ランクが r になるまでのすべての分解において，$r < d$ での打ち切り特異値分解はこの意味で再構築誤差を最小とすることを示すことができる．打ち切り SVD や PCA は量的特徴量に対して特徴量構築と特徴量選択を結び付ける一般的な手法である．

SVD のような行列分解の興味深い点は，データに事前に隠れた変量を発見する点である．この手順は以下のとおりである．$\mathbf{U\Sigma V}^\mathrm{T}$ の分解もしくは近似を考える．$\mathbf{\Sigma}$ は対角行列，$\mathbf{U}$ や $\mathbf{V}$ は必ずしも直交でなく，$\mathbf{U}$, $\mathbf{V}$ の i 番めの列を $\mathbf{U}_{\cdot i}$ (n ベクトル), $\mathbf{V}_{\cdot i}$ (d ベクトル) と表す．$\mathbf{U}_{\cdot i}\sigma_i(\mathbf{V}_{\cdot i})^\mathrm{T}$ はランク 1 の $n \times d$ 行列を作る外積である (σ_i は $\mathbf{\Sigma}$ の i 番めの対角成分)．ランク 1 行列は，スカラーを乗じた 1 つの基底ベクトルからすべての列が得られる行列である (行に関しても同じである)．$\mathbf{U}$ と $\mathbf{V}$ がランク r であると仮定すると，これらの基底ベクトルは一次独立であり，これらのランク 1 行列をすべて

の i で足し合わせることでもとの行列を作る形である．

$$\mathbf{U}\mathbf{\Sigma}\mathbf{V}^\mathrm{T} = \sum_{i=1}^{r} \mathbf{U}_{\cdot i}\sigma_i(\mathbf{V}_{\cdot i})^\mathrm{T}$$

例えば，映画の人気度行列は次のように書ける．

$$\begin{pmatrix} 1 & 0 & 1 & 0 \\ 0 & 2 & 2 & 2 \\ 0 & 0 & 0 & 1 \\ 1 & 2 & 3 & 2 \\ 1 & 0 & 1 & 1 \\ 0 & 2 & 2 & 3 \end{pmatrix} = \begin{pmatrix} 1 & 0 & 1 & 0 \\ 0 & 0 & 0 & 0 \\ 0 & 0 & 0 & 0 \\ 1 & 0 & 1 & 0 \\ 1 & 0 & 1 & 0 \\ 0 & 0 & 0 & 0 \end{pmatrix} + \begin{pmatrix} 0 & 0 & 0 & 0 \\ 0 & 2 & 2 & 2 \\ 0 & 0 & 0 & 0 \\ 0 & 2 & 2 & 2 \\ 0 & 0 & 0 & 0 \\ 0 & 2 & 2 & 2 \end{pmatrix} + \begin{pmatrix} 0 & 0 & 0 & 0 \\ 0 & 0 & 0 & 0 \\ 0 & 0 & 0 & 1 \\ 0 & 0 & 0 & 0 \\ 0 & 0 & 0 & 1 \\ 0 & 0 & 0 & 1 \end{pmatrix}$$

右の行列はジャンルの条件付き人気度モデルとして解釈することが可能である．

データに隠れている変量を掘り起こすことは行列分解法の主な応用の1つである．例えば情報検索において PCA は潜在意味インデックス (latent semantic indexing; LSA) の名前で知られている ('潜在' は '隠れている' と同じ意味である)．LSA は映画のジャンルの代わりに，文章中の語句数を数えた行列の分解により文章のトピックを発見するのである (トピックごとの語句数は独立，単純に足し上げられると仮定する[*3])．行列分解の他の主な応用は，行列の欠けた要素の補完 (completion) である．これは行列内の観測された要素を低ランク分割を用いてできるかぎり近似すれば，欠けている要素を推測することができるという考えである．

10.4 特徴量：まとめと参考文献

この章では，遅まきながら特徴量に注目した．特徴量はデータの宇宙を観測する望遠鏡であり，それゆえ機械学習を統合する重要な力をもつ．特徴量は科学における測定と関係している．しかし異なる測定をいかに形式化し，分類するかに関する広く認められた合意はない．筆者は Stevens の測定尺度 (Stevens, 1946) から示唆を得ているが，それ以外の点では機械学習の最新の実践に寄り添うことを目指してきた．

♣ 特徴量の主な種類は，カテゴリカル特徴量，順序特徴量，そして量的特徴量であり，10.1 節で区別した．量的特徴量は量的尺度で表現され，最も多くの「中心傾向の統計量」(平均，中央値，モード; これらに関する概要は von Hippel, 2005 を参照せよ)，「ばらつきの統計量」(分散や標準偏差，範囲，四分位範囲) や「形状統計量」(歪度や尖度) の計算が可能である．機械学習において，量的特徴量は

[*3)] 他のモデルも可能である．例えばブール行列分解では行列積は整数加法を (1+1 = 1 のような) ブール選言に置き換える形のブール積となり，追加的なトピックが文章中の語句の発生に対して追加的な説明力をもたらさないという影響がある．

よく連続的特徴量 (continuous feature) として言及されるが，筆者はこれは不適切な用語だと考えている．というのもそれは定義している量的特徴量がなにかしら無制限の精度であるかのようなを誤った示唆を与えているからである．量的特徴量は必ずしも加法的尺度をもたない (例えば確率を表現する量的特徴量は乗法的尺度で表現される) ことや，ユークリッド距離の利用は非加法的特徴量に対して不適切であることをよく理解することは重要である．順序特徴量は順序をもつが尺度はもたない．そしてカテゴリカル特徴量 (名目的，離散的とも呼ばれる) は順序も尺度も両方とももたない特徴量である．

♣ 構造化された特徴量は，一階論理的な命題であって，局所変量により対象の一部を参照し，ある種の統合 (存在量化や計数のような) を用いて主対象の特性を引き出すものである．学習の前に一階特徴量を構築することはしばしば命題化と呼ばれる．Kramer et al. (2000) や Lachiche (2010) にサーベイがあり，Krogel et al. (2003) では異なるアプローチの実験的比較を行っている．

♣ 10.2 節では，多くの特徴量変換をみた．なかでも離散化や閾値化はよく知られた手法で，量的特徴量をカテゴリカル特徴量やブール特徴量へ変換する．最も有用な離散化手法の 1 つは再帰的分割アルゴリズムである．ここでは閾値の発見に情報獲得率を用い，停止基準は Fayyad and Irani (1993) で提案された最小記述長原理から導いた．これとは異なる概説や提案は Boullé (2004, 2006) にみられる．χ^2 を用いた凝集型結合アプローチが Kerber (1992) により提案されている．

♣ 2 クラスの設定でみてきたように，教師あり離散化はカバレッジ曲線を用いて視覚化することができる．その自然な展開として，これらのカバレッジ曲線や凸包を，ただ特徴量を離散化するのでなく，キャリブレートするのに用いるアイデアに至る．要するに，順序特徴量や量的特徴量は単変量ランカーやスコア分類器であり，それゆえ同じ分類器キャリブレート法が適用されるのである．典型例としてロジスティックキャリブレーションと単調キャリブレーションを 7.4 節でみた．キャリブレートされた特徴量は確率空間にあるが，乗法的というよりは加法的な性質をもつログ・オッズ空間を用いて扱うほうがよい．キャリブレートされたログ・オッズ空間における固定された線形決定境界へのデータのフィッティングはナイーブベイズモデルでの訓練と関連している．単調キャリブレーションは軸に平行な区分的な決定境界を導く．単調キャリブレーションの離散的な性質により，これはグループ分けモデルの構築と理解できる (キャリブレートされていない空間におけるもとのモデルがグレード付けモデルであっても)．

♣ 10.3 節は特徴量構築や特徴量選択にあてている．特徴量構築や構成的帰納法への初期のアプローチは Ragavan and Rendell (1993), Donoho and Rendell (1995) により提案された．インスタンスベースの削減 (Relief) 特徴量選択法は Kira and Rendell (1992) をもとにして，Robnik-Sikonja and Kononenko (2003) により拡張

された手法である．特徴量選択のフィルターアプローチ (各特徴量をそれ自身の
メリットで評価する) とラッパーアプローチ (特徴量の集合を評価する) の差異
に関して最初に言及したものは Kohavi and John (1997) である．Hall (1999) は両
方の世界の長所を結び付けることを目的とした相関ベース特徴量選択と呼ばれ
るフィルター法を提案した．Guyon and Elisseeff (2003) は特徴量選択の素晴ら
しい紹介である．

♣ 最後に，線形代数の観点から特徴量構築や特徴量選択をみた．行列分解は，活発
に研究が進められている技術である．これは最近あった映画推薦システムの改善
コンペにおいて 100 万ドルを勝ち取るのに役立った (Koren et al., 2009)．加法的
制約を用いた分解手法は非負行列分解を含む (Lee et al., 1999)．ブール行列分解
は Miettinen (2009) で研究されている．Mahoney and Drineas (2009) は，(もとの
行列が疎であったとしても密な行列を構築する SVD とは違い) 疎性を保持する
ためにデータ行列自体の列や行を用いた行列分解法について述べている．潜在
意味インデックスや確率的拡張は Hofmann (1999) で述べられている．Ding and
He (2004) は K-平均クラスタリングと主成分分析の間の関係について議論して
いる．

Chapter 11

モデルアンサンブル

　三人寄れば文殊の知恵——この有名なことわざが示唆しているように，複数の頭脳が一緒に働くことでより良い結果が得られることがよくある．「頭脳」を「特徴量」と読み替えた場合，これまでの章でみてきたように，これは機械学習にも確かに当てはまる．しかし本章で示されるように，特徴量だけでなく全体のモデルを組み合わせることで，状況をさらに改善できるケースも多い．モデルを組み合わせることは一般にモデルアンサンブル (model ensemble) として知られている．それは機械学習のなかでも最も強力な手法の1つであり，しばしば他のモデルの性能をしのぐことがある．この良い性能は，アルゴリズムとモデルをより複雑にすることと引き換えに実現される．

　モデルの組み合わせに関するトピックは豊富で多様な歴史をもつ (この短い章ではそのほんの一部分だけを扱う)．一方では計算論的学習理論からの動機が，もう一方では統計学からの動機が主因である．よく知られた統計学的な直感では，複数の測定を平均化することは，1回の測定におけるランダムな変動の影響を減少させることから，より頑健で信頼性の高い推定を可能とする．よって，同じ訓練データから得たわずかに相異なる複数のモデルによりアンサンブルを構築したならば，1つのモデルにおけるランダムな変動の影響を同様に減少できるかもしれない．ここでの重要な疑問は，これら異なるモデル間の多様性をどのように実現するかということにある．以下で述べるように，これは各モデルをデータのランダムな部分集合で訓練することによって実現できることも多く，また，利用可能な特徴量のランダムな部分集合からモデルを構築することによっても実現できる．

　計算論的学習理論の観点からの動機とは，以下のようなものである．4.4節で検討したように，仮説言語の学習可能性は学習モデルの文脈で研究されており，そこでは'学習可能性'が何を意味するか決めている．PAC学習可能性は，「ほとんどの場合においてある仮説がだいたい正しいこと」を要求する．弱学習可能性 (weak learnability) と呼ばれる別の学習モデルでは，「ある仮説が偶然よりもわずかに良くなるように学習されること」だけを要求する．PAC学習可能性は弱学習可能性よりも厳しいことは明白であるように思えるが，この2つの学習モデルは実は同値であることがわかっている．つまり，仮説言語がPAC学習可能であることの必要十分条件はそれが弱学習可能

であることである．これは，1つ前の仮説の誤りを修正する，つまり仮説を「強化する (boosting)」ことを目的として仮説を繰り返し構築する反復アルゴリズムを用いることによって構成的に証明された．最後のモデルは各反復で学習された仮説を組み合わせており，それゆえにアンサンブルを形成しているのである．

本質的に，機械学習でのアンサンブル法は以下の2つの点を共有している．

- ♣ 適宜修正した訓練データ (ほとんどの場合，再重み付けか再抽出されたデータ) から複数の多様な予測モデルを構築する．
- ♣ これらのモデルから得られる複数の予測を何らかの方法で組み合わせる．組み合わせ方法としては，単純に平均化するか投票によって決定されることが多い (重み付けを併用することもある)．

しかし同時に強調すべき点は，これらの共通性は非常に広く多様な空間に及んでおり，我々はいくつかの手法が一見似ていても実際にはまったく異なるということも相応に予期しなくてはならないということだ．例えば，次の反復のために訓練データが修正される際の方法は，それ以前のモデルの予測を考慮するか否かによって大きな違いが生じる．本章では2つの最もよく知られたアンサンブル法であるバギング (11.1節) とブースティング (11.2節) を用いてこの空間を探索する．続いて11.3節では，これらの方法とさらに別の関連するアンサンブル手法について簡単に議論し，最後にまとめとさらなる学習のための指針を述べて本章を終えることとする．

11.1 バギングとランダムフォレスト

バギング (bagging: 'bootstrap aggregating' の略称) は単純だがとても効果的なアンサンブル手法であり，オリジナルのデータセットからの異なるランダム標本に基づいて多様なモデルを作成する．これらの標本は復元抽出により一様に作成され，ブートストラップ標本 (bootstrap sample) として知られている．標本は復元抽出により作成されるため，ブートストラップ標本は一般的に重複を含んでいる．そのため，そのブートストラップ標本がオリジナルのデータセットと同じサイズであったとしても，オリジナルのデータ点のいくつかは欠落しているだろう．複数のブートストラップ標本の間の違いがアンサンブル内のモデルの多様性を生むことから，これはまさに望んでいたことである．複数のブートストラップ標本がどれほど異なるのかについて知るために，あるデータ点がサイズ n のブートストラップ標本に対して選択されない確率 $(1-\frac{1}{n})^n$ が計算できる．これは $n=5$ であれば約3分の1であり，$n \to \infty$ での極限は $\frac{1}{e} = 0.368$ である．このことは，各ブートストラップ標本がそれぞれデータ点の約3分の1を除外する可能性が高いことを意味している．

基本的なバギングアルゴリズムはアルゴリズム11.1のようになり，モデルの集合としてのアンサンブルを返り値としてもつ．異なるモデルから得られた予測を組み合わ

アルゴリズム 11.1 Bagging($D, T, \mathscr{A}$):ブートストラップ標本からモデルのアンサンブルを訓練する

Input: データセット D; アンサンブルのサイズ T,学習アルゴリズム $\mathscr{A}$.
Output: 各モデルの予測が投票か平均かによって組み合わされるモデルのアンサンブル.
1: **for** $t = 1$ to T **do**
2: 　　復元抽出により D から $|D|$ 個のデータ点を抽出しブートストラップ標本 D_t を作成する;
3: 　　D_t に対して $\mathscr{A}$ を実行し,モデル M_t を生成する;
4: **end**
5: **return** $\{M_t \mid 1 \leq t \leq T\}$

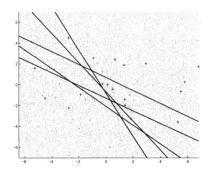 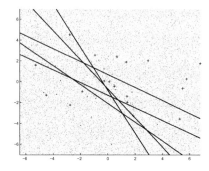

図 11.1 (左) ブートストラップ標本からバギングによって構成された 5 つの基本線形分類器のアンサンブル.決定ルールは多数決で,区分線形決定境界を導いている.(右) その投票結果を確率に変換するならば,アンサンブルは実際上はグループ分けモデルであることがわかる.つまり,各インスタンス空間セグメントがわずかに異なる確率を獲得している.[口絵 14 参照]

せるのに,投票 (モデルの多数派によって予測されたクラスが勝つ) によるか平均化によるか,どちらかを選択することができる.なお,基本分類器がスコアや確率を出力する場合は平均化のほうがより適切である.具体例が図 11.1 に示されている.正例 20 例と負例 20 例からのブートストラップ標本を用いて,5 個の基本線形分類器の訓練を行った.一見して 5 個の線形分類器の多様性がわかるが,ここではデータセットがかなり小さいという事実が役立っている.図では投票によって組み合わせる方法 (図 11.1 左) と,平均化によって確率的な分類器を作成する方法 (図 11.1 右) との違いがよく示されている.投票で行う場合,バギングが区分線形決定境界を作成しており,それは単独の線形分類器では作成できない.各モデルからの投票結果を確率推定値に変える場合,異なる決定境界はインスタンス空間を異なるスコアをもつ可能性のあるセグメントに分割する.

　バギングは木モデルと組み合わせるととくに有用である.というのも木モデルは訓練データの変動にとても影響を受けやすいからである.木モデルを適用する場合,バ

11.2 ブースティング

アルゴリズム 11.2 RandomForest(D,T,d)：ブートストラップ標本とランダムな部分空間から木モデルのアンサンブルを学習する

Input: データセット D；アンサンブルのサイズ T，部分空間の次元 d．
Output: 各モデルの予測が投票か平均かによって組み合わされる木モデルのアンサンブル．
1: **for** $t = 1$ to T **do**
2: 　　復元抽出により D から $|D|$ 個のデータ点を抽出しブートストラップ標本 D_t を作成する；
3: 　　ランダムに d 個の特徴量を選択し D_t の次元を縮小する；
4: 　　D_t を用いて枝刈りをせずに木モデル M_t を学習する；
5: **end**
6: **return** $\{M_t \mid 1 \le t \le T\}$

ギングは別のアイデアと組み合わせて用いられることが多い．そのアイデアとは，特徴量全体の異なるランダムな部分集合から各木を構築するというものであり，このプロセスは部分空間サンプリング (subspace sampling) とも呼ばれる．このアイデアはアンサンブルにおける多様性をとても豊かなものとし，各木の構築にかかる時間を削減するというさらなる利点もある．結果として生じるアンサンブル手法はランダムフォレスト (random forest) と呼ばれる (アルゴリズム 11.2)．

決定木はその各葉ノードがインスタンス空間を分割するグループ分けモデルであるので，ランダムフォレストも同じくグループ分けモデルである．ランダムフォレストにおけるインスタンス空間の分割は，本質的にはアンサンブルでの個々の木の分割の共通部分である．ゆえに，ランダムフォレストの分割はほとんどの木の分割よりも細かなものとなる一方で，原理的には1つの木モデルに写し戻すことが可能である (というのも，共通部分は2つの異なる木の枝を組み合わせることに相当するからである)．このことは，線形分類器のバギングとは異なる．というのも線形分類器のアンサンブルでは単独の基本分類器では学習されない決定境界をもつからである．ゆえに，ランダムフォレストアルゴリズムは木モデルのための別の訓練アルゴリズムであるといわれることもある．

11.2 ブースティング

11.2.1 ブースティング

ブースティングは一見バギングと同様のアンサンブル手法にみえるが，多様な訓練集合を作るにあたってブートストラップサンプリングよりもさらに洗練された手法を用いる．その基本的な考え方はシンプルで魅力的である．あるデータセットで線形分類器を学習し，その訓練誤差率が ε だと判明しているとしよう．次に1つめの分類器の誤分類を改善するような別の分類器をアンサンブルに加えたいとする．それを実現するための1つの方法は誤分類されたインスタンスの複製を作成することである．もし基礎となるモデルが基本線形分類器である場合，これは複製されたインスタンスの

方向へクラス平均を移動させることとなる．同じことを実現するためのより良い方法は，誤分類されたインスタンスに対してより大きな重みを与えて，これらの重みを考慮するようにその分類器を修正することである (例えば，その基本線形分類器はクラス平均を重み付き平均として計算することができる)．

しかし，その重みをどの程度変えるべきであろうか？ 誤分類された事例に全体の重みの半分を割り当て，もう半分を残りの事例に与えるという考え方がある．総和が 1 となる一様な重みから始めていたので，誤分類された事例に割り当てられる現在の重みはまさに誤り率 ε であり，それらの重みに $\frac{1}{2\varepsilon}$ を掛ける．$\varepsilon < 0.5$ とすると，望み通りこの操作により重みが増えることとなる．正しく分類された事例の重みは $\frac{1}{2(1-\varepsilon)}$ がかけられるため，修正された重みの総和はこの場合もやはり 1 となる．次のラウンドにおいてまったく同じ操作を行うが，誤り率を評価する際には一様でない重みを考慮する点だけが異なる．

> **例 11.1　ブースティングでの重みの更新**
>
> ある線形分類器が左の分割表のような成績をあげたとしよう．このとき，誤り率は $\varepsilon = (9+16)/100 = 0.25$ である．誤分類された事例に対する重みの更新は係数 $\frac{1}{2\varepsilon} = 2$ を掛けることとなり，正しく分類された事例については $\frac{1}{2(1-\varepsilon)} = \frac{2}{3}$ を掛けることとなる．
>
> | | 予測 $\oplus$ | 予測 $\ominus$ | | | 予測 $\oplus$ | 予測 $\ominus$ | |
> |---|---|---|---|---|---|---|---|
> | 実際 $\oplus$ | **24** | *16* | 40 | 実際 $\oplus$ | **16** | *32* | 48 |
> | 実際 $\ominus$ | *9* | **51** | 60 | 実際 $\ominus$ | *18* | **34** | 52 |
> | | 33 | 67 | 100 | | 34 | 66 | 100 |
>
> これらの更新された重みを考慮すると，右の分割表が得られ，(重み付き) 誤り率は 0.5 となる．

ここでのブースティングアルゴリズムにおいて，さらにもう 1 つの構成要素が必要である．それは，アンサンブルの各モデルに対する信頼度 α で，それは個々のモデルの重み付き平均であるアンサンブルによる予測を形成するのに利用される．明らかに，ε が減少するにしたがって α が増加することが望ましい．一般的には以下の形が利用される．

$$\alpha_t = \frac{1}{2} \ln \frac{1-\varepsilon_t}{\varepsilon_t} = \ln \sqrt{\frac{1-\varepsilon_t}{\varepsilon_t}} \tag{11.1}$$

この形の正当化についてはすぐ後で述べる．基本的なブースティングアルゴリズムはアルゴリズム 11.3 に示されている．図 11.2 (左) は 5 個の基本線形分類器のブースティングされたアンサンブルが訓練誤差 0 を実現している様子を示している．明らかに，得られた決定境界は，単独の基本線形分類器で得られるものよりもかなり複雑である．

11.2 ブースティング

アルゴリズム 11.3 Boosting($D, T, \mathscr{A}$)：再重み付けされた訓練集合から二値分類器のアンサンブルを学習する

Input: データセット D；アンサンブルのサイズ T，学習アルゴリズム $\mathscr{A}$．
Output: 複数のモデルの重み付きアンサンブル．

1: $w_{1i} \leftarrow \frac{1}{|D|}$ for all $x_i \in D$;　　　　　　　　　　　　　　 //一様な重みからスタート
2: **for** $t = 1$ to T **do**
3:　　重み w_{ti} を用いて D に対してアルゴリズム $\mathscr{A}$ を実行し，モデル M_t を作成する；
4:　　重み付き誤り率 ε_t を計算する；
5:　　**if** $\varepsilon_t \geq \frac{1}{2}$ **then**
6:　　　　$T \leftarrow t - 1$ とし，for ループから抜ける；
7:　　**end**
8:　　$\alpha_t \leftarrow \frac{1}{2} \ln \frac{1-\varepsilon_t}{\varepsilon_t}$;　　　　　　　　　　　　　　　　 //このモデルに対する信頼度
9:　　誤分類されたインスタンス $x_i \in D$ に対して $w_{(t+1)i} \leftarrow \frac{w_{ti}}{2\varepsilon_t}$;　　 //重みを増加させる
10:　正しく分類されたインスタンス $x_j \in D$ に対して $w_{(t+1)j} \leftarrow \frac{w_{tj}}{2(1-\varepsilon_t)}$; //重みを減少させる
11: **end**
12: **return** $M(x) = \sum_{t=1}^{T} \alpha_t M_t(x)$

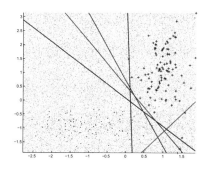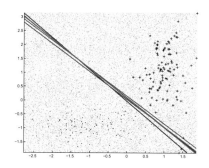

図 11.2 (左) 多数決を用いた 5 つのブースティングによる基本線形分類器のアンサンブル．その線形分類器が青から赤へと学習されている．基本分類器で訓練誤差 0 を実現しているものはないが，アンサンブルは実現している．(右) バギングを適用するとかなり同質なアンサンブルが得られており，ブートストラップ標本における多様性がほとんどないことを示している．[口絵 15 参照]

対照的に，バギングによる基本線形分類器のアンサンブルは，5 個のかなり似かよった決定領域を学習している．これは，このデータセットではブートストラップ標本がすべてとても似かよっていることが原因となっている．

これから (11.1) 式で示されている α_t の形を正当化しよう．まず，誤分類されたインスタンスと正しく分類されたインスタンスに対する 2 つの重みの更新が，互いに逆数の関係にある δ_t と $1/\delta_t$ によって，ある項 Z_t によって正規化したもとで，以下のように表されることを示そう．

$$\frac{1}{2\varepsilon_t} = \frac{\delta_t}{Z_t}, \quad \frac{1}{2(1-\varepsilon_t)} = \frac{1/\delta_t}{Z_t}$$

2つめの表現より $\delta_t = 2(1-\varepsilon_t)/Z_t$ が得られる．これを1つめの表現に代入すると以下を得る．

$$Z_t = 2\sqrt{\varepsilon_t(1-\varepsilon_t)}, \quad \delta_t = \sqrt{\frac{1-\varepsilon_t}{\varepsilon_t}} = \exp(\alpha_t) \tag{11.2}$$

よって，誤分類されたインスタンスと正しく分類されたインスタンスに対する重みの更新はそれぞれ $\exp(\alpha_t)/Z_t$ と $\exp(-\alpha_t)/Z_t$ となる．モデル M_t によって正しく分類されたインスタンスについては $y_i M_t(x_i) = +1$ となり，それ以外のインスタンスについては -1 となる事実を用いて，重みの更新は以下のように書き表せる．

$$w_{(t+1)i} = w_{ti}\frac{\exp(-\alpha_t y_i M_t(x_i))}{Z_t}$$

これは文献で一般に見受けられる表現である．

ここで少し前の段階に戻って，各ラウンドにおいて α_t がどうあるべきかまだ決定していないふりをしよう．重みの更新は乗法的であるから，以下のように書ける．

$$w_{(T+1)i} = w_{1i}\prod_{t=1}^{T}\frac{\exp(-\alpha_t y_i M_i(x_i))}{Z_t} = \frac{1}{|D|}\frac{\exp(-y_i M(x_i))}{\prod_{t=1}^{T} Z_t}$$

ここで，$M(x_i) = \sum_{t=1}^{T} \alpha_t M_t(x_i)$ はブースティングによるアンサンブルで表されるモデルである．インスタンス空間上での重みの総和はつねに1であるので，以下を得る．

$$\prod_{t=1}^{T} Z_t = \frac{1}{|D|}\sum_{i=1}^{|D|}\exp(-y_i M(x_i))$$

$\exp(-y_i M(x_i))$ はつねに正であり，$-y_i M(x_i)$ が正のとき少なくとも1となり，それはアンサンブルによって x_i が誤分類される（つまり，$\text{sign}(M(x_i)) \neq y_i$）ときに生じることに留意してほしい．よって，この式の右辺は少なくともブースティングによるアンサンブルの訓練誤差に等しい．また，$\prod_{t=1}^{T} Z_t$ はその訓練誤差の上限である．それゆえに，単純なヒューリスティックでは，ブースティングの各ラウンドにおいて，以下の値を貪欲 (greedy) に最小化するだろう．

$$Z_t = \sum_{i=1}^{|D|} w_{ti}\exp(-\alpha_t y_i M_t(x_i)) \tag{11.3}$$

ここで，M_t によって誤って分類されるインスタンスの重みの総和は ε_t であるので，以下のように表される．

$$Z_t = \varepsilon_t \exp(\alpha_t) + (1-\varepsilon_t)\exp(-\alpha_t)$$

α_t について導関数を求めて0とおいたものを α_t について解くことで (11.1) 式の α_t が得られ，(11.2) 式の Z_t が得られる．

ここで (11.3) 式は，ブースティングによって最小化される損失関数が図 2.6 で出くわした指数損失関数 $\exp(-y\hat{s}(x))$ であることを示しているのに気づいてほしい．さら

に，(11.2) 式より，Z_t の最小化は $2\sqrt{\varepsilon_t(1-\varepsilon_t)}$ の最小化を意味していることにも注意しよう．この値がすでに第 5 章で検討した $\sqrt{\text{Gini}}$ 不純度尺度だとわかるかもしれない．第 5 章ではこの分割基準がクラス分布の変化に対して頑健であることを確認した（図 5.7 参照）．本質的には，ブースティングアルゴリズムで実行される重みの更新方法により，今回も同様なことが生じている．

11.2.2 ブースティングによるルール学習

ブースティングの興味深いバリエーションが，予測を行わないこともある部分分類器 (partial classifier) を基本モデルとしている場合に生じる．例えば，基本分類器が正のクラスを予測することに目的が固定された連言ルールであるとしよう．それゆえに，個々のルールは，カバーするインスタンスに対して正のクラスであると予測するか，予測を行うことを差し控えるかのどちらかである．そのメンバー内で重み付き投票を行うようなルールからなるアンサンブルを学習するのに，ブースティングを用いることができる．

以下のように，ブースティングの式を少し修正する必要がある．ε_t は t 番めの基本分類器の重み付き誤り率であることに注意してほしい．用いているルールはカバーされているインスタンスに対してつねに正と予測するので，これらの誤り率は，カバーされている負例にのみ関係しており，$\varepsilon_t^{\ominus}$ と表すこととする．同様に，カバーされている正例の重み付き和を $\varepsilon_t^{\oplus}$ と表し，これは $1-\varepsilon_t$ の役割を果たす．しかし，予測を差し控えるルールがあることから，ルールがカバーされていないインスタンスの重み付き和である 3 つめの要素があり，これを ε_t^0 と表す ($\varepsilon_t^0 + \varepsilon_t^{\oplus} + \varepsilon_t^{\ominus} = 1$)．よって，以下を得る．

$$Z_t = \varepsilon_t^0 + \varepsilon_t^{\ominus}\exp(\alpha_t) + \varepsilon_t^{\oplus}\exp(-\alpha_t)$$

この Z_t を最大にする α_t の値は以下のようになる．

$$\alpha_t = \frac{1}{2}\ln\frac{\varepsilon_t^{\oplus}}{\varepsilon_t^{\ominus}} = \ln\sqrt{\frac{\varepsilon_t^{\oplus}}{\varepsilon_t^{\ominus}}} \tag{11.4}$$

また，そのときの Z_t は以下のように得られる．

$$Z_t = \varepsilon_t^0 + 2\sqrt{\varepsilon_t^{\oplus}\varepsilon_t^{\ominus}} = 1 - \varepsilon_t^{\oplus} - \varepsilon_t^{\ominus} + 2\sqrt{\varepsilon_t^{\oplus}\varepsilon_t^{\ominus}} = 1 - \left(\sqrt{\varepsilon_t^{\oplus}} - \sqrt{\varepsilon_t^{\ominus}}\right)^2$$

このことは，各ブースティングのラウンドにおいて，$\left|\sqrt{\varepsilon_t^{\oplus}} - \sqrt{\varepsilon_t^{\ominus}}\right|$ を最大にするルールを構築し，その信頼度を (11.4) 式の α_t とすることを意味している．そのアンサンブルから 1 つの予測を得るためには，それをカバーしているすべてのルールの信頼度を足し上げる．$\varepsilon_t^{\oplus} < \varepsilon_t^{\ominus}$ の場合，これらの信頼度は負の値をとり，そのルールが負のクラスと相関していることを示している．このこと自体は問題ではないが，各ルールに対する目的関数を $\sqrt{\varepsilon_t^{\oplus}} - \sqrt{\varepsilon_t^{\ominus}}$ に変更することによって回避される．

ブースティングの各反復後の重みの更新は以前と同様であるが，ルールによってカ

バーされていない事例の重みは更新されないという点だけが異なる．よって，ブースティングによるルール学習はサブグループの発見における重み付きカバリングアルゴリズム (アルゴリズム 6.5) に類似している．この 2 つの違いは，重み付きカバリングアルゴリズムではクラスを参照することなしにルールの重なり (rule overlap) を促進し，すべてのカバーされる事例の重みを減少させようとしていたが，ここではカバーされる正例の重みを減少させ，カバーされる負例の重みを増加させる点にある．

11.3 アンサンブルの風景の地図を描く

2 つのよく利用されるアンサンブル手法について，いくらか詳細に議論してきた．文献にある他の多くのアンサンブル手法のいくつかに話を移す前に，その 2 つの手法の性能の違いがどのように説明されるかを考えてみたい．

11.3.1 バイアス，分散，マージン

アンサンブル手法は，3.2 節で回帰の文脈において議論したバイアス–分散のジレンマ (bias–variance dilemma) の理解を深めるための良い題材である．おおまかにいって，あるモデルがテストインスタンスを誤分類する理由は 3 つ挙げられる．第一に，異なるクラスに属するインスタンスが同じ特徴ベクトルをもっている場合，単純な話，与えられた特徴空間では誤分類は不可避である可能性がある．確率的な視点からいうと，クラスごとの分布 $P(X\,|\,Y)$ が重なるときにこの現象が生じ，同じインスタンスが複数のクラスに対して非ゼロの尤度をもつこととなる．そのような状況では，最も望ましいことは，目的概念 (target concept) を近似することである．

誤分類に対する 2 つめの理由は，そのモデルが目的概念を正しく表現するための表現力に欠けていることである．例えば，データが線形分離可能でない場合，最良の線形分類器でさえ誤りをおかす．これは分類器のバイアスであり，翻ってそのモデルの表現力に関連している．分類器の表現力もしくはバイアスを測るための広く認められたやり方というものはないが[*1]，線形のものよりも双曲線型の決定境界のほうがバイアスが少ないことは直感的に明らかである．また，木モデルでは単一のインスタンスをカバーするために葉ノードのサイズを任意に小さくできるので，木モデルが最小のバイアスをもつことは明らかである．

一般には，バイアスの小さいモデルが好ましいと思えるかもしれない．しかし，機械学習においては，バイアスの小さいモデルは大きな分散をもつ傾向があり，その逆も同様であるという経験則がある．分散は誤分類の 3 つめの原因である．あるモデルの決定境界が訓練データに強く依存する場合，その分散は大きくなる．例えば，最近

[*1] (3.2) 式で示されているように，二乗損失はバイアスの 2 乗と分散にうまく分解されるが，分類問題で利用される 0–1 損失のような損失関数は複数の方法で分解される．

隣分類器のインスタンス空間セグメントは単独の訓練点によって決定される．よって，もし決定境界に隣接しているセグメント内の訓練点を動かした場合，その境界は変化するだろう．木モデルは別の理由により大きな分散をもつ．つまり，もし別の特徴量が木の根ノードとして選択されるように訓練データに十分な変更を加えたなら，木の残りについても同様に違ったものとなる可能性が高い．分散が小さいモデルの1つの例は基本線形分類器であり，それは1つのクラス上でのすべての点について平均化するからである．

ここで，図 11.1 を振り返ってみよう．基本線形分類器のバギングによるアンサンブルは，単独の線形分類器の表現力を上回る区分線形決定境界を学習している．このことは，バギングは (他のアンサンブル手法と同様に)，線形分類器のようなバイアスの大きい基本モデルのバイアスを減少させることができることを示している．しかし，図 11.2 においてブースティングと比べた場合，バギングによって得られるバイアスの減少はブースティングの場合と比べてかなり少ないことがわかる．実際，バギングは主に分散を減少させる方法であるが，ブースティングは主としてバイアスを減少させる方法なのである．このことは，なぜバギングはしばしば木モデルのような分散の大きなモデルと組み合わせて利用され (アルゴリズム 11.2 におけるランダムフォレスト)，ブースティングは主として線形分類器や単変量の決定木 (決定株 (decision stump) とも呼ばれる) のようなバイアスの大きなモデルと組み合わされて利用されるのかを説明している．

ブースティングを理解するための別の方法は，マージンの観点から考えることである．直感的には，マージンとは決定境界からの符号付き距離のことであり，符号はその点が正しい側にいるのか，誤った側にいるのかを示している．ブースティングは，事例が決定境界の正しい側に分類されていたとしても，そのマージンを大きくするのに効果的であることが，実験で観察されている．その効果とは，訓練誤差が 0 まで下がった後でさえ，ブースティングはテスト集合での性能を改善し続ける可能性があるというものである．ブースティングはもともとは PAC 学習の枠組みで提案され，PAC 学習の枠組みはマージンを増加させることをとくに目的としているわけではないことを鑑みると，これは驚くべき結果であった．

11.3.2 その他のアンサンブル法

バギングやブースティングの他にも多くのアンサンブル手法がある．主なバリエーションは，基本モデルから得られた予測の組み合わせ方にある．なお，これはそれ自体が学習問題として定義されるということに注意してほしい．つまり，いくつかの基本分類器の予測が特徴量として与えられた場合，それらの予測を最もよく組み合わせるメタモデル (meta-model) を学習するのである．例えば，ブースティングでは，各基本モデルの誤り率から重み α_t を導出するというよりも α_t 自体を学習しているのである．線形メタモデルを学習することはスタッキング (stacking) として知られている．この

テーマについてはいくつかのバリエーションが存在している．例えば，決定木はメタモデルとして利用されている．

異なる基本モデルを1つの異質なアンサンブルにまとめることも可能である．この方法ではその基本モデルの多様性は，各基本モデルが異なる学習アルゴリズムによって訓練されるという事実に由来しているので，基本モデルはすべて同じ訓練データ集合を用いることができる．これら基本モデルのいくつかはパラメータの異なる設定値を用いているかもしれない．例えば，そのアンサンブルは，マージン誤差の許容範囲を調整する複雑度パラメータの値が異なる複数のサポートベクトルマシンを含んでいるかもしれない．

よって一般的には，モデルアンサンブルは一揃いの基本モデルと，基本モデルの予測をどのように組み合わせるべきか決定するよう訓練される1つのメタモデルで構成されている．メタモデルを訓練することは，各基本モデルの質を評価することを暗に含んでいる．例えば，スタッキングのようにメタモデルが線形であれば，ある重みが0に近い値である場合，対応する基本分類器がアンサンブルにあまり寄与しないことを意味している．基本分類器が負の重みをもつことさえも考えられるが，それは，他の基本モデルとの関連で，その予測を逆転させるのが一番よいということを意味している．さらにもう一歩踏み込んで，ある基本モデルがその訓練前だというのに，どれくらい良い性能を示すことが期待されるかを '予測' しようと試みることもできる．これをメタレベルでの学習問題として定式化することにより，メタ学習の領域に足を踏み入れることとなる．

11.3.3 メタ学習

メタ学習ではまず，データセットの大きな集まりを用いてさまざまなモデルを訓練することを含んでいる．よってその目的は，我々が以下のような疑問に対して回答する際の助けとなるような1つのモデルを構築することにある．

♣ サポートベクトルマシンよりも決定木が優れているのはどのような状況か？
♣ 線形分類器の性能が悪いのはどのような場合か？
♣ そのデータによって特定のパラメータ設定に関して助言が得られるだろうか？

メタ学習における重要な問題は，メタモデルの構築に利用する特徴量をどのようにデザインするかにある．これらの特徴量はデータセットの性質と訓練モデルの関連する側面を組み合わせるべきである．データセットの性質とは，特徴量の数や種類，インスタンスの数といったものを単純にリストアップするだけではモデルの性能についてはわからないため，それら以上を示すべきである．例えば，枝刈りの前後で訓練された決定木のサイズを測ることで，あるデータセットのノイズレベルの評価を試みることができる．また，決定株のような単純なモデルを1つのデータセットを用いて訓練し，それらの性能を測ることも有用な情報を与えてくれる．

背景1.1において，我々はノーフリーランチ定理について言及した．それは，すべての考えうる学習問題に対して他のすべての学習アルゴリズムを凌駕するような学習アルゴリズムは存在しないということを主張するものであった．その帰結として，すべての考えうる学習問題に対するメタ学習は無駄であるということもいえる．もしそうでないならば，ある特定のデータセットにおいてランダムな性能よりも良い結果を与える基本モデルがどれであるかを教えてくれるような，メタモデルを用いた1つのハイブリッドモデルを構築することができてしまうだろう．すなわち我々が望みうるのは，学習問題の非一様な分布上での有用なメタ学習の実現のみである．

11.4 モデルアンサンブル：まとめと参考文献

この短い章において，アンサンブル手法の根底にある本質的な考え方のいくつかについて議論した．すべてのアンサンブル手法に共通することは，適宜修正された訓練データから複数の基本モデルを構築することである．それに加えて，複数の基本モデルから得られた予測やスコアを組み合わせてアンサンブルとしての予測を導くための技法が用いられる．ここでは，最も一般的に利用されているアンサンブル手法のうちの2つとして，バギングとブースティングに焦点を当てた．モデルアンサンブルへの良い導入がBrown (2010)によって与えられている．分類器の組み合わせについての標準的な文献はKuncheva (2004)であり，より近年の概説がZhou (2012)によって与えられている．

- ♣ 11.1節ではバギングとランダムフォレストについて議論した．バギングは訓練データの複数の標本から多様なモデルを訓練する手法で，Breiman (1996a)によって導入された．一般にBreiman (2001)に始まると考えられているランダムフォレストは，バギングによる決定木をランダム部分空間と組み合わせている．同様のアイデアはHo (1995)やAmit and Geman (1997)によって開発されていた．これらのテクニックは木モデルのようなバイアスの小さなモデルの分散を減少させるのにとくに有用である．
- ♣ 11.2節ではブースティングについて議論した．本質的なアイデアは，それまでに誤分類された事例の重みを増やすことによって多様なモデルを訓練することにある．このことは，線形分類器や決定株のような別の面では頑健な分類器のバイアスを減少させるのに役立つ．わかりやすい概説がSchapire (2003)によって与えられている．Kearns and Valiant (1989, 1994)は，ランダムな推測よりもほんのわずかに良く振る舞う弱学習アルゴリズムが，ブースティングにより任意の精度をもつ強学習アルゴリズムに高められるかどうかという問題提起を行った．Schapire (1990)は弱学習可能性と強学習可能性が同等であることを示すためのブースティングの理論的な形式を紹介した．アルゴリズム11.3がベースとしているAdaBoostアルゴリズムはFreund and Schapire (1997)によって紹介された．

Schapire and Singer (1999) は多クラス多ラベルへの AdaBoost の拡張を行っている．AdaBoost のランキングのバージョンは Freund et al. (2003) によって提案された．予測を差し控える可能性のある分類器を扱うことができるブースティングによるルール学習アプローチは Slipper (Cohen and Singer, 1999) に端を発している．なお，Slipper とは Ripper (Cohen, 1995) のブースティングバージョンである．

♣ 11.3 節では，バギングとブースティングについてバイアスと分散の観点から議論した．Schapire et al. (1998) は，マージン分布の改善の観点からブースティングの詳細な理論的および実験的な分析を与えている．また，基本モデルを組み合わせるためのメタモデルを訓練するようなアンサンブル手法についてもいくつか言及した．スタッキングは線形メタモデルを用いており，分類問題に対する手法として Wolpert (1992) によって導入され，Breiman (1996b) によって回帰問題へ拡張された．メタ決定木は Todorovski and Dzeroski (2003) によって導入された．

♣ さらに，学習アルゴリズムの性能について学習する手法として，メタ学習について簡単に論じた．この領域は Michie et al. (1994) によって記録された初期の経験的な研究に端を発している．近年の参考文献としては，Brazdil et al. (2009, 2010) が挙げられる．枝刈りなしの決定木がデータセットの性質を得るために Peng et al. (2002) によって利用されている．さらなるデータの性質を得るために単純なモデルを訓練するというアイデアは，ランドマーキング (landmarking; Pfahringer et al., 2000) として知られている．

Chapter *12*

機械学習実験

　機械学習は計算機的であると同時に実務的である．適当な仮定をおけば，ある学習アルゴリズムが理論的に最適なモデルに収束することを示せるかもしれないが，一方で実データからも確認すべきことがある．例えば，仮定がどの程度満たされているかや，収束のスピードが実用に耐えうるかどうかなどである．我々は実際のデータを用いてモデルや学習アルゴリズムを評価・実行し，それによって得られた測定値をもとにこのような問題に答えていく必要がある．これは機械学習実験 (machine learning experiment) と呼ばれるものである．

　自然科学における実験は，ある科学理論への疑問に対する調査と捉えられる．例えば，アインシュタインの一般相対性理論を確認するために行ったアーサー・エディントンの有名な 1919 年の実験では，太陽の重力場によって光線が曲げられるか，という疑問を調査した．具体的には皆既日食などいくつかの状況下で恒星の位置を測定し，その測定値が，ニュートン力学では説明できないが，一般相対性理論では説明できることを示した．

　機械学習実験では何もエディントンのようにプリンシペ島に旅行する必要はないが，自然科学における実験とのある種の類似性もみられる．**機械学習実験はモデルに関する疑問を提示し，データを利用してその疑問に答える試行である**．例えば次のような疑問が挙げられる．

- ♣ モデル m は領域 $\mathscr{D}$ のデータ上でどのように機能するのか．
- ♣ どのモデルが領域 $\mathscr{D}$ のデータ上で最も性能が良いか．
- ♣ 学習アルゴリズム $\mathscr{A}$ で生成されたモデルは領域 $\mathscr{D}$ のデータ上でどのように機能するのか．
- ♣ どの学習アルゴリズムが領域 $\mathscr{D}$ のデータ上で最も性能の良いモデルを生成するか．

　いま，領域 $\mathscr{D}$ のデータをもっているとすると，そのデータを使ってモデルの評価基準

を測定し，上記の疑問を調べることができる[*1]．統計的に実験を行う方法についての文献は多いが，いくつかの文献では型通りの方法で実験を行い，木を見て森を見ない傾向にある．つまり，上記のような疑問(森)について十分考えずに，測定値や有意性検定統計量など(木)を単に記録する傾向にある．本章では，測定方法を単に羅列するのではなく，実験目標に応じて何を測定するか (12.1 節) ということの重要性について議論する．12.2 節と 12.3 節では測定方法とその解釈の仕方を詳しく考えていく．

12.1 測定対象

測定する対象について考えるにあたって，良い出発点となるのは表 2.3 の評価尺度である．ただしこの場合の尺度はスカラーである必要はなく，ROC やカバレッジ曲線などでもよい．これらの尺度の適切さは，実験によって答えるべき疑問に関する性能をどのように定義するかに依存する．いまこれを実験目標 (experimental objective) と呼ぶことにしよう．性能基準と実験目標を混同しないことは重要である．前者は我々が実際に測定できるものを意味しており，後者は真に興味のあるものを意味する．例えば心理学においては，実験目標は人の知能レベルを定量化することであり，性能基準は標準テストによって得られる IQ スコアとなる．IQ スコアは知能レベルと関係はしているが，明らかに別ものである．

機械学習においては状況がもう少し具体的で，実験目標 (例えば正答率) は原理上測定できる．もしくは，少なくともその推定値を計算することができる．しかしながら未知な要因も存在する．例えば，クラス分布が変動するような動作文脈 (operating context) でモデルを用いることを考えよう．この場合新しいデータに対する正答率を確率変数として扱うことができ，正例の割合 pos にある確率分布を仮定すると，その期待値を計算することもできる．いま，$acc = pos \cdot tpr + (1-pos) \cdot tnr$ であるから，真陽性と真陰性がクラス分布とは独立に計算できると仮定し，さらに pos の分布を一様分布と仮定すると，

$$\mathbb{E}[acc] = \mathbb{E}[pos \cdot tpr + (1-pos) \cdot tnr] = \mathbb{E}[pos]tpr + \mathbb{E}[1-pos]tnr$$
$$= tpr/2 + tnr/2 = avg\text{-}rec$$

を得る．つまり，この場合の実験目標は正答率の推定であったが，クラス分布を変動的に考えると，使うべき評価尺度が正答率ではなく平均再現率となるのである．

[*1] 異なる領域に属するデータを使って新たな領域について上記の疑問を調べることはより難しい問題となるが，究極的な関心はそこにある．

例 12.1　未知なクラス分布に対する期待正答率

あるテストデータに対して分類器が次の結果を返したとしよう．

	予測 ⊕	予測 ⊖	
実際 ⊕	**60**	*20*	80
実際 ⊖	*0*	**20**	20
	60	40	100

このとき，$tpr = 0.75$, $tnr = 1.00$, $acc = 0.80$ である．しかしこの表では正例の数が負例の 4 倍となっている．いま，もし pos が単位区間から一様に抽出されたとすると，期待正答率は $(tpr + tnr)/2 = 0.88$ となり，acc よりも増加する．この結果は，acc が負例における分類器の性能の良さを軽視しているためである．

同じテストデータに対して別の分類器が次の結果を返したとする．

	予測 ⊕	予測 ⊖	
実際 ⊕	**75**	5	80
実際 ⊖	*10*	**10**	20
	85	15	100

このとき，$tpr = 0.94$, $tnr = 0.50$, $acc = 0.85$, $avg\text{-}rec = 0.72$ である．以上の結果から，テストデータのクラス分布がモデルを用いる文脈において代表的である場合は 2 番めのモデルが良いが，分布の情報がない場合は 1 番めのモデルを使うべきであることがわかる．

この例が示すように，評価尺度として正答率を使用する場合は，テストデータのクラス分布がモデルを用いる文脈において代表的でなければならない．さらには，もしある実験において正答率だけを測定していた場合は，後になって変動的なクラス分布を考える必要性が出てきても，正答率を平均再現率に切り替えることはできない．したがって，分割表を再現できるような情報を十分に記録しておく必要がある．この場合の十分な情報は，真陽性，真陰性 (または偽陽性)，クラス分布そしてテストデータのサイズであろう．

評価尺度の選択の重要性に関する 2 つめの例では，情報検索の分野でよく用いられる適合率と再現率について考察する．

例 12.2　評価尺度としての適合率と再現率

例 12.1 における 2 番めの分割表では，適合率が $prec = 75/85 = 0.88$，再現率が $rec = 75/80 = 0.94$ となっている．また，F 値は適合率と再現率の調和平均で与えられ (背景 10.1 を参照)，この場合は 0.91 である．

次の分割表を考えよう.

	予測 ⊕	予測 ⊖	
実際 ⊕	**75**	*5*	80
実際 ⊖	*10*	**910**	920
	85	915	1000

この表では真陰性の数がかなり多く,したがって真偽性率と正答率がかなり高くなる (共におよそ 0.99). 一方で再現率, 適合率, F 値はそのままである.

この例が明示していることは,適合率,再現率およびその関数である F 値などは真陰性に影響を受けないということである. これは F 値の欠点というわけではない. むしろ負例が非常に多い場合,すなわちつねに負例と予測することによって高い正答率が簡単に得られてしまう状況において,かなり有用である. 例えば検索エンジン (多くの検索アイテムはクエリの答えではない) やネットワークのリンク予測 (多くの頂点ペアはリンクしない) がそれに該当する. つまり, F 値を評価尺度として用いるということは,真陰性が重要でない文脈であると暗に示唆しているのである.

最後に,実際上重要であるにも関わらず軽視されがちな,ある評価尺度に着目したい.それは予測陽性率 (predicted positive rate) と呼ばれる尺度で,総インスタンス数に占める陽性と予測されたインスタンス数 (分割表第 1 列の和) の割合で計算される.

$$ppr = \frac{TP+FP}{Pos+Neg} = pos \cdot tpr + (1-pos) \cdot fpr$$

予測陽性率は,分類性能を測る尺度ではないが,クラス分布の推定値を与えている.またこれは,テスト集合が与えられた場合,ランカーやスコア分類器などによって調節できる.例えばランキングにおいて,テスト集合を等分割するような閾値を使うと,予測陽性率が単に 1/2 となる.このことから,分類正答率とランキング正答率の関連性が示唆される.例えば, n 個のインスタンスのランキングを, $n+1$ 個の分割点のなかから一様にランダムに選んだ点で分割した場合,期待正答率は

$$\mathbb{E}[acc] = \frac{n}{n+1} \frac{2\mathrm{AUC}-1}{4} + 1/2$$

で計算される.

例 12.3 期待正答率と AUC

あるランカーが ⊕⊕⊖⊕⊕⊖ のランキングを返したとしよう. このとき, 9 個の可能性のなかから 2 つのランキングの誤りが確認されるため, $\mathrm{AUC} = 7/9$ である. いま計 7 個の分割点が考えられ,対応する予測陽性率は左から $0, 1/6, \ldots, 5/6, 1$ となり,対応する正答率は $3/6, 4/6, 5/6, 4/6, 3/6, 4/6, 3/6$ となる. よって可能な分割点上での期待正答率は $(3+4+5+4+3+4+3)/(6 \cdot 7) = 26/42$ であり,一方で

> $(2\text{AUC} - 1)/4 = 5/36$ したがって $\frac{n}{n+1}(2\text{AUC} - 1)/4 + 1/2 = 5/42 + 1/2 = 26/42$ である．

以上の議論は次の 2 つのことを強調している．まず 1 つは，あるモデルが良いランカーになっていても，その確率推定値が十分にキャリブレートされていない場合は，事後確率最大化 (MAP) 決定ルールを用いるよりも，予測陽性率がある値 (例えば $ppr = pos$) になるように，閾値を調節したほうがよいということである．そしてもう 1 つは，AUC がこの場合の良い評価尺度になるということである．上述のように期待正答率と AUC が線形的に関係しているためである．

以上のことを要約すると，評価尺度は，実験目標やモデルを用いる文脈に応じて選択されるべきであり，本節では具体的に以下のことをみてきた．

- ♣ テストデータのクラス分布が，モデルを用いる文脈において代表的である場合は，正答率が良い尺度となる．
- ♣ どのようなクラス分布も同様に確からしい平均再現率を選択すべきである．
- ♣ 適合率と再現率は，真陰性に影響を受けない尺度である．
- ♣ 予測陽性率と AUC はランキングにおいて重要な尺度である．

次節では，このような尺度をデータから推定する方法について考察する．

12.2 測 定 方 法

前節で考えた評価尺度はすべて分割表から計算することができる．よってその「測定の仕方」は単に，テストデータから分割表を作り，それを用いて必要な計算を行うだけのように思える．しかしそう単純ではなく，次の 2 つの問題に注意しなければならない．(i) どのデータで測定を行うべきか，および (ii) 測定値の不確実性をどのように評価するべきかといった問題である．本節では (i) を扱い，残りの (ii) は次節で議論する．

例えばある人の身長などを何度も測定する場合，測定ごとにいくらかの変動が起きうる．これは測定プロセス特有の現象であり，例えば，巻尺を控えめに伸ばしたり，わずかに異なる角度から目盛を読んだりすることで変動が起きうる[*2]．このような変動は測定値を確率変数として扱うことでモデル化できる．いま，この確率変数は平均 (実際に測定したい値) と分散 σ^2 で特徴づけられるとしよう．これらは一般に未知であるが，推定は可能である．上記のモデル化によって，ある人の身長を何度も測定すると，その標本分散は σ^2 に収束することがわかる．変動が起きる状況では通常，k 個

[*2] 朝起きたばかりのほうが 1 日の終わりよりも身長が高くなることもあるが，ここではそのような変動は無視し，真の値は一意に定まると仮定する．

の測定値の平均をとる. なぜなら, その平均値の分散が σ^2/k に減少するためである. つまり, k 個の測定値から平均値を何度も計算すると, その標本分散は σ^2/k に近づいていく. 以上の議論においては測定値の独立性を仮定している. 例えば欠陥のある巻尺などによって規則的な変動が生じる場合は平均値は役に立たない.

いま, 分類器の正答率 (または真陽性や予測陽性率などの評価尺度) を測定することを考えよう. ここでは, 各テストインスタンスが成功確率 a のベルヌーイ試行に従うものとしてモデル化を行う. 成功確率 a が真の正答率であり, 一般に未知である. そこで, 正しく分類されたテストインスタンスの個数 A を使って $\hat{a} = A/n$ で推定を行う. ここで A は二項分布に従うことに注意しておく. ベルヌーイ試行に従う確率変数の分散は $a(1-a)$ であるから, n 個のテストインスタンスが独立に得られたと仮定すると, その平均をとったときの分散は $a(1-a)/n$ となる. よってそれに $\hat{a}$ を代入することによって分散を推定することができる. これは次節で $\hat{a}$ の不確実性を評価する際にも有用となる. なお, ある条件下では, k 個の独立な推定値 $\hat{a}_i$ に対する平均 $\bar{a} = \frac{1}{k}\sum_{i=1}^{k}\hat{a}_i$ や標本分散 $\frac{1}{k-1}\sum_{i=1}^{k}(\hat{a}_i - \bar{a})^2$ を代わりに用いたほうがよい[*3].

ではどのようにして k 個の独立な a の推定値を入手したらいいのだろうか. もし十分大きなデータがある場合は, そこからサイズ n のデータを独立に k 個抽出し, 各データに対して a を推定すればよい. ただし, あるモデルの評価よりも学習アルゴリズムの評価に興味がある場合は, 訓練データをテストデータとは別に確保しておかなければならないことを注意しておく. データが十分に用意できない場合は, 次の交差検証法 (cross-validation) が一般に用いられる. これは, データをランダムに k 個の部分またはフォールド (fold) に分割し, 1 つのフォールドをテストインスタンスとして確保し, 残りの $k-1$ 個を用いてモデルを学習し, それを確保したテストインスタンスから評価するといった方法である. ただしこの一連のプロセスは, 各フォールドが 1 回ずつテストインスタンスとして使われるまで k 回繰り返される. 1 つではなく k 個のモデルを評価しているのは不思議に思えるかもしれない. だがこれは, 単一のモデル (出力が複数のインスタンスのラベル) を評価する場合よりも, 学習アルゴリズム (出力が単一のモデルであり複数のモデル上で平均したい) を評価する場合に重宝される. 交差検証法によって得られた k 個の訓練データ上で平均をとることによって, 学習アルゴリズムの分散のようなもの (すなわち訓練データの変動への依存度) を計算できる. ただし, これら訓練データはかなり重複しており, 明らかに独立ではないことに注意しなければならない. なお, 考えている学習アルゴリズムの性能が満足のいくものであれば, 今度はそれをデータ全体で実行し, 最終的に 1 つのモデルを得ることができる.

やや恣意的であるが, 交差検証法は $k=10$ として実行するのが通常である. 経験的には個々のフォールドは少なくとも 30 のインスタンスを含むべきである. これだけ

[*3] 標本分散の計算において, k ではなく $k-1$ で割っていることに注意. これは標本平均の不確実性のためである.

の数があれば，正しく分類されたインスタンス数の分布である二項分布を正規分布で近似できるのである．総インスタンス数が 300 を下回ってしまう場合はそれに応じて k を調節しなければならない．あるいは $k = n$ として，1 つのテストインスタンスを除いた他のすべてに対して学習を行い，それを n 回繰り返すといった方法が考えられる．これはひとつ抜き交差検証法 (leave-one-out cross-validation; またはジャックナイフ法; jackknife) と呼ばれる．つまり，それぞれの単一インスタンス「フォールド」では正答率の推定値は 0 か 1 であるが，n 個の平均をとれば中心極限定理により近似的な正規分布が得られるのである．もし学習アルゴリズムがクラス分布から影響を受けやすい場合は，層別交差検証法 (stratified cross-validation) を利用するべきである．この方法では，各フォールドにおけるクラス分布がだいたい同じになるように調節される．交差検証法をまた別のランダム分割で行い，得られた結果の平均を再びとることで，さらに推定値の分散を小さくすることができる．いまこれを例えば 10 回の 10 分割交差検証法のように呼ぶことにしよう．だがこれは一方で，独立性の崩れをさらに促してしまう．ランダム分割の回数を増やしすぎてしまうと，正答率の推定値は与えられたデータに過適合してしまい，新しいデータに対しては役に立たなくなることに留意しておく必要がある．

例 12.4　交差検証法

次の表は交差検証法を用いて 3 つの学習アルゴリズムを評価した結果を表している．

フォールド	ナイーブベイズ (NB)	決定木法 (DT)	近傍法 (NN)
1	0.6809	0.7524	0.7164
2	0.7017	0.8964	0.8883
3	0.7012	0.6803	0.8410
4	0.6913	0.9102	0.6825
5	0.6333	0.7758	0.7599
6	0.6415	0.8154	0.8479
7	0.7216	0.6224	0.7012
8	0.7214	0.7585	0.4959
9	0.6578	0.9380	0.9279
10	0.7865	0.7524	0.7455
平均	0.6937	0.7902	0.7606
標準偏差	0.0448	0.1014	0.1248

最後の 2 行では 10 個のフォールドに対する平均と標準偏差をそれぞれ計算している．この表から，近傍法の標準偏差が一番大きく，ナイーブベイズ法が一番良い性能をもつことが確認できる．しかし近傍法を完全に見限ってしまってもよい

のだろうか.

交差検証法においても，スコア分類器から得られる ROC 曲線を描くことができる．各インスタンスはただ 1 つのテストフォールドにのみ含まれ，そして各インスタンスに対して 1 つのスコアが得られるためである．したがってすべてのテストフォールドを単純に合併して単一のランキングを作ればよい．

12.3 解 釈 方 法

モデルや学習アルゴリズムに対する評価尺度の推定値が得られると，それをもとにして最適なモデルやアルゴリズムを選択することができる．しかしここで問題となるのは，これら推定値の不確実性にどう対処するかである．本節では 2 つの重要な概念である，信頼区間と有意性検定について議論する．機械学習実験の結果を解釈するとき，現在の標準的なやり方に準じようと思うなら，これらの概念を正確に理解しておく必要がある．しかし現在の標準的なやり方はこれまで以上に精密な分析が要求されるようになりつつあることも理解しておかなければならない．また，ここで説明する手法は多くの方法のうちのごく一部のみであることを注意しておく．

推定値 $\hat{a}$ が平均 a，標準偏差 σ をもつ正規分布に従うとする．いま一時的にパラメータ a, σ がわかっているとすると，正規分布の密度関数が計算でき，したがって推定値がある区間に入る尤度を計算することができる．例えば $a \pm \sigma$ 内の区間に推定値が入る尤度は 68% である．つまり，独立なテストデータから 100 個の推定値を計算したとすると，そのうち 68 個の推定値が $a \pm \sigma$ 内の区間に入ることが見込める．同じことであるが，真の平均が 68 回 $\hat{a} \pm \sigma$ 内の区間に入ることが見込めるのである．このような区間は，推定値の 68% 信頼区間 (confidence interval) と呼ばれる．なお，信頼水準を 95% にしたい場合は区間の端点を $a \pm 2\sigma$ にすればよい．例えば確率分布表や MATLAB，R などの統計ソフトウェアを使うと，設定したい信頼水準に対する区間の端点を計算することもできる．正規分布は対称であるから，正規分布に従う推定値の信頼区間も対称になる．ただしこれは一般には成立しない．例えば二項分布は $p = 1/2$ を除いて非対称である．また，信頼区間が対称である場合は，それを簡単に片側区間に変更することができる．例えば $a \pm \sigma$ 区間の左の端点を負の無限大に変更すると，片側 84% 信頼区間が簡単に得られる．

以上のことから，信頼区間を構成するためには，(i) 推定値の分布と (ii) その分布のパラメータがわからなければならない．前節でみたように，n 個のテストインスタンスから推定される正答率の分布は n でスケーリングされた二項分布に従い，その分散は $a(1-a)/n$ である．このとき，信頼区間は対称ではないが，二項分布の非対称性がはっきりと表れるのは $na(1-a) < 5$ の場合のみである．つまり二項分布の正規近似が

うまくいかない場合のみである．よって信頼区間の構成には正規分布を使うことにし，それに必要な分散は二項分布のものを使うことにする．

> **例 12.5　信頼区間**
>
> 100 個のテストインスタンスのうち 80 個が正しく分類されたとしよう．このとき $\hat{a} = 0.80$ であり，分散と標準偏差の推定値はそれぞれ $\hat{a}(1-\hat{a})/n = 0.0016$, $\sqrt{\hat{a}(1-\hat{a})/n} = 0.04$ である．また $n\hat{a}(1-\hat{a}) = 16 \geq 5$ であるから，正規分布による近似を使って，68% 信頼区間が $[0.76, 0.84]$ と推定される．なお，95% 信頼区間は $[0.72, 0.88]$ である．
>
> もしテストインスタンス数を 50 に減らし，そのうち 40 個が正しく分類されたとすると，標準偏差が 0.06 に増加し，その結果 95% 信頼区間が $[0.68, 0.92]$ に広がる．また，テストインスタンス数が 30 を下回る場合は，二項分布の確率分布表を使って非対称な信頼区間を構成する必要があるだろう．

信頼区間は評価尺度の真値についてというよりも，その推定値について述べるものであるという点に注意しよう．つまり，「真の正答率 a が 0.80 である場合，測定値 m が区間 $[0.72, 0.88]$ に入る確率は 0.95 である」という記述は正しいが，その逆「測定値が $m = 0.80$ である場合，真の正答率が区間 $[0.72, 0.88]$ に入る確率は 0.95 である」をいうことはできない．つまり $P(a \in [0.72, 0.88] \mid m = 0.80)$ を $P(m \in [0.72, 0.88] \mid a = 0.80)$ から推測するためには，何らかの形でベイズの法則を利用しなければならない．だがそのためには，真の正答率と測定値に適切な事前分布を設定する必要がある．

真の正答率 a についてのある帰無仮説 (null hypothesis) を検定することによって，評価尺度の真値についての推論を行うこともできる．例えば真の正答率が 0.5 であるという帰無仮説を考えよう．このとき帰無仮説のもとで二項分布の標準偏差は $\sqrt{0.5(1-0.5)/100} = 0.05$ となる．いま，推定値が 0.80 で得られたとすると，帰無仮説のもとで 0.80 以上の推定値が得られる確率である p 値 (p-value) が計算できる．そして計算した p 値を事前に設定した有意水準 α と比較する．有意水準は例えば $\alpha = 0.05$ のように設定するが，これは 95% の信頼水準に該当する．もし p 値が α よりも小さければ帰無仮説を棄却する．なお，上記の設定では $p = 1.9732 \cdot 10^{-9}$ であるため，帰無仮説は棄却される．

有意性検定 (significance testing) の考え方は，交差検証法で評価された学習アルゴリズムに対しても適用可能である．その際にはまず，各フォールドに対して，アルゴリズム間の基準の差を計算する．正規分布に従う 2 つの確率変数の差はまた正規分布に従うため，真の差が 0 であるという帰無仮説を考える．つまり帰無仮説の下では，差は偶然によって生じたものとする．そして正規分布を用いて p 値を計算し，もし p 値が設定した有意水準 α よりも小さくなれば帰無仮説を棄却する．ここで，真の標準偏差

は一般に未知であるため，それを推定する必要がある．ただし真の標準偏差をその推定値で置き換えた場合には，差の分布が正規分布よりも裾が重くなってしまう．実際，このときの分布はスチューデントの t 分布もしくは単純に t 分布 (t-distribution) と呼ばれるものになっている[*4]．この t 分布は正規分布よりも裾が重い分布を表すことが可能で，その裾の重さは自由度 (degrees of freedom) で規定される．交差検証法に適用する今回の場合は，自由度は (最後のフォールドが他から決まってしまうため) フォールド数から 1 を引いたものである．なお，以上の検定方式は対応のある t 検定 (paired t-test) と呼ばれる．

例 12.6 対応のある t 検定

次の表は，例 12.4 の結果に対して対応のある t 検定を行ったものである．各フォールドに対して，アルゴリズム間の差が計算されている．帰無仮説としては，アルゴリズム間に差はないというものを考えている．

フォールド	$NB-DT$	$NB-NN$	$DT-NN$
1	−0.0715	−0.0355	0.0361
2	−0.1947	−0.1866	0.0081
3	0.0209	−0.1398	−0.1607
4	−0.2189	0.0088	0.2277
5	−0.1424	−0.1265	0.0159
6	−0.1739	−0.2065	−0.0325
7	0.0992	0.0204	−0.0788
8	−0.0371	0.2255	0.2626
9	−0.2802	−0.2700	0.0102
10	0.0341	0.0410	0.0069
平均	−0.0965	−0.0669	0.0295
標準偏差	0.1246	0.1473	0.1278
p 値	**0.0369**	*0.1848*	*0.4833*

最終行の p 値は自由度 $k-1=9$ の t 分布から計算している．有意水準 $\alpha=0.05$ の下では，ナイーブベイズ法 (NB) と決定木法 (DT) の間にのみ有意な差がみられる．

12.3.1 複数のデータ集合にわたる結果の解釈

t 検定は 1 つのデータ集合に基づく 2 つの学習アルゴリズムを (ふつうは交差検証法

[*4] これは 1908 年に William Sealy Gosset が 'Student' という仮名で提案した．仮名を使った理由は，当時彼を雇用していたダブリンのギネスビール会社が，統計の使用を内密にしたかったためである．

12.3 解釈方法

により得られた結果を使って) 比較するのに適用することができた. しかしこのような方法は，複数のデータ集合に対して適用することはできない. 別々のデータ集合の性能基準を直接比較することはできないためである. 複数のデータ集合に基づく 2 つの学習アルゴリズムを比較するためには，ウィルコクソンの符号付き順位検定 (Wilcoxon's signed-rank test) など，そうした目的のために設計された検定法を用いる必要がある. ウィルコクソンの符号付き順位検定は，まず評価指標の差を絶対値の小さい順に 1 から n まで順位付ける. そして正の差と負の差のそれぞれにおいて，その順位を足し合わせ，それらのうちの小さいほうを統計量とする. データ集合の個数が多ければ (少なくとも 25)，その統計量を近似的に正規分布に従う統計量に変換できるが，少ない場合は棄却臨界値 (critical value: つまり p 値が α になる統計量の値) を統計表から求める.

例 12.7 ウィルコクソンの符号付き順位検定

例 12.6 におけるナイーブベイズ法と決定木法についての数値 ($NB - DT$) を用いる. ただし議論の便宜上，それらは 10 個の異なるデータ集合から計算されたものとする.

データ集合	$NB - DT$	順位
1	−0.0715	*4*
2	−0.1947	*8*
3	0.0209	*1*
4	−0.2189	*9*
5	−0.1424	*6*
6	−0.1739	*7*
7	0.0992	*5*
8	−0.0371	*3*
9	−0.2802	*10*
10	0.0341	*2*

このとき，正の差に対する順位の和は *1 + 5 + 2 = 8* であり，負の差に対しては *4 + 8 + 9 + 6 + 7 + 3 + 10 = 47* である. 10 個のデータ集合に対する有意水準 $\alpha = 0.05$ の棄却臨界値は 8 であり，これはつまり，順位和の小さいほうが 8 以下の場合，正の差と負の差に対して順位が等しく分布するという帰無仮説が棄却されるのである. よってナイーブベイズ法と決定木法の間に有意な差がみられる. この結果は対応のある t 検定を用いた場合と同じである.

ウィルコクソンの符号付き順位検定は，差の絶対値が大きなほうが小さい場合よりも良いという仮定を要求するが，通約可能性 (commensurability) についての仮定は何も必要としない. 言い換えれば，性能の差は実数値ではなく序数として扱われるので

ある.さらにはこうした差の分布に正規性を仮定する必要がなく[*5],そのため外れ値の混入にも頑健である.

n 個のデータ集合を用いた k 個のアルゴリズムを比較したい場合は,対比較の繰り返しによる有意水準の増加を回避するために,特別な有意性検定を行う必要がある.フリードマン検定 (Friedman test) はまさにこのような状況のために開発された方法である.これはウィルコクソンの符号付き順位検定のように順位に基づく方法であり,そのため評価基準の分布を仮定する必要はない[*6].具体的には,各データ集合において k 個のアルゴリズムを,最良 (順位 1) から最悪 (順位 k) の順に順位付ける.いま,R_{ij} を i 番めのデータ集合に対する j 番めのアルゴリズムの順位とし,$R_j = (\sum_i R_{ij})/n$ を j 番めのアルゴリズムの平均順位としよう.すべてのアルゴリズムが同じ性能をもつという帰無仮説のもとでは,これら平均順位 R_j は等しくなるはずである.これを検定するために,次の量を計算する.

1) $\bar{R} = \dfrac{1}{nk} \sum_{i,j} R_{ij} = \dfrac{k+1}{2}$

2) $n \sum_{j} (R_j - \bar{R})^2$

3) $\dfrac{1}{n(k-1)} \sum_{ij} (R_{ij} - \bar{R})^2$

ここで,クラスタリング法とある種の類似性をみることができる.つまり,2 番めの量は順位「中心」間の距離 (ここでは大きいほうが望ましい) を測っており,3 番めの量はすべての順位のばらつき具合を測っているのである.フリードマン統計量は 2 番めの量と 3 番めの量の比によって与えられる.

例 12.8 フリードマン検定

例 12.4 のデータを使って考えるが,ただし便宜上それらは異なるデータ集合から計算されたものと想定する.次の表では順位を括弧内に示している.

このとき,$\bar{R} = 2$,$n\sum_j (R_j - \bar{R})^2 = 2.6$,$\dfrac{1}{n(k-1)} \sum_{ij} (R_{ij} - \bar{R})^2 = 1$ であり,よってフリードマン統計量の値は 2.6 となる.有意水準 $\alpha = 0.05$ のもとで,$k = 3$,$n = 10$ のときの棄却臨界値は 7.8 であるから,帰無仮説を棄却することができない.それに対して,仮に平均順位がそれぞれ 2.7, 1.3, 2.0 であったとすると,同じ有意水準のもとで帰無仮説は棄却される.

[*5] 統計学においては,t 検定のようなある分布を仮定するパラメトリックな検定に対して,このような検定は「ノンパラメトリック」と呼ばれる.パラメトリックな検定は分布を正しく特定できていれば強力であるが,そうでない場合は結果の解釈を誤る可能性がある.

[*6] フリードマン検定の代替となるパラメトリック手法として分散分析 (analysis of variance; ANOVA) が有名である.

データ集合	NN	DT	NN
1	0.6809(3)	0.7524(1)	0.7164(2)
2	0.7017(3)	0.8964(1)	0.8883(2)
3	0.7012(2)	0.6803(3)	0.8410(1)
4	0.6913(2)	0.9102(1)	0.6825(3)
5	0.6333(3)	0.7758(1)	0.7599(2)
6	0.6415(3)	0.8154(2)	0.8479(1)
7	0.7216(1)	0.6224(3)	0.7012(2)
8	0.7214(2)	0.7585(1)	0.4959(3)
9	0.6578(3)	0.9380(1)	0.9279(2)
10	0.7865(1)	0.7524(2)	0.7455(3)
平均順位	2.3	1.6	2.1

フリードマン検定によって，帰無仮説が棄却されると，平均順位が全体的に有意に異なっていることがわかるが，どのペアに有為差があるかまではわからない．そのため，さらに事後検定 (post-hoc test) を行う必要がある．これは，棄却臨界差 (critical difference; CD) を計算し，そして各ペアごとの平均順位の差と CD を比較する方法である．Nemenyi 検定 (Nemenyi test) では，棄却臨界差を次のように計算している．

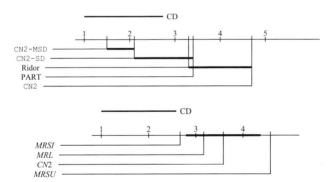

図 **12.1** (上) Nemenyi 検定における棄却臨界差の図示．実軸に各アルゴリズムの平均順位がプロットされている．棄却臨界差は図上部のバーで与えられ，棄却臨界差を超えないペアの平均順位が太線でつながれている．またこの図は，順位が 1 位のアルゴリズム (CN2-MSD) が，下位 3 つのアルゴリズムよりも有意に性能が良いことも示している．(下) 対照を CN2 としたボンフェローニ−ダン検定における棄却臨界差の図示．今度は棄却臨界差が対照の平均順位を中心にして対称に描かれている．順位 1 位のアルゴリズムは対照よりも有意に性能が良く，最下位のアルゴリズムは有意に悪い．なお，以上の図は Tarek Abudawood (2011) の許可を得て転載している．

$$\text{CD} = q_\alpha \sqrt{\frac{k(k+1)}{6n}} \tag{12.1}$$

ここで，q_α は有意水準 α と k に依存して決まる値であり，上記の例，つまり $\alpha = 0.05$，$k = 3$ の場合は $q_\alpha = 2.343$ であり，よって CD $= 1.047$ である．いま仮に平均順位がそれぞれ 2.7，1.3，2.0 であったとすると，ナイーブベイズ法と決定木法間の差が棄却臨界差を超える．図 12.1 (上) では Nemenyi 事後検定の視覚化を与えている．

あるアルゴリズムを対照にして対検定を行う場合には，ボンフェローニ–ダン検定 (Bonferroni–Dunn test) が利用できる．棄却臨界差は Nemenyi 検定のそれと基本的に同じであるが，この場合は $k(k-1)/2$ 回ではなく $k-1$ 回の対比較を行うため，それに伴って q_α が調節される．例えば $\alpha = 0.05$，$k = 3$ の場合は $q_\alpha = 2.241$ である．これは Nemenyi 検定の q_α よりもわずかに小さいため，少し狭い棄却臨界差が得られる．図 12.1 (下) ではボンフェローニ–ダン事後検定の視覚化を与えている．

12.4 機械学習実験：まとめと参考文献

本章では，モデルや学習アルゴリズムの性能についての疑問に，データを使ってどのように答えていくかを考えてきた．一般に，「機械学習実験者」は次の3点，(i) 測定対象，(ii) 測定方法，(iii) 結果の解釈方法について答えなければならない．とくに (ii) と (iii) に関する優れた文献に Japkowicz and Shah (2011) がある．

- ♣ 測定対象を決めるためにはまず，実験目標を明確にしなければならない．またモデルが用いられる文脈，つまりモデルを作用させる際に変動する可能性があるものの考察も必要である．一例としてクラス分布が考えられるが，通常，ある分布が他の分布よりも生じやすいなどといった事前情報はもっていない．事前情報がない場合，つまりクラス分布が一様な場合は，例 12.1 でみたように，実験目標が正答率の推定であっても，適切な基準がそれと異なるケースもある．また，真陰性の情報を使わない正答率–再現率解析と，その情報を使う真 (偽) 陽性解析の関係も考察した．より詳細な議論は Davis and Goadrich (2006) によって与えられている．また，正答率と AUC の関係は Hernández-Orallo et al. (2011) によって研究されている．
- ♣ 測定対象を決めたら，次は測定プロトコルを定める必要がある．よく使われる手法は k 分割交差検証法であり，これはデータを k 個のフォールドに分割し，$k-1$ 個のフォールドを使って学習を行い，そして残りのフォールドで検証を行うといった一連のプロセスを，すべてのフォールドが検証に使われるまで k 回繰り返す方法である．ここで最も重要なのは，モデルを学習させる訓練データと評価を行うテストデータの間に共通部分はないということである．学習アルゴリズムのパラメータ (例えばサポートベクトルマシンの複雑パラメータ) 決定のた

めに交差検証法を使うこともあるが，これは方法論としては誤りである．パラメータの決定は，テストデータを利用せずに学習プロセスのなかで行われるべきである．このような場合は内部交差検証法 (internal cross-validation) を利用すればよい．これは，交差検証法の各プロセスにおいて，パラメータ決定のためのテストフォールドをさらに確保しておく方法である．交差検証法の実証研究は Dietterich (1998) や Bouckaert and Frank (2004) などで行われており，前者は 5 回の 2 分割交差検証法を推奨し，後者は 10 回の 10 分割を推奨している．また，ROC 曲線が交差検証法においても描画できることも確認した．各インスタンスはただ 1 つのテストフォールドにのみ含まれるため，それらのスコアをすべてのテストフォールドで合併してやればよいのである．水平平均法や垂直平均法などのさまざまな合併方法に関しては Fawcett (2006) が詳しい．

♣ 得られた実験結果の解釈を行う上では，信頼区間と有意性検定が重要であった．信頼区間は，ある評価基準の真値が存在すると仮定したときに，その測定値がある区間に含まれる尤度を表す．一方で有意性検定は，「これらの学習アルゴリズムは同じ性能である」といったような帰無仮説の推論を行う．有意性検定は目的によってプロトコルが異なる．1 つのデータ集合において 2 つの学習アルゴリズムを比較したい場合は t 検定を使い，複数のデータ集合において比較したい場合はウィルコクソンの符号付き順位検定を用いる．また，いくつかの学習アルゴリズムを複数のデータ集合上で比較したい場合はフリードマン検定を利用する．これらの検定方法や関連する方法については，Demšar (2006) が優れた議論をしている．

♣ 機械学習における有意性検定や，実験科学としての機械学習に関する問題については，かなり多くの議論がなされている．機械学習における実験の重要性は，早い段階で Pat Langley が彼の影響力のある論文 (Langley, 1988; Kibler and Langley, 1988) のなかで指摘していたが，最近では，機械学習における実験的方法論が柔軟性を失い，型通りになってしまっている現状を彼は批判している．このような現行の標準的なやり方に対する批判は，Drummond (2006) や Demšar (2008) にもみられる．

Chapter 13

エピローグ

　「データを読み解く」ための俯瞰図を描いてきた我々の旅もようやく終わりを迎える．本書では，データを含むタスクを解決するために，機械学習がいかにして特徴量からモデルを構築しうるかということについて学んできた．さらに，どのような場合にモデルが予測的あるいは記述的であるか，学習が教師ありあるいは教師なしであるか，モデルが論理モデルか幾何モデルか確率モデルかまたはそれらの混合なのかといったことについて，色々な場合を考えてきた．それぞれの事項について基本的な概念は学んでもらえたと思うので，それらについてさらに深く学ぶための指針を以下に示そうと思う．

　この本においては，タスクに適したデータが得られることを仮定して説明をしてきたが，そうでない場合も考えられる．例えば本書では，電子メールの分類の学習においては，すでに分類されてラベルの付けられた電子メールを訓練データとして分類器を学習させた．またある電子メールがあるクラスにラベル付けされるクラス確率の推定タスクの場合には，モデルの出力空間と訓練データのラベル空間を別個のものとして紹介した．なぜなら，モデルによる出力 (クラス確率推定) は確率の値 (量的な値) であり，データの値 (質的な値) とは形式が異なっているため，直接観測することはできず，再構築する必要があるためである．データとモデル出力のこのような差異は強化学習 (reinforcement learning) の分野においてより強調される．例えば，チェスが上手になりたいと思ったときに，自分の指し手が戦略上正しいのかどうかを決めるタスクは分類のタスクになるが，その場合，すべての指し手をチェスの先生に見てもらってスコアを与えなければならなくなる．実際にはそのようなことはせず，ゲームに勝利したり，駒を取られる，といった報酬や罰を通して学習していく．そのような報酬や罰に帰結するものとして個々の指し手の良し悪しを判断するのが強化学習の課題である．強化学習は，状況に応じてどのような行動をとるべきかを決めるための方針を学習する方法として理にかなったものであり，機械学習において最も研究が盛んな分野の1つである．強化学習における標準的な教科書としては Sutton and Barto (1998) などが挙げられる．最近の発展についてもさまざまな文献があるのでぜひ自分で探してほしい．

13. エピローグ

強化学習の他にも，この本で課していた仮定を緩めることで生まれるタスクがある．例えば，多クラス分類では，それぞれのクラスが相互に排他的であることを仮定していたが，マルチラベル分類 (multi-label classification) においては，この仮定をなくして，各インスタンスが任意の数のラベルの属性をもつことを許す．マルチラベル分類は，例えば，ブログの投稿へのタグ付け (ラベル付け) などで普通に行われている．ラベルの間の従属関係も重要な情報であり，例えば，「機械学習」というタグが「強化学習」というタグと一緒に現れやすいという情報は役に立ちそうである．このように，マルチラベル分類においては，特徴量とラベルの間のマッピングだけではなくて，ラベルの間の従属関係も学習してその情報を有効利用することを目的とする．参考文献として例えば Tsoumakas et al. (2012) を挙げておく．関連する分野としては，選好学習 (preference learning) と呼ばれるものがあり，インスタンス依存で決まるラベル間の選好を考えたりするものもある (Fürnkranz and Hüllermeier, 2010)．このようにモデルの出力様式をより複雑にしていくと，構造予測 (structured output prediction) といったものに行き着く (Bakir et al., 2007)．

マルチラベル分類の学習に話を戻すと，各々のラベリングは二値分類のタスクとしてそれぞれ独立に考えることができるが，目的としては，ラベルの間のなんらかの関係を見つけ出したいのである．これは実は，マルチタスク学習 (multi-task learning) と呼ばれるものの特殊例である．例えば，各々のタスクは同じインスタンス空間で別々の実数値目的変数の値を予測することであるとして，学習器の側ではそれらの目的変数間の相関関係などを知りたいというようなケースである．近い分野としては，転移学習 (transfer learning) というものがあり，あるタスクのモデルを別のタスクに転移して適用するというものである．これらについての参考文献として，Silver and Bennett (2008) を挙げておく．

また，この本ではデータがすべて一度に与えられるという仮定をおいて話を進めていたが，この点においても再考が必要である．オンライン学習 (online learning または incremental learning) と呼ばれる分野では，新しいデータが与えられるたびにモデルを更新することを考える．オンライン学習の応用例の1つとしてシーケンス予測 (sequence prediction) への応用などがある (Cesa-Bianchi and Lugosi, 2006)．各種のセンサーの性能向上や配備数の増加によってオンライン学習の重要性は益々大きくなってきており，加えて，データストリームからの学習 (learning from data stream) なども盛んに行われるようになってきている (Gama and Gaber, 2007)．データ獲得のある部分の役割についても機械学習で行うと効率的になることがある．例えば，分類において効率的に学習するために，特徴量を学習者 (学習器) が生成して分類のラベル付けは教師 (新しいデータや人間など) が行うなどといったことが考えられる．これは，つまり，学習者の質問に教師が答えるという形の能動的な学習であり，このような学習は能動学習 (active learning) と呼ばれる (Settles, 2011)．

機械学習とは，2つの異なる方向への発展が結び付いた研究領域であり，おそらく

これからもそうあり続けると考えられる．1つには，人工知能の創造と発展のためであり，そのためには学習や自己訓練をする能力が必要不可欠であると多くの研究者が認識している．このことを探求している分野として深層学習 (deep learning) と呼ばれるものがあるが，深層学習では自立的に特徴量を抽出し階層構造をもつような学習器を用いて学習を行う (Bengio, 2009)．そして，もう1つには，氾濫する大量のデータを扱うための有効なツールとして機械学習の手法が求められており，その方向での研究が盛んに行われている．機械学習は，データマイニング (data mining) において本質的に重要な役割を果たしており，ビッグデータやクラウドコンピューティングの利用に対する応用についても期待されている．この本が読者のこれらの分野に対する情熱を掻き立てる一因となれば幸いである．

参 考 文 献

Abudawood, T. (2011). Multi-class subgroup discovery: Heuristics, algorithms and predictiveness. Ph.D. thesis, University of Bristol, Department of Computer Science, Faculty of Engineering.

Abudawood, T. and Flach, P.A. (2009). Evaluation measures for multi-class subgroup discovery. In W.L. Buntine, M. Grobelnik, D. Mladenić and J. Shawe-Taylor (eds.), *Proceedings of the European Conference on Machine Learning and Knowledge Discovery in Databases (ECML-PKDD 2009), Part I, LNCS*, volume 5781, pp. 35–50. Springer.

Agrawal, R., Imielinski, T. and Swami, A.N. (1993). Mining association rules between sets of items in large databases. In P. Buneman and S. Jajodia (eds.), *Proceedings of the ACM International Conference on Management of Data (SIGMOD 1993)*, pp. 207–216. ACM Press.

Agrawal, R., Mannila, H., Srikant, R., Toivonen, H. and Verkamo, A.I. (1996). Fast discovery of association rules. In *Advances in Knowledge Discovery and Data Mining*, pp. 307–328. AAAI/MIT Press.

Allwein, E.L., Schapire, R.E. and Singer, Y. (2000). Reducing multiclass to binary: A unifying approach for margin classifiers. In P. Langley (ed.), *Proceedings of the Seventeenth International Conference on Machine Learning (ICML 2000)*, pp. 9–16. Morgan Kaufmann.

Amit, Y. and Geman, D. (1997). Shape quantization and recognition with randomized trees. *Neural Computation* 9(7): 1545–1588.

Angluin, D., Frazier, M. and Pitt, L. (1992). Learning conjunctions of Horn clauses. *Machine Learning* 9: 147–164.

Bakir, G., Hofmann, T., Schölkopf, B., Smola, A.J., Taskar, B. and Vishwanathan, S.V.N. (2007). *Predicting Structured Data*. MIT Press.

Banerji, R.B. (1980). *Artificial Intelligence: A Theoretical Approach*. Elsevier Science.

Bengio, Y. (2009). Learning deep architectures for AI. *Foundations and Trends in Machine Learning* 2(1): 1–127.

Best, M.J. and Chakravarti, N. (1990). Active set algorithms for isotonic regression: A unifying framework. *Mathematical Programming* 47(1): 425–439.

Blockeel, H. (2010a). Hypothesis language. In C. Sammut and G.I. Webb (eds.), *Encyclopedia of Machine Learning*, pp. 507–511. Springer.

Blockeel, H. (2010b). Hypothesis space. In C. Sammut and G.I. Webb (eds.), *Encyclopedia of Machine Learning*, pp. 511–513. Springer.

Blockeel, H., De Raedt, L. and Ramon, J. (1998). Top-down induction of clustering trees. In J.W. Shavlik (ed.), *Proceedings of the Fifteenth International Conference on Machine Learning (ICML 1998)*, pp. 55–63. Morgan Kaufmann.

Blumer, A., Ehrenfeucht, A., Haussler, D. and Warmuth, M.K. (1989). Learnability and the Vapnik-

Chervonenkis dimension. *Journal of the ACM* 36(4): 929–965.
Boser, B.E., Guyon, I. and Vapnik, V. (1992). A training algorithm for optimal margin classifiers. In *Proceedings of the International Conference on Computational Learning Theory (COLT 1992)*, pp. 144–152.
Bouckaert, R. and Frank, E. (2004). Evaluating the replicability of significance tests for comparing learning algorithms. In H. Dai, R. Srikant and C. Zhang (eds.), *Advances in Knowledge Discovery and Data Mining, LNCS*, volume 3056, pp. 3–12. Springer.
Boullé, M. (2004). Khiops: A statistical discretizationmethod of continuous attributes. *Machine Learning* 55(1): 53–69.
Boullé, M. (2006). MODL: A Bayes optimal discretization method for continuous attributes. *Machine Learning* 65(1): 131–165.
Bourke, C., Deng, K., Scott, S.D., Schapire, R.E. and Vinodchandran, N.V. (2008). On reoptimizing multi-class classifiers. *Machine Learning* 71(2-3): 219–242.
Brazdil, P., Giraud-Carrier, C.G., Soares, C. and Vilalta, R. (2009). *Metalearning: Applications to Data Mining*. Springer.
Brazdil, P., Vilalta, R., Giraud-Carrier, C.G. and Soares, C. (2010). Metalearning. In C. Sammut and G.I. Webb (eds.), *Encyclopedia of Machine Learning*, pp. 662–666. Springer.
Breiman, L. (1996a). Bagging predictors. *Machine Learning* 24(2): 123–140.
Breiman, L. (1996b). Stacked regressions. *Machine Learning* 24(1): 49–64.
Breiman, L. (2001). Random forests. *Machine Learning* 45(1): 5–32.
Breiman, L., Friedman, J.H., Olshen, R.A. and Stone, C.J. (1984). *Classification and Regression Trees*. Wadsworth.
Brier, G.W. (1950). Verification of forecasts expressed in terms of probability. *Monthly Weather Review* 78(1): 1–3.
Brown, G. (2010). Ensemble learning. In C. Sammut and G.I. Webb (eds.), *Encyclopedia of Machine Learning*, pp. 312–320. Springer.
Bruner, J.S., Goodnow, J.J. and Austin, G.A. (1956). *A Study of Thinking*. Science Editions. 2nd edn 1986.
Cesa-Bianchi, N. and Lugosi, G. (2006). *Prediction, Learning, and Games*. Cambridge University Press.
Cestnik, B. (1990). Estimating probabilities: A crucial task in machine learning. In *Proceedings of the European Conference on Artificial Intelligence (ECAI 1990)*, pp. 147–149.
Clark, P. and Boswell, R. (1991). Rule induction with CN2: Some recent improvements. In Y. Kodratoff (ed.), *Proceedings of the European Working Session on Learning (EWSL 1991), LNCS*, volume 482, pp. 151–163. Springer.
Clark, P. and Niblett, T. (1989). The CN2 induction algorithm. *Machine Learning* 3: 261–283.
Cohen, W.W. (1995). Fast effective rule induction. In A. Prieditis and S.J. Russell (eds.), *Proceedings of the Twelfth International Conference on Machine Learning (ICML 1995)*, pp. 115–123. Morgan Kaufmann.
Cohen, W.W. and Singer, Y. (1999). A simple, fast, and effictive rule learner. In J. Hendler and D. Subramanian (eds.), *Proceedings of the Sixteenth National Conference on Artificial Intelligence (AAAI 1999)*, pp. 335–342. AAAI Press/MIT Press.
Cohn, D. (2010). Active learning. In C. Sammut and G.I. Webb (eds.), *Encyclopedia of Machine Learning*, pp. 10–14. Springer.
Cortes, C. and Vapnik, V. (1995). Support-vector networks. *Machine Learning* 20(3): 273–297.
Cover, T. and Hart, P. (1967). Nearest neighbor pattern classification. *IEEE Transactions on Infor-*

mation Theory 13(1): 21–27.

Cristianini, N. and Shawe-Taylor, J. (2000). *An Introduction to Support Vector Machines*. Cambridge University Press.

Dasgupta, S. (2010). Active learning theory. In C. Sammut and G.I. Webb (eds.), *Encyclopedia of Machine Learning*, pp. 14–19. Springer.

Davis, J. and Goadrich, M. (2006). The relationship between precision-recall and ROC curves. In W.W. Cohen and A. Moore (eds.), *Proceedings of the Twenty-Third International Conference on Machine Learning (ICML 2006)*, pp. 233–240. ACM Press.

De Raedt, L. (1997). Logical settings for concept-learning. *Artificial Intelligence* 95(1): 187–201.

De Raedt, L. (2008). *Logical and Relational Learning*. Springer.

De Raedt, L. (2010). Logic of generality. In C. Sammut and G.I. Webb (eds.), *Encyclopedia of Machine Learning*, pp. 624–631. Springer.

De Raedt, L. and Kersting, K. (2010). Statistical relational learning. In C. Sammut and G.I. Webb (eds.), *Encyclopedia of Machine Learning*, pp. 916–924. Springer.

Dempster, A.P., Laird, N.M. and Rubin, D.B. (1977). Maximum likelihood from in-complete data via the EM algorithm. *Journal of the Royal Statistical Society, Series B (Methodological)* pp. 1–38.

Demšar, J. (2006). Statistical comparisons of classifiers over multiple data sets. *Journal of Machine Learning Research* 7: 1–30.

Demšar, J. (2008). On the appropriateness of statistical tests in machine learning. In *Proceedings of the ICML'08 Workshop on Evaluation Methods for Machine Learning*.

Dietterich, T.G. (1998). Approximate statistical tests for comparing supervised classification learning algorithms. *Neural Computation* 10(7): 1895–1923.

Dietterich, T.G. and Bakiri, G. (1995). Solving multiclass learning problems via error-correcting output codes. *Journal of Artificial Intelligence Research* 2: 263–286.

Dietterich, T.G., Kearns, M.J. and Mansour, Y. (1996). Applying the weak learning framework to understand and improve c4.5. In *Proceedings of the Thirteenth International Conference on Machine Learning*, pp. 96–104.

Ding, C.H.Q. and He, X. (2004). K-means clustering via principal component analysis. In C.E. Brodley (ed.), *Proceedings of the Twenty-First International Conference on Machine Learning (ICML 2004)*. ACM Press.

Domingos, P. and Pazzani, M. (1997). On the optimality of the simple Bayesian classifier under zero-one loss. *Machine Learning* 29(2): 103–130.

Donoho, S.K. and Rendell, L.A. (1995). Rerepresenting and restructuring domain theories: A constructive induction approach. *Journal of Artificial Intelligence Research* 2: 411–446.

Drummond, C. (2006). Machine learning as an experimental science (revisited). In *Proceedings of the AAAI'06 Workshop on Evaluation Methods for Machine Learning*.

Drummond, C. and Holte, R.C. (2000). Exploiting the cost (in)sensitivity of decision tree splitting criteria. In P. Langley (ed.), *Proceedings of the Seventeenth International Conference on Machine Learning (ICML 2000)*, pp. 239–246. Morgan Kaufmann.

Egan, J.P. (1975). *Signal Detection Theory and ROC Analysis*. Academic Press.

Fawcett, T. (2006). An introduction to ROC analysis. *Pattern Recognition Letters* 27(8): 861–874.

Fawcett, T. and Niculescu-Mizil, A. (2007). PAV and the ROC convex hull. *Machine Learning* 68(1): 97–106.

Fayyad, U.M. and Irani, K.B. (1993). Multi-interval discretization of continuous-valued attributes for classification learning. In *Proceedings of the International Joint Conference on Artificial In-*

telligence (IJCAI 1993), pp. 1022–1029.

Ferri, C., Flach, P.A. and Hernández-Orallo, J. (2002). Learning decision trees using the area under the ROC curve. In C. Sammut and A.G. Hoffmann (eds.), *Proceedings of the Nineteenth International Conference on Machine Learning (ICML 2002)*, pp. 139–146. Morgan Kaufmann.

Ferri, C., Flach, P.A. and Hernández-Orallo, J. (2003). Improving the AUC of probabilistic estimation trees. In N. Lavrač, D. Gamberger, L. Todorovski and H. Blockeel (eds.), *Proceedings of the European Conference on Machine Learning (ECML 2003), LNCS*, volume 2837, pp. 121–132. Springer.

Fix, E. and Hodges, J.L. (1951). Discriminatory analysis. Nonparametric discrimination: Consistency properties. Technical report, USAF School of Aviation Medicine, Texas: Randolph Field. Report Number 4, Project Number 21-49-004.

Flach, P.A. (1994). *Simply Logical: Intelligent Reasoning by Example*. Wiley.

Flach, P.A. (2003). The geometry of ROC space: Understanding machine learning metrics through ROC isometrics. In T. Fawcett and N. Mishra (eds.), *Proceedings of the Twentieth International Conference on Machine Learning (ICML 2003)*, pp. 194–201. AAAI Press.

Flach, P.A. (2010a). First-order logic. In C. Sammut and G.I. Webb (eds.), *Encyclopedia of Machine Learning*, pp. 410–415. Springer.

Flach, P.A. (2010b). ROC analysis. In C. Sammut and G.I. Webb (eds.), *Encyclopedia of Machine Learning*, pp. 869–875. Springer.

Flach, P.A. and Lachiche, N. (2001). Confirmation-guided discovery of first-order rules with Tertius. *Machine Learning* 42(1/2): 61–95.

Flach, P.A. and Matsubara, E.T. (2007). A simple lexicographic ranker and probability estimator. In J.N. Kok, J. Koronacki, R.L. de Mántaras, S. Matwin, D. Mladenić and A. Skowron (eds.), *Proceedings of the Eighteenth European Conference on Machine Learning (ECML 2007), LNCS*, volume 4701, pp. 575–582. Springer.

Freund, Y., Iyer, R.D., Schapire, R.E. and Singer, Y. (2003). An efficient boosting algorithm for combining preferences. *Journal of Machine Learning Research* 4: 933–969.

Freund, Y. and Schapire, R.E. (1997). A decision-theoretic generalization of on-line learning and an application to boosting. *Journal of Computer and System Sciences*. 55(1): 119–139.

Fürnkranz, J. (1999). Separate-and-conquer rule learning. *Artificial Intelligence Review* 13(1): 3–54.

Fürnkranz, J. (2010). Rule learning. In C. Sammut and G.I. Webb (eds.), *Encyclopedia of Machine Learning*, pp. 875–879. Springer.

Fürnkranz, J. and Flach, P.A. (2003). An analysis of rule evaluation metrics. In T. Fawcett and N. Mishra (eds.), *Proceedings of the Twentieth International Conference on Machine Learning (ICML 2003)*, pp. 202–209. AAAI Press.

Fürnkranz, J. and Flach, P.A. (2005). ROC 'n' Rule learning: Towards a better understanding of covering algorithms. *Machine Learning* 58(1): 39–77.

Fürnkranz, J., Gamberger, D. and Lavrač, N. (2012). *Foundations of Rule Learning*. Springer.

Fürnkranz, J. and Hüllermeier, E. (eds.) (2010). *Preference Learning*. Springer.

Fürnkranz, J. and Widmer, G. (1994). Incremental reduced error pruning. In *Proceedings of the Eleventh International Conference on Machine Learning (ICML 1994)*, pp. 70–77.

Gama, J. and Gaber, M.M. (eds.) (2007). *Learning from Data Streams: Processing Techniques in Sensor Networks*. Springer.

Ganter, B. and Wille, R. (1999). *Formal Concept Analysis: Mathematical Foundations*. Springer.

Garriga, G.C., Kralj, P. and Lavrač, N. (2008). Closed sets for labeled data. *Journal of Machine Learning Research* 9: 559–580.

Gärtner, T. (2009). *Kernels for Structured Data*. World Scientific.
Grünwald, P.D. (2007). *The Minimum Description Length Principle*. MIT Press.
Guyon, I. and Elisseeff, A. (2003). An introduction to variable and feature selection. *Journal of Machine Learning Research* 3: 1157–1182.
Hall, M.A. (1999). Correlation-based feature selection for machine learning. Ph.D. thesis, University of Waikato.
Han, J., Cheng, H., Xin, D. and Yan, X. (2007). Frequent pattern mining: Current status and future directions. *Data Mining and Knowledge Discovery* 15(1): 55–86.
Hand, D.J. and Till, R.J. (2001). A simple generalisation of the area under the ROC curve for multiple class classification problems. *Machine Learning* 45(2): 171–186.
Haussler, D. (1988). Quantifying inductive bias: AI learning algorithms and Valiant's learning framework. *Artificial Intelligence* 36(2): 177–221.
Hernández-Orallo, J., Flach, P.A. and Ferri, C. (2011). Threshold choice methods: The missing link. Available online at http://arxiv.org/abs/1112.2640.
Ho, T.K. (1995). Random decision forests. In *Proceedings of the International Conference on Document Analysis and Recognition*, p. 278. IEEE Computer Society, Los Alamitos, CA, USA.
Hoerl, A.E. and Kennard, R.W. (1970). Ridge regression: Biased estimation for nonorthogonal problems. *Technometrics* pp. 55–67.
Hofmann, T. (1999). Probabilistic latent semantic indexing. In *Proceedings of the Twenty-Second Annual International ACM Conference on Research and Development in Information Retrieval (SIGIR 1999)*, pp. 50–57. ACM Press.
Hunt, E.B., Marin, J. and Stone, P.J. (1966). *Experiments in Induction*. Academic Press.
Jain, A.K., Murty, M.N. and Flynn, P.J. (1999). Data clustering: A review. *ACM Computing Surveys* 31(3): 264–323.
Japkowicz, N. and Shah, M. (2011). *Evaluating Learning Algorithms: A Classification Perspective*. Cambridge University Press.
Jebara, T. (2004). *Machine Learning: Discriminative and Generative*. Springer.
John, G.H. and Langley, P. (1995). Estimating continuous distributions in Bayesian classifiers. In *Proceedings of the Eleventh Conference on Uncertainty in Artificial Intelligence (UAI 1995)*, pp. 338–345. Morgan Kaufmann.
Kaufman, L. and Rousseeuw, P.J. (1990). *Finding Groups in Data: An Introduction to Cluster Analysis*. John Wiley.
Kearns, M.J. and Valiant, L.G. (1989). Cryptographic limitations on learning Boolean formulae and finite automata. In D.S. Johnson (ed.), *Proceedings of the Twenty-First Annual ACM Symposium on Theory of Computing (STOC 1989)*, pp. 433–444. ACM Press.
Kearns, M.J. and Valiant, L.G. (1994). Cryptographic limitations on learning Boolean formulae and finite automata. *Journal of the ACM* 41(1): 67–95.
Kerber, R. (1992). Chimerge: Discretization of numeric attributes. In *Proceedings of the Tenth National Conference on Artificial Intelligence (AAAI 1992)*, pp. 123–128. AAAI Press.
Kibler, D.F. and Langley, P. (1988). Machine learning as an experimental science. In *Proceedings of the European Working Session on Learning (EWSL 1988)*, pp. 81–92.
King, R.D., Srinivasan, A. and Dehaspe, L. (2001). Warmr: A data mining tool for chemical data. *Journal of Computer-Aided Molecular Design* 15(2): 173–181.
Kira, K. and Rendell, L.A. (1992). The feature selection problem: Traditional methods and a new algorithm. In W.R. Swartout (ed.), *Proceedings of the Tenth National Conference on Artificial Intelligence (AAAI 1992)*, pp. 129–134. AAAI Press/MIT Press.

Klösgen, W. (1996). Explora: A multipattern and multistrategy discovery assistant. In *Advances in Knowledge Discovery and Data Mining*, pp. 249–271. MIT Press.

Kohavi, R. and John, G.H. (1997). Wrappers for feature subset selection. *Artificial Intelligence* 97(1-2): 273–324.

Koren, Y., Bell, R. and Volinsky, C. (2009). Matrix factorization techniques for recommender systems. *IEEE Computer* 42(8): 30–37.

Kramer, S. (1996). Structural regression trees. In *Proceedings of the National Conference on Artificial Intelligence (AAAI 1996)*, pp. 812–819.

Kramer, S., Lavrač, N. and Flach, P.A. (2000). Propositionalization approaches to relational data mining. In S. Džeroski and N. Lavrač (eds.), *Relational Data Mining*, pp. 262–286. Springer.

Krogel, M.A., Rawles, S., Zelezný, F., Flach, P.A., Lavrač, N. and Wrobel, S. (2003). Comparative evaluation of approaches to propositionalization. In T. Horváth (ed.), *Proceedings of the Thirteenth International Conference on Inductive Logic Programming (ILP 2003), LNCS*, volume 2835, pp. 197–214. Springer.

Kuncheva, L.I. (2004). *Combining Pattern Classifiers: Methods and Algorithms*. John Wiley and Sons.

Lachiche, N. (2010). Propositionalization. In C. Sammut and G.I. Webb (eds.), *Encyclopedia of Machine Learning*, pp. 812–817. Springer.

Lachiche, N. and Flach, P.A. (2003). Improving accuracy and cost of two-class and multi-class probabilistic classifiers using ROC curves. In T. Fawcett and N. Mishra (eds.), *Proceedings of the Twentieth International Conference on Machine Learning (ICML 2003)*, pp. 416–423. AAAI Press.

Lafferty, J.D., McCallum, A. and Pereira, F.C.N. (2001). Conditional random fields: Probabilistic models for segmenting and labeling sequence data. In C.E. Brodley and A.P. Danyluk (eds.), *Proceedings of the Eighteenth International Conference on Machine Learning (ICML 2001)*, pp. 282–289. Morgan Kaufmann.

Langley, P. (1988). Machine learning as an experimental science. *Machine Learning* 3: 5–8.

Langley, P. (1994). *Elements of Machine Learning*. Morgan Kaufmann.

Langley, P. (2011). The changing science of machine learning. *Machine Learning* 82(3): 275–279.

Lavrač, N., Kavšek, B., Flach, P.A. and Todorovski, L. (2004). Subgroup discovery with CN2-SD. *Journal of Machine Learning Research* 5: 153–188.

Lee, D.D. and Seung, H.S. (1999). Learning the parts of objects by non-negative matrix factorization. *Nature* 401(6755): 788–791.

Leman, D., Feelders, A. and Knobbe, A.J. (2008). Exceptional model mining. In W. Daelemans, B. Goethals and K. Morik (eds.), *Proceedings of the European Conference on Machine Learning and Knowledge Discovery in Databases (ECML-PKDD 2008), Part II, LNCS*, volume 5212, pp. 1–16. Springer.

Lewis, D. (1998). Naive Bayes at forty: The independence assumption in information retrieval. In *Proceedings of the Tenth European Conference on Machine Learning (ECML 1998)*, pp. 4–15. Springer.

Li, W., Han, J. and Pei, J. (2001). CMAR: Accurate and efficient classification based on multiple class-association rules. In N. Cercone, T.Y. Lin and X. Wu (eds.), *Proceedings of the IEEE International Conference on Data Mining (ICDM 2001)*, pp. 369–376. IEEE Computer Society.

Little, R.J.A. and Rubin, D.B. (1987). *Statistical Analysis with Missing Data*. Wiley.

Liu, B., Hsu, W. and Ma, Y. (1998). Integrating classification and association rule mining. In *Proceedings of the Fourth International Conference on Knowledge Discovery and Data Mining (KDD*

1998), pp. 80–86. AAAI Press.

Lloyd, J.W. (2003). *Logic for Learning: Learning Comprehensible Theories from Structured Data*. Springer.

Lloyd, S. (1982). Least squares quantization in PCM. *IEEE Transactions on Information Theory* 28(2): 129–137.

Mahalanobis, P.C. (1936). On the generalised distance in statistics. *Proceedings of the National Institute of Science, India* 2(1): 49–55.

Mahoney, M.W. and Drineas, P. (2009). CUR matrix decompositions for improved data analysis. *Proceedings of the National Academy of Sciences* 106(3): 697.

McCallum, A. and Nigam, K. (1998). A comparison of event models for naive Bayes text classification. In *Proceedings of the AAAI-98 Workshop on Learning for Text Categorization*, pp. 41–48.

Michalski, R.S. (1973). Discovering classification rules using variable-valued logic system VL_1. In *Proceedings of the Third International Joint Conference on Artificial Intelligence*, pp. 162–172. Morgan Kaufmann Publishers.

Michalski, R.S. (1975). Synthesis of optimal and quasi-optimal variable-valued logic formulas. In *Proceedings of the 1975 International Symposium on Multiple-Valued Logic*, pp. 76–87.

Michie, D., Spiegelhalter, D.J. and Taylor, C.C. (1994). *Machine Learning, Neural and Statistical Classification*. Ellis Horwood.

Miettinen, P. (2009). Matrix decomposition methods for data mining: Computational complexity and algorithms. Ph.D. thesis, University of Helsinki.

Minsky, M. and Papert, S. (1969). *Perceptrons: An Introduction to Computational Geometry*. MIT Press.

Mitchell, T.M. (1977). Version spaces: A candidate elimination approach to rule learning. In *Proceedings of the Fifth International Joint Conference on Artificial Intelligence*, pp. 305–310. Morgan Kaufmann Publishers.

Mitchell, T.M. (1997). *Machine Learning*. McGraw-Hill.

Muggleton, S. (1995). Inverse entailment and Progol. *New Generation Computing* 13(3&4): 245–286.

Muggleton, S., De Raedt, L., Poole, D., Bratko, I., Flach, P.A., Inoue, K. and Srinivasan, A. (2012). ILP turns 20: Biography and future challenges. *Machine Learning* 86(1): 3–23.

Muggleton, S. and Feng, C. (1990). Efficient induction of logic programs. In *Proceedings of the International Conference on Algorithmic Learning Theory (ALT 1990)*, pp. 368–381.

Murphy, A.H. and Winkler, R.L. (1984). Probability forecasting in meteorology. *Journal of the American Statistical Association* pp. 489–500.

Nelder, J.A. and Wedderburn, R.W.M. (1972). Generalized linear models. *Journal of the Royal Statistical Society, Series A (General)* pp. 370–384.

Novikoff, A.B. (1962). On convergence proofs on perceptrons. In *Proceedings of the Symposium on the Mathematical Theory of Automata*, volume 12, pp. 615–622. Polytechnic Institute of Brooklyn, New York.

Pasquier, N., Bastide, Y., Taouil, R. and Lakhal, L. (1999). Discovering frequent closed itemsets for association rules. In *Proceedings of the International Conference on Database Theory (ICDT 1999)*, pp. 398–416. Springer.

Peng, Y., Flach, P.A., Soares, C. and Brazdil, P. (2002). Improved dataset characterisation for meta-learning. In S. Lange, K. Satoh and C.H. Smith (eds.), *Proceedings of the Fifth International Conference on Discovery Science (DS 2002), LNCS*, volume 2534, pp. 141–152. Springer.

Pfahringer, B., Bensusan, H. and Giraud-Carrier, C.G. (2000). Meta-learning by landmarking various learning algorithms. In P. Langley (ed.), *Proceedings of the Seventeenth International Conference on Machine Learning (ICML 2000)*, pp. 743–750. Morgan Kaufmann.

Platt, J.C. (1998). Using analytic QP and sparseness to speed training of support vector machines. In M.J. Kearns, S.A. Solla and D.A. Cohn (eds.), *Advances in Neural Information Processing Systems 11 (NIPS 1998)*, pp. 557–563. MIT Press.

Plotkin, G.D. (1971). Automatic methods of inductive inference. Ph.D. thesis, University of Edinburgh.

Provost, F.J. and Domingos, P. (2003). Tree induction for probability-based ranking. *Machine Learning* 52(3): 199–215.

Provost, F.J. and Fawcett, T. (2001). Robust classification for imprecise environments. *Machine Learning* 42(3): 203–231.

Quinlan, J.R. (1986). Induction of decision trees. *Machine Learning* 1(1): 81–106.

Quinlan, J.R. (1990). Learning logical definitions from relations. *Machine Learning* 5: 239–266.

Quinlan, J.R. (1993). *C4.5: Programs for Machine Learning*. Morgan Kaufmann.

Ragavan, H. and Rendell, L.A. (1993). Lookahead feature construction for learning hard concepts. In *Proceedings of the Tenth International Conference on Machine Learning (ICML 1993)*, pp. 252–259. Morgan Kaufmann.

Rajnarayan, D.G. and Wolpert, D. (2010). Bias-variance trade-offs: Novel applications. In C. Sammut and G.I. Webb (eds.), *Encyclopedia of Machine Learning*, pp. 101–110. Springer.

Rissanen, J. (1978). Modeling by shortest data description. *Automatica* 14(5): 465–471.

Rivest, R.L. (1987). Learning decision lists. *Machine Learning* 2(3): 229–246.

Robnik-Sikonja, M. and Kononenko, I. (2003). Theoretical and empirical analysis of ReliefF and RReliefF. *Machine Learning* 53(1-2): 23–69.

Rosenblatt, F. (1958). The perceptron: A probabilistic model for information storage and organization in the brain. *Psychological Review* 65(6): 386.

Rousseeuw, P.J. (1987). Silhouettes: A graphical aid to the interpretation and validation of cluster analysis. *Journal of Computational and Applied Mathematics* 20(0): 53–65.

Rumelhart, D.E., Hinton, G.E. and Williams, R.J. (1986). Learning representations by back-propagating errors. *Nature* 323(6088): 533–536.

Schapire, R.E. (1990). The strength of weak learnability. *Machine Learning* 5: 197–227.

Schapire, R.E. (2003). The boosting approach to machine learning: An overview. In *Nonlinear Estimation and Classification*, pp. 149–172. Springer.

Schapire, R.E., Freund, Y., Bartlett, P. and Lee, W.S. (1998). Boosting the margin: A new explanation for the effectiveness of voting methods. *Annals of Statistics* 26(5): 1651–1686.

Schapire, R.E. and Singer, Y. (1999). Improved boosting algorithms using confidence-rated predictions. *Machine Learning* 37(3): 297–336.

Settles, B. (2011). *Active Learning*. Morgan & Claypool.

Shawe-Taylor, J. and Cristianini, N. (2004). *Kernel Methods for Pattern Analysis*. Cambridge University Press.

Shotton, J., Fitzgibbon, A.W., Cook, M., Sharp, T., Finocchio, M., Moore, R., Kipman, A. and Blake, A. (2011). Real-time human pose recognition in parts from single depth images. In *Proceedings of the Twenty-Fourth IEEE Conference on Computer Vision and Pattern Recognition (CVPR 2011)*, pp. 1297–1304.

Silver, D. and Bennett, K. (2008). Guest editor's introduction: Special issue on inductive transfer learning. *Machine Learning* 73(3): 215–220.

Solomonoff, R.J. (1964a). A formal theory of inductive inference: Part I. *Information and Control*

7(1): 1–22.

Solomonoff, R.J. (1964b). A formal theory of inductive inference: Part II. *Information and Control* 7(2): 224–254.

Srinivasan, A. (2007). The Aleph manual, version 4 and above. Available online at www.cs.ox.ac.uk/activities/machlearn/Aleph/.

Stevens, S.S. (1946). On the theory of scales of measurement. *Science* 103(2684): 677–680.

Sutton, R.S. and Barto, A.G. (1998). *Reinforcement Learning: An Introduction*. MIT Press.

Tibshirani, R. (1996). Regression shrinkage and selection via the lasso. *Journal of the Royal Statistical Society, Series B (Methodological)* pp. 267–288.

Todorovski, L. and Dzeroski, S. (2003). Combining classifiers with meta decision trees. *Machine Learning* 50(3): 223–249.

Tsoumakas, G., Zhang, M.L. and Zhou, Z.H. (2012). Introduction to the special issue on learning from multi-label data. *Machine Learning* 88(1-2): 1–4.

Tukey, J.W. (1977). *Exploratory Data Analysis*. Addison-Wesley.

Valiant, L.G. (1984). A theory of the learnable. *Communications of the ACM* 27(11): 1134–1142.

Vapnik, V.N. and Chervonenkis, A.Y. (1971). On uniformconvergence of the frequencies of events to their probabilities. *Teoriya Veroyatnostei I Ee Primeneniya* 16(2): 264–279.

Vere, S.A. (1975). Induction of concepts in the predicate calculus. In *Proceedings of the Fourth International Joint Conference on Artificial Intelligence*, pp. 281–287.

von Hippel, P.T. (2005). Mean, median, and skew: Correcting a textbook rule. *Journal of Statistics Education* 13(2).

Wallace, C.S. and Boulton, D.M. (1968). An information measure for classification. *Computer Journal* 11(2): 185–194.

Webb, G.I. (1995). Opus: An efficient admissible algorithm for unordered search. *Journal of Artificial Intelligence Research* 3: 431–465.

Webb, G.I., Boughton, J.R. and Wang, Z. (2005). Not so naive Bayes: Aggregating one-dependence estimators. *Machine Learning* 58(1): 5–24.

Winston, P.H. (1970). Learning structural descriptions from examples. Technical report, MIT Artificial Intelligence Lab. AITR-231.

Wojtusiak, J., Michalski, R.S., Kaufman, K.A. and Pietrzykowski, J. (2006). The AQ natural induction program for pattern discovery: Initial version and its novel features. In *Proceedings of the Eighteenth IEEE International Conference on Tools with Artificial Intelligence (ICTAI 2006)*, pp. 523–526.

Wolpert, D.H. (1992). Stacked generalization. *Neural Networks* 5(2): 241–259.

Zadrozny, B. and Elkan, C. (2002). Transforming classifier scores into accurate multiclass probability estimates. In *Proceedings of the Eighth ACM International Conference on Knowledge Discovery and Data Mining (SIGKDD 2002)*, pp. 694–699. ACM Press.

Zeugmann, T. (2010). PAC learning. In C. Sammut and G.I. Webb (eds.), *Encyclopedia of Machine Learning*, pp. 745–753. Springer.

Zhou, Z.H. (2012). *Ensemble Methods: Foundations and Algorithms*. Taylor & Francis.

索　引

欧数字

0-ノルム (0-norm) 232
1-ノルム (1-norm) 231
1 変量機械学習 (univariate machine learning) 50
1 変量モデル (univariate model) 39
2-ノルム (2-norm) 230

AUC 66

CD 351
CNF 103

d プライム (d-prime) 312
DNF 103

EM 95
Eq 117

F 値 (F-measure) 97, 296

ILP 187

k-近傍法 (k-nearest neighbour) 240
K-平均法 (K-means) 24
K-平均問題 (K-means problem) 242
K-メドイド (K-medoid) 247

LGG 105
LSA 323

M 推定 (m-estimate) 75
M 推定平滑化 (m-estimate smoothing) 139
MAP 27
Mb 116
MDL 291
ML 27
MSE 73

n-グラム (n-gram) 319
Nemenyi 検定 (Nemenyi test) 351

p 値 (p-value) 347
p-ノルム (p-norm) 230
PAC 学習 (probably approximately correct (PAC) learning) 121
PAM 248
PCA 321

ROC 59
ROC 曲線 (ROC curve) 66
(ROC) 曲線下の面積 (area under (ROC) curve) 66
ROC 最悪点 (ROC hell) 144
ROC 最良点 (ROC heaven) 69, 111, 144

SE 73
SN 比 (signal-to-noise ratio) 42
SVD 321
SVM 209

t 分布 (t-distribution) 348

VC 次元 (VC-dimension) 122

索引

z スコア (z-score) 264

χ^2 統計量 (χ^2-statistic) 308

あ 行

アイソメトリック (isometric) 60
アソシエーションルール (association rule) 15, 156
アソシエーションルール発見 (association rule discovery) 176
圧縮ベースの学習 (compression-based learning) 290
後処理 (post-processing) 184
アフィン変換 (affine transformation) 194
誤り率 (error rate) 53, 131

閾値化 (thresholding) 303
一様なスケール変換 (uniform scaling) 24
一階述語論理 (first-order predicate logic; first-order logic) 119, 302
一対一 (one-versus-one) 81
一対他 (one-versus-rest) 81, 134
一般的 (general) 44
インクリメンタル縮小誤差刈り込み (incremental reduced-error pruning) 190
インスタンス (instance) 14, 48
インスタンス空間 (instance space) 20, 48
インスタンス空間セグメント (instance space segment) 31, 129, 171
インスタンスのノイズ (instance noise) 49

ウィルコクソンの符号付き順位検定 (Wilcoxon's signed-rank test) 349

枝 (edge) 129, 183
枝刈り (pruning) 32, 140
枝刈り集合 (pruning set) 141
演繹 (deduction) 19
エントロピー (entropy) 290

凹 (concavity) 76
オッカムの剃刀 (Occam's razor) 30
オッズ (odds) 8
重み (weight) 2
重み付き相対正答率 (weighted relative accuracy) 178
重み付き平均不純度 (weighted average impurity) 157
オンライン学習 (online learning) 355

か 行

外延 (extension) 97, 103
回帰 (regression) 14
回帰係数 (regression coefficient) 195
階層探索 (level-wise search) 182
回転 (rotation) 23
概念 (concept) 102, 156
概念学習 (concept learning) 52, 102
ガウシアン・カーネル (Gaussian kernel) 223
ガウス型混合モデル (Gaussian mixture model) 286
ガウス分布 (Gaussian) 263
カウントベクトル (count vector) 271
過学習 (overfitting) 6
学習可能性 (learnability) 120
学習のタスク (learning task) 11
学習の問題 (learning problem) 11
学習モデル (learning model) 120
学習率 (learning rate) 205
確率空間 (probability space) 312
確率質量 (probability mass) 287
確率推定器 (probability estimator) 136, 163
確率推定木 (probability estimation tree) 136, 259
確率分布 (probability distribution) 259
確率変数 (random variable) 7, 44
隠れ変数 (hidden variable) 15, 285
過剰尖度 (excess kurtosis) 299
過少適合 (underfitting) 193
仮説空間 (hypothesis space) 104
過適合 (overfitting) 6
カテゴリカル特徴量 (categorical feature) 300
カテゴリカル分布 (categorical distribution) 271
カテゴリカル変数 (categorical variable) 270
カーネル (kernel) 42
カーネルトリック (kernel trick) 43
カバリングアルゴリズム (covering

algorithm) 161
カバレッジ (coverage) 126
カバレッジ曲線 (coverage curve) 64
カバレッジ数 (coverage count) 85
カバレッジプロット (coverage plot) 57, 190
カルーシュークーンータッカー条件
　　　 (Karush–Kuhn–Tucker conditions; KKT) 214
関手 (functor) 187
関数推定量 (function estimator) 89
完全 (complete) 32, 109
完全性 (total) 51
感度 (sensitivity) 54

偽陰性 (false negative) 54, 117
偽陰性率 (false negative rate) 54
機械学習実験 (machine learning experiment) 339
幾何中央値 (geometric median) 235
幾何分布 (geometric distribution) 270
幾何平均 (geometric mean) 296
幾何モデル (geometric model) 21
棄却 (reject) 82
棄却臨界差 (critical difference; CD) 351
棄却臨界値 (critical value) 349
擬距離 (pseudo-metric) 232
疑似カウント (pseudo-count) 74, 171, 177, 276
記述クラスタリング (descriptive clustering) 17
記述的 (descriptive) 94
記述モデル (descriptive model) 17
期待値 (expected value) 44
期待値最大化 (expectation-maximisation; EM) 285
帰納 (induction) 19
帰納的バイアス (inductive bias) 128
帰納論理プログラミング (inductive logic programming; ILP) 187
基本線形分類器 (basic linear classifier) 21, 262
帰無仮説 (null hypothesis) 347
木モデル (tree model) 102, 156
逆数尺度 (reciprocal scale) 296
逆伝播 (back-propagation) 226
キャリブレーション (calibration) 217

キャリブレーション損失 (calibration loss) 75
キャリブレーションマップ (calibration map) 76
強化学習 (reinforcement learning) 354
教師あり学習 (supervised learning) 14, 304
教師あり離散化 (supervised discretisation) 305
教師なし閾値化 (unsupervised thresholding) 304
教師なし学習 (unsupervised learning) 14
教師なし離散化 (unsupervised discretisation) 305
凝集型 (agglomerative) 252, 305
凝集型結合 (agglomerative merging) 308
偽陽性 (false positive) 54, 117
行正規化 (row normalisation) 89
偽陽性率 (false positive rate) 54
共分散 (covariance) 45
共分散行列 (covariance matrix) 197
行列分解 (matrix decomposition) 17, 95
局所的なクラス分布 (local class distribution) 163
局所変量 (local variable) 187, 302
距離 (distance) 23
距離加重 (distance weighting) 241
距離メトリック (distance metric) 232
近隣 (neighbour) 228, 234

句 (phrase) 319
クエリ (query) 302
区分定数 (piecewise constant) 314
区分の定数関数 (piecewise constant curve) 91
クラス確率推定量 (class probability estimator) 71
クラスター間散乱行列 (between-cluster scatter matrix) 242
クラスター内散乱 (within-cluster scatter) 94
クラスター内散乱行列 (within-cluster scatter matrix) 242
クラスター非類似度 (cluster dissimilarity) 150
クラスタリング (clustering) 14
クラス比 (class ratio) 218
クラスラベル (class label) 51

グラム行列 (Gram matrix) 207
グループ分け分類器 (grouping classifier) 136
グループ分けモデル (grouping model) 36
グレード付けモデル (grading model) 36, 136
訓練データ (training set; training data) 2, 49

経験確率 (empirical probability) 74, 131, 163
計算論的学習理論 (computational learning theory) 120
形状統計量 (shape statistic) 295
決定株 (decision stump) 335
決定木 (decision tree) 31, 127, 156
決定境界 (decision boundary) 4
決定リスト (decision list) 32, 190
決定ルール (decision rule) 4, 26
検証用のデータセット (hold-out data set) 141

交差検証法 (cross-validation) 19, 202, 344
較正 (calibration) 217
較正損失 (calibration loss) 75
構成的帰納 (constructive induction) 128
構造化された特徴量 (structured feature) 301
構造予測 (structured output prediction) 355
後退的選択 (backward elimination) 320
勾配 (gradient) 213
誤警報率 (false alarm rate) 54
コサイン類似度 (cosine similarity) 257
コスト比 (cost ratio) 71
固有値分解 (eigendecomposition) 321
混合モデル (mixture model) 263
混同行列 (confusion matrix) 52

さ 行

再帰的分割 (recursive partitioning) 306
最近隣 (nearest) 236
最近隣取り出し (nearest-neighbour retrieval) 240
最近隣分類器 (nearest-neighbour classifier) 23, 239
再現率 (recall) 57
最小記述長 (minimum description length:
MDL) 291
最小上界 (least upper bound; lub) 105
最小二乗法 (least-squares method) 194
最小汎化 (least general generalisation; LGG) 105
最大下界 (greatest lower bound; glb) 105
最適動作点 (optimal operating point) 164
最尤推定 (maximum likelihood estimation) 268
最尤法 (maximum likelihood; ML) 27, 272
削減 (Relief) 320, 324
差集合 (difference) 50
サブグループ (subgroup) 97, 156
サブグループ (の) 発見 (subgroup discovery) 17, 176
サポート (support) 181
サポートベクトルマシン (support vector machine; SVM) 22, 209
三角不等式 (triangle inequality) 232
残差 (residual) 91, 194
サンプル複雑度 (sample complexity) 121
散乱 (scatter) 94, 242
散乱行列 (scatter matrix) 197, 242

識別的確率モデル (discriminative probabilistic model) 259
シグモイド関数 (sigmoid function) 219
シーケンス予測 (sequence prediction) 355
次元の呪い (curse of dimensionality) 239
事後オッズ (posterior odds) 27
事後確率 (posterior probability) 25
事後確率最大化 (maximum a posteriori; MAP) 27, 260, 272
事後確率分布 (posterior probability distribution) 259
事後検定 (post-hoc test) 351
指示関数 (indicator function) 53
事象 (event) 7
指数損失関数 (exponential loss function) 62
事前オッズ (prior odds) 27
事前確率 (prior probability) 27
事前信念 (prior belief) 261
事前分布 (prior distribution) 259
下側の凸包 (lower convex hull) 305
実験目標 (experimental objective) 340
四分位数 (quartile) 297

四分位範囲 (interquartile range) 297
ジャカード係数 (Jaccard coeffcient) 15
弱学習可能性 (weak learnability) 326
尺度 (scale) 294
ジャックナイフ法 (jackknife) 345
シャッターされている (shattered) 123
シャッタリング (shattering) 123
集合 (set) 50
重心 (centroid) 235
自由度 (degrees of freedom) 57, 348
十分位数 (decile) 297
周辺度数 (marginal) 53
周辺頻度 (marginal frequency) 185
周辺尤度 (marginal likelihood) 28
縮小 (shrinkage) 202
縮小誤差枝刈り (reduced-error pruning) 141
種事例 (seed example) 168
受信者操作特性 (receiver operating characteristic; ROC) 59
主成分分析 (principal component analysis; PCA) 24, 321
述語 (predicate) 119
出力空間 (output space) 48
出力符号 (output code) 82
主問題 (primal problem) 214
順序特徴量 (ordinal feature) 300
純粋 (pure) 131, 133
'純粋に近い' ルール (near-pure rule) 169
純度 (purity) 134, 157, 167
条件付き独立性 (conditional independence) 278
条件付き尤度 (conditional likelihood) 280
条件なし独立性 (unconditional independence) 278
詳細 (specific) 116
使用条件 (operating condition) 71
少数派クラス (minority class) 56
情報獲得量 (information gain) 134
情報量 (information content) 290
序数 (ordinal) 294
所属オラクル (membership oracle; Mb) 116
シルエット (silhouette) 249
事例 (example) 49
真陰性 (true negative) 54
真陰性率 (true negative rate) 54
信号 (signal) 18

信号検出理論 (signal detection theory) 59
深層学習 (deep learning) 356
真陽性 (true positive) 54
真陽性率 (true positive rate) 54
信頼区間 (confidence interval) 346
信頼度 (confidence) 183

推移律 (transitive) 51
推定値 (estimate) 45
数値的特徴量 (numerical feature) 152
スケール変換 (scaling) 24
スコア (score) 1
スコアリング分類器 (scoring classifier) 60
スタッキング (stacking) 335
ストップワード (stop word) 277
スパム (spam) 1, 260
スラック変数 (slack variable) 214

正 (positive) 51
正規化 (normalise) 196
正規分布 (normal distribution) 263
整合的 (consistent) 109
生成モデル (generative model) 28, 259
正則化法 (regularisation) 202
精緻さ (refinement) 68
正答率 (accuracy) 19, 53, 113, 141, 164
性能 (performance) 3
制約付き最適化問題 (constrained optimisation) 213
積集合 (intersection) 50
セグメント (segment) 31, 36, 102
節 (clause) 103
絶対偏差 (absolute deviation) 177
ゼロ中心化 (zero-centred) 321
線形関数 (linear function) 193
線形近似 (linear approximation) 194
線形結合 (linear combination) 193
線形重回帰 (multivariate regression) 199
線形分離可能 (linearly separable) 21, 204
線形変換 (linear transformation) 194
線形モデル (linear model) 192
選言 (disjunction) 103
宣言的 (declarative) 35
選言標準形 (disjunctive normal form; DNF) 103, 127
選好学習 (preference learning) 355

潜在意味インデックス (latent semantic indexing; LSA) 323
全最小二乗法 (total least squares) 197
潜在変数 (latent variable) 15, 285
全順序 (total order) 51
全称記号 (universal quantifier) 119
前進的選択 (forward selection) 320
尖度 (kurtosis) 299

相関係数 (correlation coefficient) 45, 264
相互情報量 (mutual information) 180
相対不純度 (relative impurity) 143
双対最適化問題 (dual optimisation problem) 214
層別交差検証法 (stratified cross-validation) 345
束 (lattice) 105, 181
属性 (attribute) 294
損失関数 (loss function) 61
損失に基づく復号 (loss-based decoding) 84

た 行

タイ (tie) 170
対応のある t 検定 (paired t-test) 348
対称律 (symmetric) 51
対数線形モデル (log-linear model) 220
体長 (length) 104, 110
互いに素 (disjoint) 50
多項分布 (multinomial distribution) 271
多数派クラス (majority class) 32, 52, 55
タスク (task) 11, 13
多値分類 (multi-class classification) 14
多変量正規分布 (multivariate normal distribution) 264
多変量標準正規分布 (multivariate standard normal distribution) 264
多変量ベルヌーイ分布 (multivariate Bernoulli distribution) 270
多目的最適化 (multi-criterion optimisation) 58
多様体 (manifold) 240
単一化 (unification) 120
単回帰 (univariate regression) 194
単語のバッグ (bag of words) 41
単調 (monotonic) 285, 300

単調キャリブレーション (isotonic calibration) 77, 313
単調性 (monotonicity) 253
チェビシェフ距離 (Chebyshev distance) 231
チェビシェフの不等式 (Chebyshev's inequality) 297
中域点 (midrange point) 297
中央値 (median) 295
抽象化 (abstraction) 301
中心化 (zero-centre) 196
中心化データ行列 (zero-centred data matrix) 197
中心極限定理 (central limit theorem) 217
中心傾向の統計量 (statistic of central tendency) 295
中心点 (centroid) 96
中心モーメント (central moment) 299
蝶番状に定まる (hinge) 62
超平面 (hyperplane) 21
調和平均 (harmonic mean) 295
散らばり (scatter) 94

通約可能性 (commensurability) 349
停止基準 (stopping criterion) 162, 306
ディリクレ分布 (Dirichlet prior) 74
停留的な値の組 (stationary configuration) 284
停留点 (stationary point) 245
デカルト積 (Cartesian product) 50
適合率 (precision) 56, 166, 167
テストデータ (test set) 19, 49
データストリームからの学習 (learning from data stream) 355
データマイニング (data mining) 356
デフォルト (の) ルール (default rule) 34, 161
転移学習 (transfer learning) 355
デンドログラム (dendrogram) 251
同一幅離散化 (equal-width discretisation) 305
統計的関係学習 (statistical relational learning) 191
動作条件 (operating condition) 139, 165

動作文脈 (operating context) 340
同時確率分布 (joint probability distribution) 259
同次座標系 (homogeneous coordinates) 23
同質性 (homogeneity) 156
同値オラクル (equivalence oracle; Eq) 117
同値関係 (equivalence relation) 51
同値類 (equivalence class) 51
同頻度離散化 (equal-frequency discretisation) 305
特異性 (specificity) 54
特異値分解 (singular value decomposition; SVD) 321
特殊化 (specialisation) 112
特性関数 (characteristic function) 50
特徴木 (feature tree) 31, 126, 163
特徴空間 (feature space) 42, 223
特徴ベクトル (feature vector) 259
特徴リスト (feature list) 32
特徴量 (feature) 9, 11, 13, 49, 115, 259, 294
特徴量キャリブレーション (feature calibration) 274, 310
特徴量構成 (feature construction) 41
特徴量の正規化 (feature normalisation) 309
特徴量変換 (feature transformation) 303
特定的 (specific) 44
都市ブロック距離 (cityblock distance) 231
凸 (convex) 62, 76, 213, 237
凸集合 (convex set) 109
トップダウン (top–down) 305
トップダウン ILP システム (top–down ILP system) 188
凸包 (convex hull) 76
貪欲 (greedy) 130, 332

な 行

ナイーブ (naive) 29
内部交差検証法 (internal cross-validation) 353
内部選言 (internal disjunction) 108, 126
ナイーブベイズの仮定 (naive Bayes assumption) 271
ナイーブベイズ法 (naive Bayes) 29
滑らか (smooth) 272

二項関係 (binary relation) 50
二項分布 (binomial distribution) 270, 271
二乗誤差 (squared error; SE) 73
二値化 (binarisation) 303
二値述語 (binary predicate) 119
二値分岐 (binary split) 39
二値分類 (binary classification) 11, 51
入力空間 (input space) 223

ノイズ (noise) 7, 18, 49
濃度 (cardinality) 50
能動学習 (active learning) 118, 355
ノード (node) 175
ノーフリーランチ定理 (no free lunch theorem) 19

は 行

バイアス (bias) 92
バイアス–分散のジレンマ (bias–variance dilemma) 91, 334
バギング (bagging) 327
バージョン空間 (version space) 109
外れ値 (outlier) 196, 297
パーセプトロン (perceptron) 205
バックトラッキング探索 (backtracking search) 130
発見的探索法 (heuristic search) 157
幅優先探索 (breadth-first search) 182
ハミング距離 (Hamming distance) 82, 232, 301
ハム (ham) 1
ばらつきの統計量 (statistic of dispersion) 295
パラメトリック (parametric) 192
パレートフロント (Pareto front) 58
範囲 (range) 297
汎化 (generalisation) 6
汎化順序 (generality ordering) 102, 103
半教師あり学習 (semi-supervised learning) 17
反射律 (reflexive) 50
半順序 (partial order) 51, 181
反対称律 (antisymmetric) 51
反単一化 (anti-unification) 120
バンド幅 (bandwidth) 224

反例 (counter-example)　117

比較可能 (comparable)　51
比較不可能 (incomparable)　51
非順序化 (unordering)　303
ヒストグラム (histogram)　298
否定 (negation)　103
ひとつ抜き交差検証法 (leave-one-out cross-validation)　345
ビーム探索 (beam search)　170
百分位数 (percentile)　297
百分位数プロット (percentile plot)　297
表現力の高い仮説言語 (expressive hypothesis language)　128
標準正規分布 (standard normal distribution)　264
標準偏差 (standard deviation)　296
標本分散 (sample variance)　45
標本平均 (sample mean)　45
非類似度 (dissimilarity)　150
ビン (bin)　298, 305
ヒンジ損失 (hinge loss)　62, 215
頻出アイテム集合 (frequent item set)　99, 176, 182

負 (negative)　51
フィルター (filter)　320
フォールド (fold)　344
不完全 (incomplete)　34
復号 (decoding)　82
複雑性パラメータ (complexity parameter)　214
不純度 (impurity)　131
不純度アイソメトリックプロット (impurity isometrics plot)　158
ブートストラップ標本 (bootstrap sample)　327
部分空間サンプリング (subspace sampling)　329
部分集合 (subset)　51
部分分類器 (partial classifier)　333
部分問題 (subproblem)　159
ブライアースコア (Brier score)　73
フリードマン検定 (Friedman test)　350
ブール特徴量 (Boolean feature)　300
分位点 (quantile)　297

分割 (partition)　51
分割型 (divisive)　305
分割行列 (partition matrix)　96
分割統治 (divide-and-conquer)　34, 126, 129, 159, 309
分割表 (contingency table)　52
分岐 (branch)　174
分岐 (split)　129
分岐非類似度 (split dissimilarity)　150
分散 (variance)　45, 92, 146, 197, 296
分散分析 (analysis of variance; ANOVA)　350
分離統治 (separate-and-conquer)　35, 159
分類器 (classifier)　51

閉アイテム集合 (closed item set)　182
閉概念 (closed concept)　115, 126, 182
平滑化 (smoothing)　74
平均 (mean)　295
平均再現率 (average recall)　59, 71, 178
平均二乗誤差 (mean squared error; MSE)　73
平行移動 (translating)　23
ベイズ最適 (Bayes-optimal)　28
ベイズ最適性 (Bayes-optimality)　262
ベイズの法則 (Bayes' rule)　27
べき集合 (powerset)　50
ヘッド (head)　156
ベルヌーイ試行 (Bernoulli trial)　270
ベルヌーイ分布 (Bernoulli distribution)　271
編集距離 (edit distance)　232

補完 (completion)　323
補完 (imputation)　318
補集合 (complement)　50
ボディ (body)　156
ボトムアップ (bottom–up)　305
ボトムアップ式 (bottom–up fashion)　189
母平均 (population mean)　45
ボロノイ図 (Voronoi diagram)　96
ボロノイ分割 (Voronoi tessellation)　237
ホーン節 (Horn clause)　103, 187
ボンフェローニ–ダン検定 (Bonferroni–Dunn test)　352

ま 行

マクロ平均正答率 (macro-averaged accuracy) 59
マージン (margin) 22, 61, 209
マハラノビス距離 (Mahalanobis distance) 234
マルチタスク学習 (multi-task learning) 355
マルチラベル分類 (multi-label classification) 355
マンハッタン距離 (Manhattan distance) 24, 231

未解決問題 (open problem) 191
見本点 (exemplar) 24, 94, 96, 129, 228, 234
ミンコフスキー距離 (Minkowski distance) 230

矛盾を含む (inconsistent) 34

名辞 (term) 119
命題化 (propositionalisation) 302
命題論理的 (propositional) 119
メタモデル (meta-model) 335
メドイド (medoid) 152, 235
メドイド周辺分割 (partitioning around medoids; PAM) 247
メトリック (metric) 232

目的概念 (target concept) 334
目的関数 (objective function) 213
目的変数 (target variable) 17, 25, 80, 102, 318
モデル (model) 11, 13, 48
モデルアンサンブル (model ensemble) 326
モデル木 (model tree) 150
モデル選択 (model selection) 262
モード (mode) 295

や 行

有意性検定 (significance testing) 347
優越する (dominate) 58
優先度付きキュー (priority queue) 182
尤度関数 (likelihood function) 26, 259

尤度比 (likelihood ratio) 27
歪んだ (skewed) 298
ユークリッド距離 (Euclidean distance) 23, 230

要素 (component) 263
予測クラスタリング (predictive clustering) 17
予測的 (predictive) 94
予測変数 (predictor variable) 102
予測モデル (predictive model) 17
予測陽性率 (predicted positive rate) 342
予測論 (forecasting theory) 73

ら 行

ラッパー (wrapper) 320
ラプラス補正 (Laplace correction) 74, 170, 272
ラベル空間 (label space) 48
ラベル付けされたインスタンス (labelled instance) 49
ラベルのノイズ (label noise) 49
ランカー (ranker) 136, 163
ランキング (ranking) 63
ランキングの誤り (ranking error) 63, 164
ランキングの誤り率 (ranking error rate) 63
ランキングの正答率 (ranking accuracy) 64
ランク (rank) 322
ランダムフォレスト (random forest) 329
ランド指標 (Rand index) 97
ランドマーキング (landmarking) 338

リキャリブレート (再調整) 尤度決定ルール (recalibrated likelihood decision rule) 275
リグレッサー (regressor) 89
離散化 (discretisation) 41, 305
リッジ回帰 (ridge regression) 202
リテラル (literal) 102
リファインメント損失 (refinement loss) 75
リフト (lift) 184
領域 (domain) 37, 49
量的特徴量 (quantitative feature) 299

累積確率分布 (cumulative probability

distribution) 298
ルール木 (rule tree) 173
ルールセット (rule set) 156
ルールの重なり (rule overlap) 334
ルールモデル (rule model) 102, 156
ルールリスト (rule list) 156

レーベンシュタイン距離 (Levenshtein distance) 232
連結関数 (linkage function) 251
連言 (conjunction) 103
連言概念 (conjunctive concept) 104, 155, 176
連言的特徴量 (conjunctive feature) 128
連言的分離可能 (conjunctively separable) 111
連言標準形 (conjunctive normal form; CNF) 103, 115
連言分類ルール (conjunctive classification rule) 189
連言ルールボディ (conjunctive rule body) 156

連鎖律 (chain rule) 8
連続的特徴量 (continuous feature) 324
ログ・オッズ空間 (log-odds space) 312
ロシオ分類器 (Rocchio classifier) 237
ロジスティック回帰 (logistic regression) 220, 279
ロジスティック関数 (logistic function) 219
ロジスティックキャリブレーション (logistic calibration) 311
論議領域 (universe of discourse) 50, 103
論理結合 (Boolean combination) 190
論理結合子 (logical connective) 103
論理積 (conjunction) 33, 103
論理包含 (implication) 103
論理和 (disjunction) 33, 103

わ 行

歪度 (skewness) 299
和集合 (union) 50

監訳者略歴

竹　村　彰　通
（たけ むら あき みち）

1952 年　東京都に生まれる
1982 年　スタンフォード大学統計学科 Ph.D
現　在　滋賀大学データサイエンス教育研究センター長

機 械 学 習
― データを読み解くアルゴリズムの技法 ―

定価はカバーに表示

2017 年 3 月 25 日　初版第 1 刷
2019 年 7 月 25 日　　　第 4 刷

監訳者　竹　村　彰　通
発行者　朝　倉　誠　造
発行所　株式会社　朝　倉　書　店

東京都新宿区新小川町 6-29
郵便番号　162-8707
電　話　03(3260)0141
FAX　03(3260)0180
http://www.asakura.co.jp

〈検印省略〉

© 2017〈無断複写・転載を禁ず〉　　　　　Printed in Korea

ISBN 978-4-254-12218-3　C 3041

JCOPY　〈(社)出版者著作権管理機構　委託出版物〉

本書の無断複写は著作権法上での例外を除き禁じられています．複写される場合は，そのつど事前に，（社）出版者著作権管理機構（電話 03-3513-6969，FAX 03-3513-6979，e-mail: info@jcopy.or.jp）の許諾を得てください．

東大 山西健司著
数理工学ライブラリー3
情報論的学習とデータマイニング
11683-0 C3341　　　　A5判 176頁 本体3000円

膨大な情報の海の中から価値ある知識を抽出するために、機械学習やデータマイニングに関わる数理的手法を解説。〔内容〕情報論的学習理論（確率的コンプレキシティの基礎・拡張と周辺）／データマイニング応用（静的データ・動的データ）

首都大 室田一雄・東工大 塩浦昭義著
数理工学ライブラリー2
離散凸解析と最適化アルゴリズム
11682-3 C3341　　　　A5判 224頁 本体3700円

解きやすい離散最適化問題に対して統一的な枠組を与える新しい理論体系「離散凸解析」を平易に解説しその全体像を示す。〔内容〕離散最適化問題とアルゴリズム（最小木、最短路など）／離散凸解析の概要／離散凸最適化のアルゴリズム

前東北大 丸岡 章著
情報トレーニング
—パズルで学ぶ，なっとくの60題—
12200-8 C3041　　　　A5判 196頁 本体2700円

導入・展開・発展の三段階にレベル分けされたパズル計60題を解きながら、情報科学の基礎的な概念・考え方を楽しく学べる新しいタイプのテキスト。各問題にヒントと丁寧な解答を付し、独習でも取り組めるよう配慮した。

早大 豊田秀樹編著
基礎からのベイズ統計学
—ハミルトニアンモンテカルロ法による実践的入門—
12212-1 C3041　　　　A5判 248頁 本体3200円

高次積分にハミルトニアンモンテカルロ法(HMC)を利用した画期的初級向けテキスト。ギブズサンプリング等を用いる従来の方法より非専門家に扱いやすく、かつ従来は求められなかった確率計算も可能とする方法論による実践的入門。

早大 豊田秀樹編著
実践ベイズモデリング
—解析技法と認知モデル—
12220-6 C3014　　　　A5判 224頁 本体3200円

姉妹書『基礎からのベイズ統計学』からの展開。正規分布以外の確率分布やリンク関数等の解析手法を紹介、モデルを簡明に視覚化するプレート表現を導入し、より実践的なベイズモデリングへ。分析例多数。特に心理統計への応用が充実。

早大 豊田秀樹著
はじめての 統計データ分析
—ベイズ的〈ポストp値時代〉の統計学—
12214-5 C3041　　　　A5判 212頁 本体2600円

統計学への入門の最初からベイズ流で講義する画期的な初級テキスト。有意性検定によらない統計的推論法を高校文系程度の数学で理解。〔内容〕データの記述／MCMCと正規分布／2群の差（独立・対応あり）／実験計画／比率とクロス表／他

明大 国友直人著
統計解析スタンダード
応用をめざす 数 理 統 計 学
12851-2 C3341　　　　A5判 232頁 本体3500円

数理統計学の基礎を体系的に解説。理論と応用の橋渡しをめざす。「確率空間と確率分布」「数理統計の基礎」「数理統計の展開」の三部構成のもと、確率論、統計理論、応用局面での理論的・手法的トピックを丁寧に講じる。演習問題付。

関学大 古澄英男著
統計解析スタンダード
ベ イ ズ 計 算 統 計 学
12856-7 C3341　　　　A5判 208頁 本体3400円

マルコフ連鎖モンテカルロ法の解説を中心にベイズ統計の基礎から応用まで標準的内容を丁寧に解説。〔内容〕ベイズ統計学基礎／モンテカルロ法／MCMC／ベイズモデルへの応用（線形回帰、プロビット、分位点回帰、一般化線形ほか）／他

横浜大 岩崎 学著
統計解析スタンダード
統 計 的 因 果 推 論
12857-4 C3341　　　　A5判 216頁 本体3600円

医学、工学をはじめあらゆる科学研究や意思決定の基盤となる因果推論の基礎を解説。〔内容〕統計的因果推論とは／群間比較の統計数理／統計的因果推論の枠組み／傾向スコア／マッチング／層別／操作変数法／ケースコントロール研究／他

千葉大 汪 金芳著
統計解析スタンダード
一 般 化 線 形 モ デ ル
12860-4 C3341　　　　A5判 224頁 本体3600円

標準的理論からベイズの拡張、応用までコンパクトに解説する入門的テキスト。多様な実データのRによる詳しい解析例を示す実践志向の書。〔内容〕概要／線形モデル／ロジスティック回帰モデル／対数線形モデル／ベイズ的拡張／事例／他

上記価格（税別）は2019年 6月現在